DIANLI YONGHU YONGDIAN JIANCHA GONGZUO SHOUCE

电力用户
用电检查工作手册

王晴 ◎ 编著

中国电力出版社
CHINA ELECTRIC POWER PRESS

内 容 提 要

为了提高用电检查人员队伍素质，保障用电检查人员具有相应的现场工作能力与水平，确保用电检查工作合法有效地进行，让用电检查人员全面了解和掌握相关知识，使他们在工作时有章可循、有据可查，特编写本书。全书共10章，主要内容包括：用电检查职责及工作流程、用电检查工作、设备管理、运行管理、安全用电、操作票、工作票、供用电合同、重要电力客户管理、违约用电和窃电查处。

本书可作为用电检查人员工作手册，也可作为供电企业的用电营销、电能计量、报装接电等工作人员阅读，同时又可供电力客户电气运行、电气检修人员、安全管理人员参考。

图书在版编目（CIP）数据

电力用户用电检查工作手册/王晴编著．—北京：中国电力出版社，2016.1（2018.4重印）

ISBN 978-7-5123-8474-3

Ⅰ.①电… Ⅱ.①王… Ⅲ.①安全用电—手册
Ⅳ.①TM92-62

中国版本图书馆CIP数据核字（2015）第250998号

中国电力出版社出版、发行

（北京市东城区北京站西街19号 100005 http：//www.cepp.sgcc.com.cn）

三河市百盛印装有限公司印刷

各地新华书店经售

*

2016年1月第一版 2018年4月北京第二次印刷

710毫米×980毫米 16开本 29.25印张 535千字 3插页

印数2001—4000册 定价**69.80**元

版 权 专 有 侵 权 必 究

本书如有印装质量问题，我社发行部负责退换

前言

用电检查工作对维护电力供应和销售过程的正常秩序和安全，保障电力系统的安全、可靠和经济运行具有重要意义。用电检查员要肩负起指导电力客户做好计划用电、节约用电和安全用电的工作，同时对电力违法案件进行查处。在新形势下，用电检查工作作为电力企业电力营销工作的重要组成部分，既是电力企业与电力客户之间联系和沟通的桥梁，又是电力企业优质服务窗口的一部分，因此，不仅要检查用电，还要服务电力客户。

近年来，随着电力的快速发展，新建变电站的数量和新增变压器容量增长势头较快，电气设备的种类和数量不断增多，电力客户从事变电运行、检修人员的数量也相应增加，这些人员对变电设备运行、检修、维护等管理掌握与否，将直接影响到电网和设备的安全运行，从电力客户发生的事故来看，多数是因为运行人员业务素质不强，对变电站设备运行方式不清楚，工作票办理不正确，倒闸操作出现误操作等原因造成的。同时，电力客户运行、检修人员对变电站设备检修工艺和检修质量存在问题，对设备验收不到位，电气一、二次设备没有按周期进行试验，对变电站设备巡视检查不到位致使变电设备长期带电存在缺陷，都会造成变电站设备发生异常和事故，既影响到电网的安全运行又影响到对电力客户的可靠供电。

为了提高用电检查人员队伍的素质，保障用电检查人员具有相应的查电能力与水平，确保用电检查工作合法有效地进行，让用电检查人员全面了解和掌握相关知识，使他们在工作时有章可循、有据可查，特编写本书。全书共10章，主要内容包括：用电检查职责及工作流程、用电检查工作、设备管理、运行管理、安全用电、操作票、工作票、供用电合同、重要电力客户管理、违约用电和窃电查处。本书可作为用电检查人员工作手册，也可作为供电企业的电力营销、电能计量、报装接电等工作人员学习读物，同时又可供电力客户电气运行、电气检修人员、安全管理人员参考用书。

本书编写过程中，曾受到许多同志的指导和大力帮助，在此深表谢意。本书参考了一些相关书籍和技术规程，对这些资料的编写者、提供者深表谢意。

由于编者水平有限，书中难免存在错漏，希望广大读者、尤其是广大变电运行、检修人员多提宝贵意见。

编 者

2016.1

目录

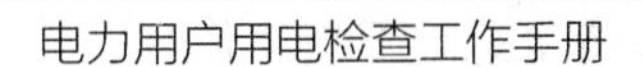

第一章

用电检查职责及工作流程

第一节　用电检查人员职责

一、用电检查人员职责

（1）负责宣传贯彻国家、电力行业相关政策、法律、法规，落实电力企业安全生产和电力客户用电安全管理规定，执行电力企业用电检查管理规章制度。

（2）负责完成所辖电力客户的用电检查工作，负责对所辖电力客户的窃电行为进行查处，有权查处和制止电力客户的违章用电、违约用电和窃电行为。

（3）负责完成年度用电检查工作计划、月度用电检查工作计划和专项用电检查工作计划，编写用电检查工作计划完成情况总结上报主管单位，有权对用电检查工作落实不到位的单位及人员提出考核建议。

（4）负责所辖电力客户用电安全管理工作，监督、检查电力客户安全用电工作，重点监督重要电力客户对安全隐患的处理和整改，每年要汇总统计重要电力客户安全隐患报电力主管部门，有权对电力客户用电安全工作落实不到位的单位及人员提出考核建议。

（5）负责所辖高危电力客户安全用电服务管理和协调工作，有权对高危电力客户安全用电服务管理工作落实不到位的单位及人员提出考核建议。

（6）负责所辖重要电力客户安全用电服务管理和协调工作，有权对重要电力客户安全用电服务管理工作落实不到位的单位及人员提出考核建议。

（7）负责做好重要保电任务的电力客户端供电保障管理工作。

（8）负责参与所辖高压电力客户重大用电事故调查工作，并采取防范措施防止类似事故再次发生。负责检查电力客户反事故措施的落实。

（9）负责参与所辖低压电力客户重大用电事故调查工作，并采取防范措施防止类似事故再次发生。负责检查电力客户反事故措施的落实。

（10）负责审核查出的违约用电工作单，负责审核违约用电窃电追补电费和违约使用电费计算。负责对违约用电的调查、处理和情况总结上报工作。

(11) 负责审核查窃电处理工作单，负责对重大窃电的调查、处理和情况总结上报工作。

(12) 负责对电力客户受（送）电装置工程施工质量进行检查，负责对电力客户受（送）电装置中电气设备运行安全状况进行检查。

(13) 负责参与核定所辖重要电力客户有序用电方案的讨论，有权提出改进意见。有权督导所辖重要电力客户严格执行电力主管部门下发的有序用电方案。

(14) 负责检查电力客户节约用电执行情况。

(15) 负责做好对电力客户设备预防性试验、电力客户谐波和无功管理工作。

(16) 负责对用电检查工作开展情况和设备档案管理情况进行监督检查。

二、用电检查人员资格划分

用电检查资格分为：一级用电检查资格，二级用电检查资格，三级用电检查资格三类。对用电检查人员的资格实行考核认定。

(1) 申请一级用电检查资格：必须取得电气专业高级工程师或工程师、高级技师资格；或者具有电气专业大专及以上文化程度，并在用电检查岗位上连续工作5年以上；或者取得二级用电检查资格后，在用电检查岗位工作5年以上。

(2) 申请二级用电检查资格：必须取得电气专业工程师、助理工程师、技师资格；或者具有电气专业中专及以上文化程度，并在用电岗位连续工作3年以上；或者取得三级用电检查资格后，在用电检查岗位工作3年以上。

(3) 申请三级用电检查资格：必须取得电气专业助理工程师、技术员资格；或者具有电气专业中专及以上文化程度，并在用电检查岗位工作1年以上；或者已在用电检查岗位连续工作5年以上。

(4) 用电检查资格考试：用电检查资格由跨省电网经营企业或省级电网经营企业统一组织考试，合格后发给相应的《用电检查资格证书》。《用电检查资格证书》由政府管理部门统一监制。

(5) 聘任用电检查人员的条件：根据用电检查工作需要，用电检查职务序列为一级用电检查员、二级用电检查员、三级用电检查员（见表1-1）。三级用电检查员仅能担任0.4kV及以下电压受电用户的用电检查工作。二级用电检查员能担任10kV及以下电压供电用户的用电检查工作。一级用电检查员能担任220kV及以下电压供电用户的用电检查工作。聘任为用电检查职务的人员，应具备下列条件：

1) 作风正派，办事公道，廉洁奉公。

2) 已取得相应的用电检查资格。聘为一级用电检查员者，应具有一级用电检查资格；聘为二级用电检查员者，应具有二级及以上用电检查资格；聘为三级用电检查员者，应具有三级及以上用电检查资格。

3）经过法律知识培训，熟悉与供用电业务有关的法律、法规、方针、政策、技术标准以及供用电管理规章制度。

表 1-1　　用电检查人员申报表

单位：××供电公司

姓名	工作单位	工作时间	职称	申报等级			审核意见
				一级	二级	三级	
赵××	客户中心	20 年	高工	√			同意
韩××	客户中心	13 年	工程师		√		同意
翟××	用电检查班	11 年	技师		√		同意
胡××	用电检查班	6 年				√	同意
王××	用电检查班	8 年				√	同意
邢××	用电检查班	21 年	技师		√		同意
曲××	用电检查班	11 年				√	同意
李××	客户中心	22 年	工程师	√			同意
刘××	客户中心	27 年	工程师	√			同意
徐××	用电检查班	21 年	技师		√		同意
刘××	用电检查班	31 年	技师		√		同意
孙××	用电检查班	18 年	技师		√		同意
郑××	用电检查班	10 年	技师		√		同意
钱××	客户中心	14 年	工程师		√		同意
梁××	客户中心	10 年	工程师		√		同意
冯××	用电检查班	16 年	工程师		√		同意
毕××	用电检查班	11 年	工程师		√		同意
吴××	用电检查班	5 年	助工			√	同意
路××	用电检查班	3 年	助工			√	同意
曹××	用电检查班	7 年				√	同意

续表

姓名	工作单位	工作时间	职称	申报等级			审核意见
				一级	二级	三级	
柴××	用电检查班	25年	技师		√		同意
田××	用电检查班	6年				√	同意
花××	用电检查班	5年	助工			√	同意
丁××	用电检查班	9年				√	同意
武××	客户中心	33年	高级技师	√			同意
肖××	用电检查班	10年	技师		√		同意
于××	用电检查班	18年	技师		√		同意
姚××	客户中心	19年	工程师	√			同意
王××	用电检查班	31年	工程师		√		同意
苏××	客户中心	29年	工程师	√			同意
苏××	用电检查班	35年	技师		√		同意
于××	用电检查班	21年	技师		√		同意

三、用电检查人员的行为准则

（1）用电检查人员应认真履行用电检查职责，赴电力客户执行用电检查任务时，应携带“用电检查证”，并按“用电检查工作单”的规定项目和内容进行检查。

（2）用电检查人员在执行用电检查任务时，应遵守电力客户的保卫保密规定，不得在检查现场替代电力客户进行作业。

（3）用电检查人员必须遵纪守法，依法检查，廉洁奉公，不徇私舞弊，不以电谋私。违反规定者，依据有关规定给予经济和行政处分；构成犯罪的，依法追究刑事责任。

第二节　用电检查工作流程

1. 周期性用电检查工作流程

周期性用电检查工作流程见图1-1。

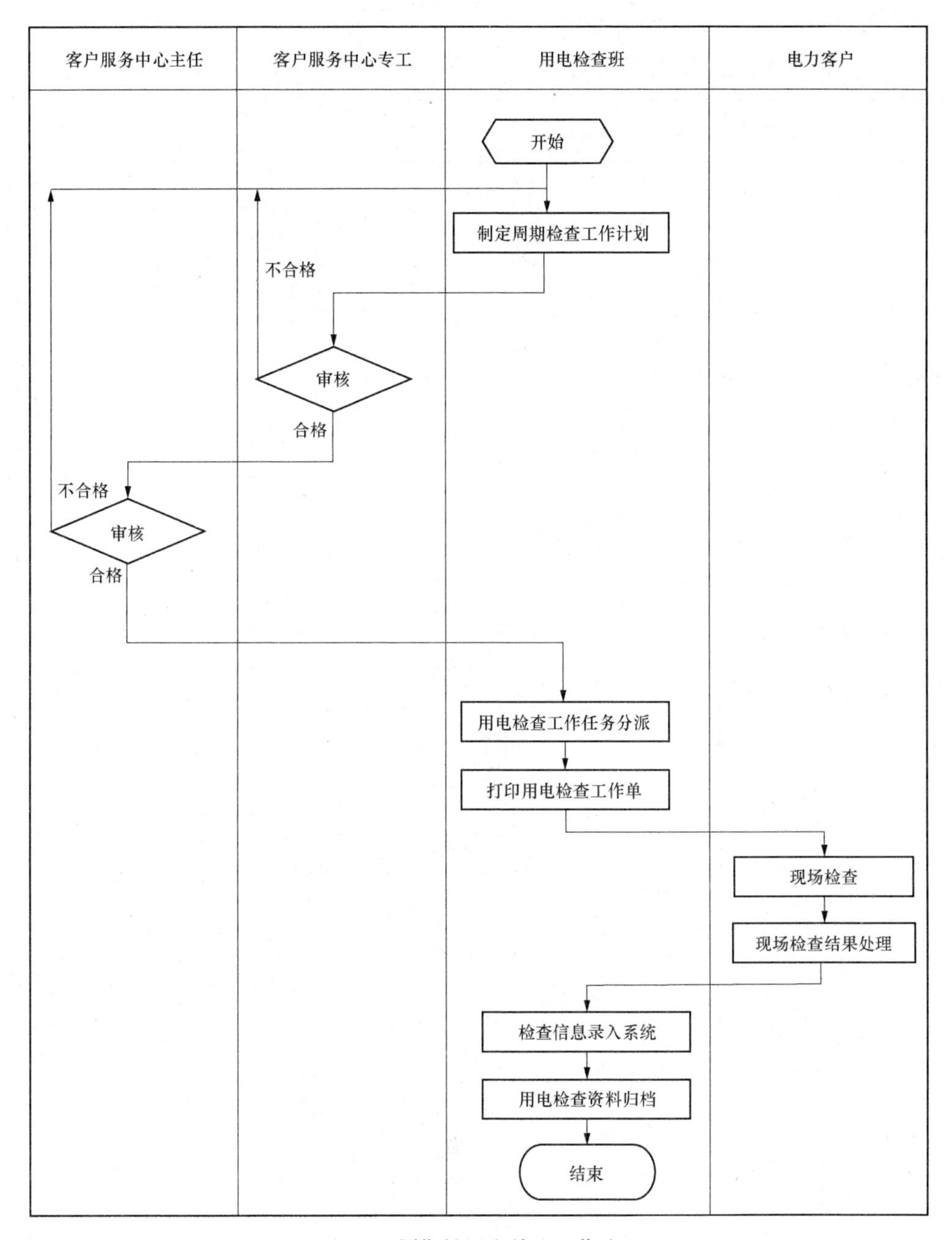

图 1-1　周期性用电检查工作流程

2. 专项用电检查工作流程

专项用电检查工作流程见图 1-2。

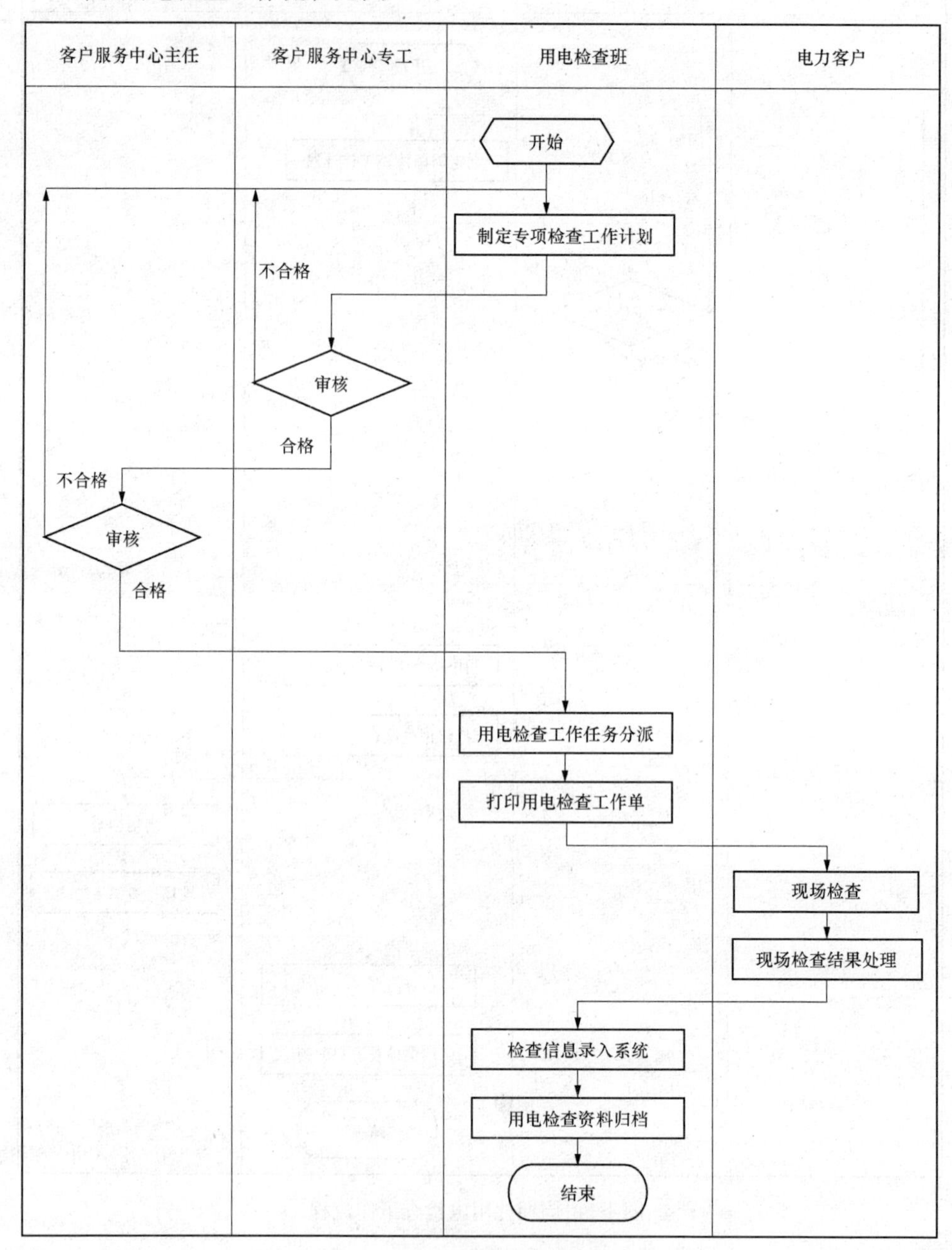

图 1-2　专项用电检查工作流程

3. 用电设备缺陷管理工作流程

用电设备缺陷管理工作流程见图 1-3。

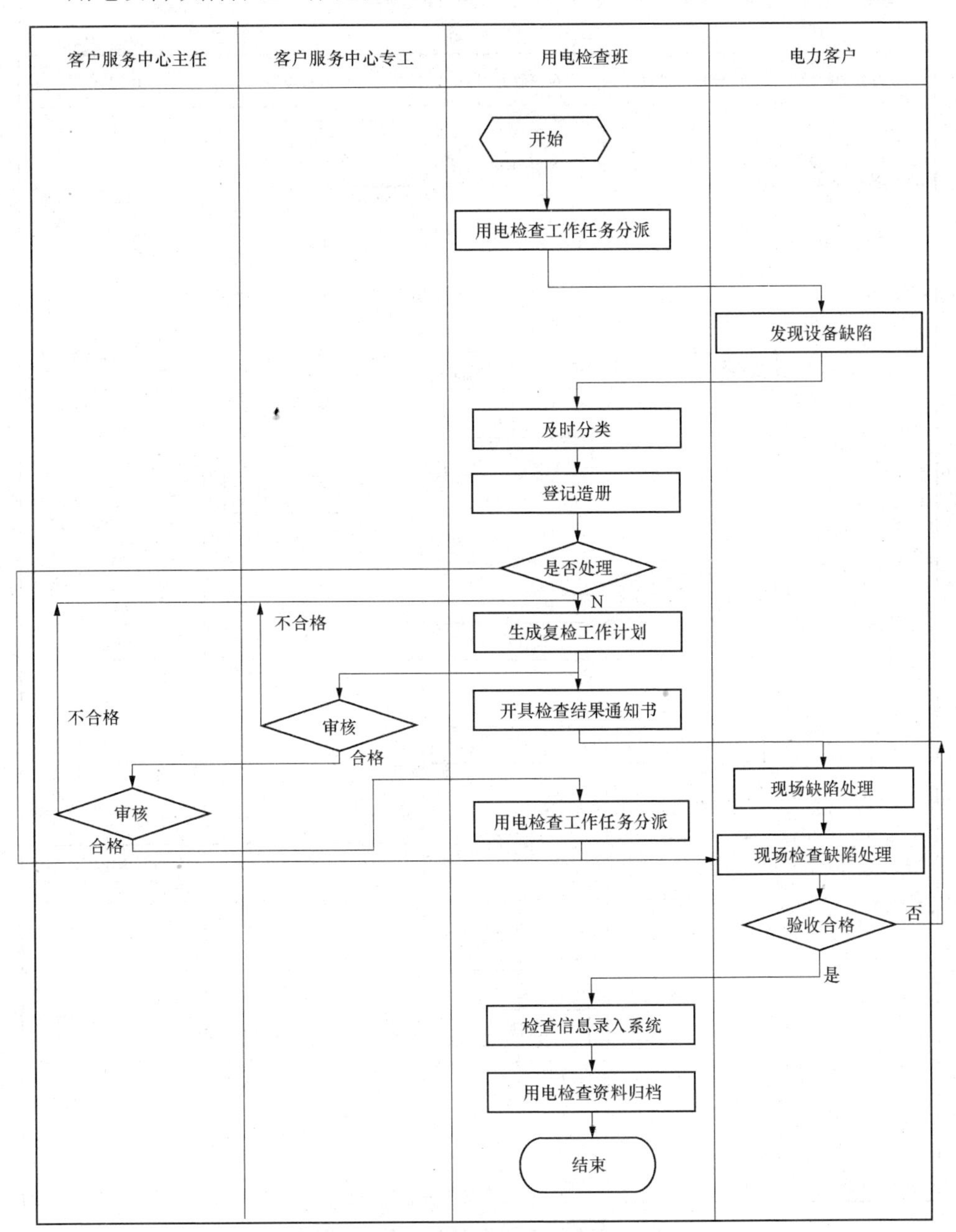

图 1-3　用电设备缺陷管理工作流程

4. 重要活动客户端保电管理工作流程

重要活动客户端保电管理工作流程见图 1-4。

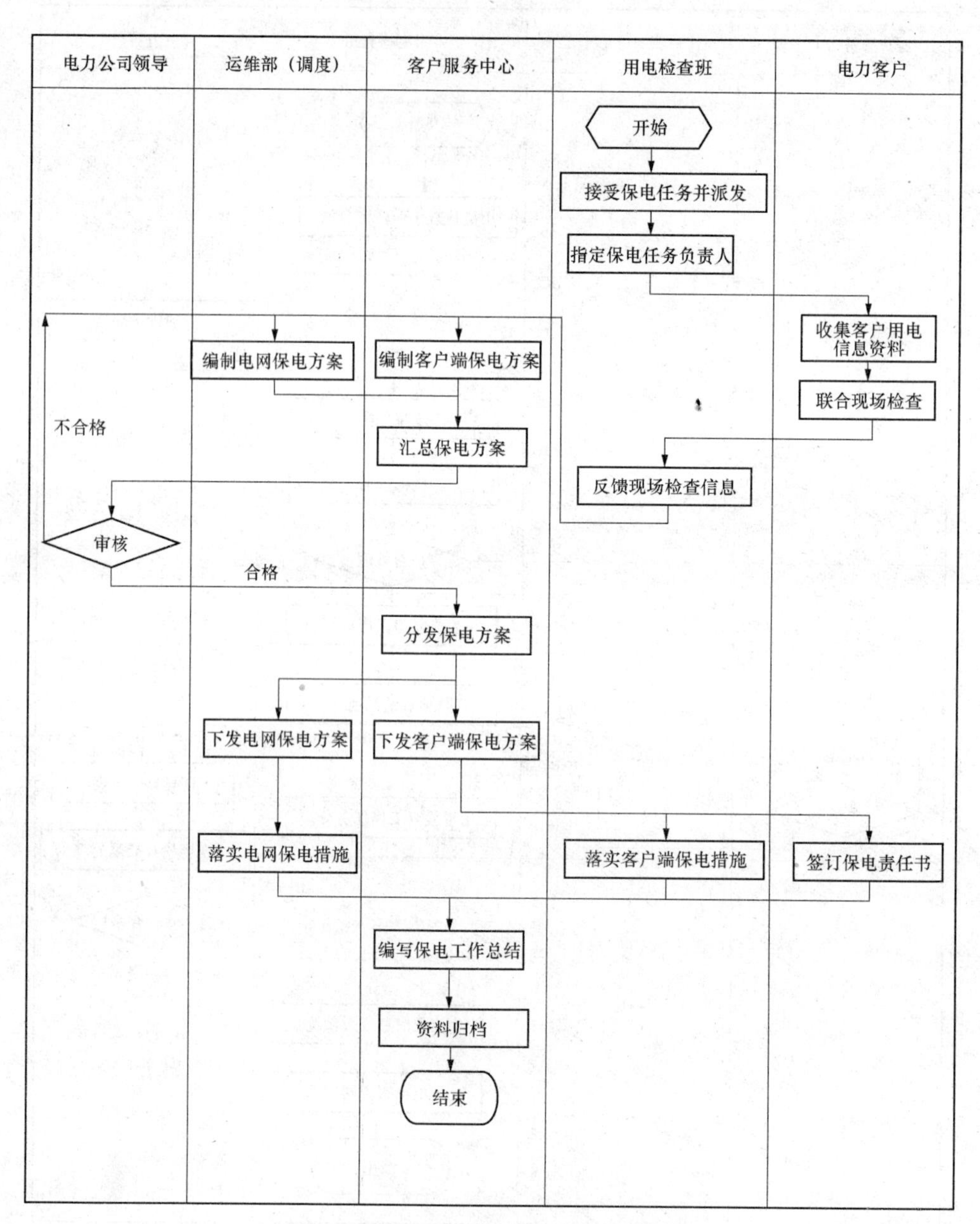

图 1-4　重要活动客户端保电管理工作流程

5. 用电检查人员资格登记管理工作流程

用电检查人员资格登记管理工作流程见图 1-5。

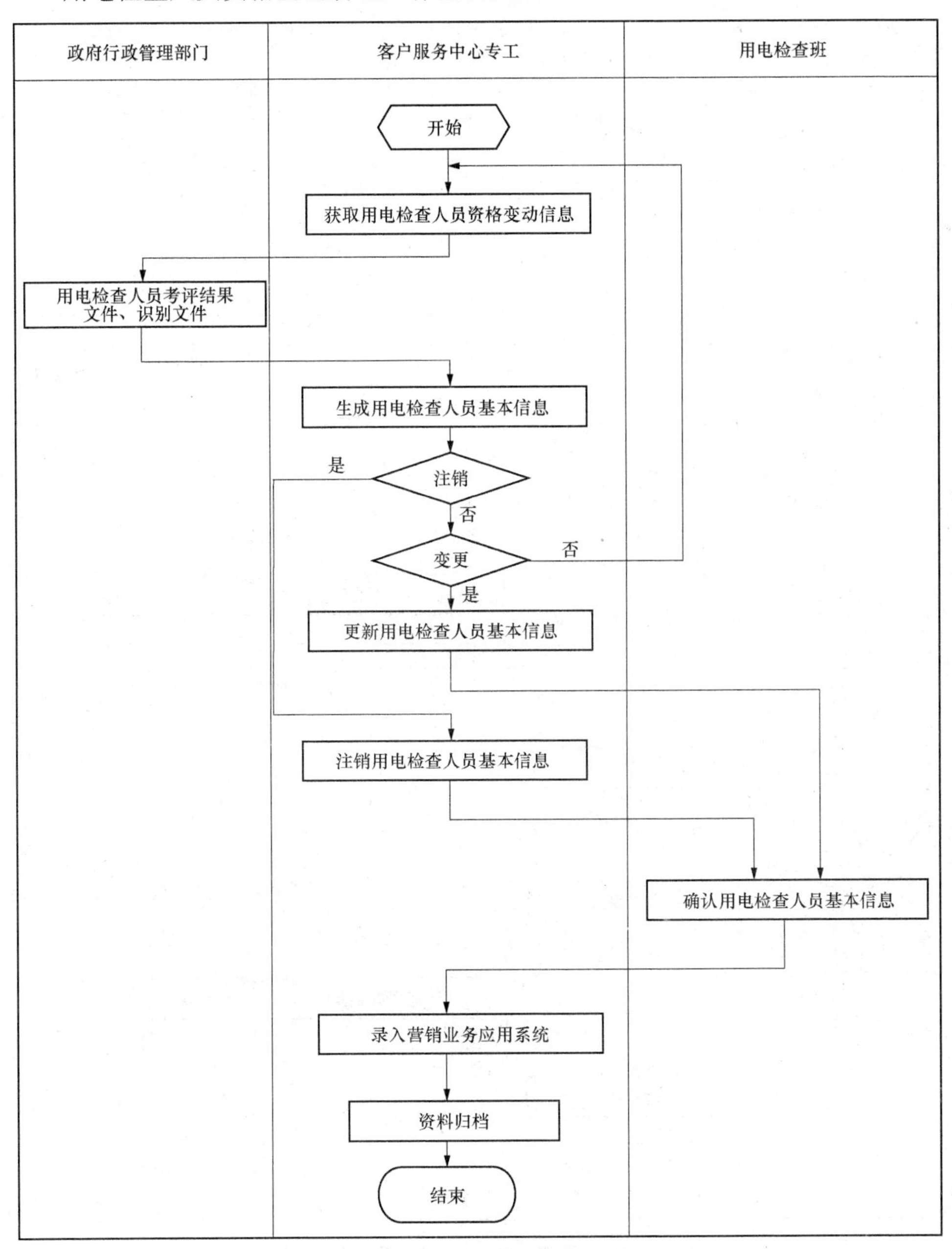

图 1-5　用电检查人员资格登记管理工作流程

6. 重要电力客户认定管理工作流程

重要电力客户认定管理工作流程见图 1-6。

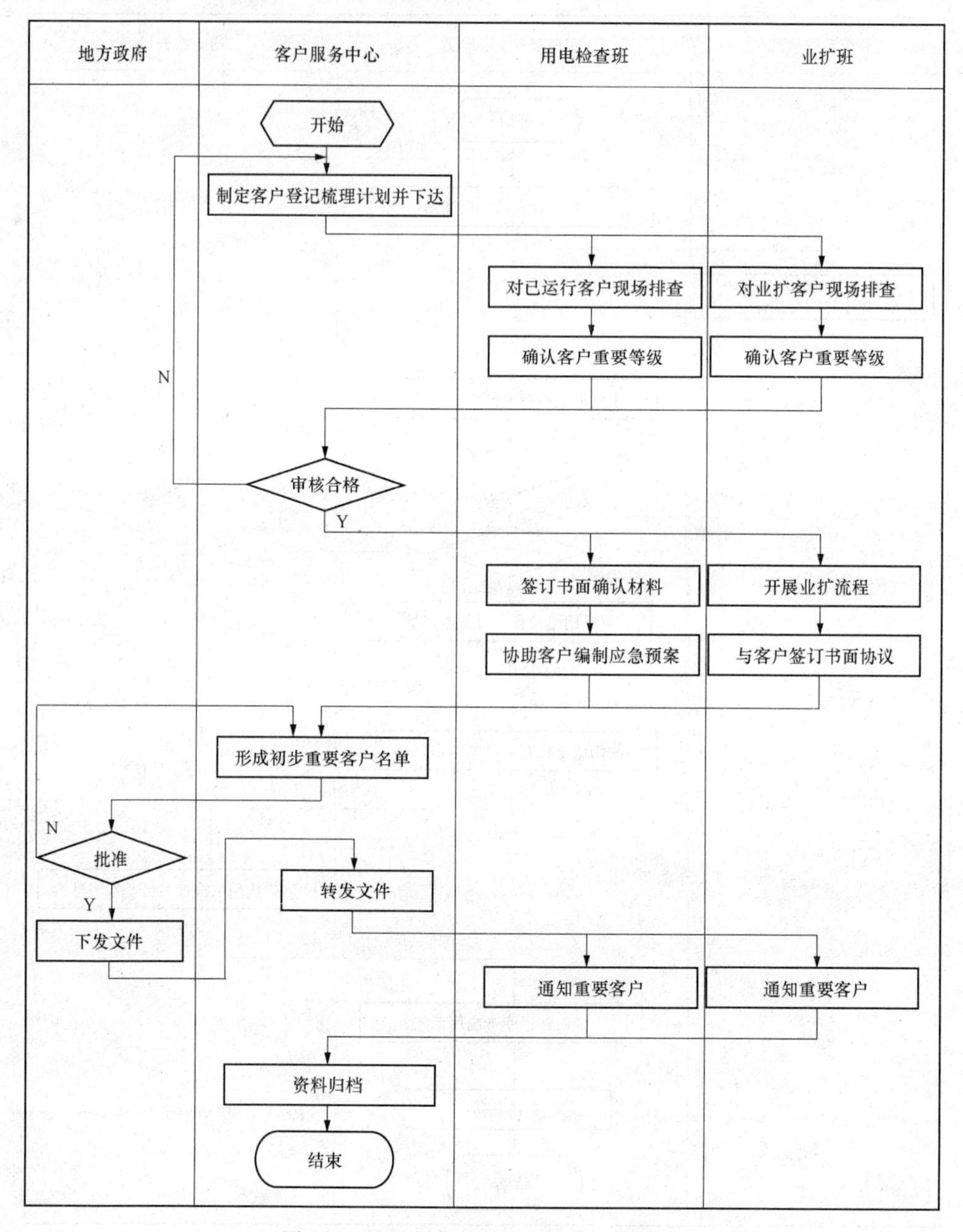

图 1-6 重要电力客户认定管理工作流程

7. 窃电查处管理工作流程

窃电查处管理工作流程见图1-7。

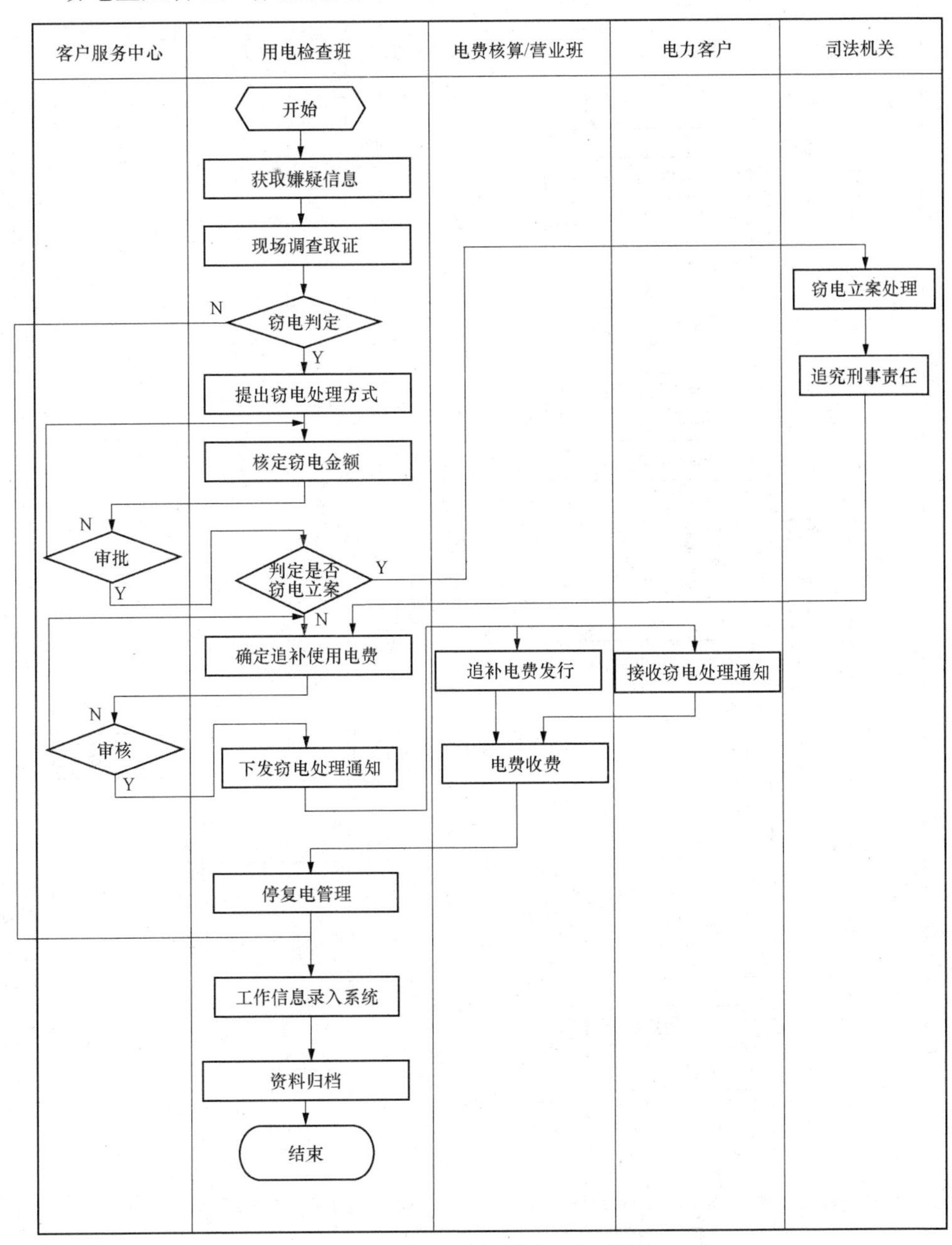

图1-7 窃电查处管理工作流程

8. 违约用电查处管理工作流程

违约用电查处管理工作流程见图 1-8。

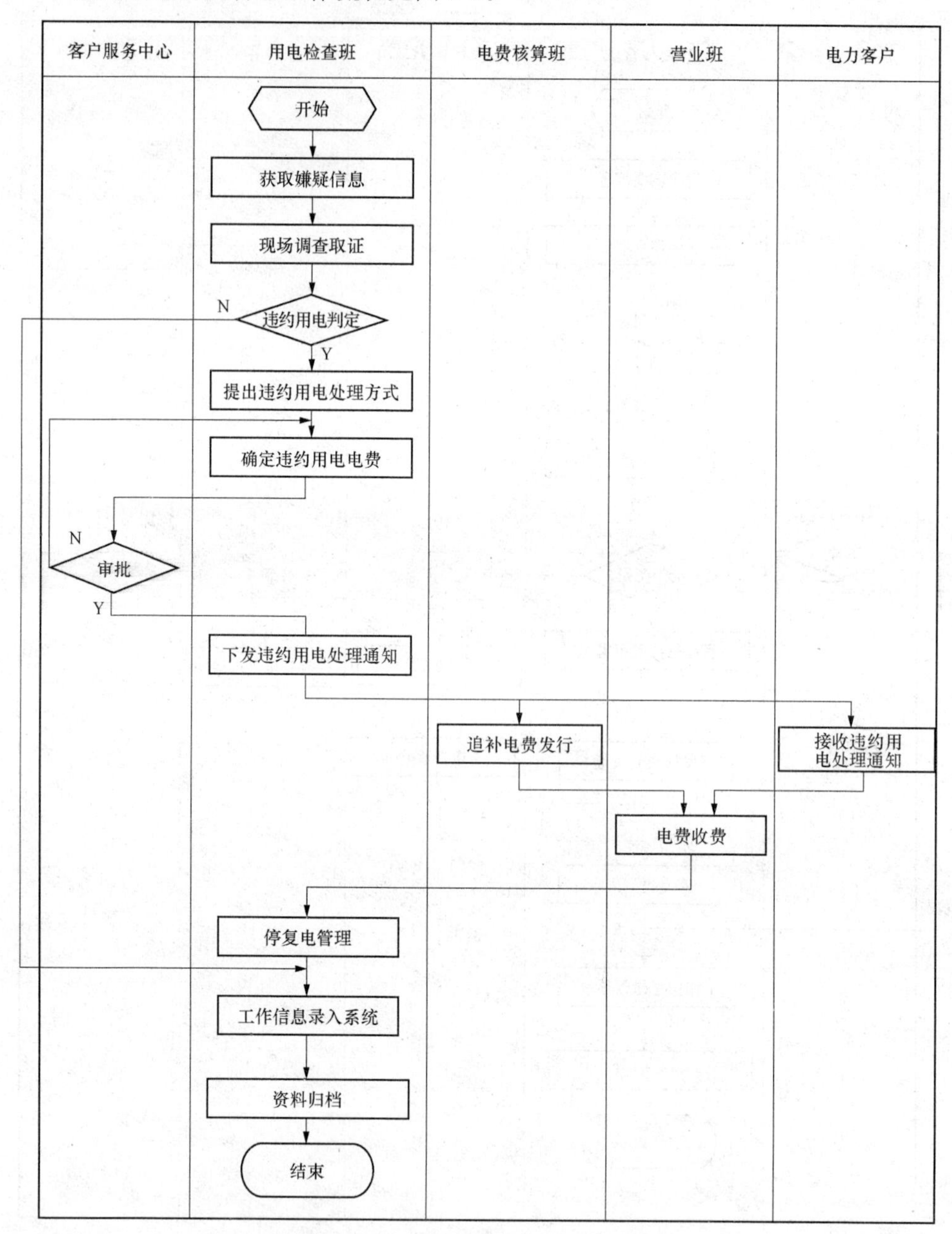

图 1-8　违约用电查处管理工作流程

9．客户用电事故管理工作流程

客户用电事故管理工作流程见图 1-9。

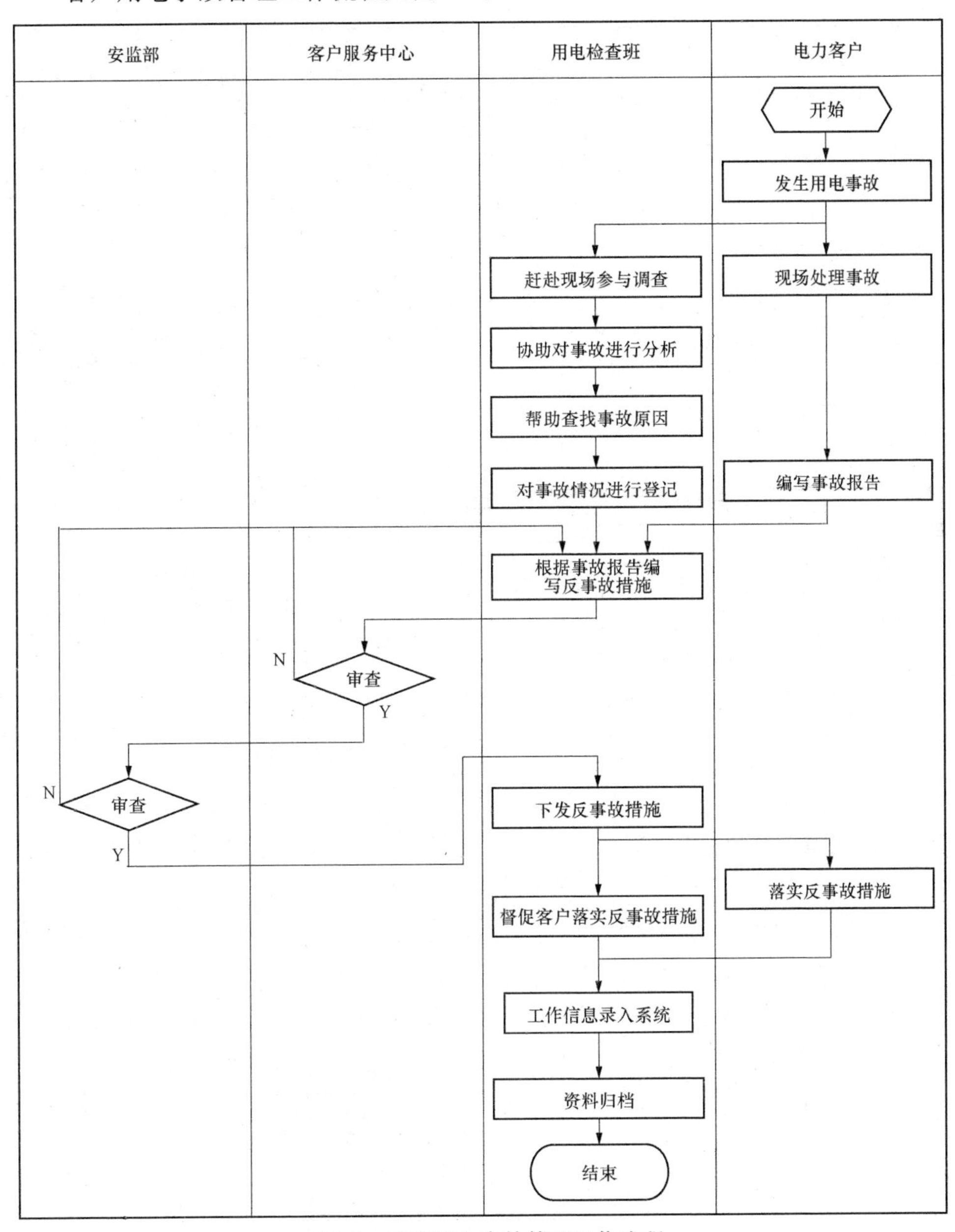

图 1-9　客户用电事故管理工作流程

10. 客户设备预防性试验管理工作流程

客户设备预防性试验管理工作流程见图 1-10。

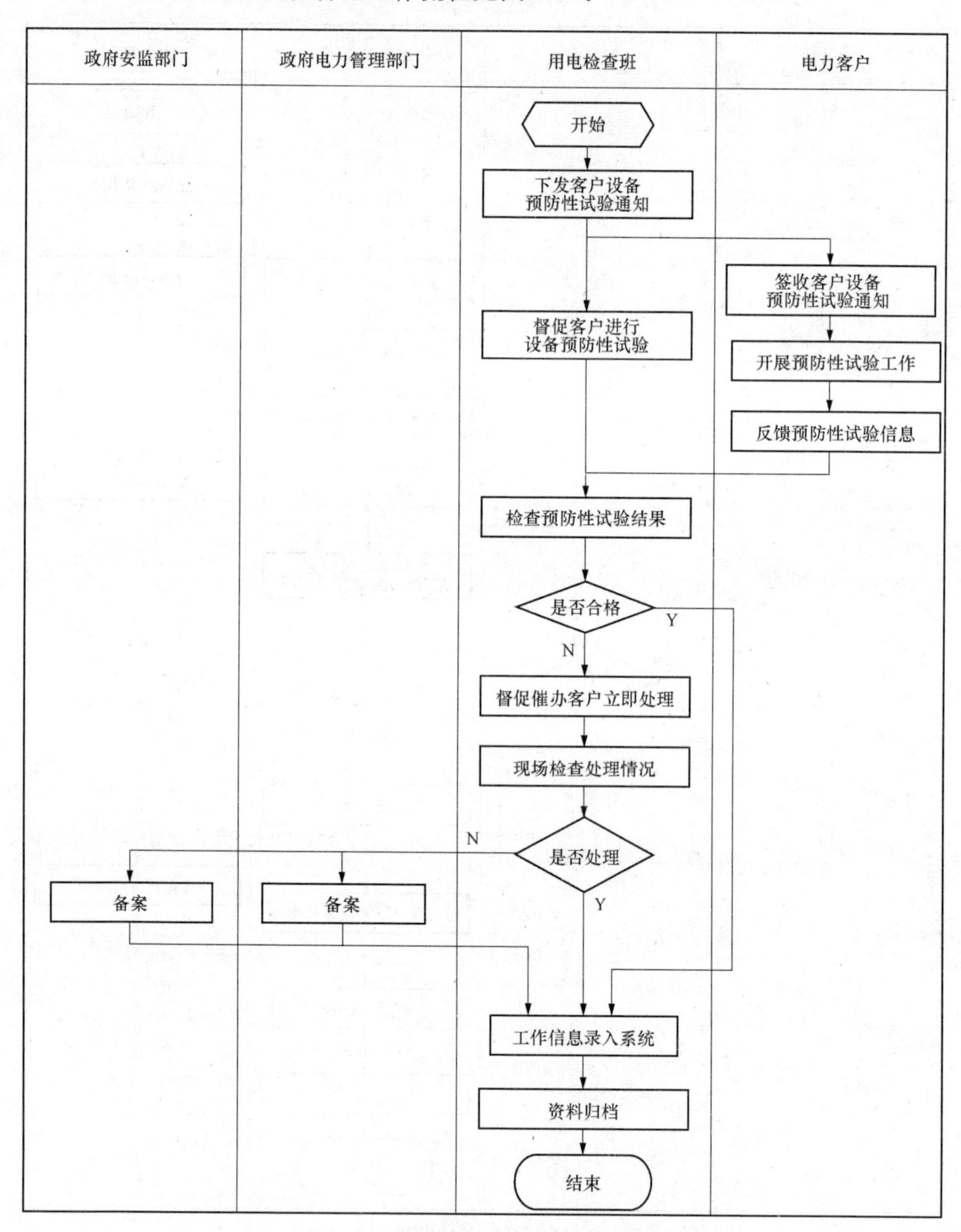

图 1-10 客户设备预防性试验管理工作流程

11. 客户设备谐波管理工作流程

客户设备谐波管理工作流程见图 1-11。

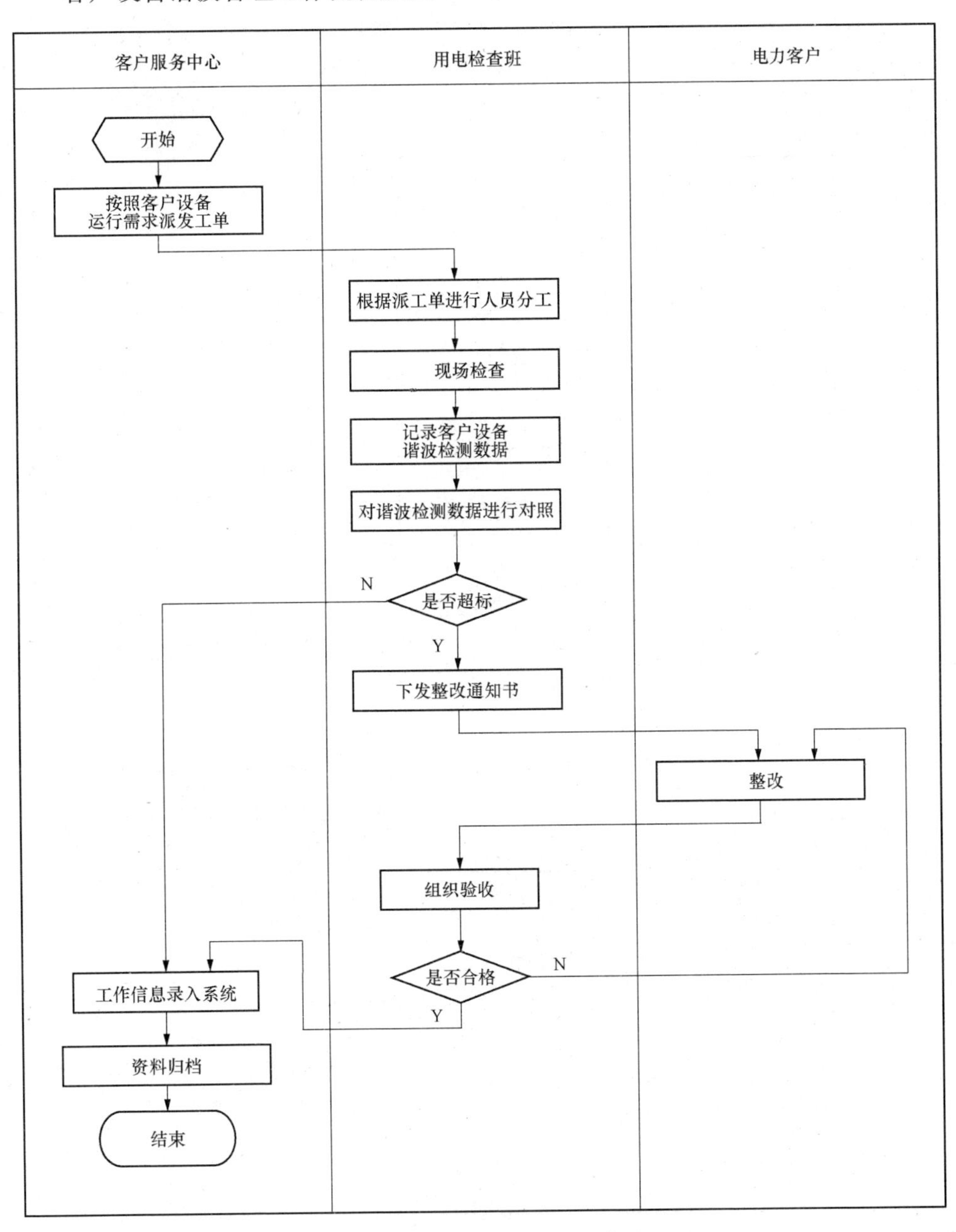

图 1-11　客户设备谐波管理工作流程

12. 客户设备电压管理工作流程

客户设备电压管理工作流程见图 1-12。

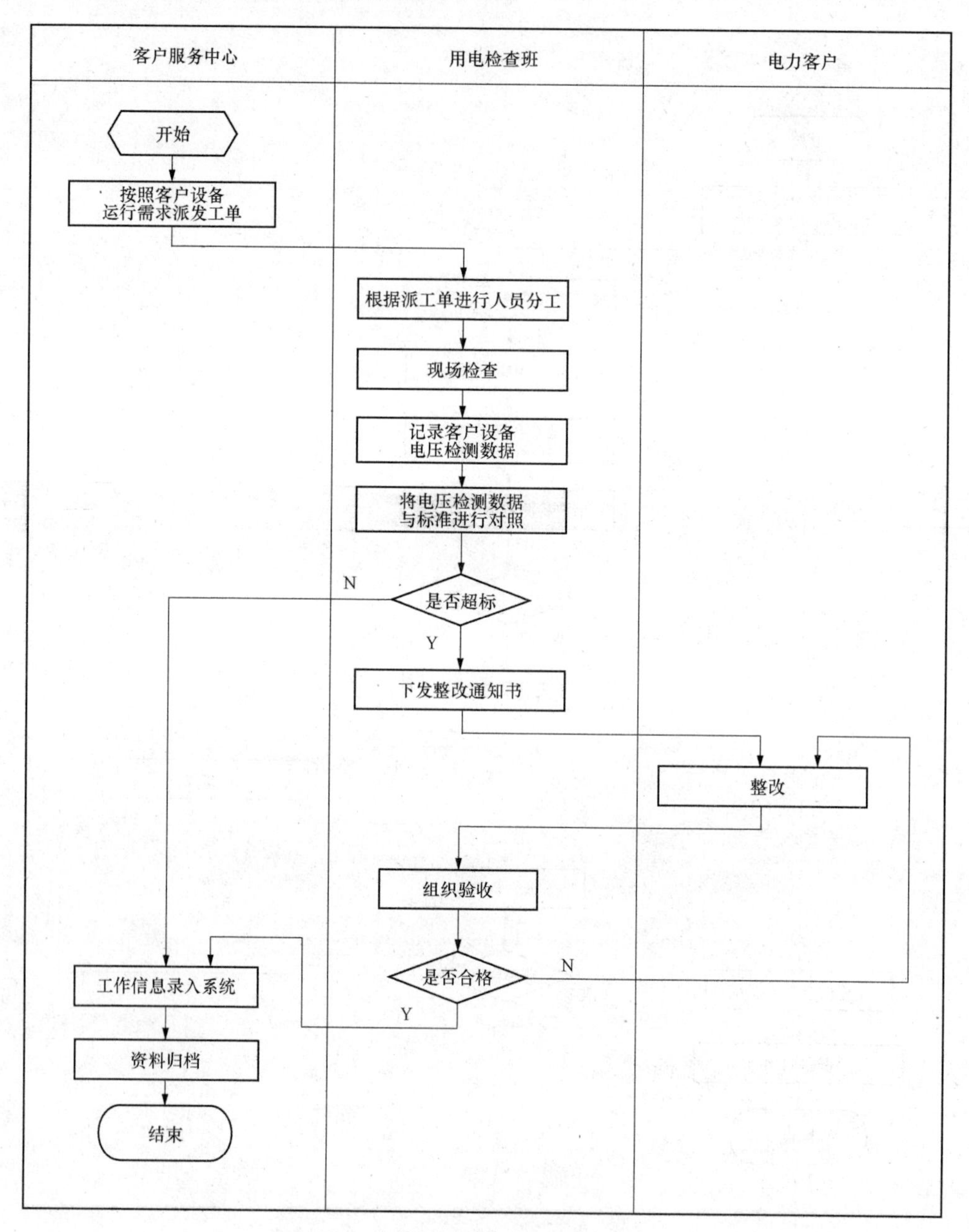

图 1-12 客户设备电压管理工作流程

13. 客户设备无功管理工作流程

客户设备无功管理工作流程见图 1-13。

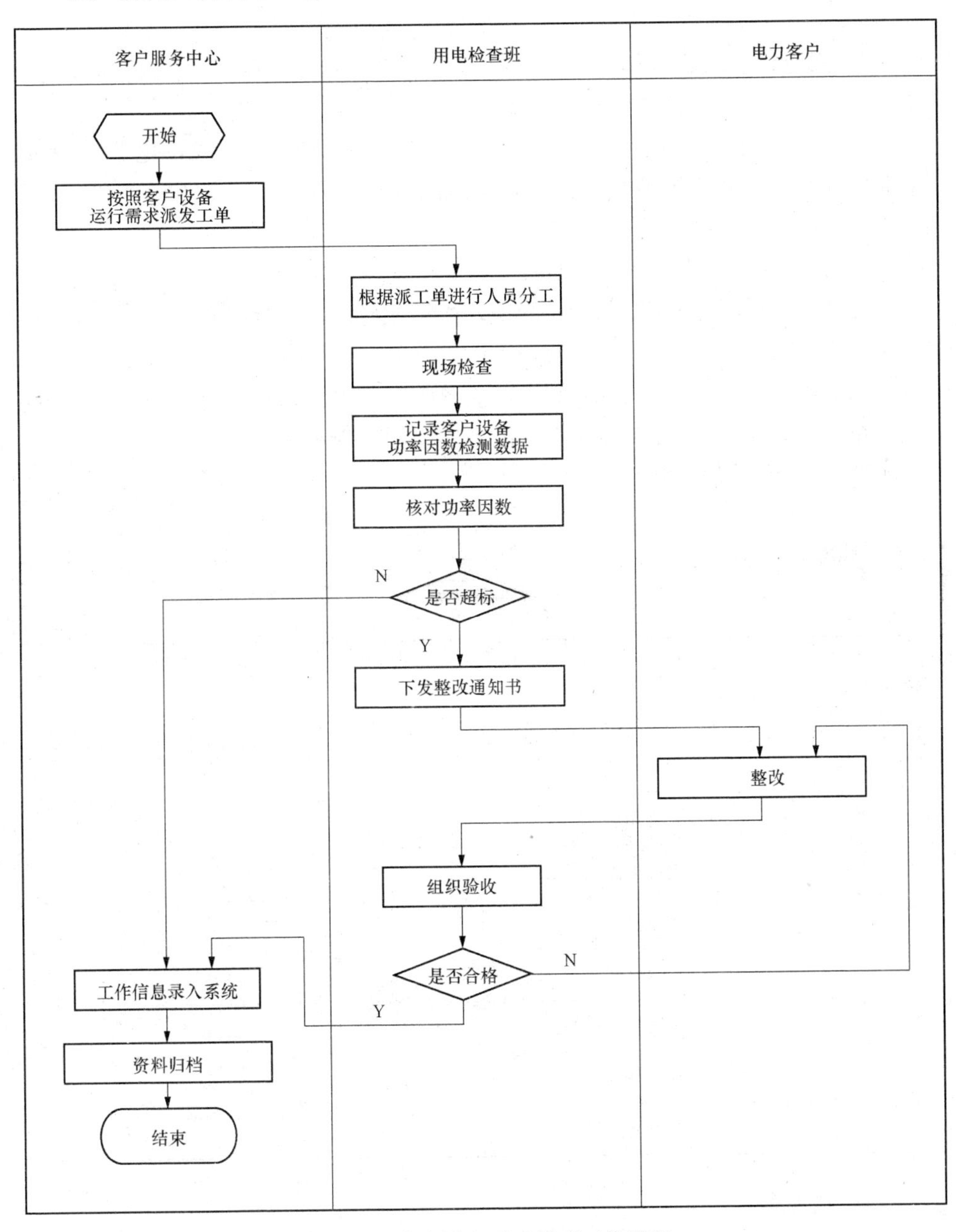

图 1-13 客户设备无功管理工作流程

第三节　用电检查作业指导书

一、用电检查准备工作

1. 用电检查人员工作要求

（1）熟悉《电力供应与使用条例》《用电检查管理办法》《供电营业规则》《用电检查管理标准》等国家有关电力法律法规、用电政策、技术标准和电力系统生产的有关知识；

（2）具备履行本岗位职责的身体条件；

（3）具备电气基础知识和专业知识，取得相应的用电检查资格；

（4）具备电气安全知识和事故调查能力；

（5）掌握一定的计算机应用知识，能熟练掌握电力营销信息系统用电检查各项功能的使用，并具有对具体操作中出现的问题判断和分析能力；

（6）正确填写派工单。

2. 工具准备

工具准备见表1-2。

表1-2　　　　工　具　准　备

序号	名称	单位	数量	备注
1	照相机	只	1	
2	录像机	只	1	
3	万用表	只	1	
4	钳形电流表	只	1	
5	相位伏安表	只	1	
6	验电器	只	1	
7	便携式照明灯具	只	1	
8	红外测距仪	只	1	
9	红外测温仪	只	1	

3. 资料准备

资料准备见表1-3。

表 1-3　　资料准备

序号	名称	单位	数量	备注
1	用电检查工作单	份	1	
2	用电检查派工单	份	1	见附表 1-1
3	违约用电、窃电通知书	份	1	
4	用电隐患告知书	份	1	见附表 1-2
5	电力客户档案信息	份	1	
6	供用电合同	份	1	
7	电力客户现场工作安全控制卡	份	1	见附表 1-3
8	电量电费退补工作单			见附表 1-4

4. 危险点分析

（1）工作人员进入作业现场不戴安全帽发生人员伤害事故；

（2）工作人员在不熟悉工作现场情况下进入设备现场可能会出现孔、洞、沟内摔伤；

（3）没有电力客户运行人员陪同，私自误入运行设备区域触电；

（4）没有电力客户运行人员陪同，私自误碰带电设备触电；

（5）现场通道照明不足，易发生误碰事故；

（6）基建工地易发生高空落物，造成碰伤、扎伤、摔伤等事故；

（7）工作人员代替电力客户操作电气设备引起误操作。

5. 安全措施

（1）进入作业现场必须正确佩戴安全帽；

（2）进入作业现场必须穿工作服和绝缘鞋；

（3）进入作业现场必须办理《客户现场工作安全控制卡》。

二、工作程序

1. 开工

（1）备齐用电检查相关资料：客户基础信息、供用电合同、调度协议、自备应急电源、客户电气设备清单、《有序用电方案》、客户高压受电一次设备试验报告、继电保护等二次设备试验报告，保护整定值单等；

（2）召开开工会，工作负责人向工作人员交待工作地点、工作任务、安全措施和注意事项；

（3）进入现场，工作人员在规定的路线中行走；

（4）协调客户电气值班人员告知工作人员现场电气设备接线、运行情况、危险点和安全注意事项；

（5）工作人员必须由客户电气值班人员带领，与带电设备保持安全距离。

2. 用电检查内容

（1）一次设备运行状况检查：主要有架空线路、电力电缆、断路器、隔离刀闸、避雷装置、变压器、互感器、高压柜等。

（2）二次设备运行状况检查：主要有继电保护装置、计量仪表等。

（3）自备电源及闭锁装置运行情况检查。

（4）安全措施检查：工作票和操作票填写情况、安全标识是否齐全等。

（5）反事故措施检查：是否有针对性的制定详细的反事故措施，是否严格按照措施进行落实，是否定期进行安全培训。

（6）进网电工：是否具有进网作业许可证，是否按规定进行培训。

（7）规章制度检查：运行规程、交接班制度、巡视检查制度、电气设备定期修试制度、电气设备缺陷管理制度、倒闸操作和停送电联系制度。

（8）运行记录检查：运行日志（调度命令记录）及交接班记录、设备缺陷记录、设备检修试验记录、继电保护整定校验记录、事故记录。

（9）安全工器具检查：是否按规定进行防护工具的配备（绝缘靴、绝缘手套、工作服）；是否按规定进行安全用具的配备（接地线、标示牌、验电器、安全围栏），安全防护用具是否按规定进行周期试验。

（10）电力消防用具：是否按规定配备符合规定的灭火器（干粉、二氧化碳），灭火器气压是否在合格范围内，是否按规定组织消防培训。

（11）营业普查：包括供用电合同、客户用电档案户名、行业类别、供电电源、自备电源、变压器参数、计量装置、执行电价、违约用电、窃电检查等。

（12）配电室及变压器环境检查：检查配电设备有无缺陷及安全通道、消防通道、防火、防小动物、防汛、防雷、防寒、防误操作等。

（13）开展用户负荷调查，用户数据一般包括：企业负责人、错避峰联系人、所属行业、变压器容量、最高负荷、正常负荷、保安负荷等。

（14）根据《有序用电方案》，对越限用电的客户，责令其改正，必要时按照有关规定对其停止供电。

（15）收到释放负荷指令，及时通知客户释放负荷。

3. 检查结果反馈

将用电检查结果书面反馈给客户。

4. 资料归档

(1) 将用电检查结果录入营销业务应用系统；

(2) 根据营业普查结果，在营销业务应用系统中修改客户用电档案信息。

三、作业指导书执行情况评估

作业指导书执行情况评估见表 1-4。

表 1-4　　作业指导书执行情况评估

评估内容	符合性	优	可操作项
		良	不可操作项
	可操作性	优	修改项
		良	遗漏项
存在问题			
改进意见			

四、附表

附表 1-1　　用 电 检 查 派 工 单

单位：　　　　　　　　　　　　　　编号：

班组		工作负责人	
用电检查人员	共　人		
计划工作时间	自　年　月　日　时　分 至　年　月　日　时　分　止	工作地点	
工作任务			
任务派发人	工作性质		

现场设备运行情况及安全注意事项：

工作完成情况简要说明或其他事项交代：

附表 1-2　　用电隐患告知书

________：

为贯彻落实国家和行业要求，供电公司对贵单位进行了安全用电隐患排查，根据《用电检查管理办法》和《供电营业规则》的有关规定，贵单位作为重要客户，经检查目前还存在部分安全隐患，应立即进行整改，内容告知如下：

一、________

二、________

三、________

四、________

五、________

上述隐患（缺陷）整改请于　　月　　日前整改到位，以保证贵单位电气设备的安全运行。由于客户原因未及时整改到位而造成设备损坏、人员伤亡（重大政治影响、环境严重污染、连续生产过程长期不能恢复）等一切后果，均由贵单位承担。

用电检查人员签字：________　　电力客户负责人签字：________

供电公司盖章　　电力客户盖章

年　　月　　日

附表 1-3　　客户用电检查现场工作安全控制卡

单位：　　编号：

<table>
<tr><td colspan="4">客　户　信　息</td></tr>
<tr><td>地址</td><td>联系人</td><td>电话</td><td>业务类型</td></tr>
<tr><td></td><td></td><td></td><td></td></tr>
<tr><td>工作负责人：</td><td colspan="3">班组：</td></tr>
<tr><td colspan="4">工作班成员：</td></tr>
<tr><td colspan="4">工作地点：</td></tr>
<tr><td colspan="4">工作内容：</td></tr>
<tr><td>计划工作时间</td><td colspan="3">自　年　月　日　时　分
至　年　月　日　时　分</td></tr>
</table>

序号	工作现场危险点分析	备注
1	设备金属外壳接地不良，有触电危险	
2	使用不合格工器具，有触电危险	
3	与客户运行设备安全距离不够，有触电和电弧烧伤危险	
4	地面沟、坑、孔、洞等有摔伤的危险	
5	夜间照明不足，有误碰设备、误入带电间隔的危险	
6	登高检查有坠落危险	

续表

序号	工作现场危险点分析	备注
补充事项		
序号	注意事项及安全措施	备注
1	工作人员进入工作现场检查，不得少于2人	
2	工作人员进入工作现场，穿工作服、绝缘胶鞋、戴安全帽，使用绝缘工具，接触设备金属外壳前首先进行验电	
3	工作人员夜间进行检查，要有足够的照明	
4	工作人员现场检查时，作业人员要精力集中，注意地面沟、坑、孔、洞等，防止摔伤	
5	登高检查要有人监护，搬动梯子要2人进行，梯子与地面倾斜角度不得大于60°。登高人员要使用安全带	
6	10kV及以下设备安全距离0.7m，35kV设备安全距离1m，110kV设备安全距离1.5m，220kV设备安全距离3m	
7	工作前应召开班前会，交代现场安全危险点及安全措施	
补充事项		
工作签发人（供电公司）		
工作签发人（客户）		
工作许可人（供电公司）		
工作许可人（客户）		
工作任务和现场安全措施已确认，工作班成员签名		
开工时间： 年 月 日 时 分		
收工时间： 年 月 日 时 分		
全部工作已于 年 月 日 时 分结束，工作人员已全部撤离，材料工具已清理完毕，工作结束		
工作负责人：	工作许可人（客户）：	

注 本票必须按以下程序执行：工作负责人提票→分管负责人工作签发→客户签发→客户履行现场安全措施→客户许可→工作人员现场检查安全措施→供电公司人员许可→开工→工作结束→存档备案。

附表 1-4　　电量电费退补工作单

工单编号：

户号		退补类型	
户名			
客户管理单位		申请日期	
具体办理人		联系电话	
退补原因（详细说明引起电量电费退补原因）			
退补内容（详细说明退补电量电费的依据、标准、时限、计算过程和结果）			
客户管理单位业务专责审核	签字：　年　月　日		
客户管理单位（分管）领导审批	签字：　年　月　日		
电费核算人员审核	签字：　年　月　日		
供电公司营销部主任审批	签字：　年　月　日		
供电公司分管领导审批	签字：　年　月　日		

第二章

用 电 检 查 工 作

由用电检查班班长编制用电检查班月度工作计划，报审批后组织实施，月度工作计划完成后编写工作完成总结。用电检查班班长根据批复的月度工作计划部署每日工作任务，工作人员下班前汇报完成情况，用电检查班班长做好工作日志。计划检查内容应包括：对电力客户安全用电情况及电力客户对安全隐患的处理和整改进行检查；对电力客户防污、防汛、防雷、防寒、防小动物、防误操作等情况进行检查；对电力客户设备缺陷情况进行检查；对电力客户履行《供用电合同》及相关协议情况进行检查；对电力客户计量装置运行情况进行检查；对电力客户继电保护装置运行情况进行检查；对电力客户电能质量进行检查；对电力客户受（送）电装置工程施工质量进行检查；对电力客户违章用电、窃电情况进行检查；对电力客户进网电工培训考核情况的检查；向电力客户提供技术服务等。保电工作、季节性用电检查工作、普查工作等专项检查工作也应列入用电检查计划进行管理。用电检查分为周期检查和专项检查。

第一节 周 期 检 查 工 作

一、周期检查计划

用电检查班根据电力客户的用电负荷性质、电压等级、用电容量、服务要求等情况，确定电力客户的检查周期，根据电力客户的检查周期和上次检查日期编制周期检查服务年度计划、月度计划，经审核通过后组织执行。

（一）电力客户周期检查时间

（1）35kV 及以上电压等级的电力客户，每 6 个月至少检查一次；

（2）高供高计高压的电力客户，每 12 个月至少检查一次；

（3）100kW（kVA）及以上电力客户（不含高供高计电力客户），每 24 个月至少检查一次；

（4）重要及高危电力客户，每 3 个月至少检查一次。

（二）电力客户周期检查计划实例

以用电检查班 3 月份工作计划（见表 2-1）为例，介绍电力客户周期检查计划。

表 2-1　　用电检查班 6 月份工作计划

序号	工作计划内容	完成日期	负责人	配合人员
1	所辖区域 35kV 及以上电压等级电力客户，检查其电能计量装置及采集终端运行情况	2015-06-05	关××	赵××、吴××
2	重点检查 110kV××电力客户电气设备的各种连锁装置的可靠性和防止反送电安全措施的可靠情况	2015-06-05	关××	赵××、吴××
3	对所辖区域 35kV 及以上电压等级电力客户的高压电气设备的周期试验情况进行检查	2015-06-03	赵××	吴××
4	完成 220kV××电力客户电压波动现场调查并写出分析报告	2015-06-09	刘××	吴××
5	对 35kV××电力客户《供用电合同》及有关协议履行和变更情况进行现场检查	2015-06-10	关××	赵××、吴××
6	对所辖区域 35kV 及以上电压等级电力客户进行“五防”闭锁装置运行情况检查，重点检查电力客户“五防”闭锁装置的缺陷消除情况	2015-06-30	关××	赵××、吴××
7	对所辖区域电力客户进行防雷检查，重点检查电力客户设备的接地系统、避雷针、避雷器的缺陷消除情况	2015-06-30	关××	赵××、吴××
8	对所辖区域电力客户进行防汛检查，重点检查防汛组织、技术措施落实情况	2015-06-30	关××	赵××、吴××
9	对 110kV××电力客户反事故措施的落实情况进行检查	2015-06-30	关××	赵××、吴××
10	对所辖区域电力客户进行安全防护措施检查，重点检查电力客户设备的安全工器具、消防器材、备品备件是否齐全，是否超过试验周期	2015-06-30	关××	赵××、吴××
11	对所辖区域 35kV 及以上电压等级电力客户的继电保护、自动装置运行情况进行检查，保护定值、时限与电网配合正确	2015-06-15	徐××	张××
12	对所辖区域 35kV 及以上电压等级电力客户的无功补偿装置的投运情况进行现场检查，对达不到功率因数要求的，督促电力客户进行治理，达到规定的功率因数标准	2015-06-20	徐××	张××

二、现场周期检查

用电检查管理专责根据审批通过后周期检查月计划安排现场检查任务。

用电检查班分派现场检查人员，打印填写高压电力客户用电检查工作单或低压电力客户用电检查工作单。现场检查人员携带高压电力客户用电检查工作单、低压电力客户用电检查工作单实施周期检查。

（一）周期检查内容

1. 基本情况

（1）重点核对电力客户名称、地址、主管单位、联系人、用电负责人、电话、邮政编码、受电电源、电气设备的主接线、设备编号、主要设备参数（如变压器容量、电力电容器容量、互感器变比等）；

（2）非网自备电源的连接、容量等情况；生产班次、主要生产工艺流程、负荷构成和负荷变化情况。

2. 设备情况

（1）检查电力客户继电保护和自动装置周期校验情况和高压电气设备的周期试验情况；

（2）检查电力客户无功补偿设备投运情况，督促电力客户达到规定的功率因数标准；

（3）检查电力客户电气设备的各种连锁装置的可靠性和防止反送电的安全措施；

（4）检查电力客户操作电源系统的完好性；

（5）督促电力客户对国家明令淘汰的设备和小于电网短路容量要求的设备进行更新改造；

（6）核实上次检查时发现电力客户设备缺陷的处理情况和其他需要采取改进措施的落实情况；

（7）检查电能计量装置及采集终端运行情况，检查计量配置是否完好、合理。

3. 安全运行管理情况

（1）检查电力客户用电设备安全运行情况。检查防雷设备和接地系统是否符合要求。

（2）检查受电端电能质量，电力客户是否针对冲击性、非线性、非对称性负荷，采取了相应的检测、治理措施。

（3）检查电力客户变电站防小动物、防雨雪、防火、防触电等安全防护措施是否到位。安全工器具、消防器材、备品备件是否齐全合格、存放是否整齐、使用是否正确。

（4）检查电力客户对反事故措施的落实情况。

4. 规范用电情况

（1）检查变电所（站）内各种规章制度的执行情况；

（2）检查变电所（站）管理运行制度的执行情况；

（3）检查进网作业电工的资格；

（4）检查进网作业安全状况及作业安全措施；

（5）法律法规执行情况检查；

（6）检查供用电合同及有关协议履行和变更情况；

（7）检查电力客户是否违约用电；

（8）检查电力客户有无窃电行为；

（9）收集电力客户的建议和意见。

（二）周期检查结果处理

经现场检查确认电力客户的设备状况、电工作业行为、运行管理等方面，如有不符合安全规定，或者有明显违反国家规定，用电检查人员应开具一式两份“用电检查结果通知书”或“违约用电、窃电通知书”，一份送达电力客户并由电力客户代表签收，另一份存档备查。现场检查确认有危害供用电安全或扰乱供用电秩序行为的，用电检查人员应按照《用电检查管理办法》的规定，在现场予以制止。对于危险用电情况，用电检查人员可按照用电安全管理要求进行处理；如果现场检查确认有窃电行为的，用电检查人员应当场中止对其供电；如果用电检查人员现场检查发现存在电价执行错误，应详细记录现场情况，开具用电检查结果通知书，按照该类管理要求进行处理，如果用电检查人员现场检查发现存在计量异常，按照计量装置故障管理要求处理；如果电力客户拒绝接受用电检查人员的按规定处理，用电检查人员可按规定程序停止供电，并请求电力管理部门进行依法处理，或向司法机关起诉，依法追究其法律责任。用电检查人员应及时收集、整理周期检查书面资料，将“用电检查结果通知书”“违约用电通知书”“窃电通知书”“电力客户用电事故调查报告”“电力客户用电事故整改意见单”等资料及时归档。

第二节　专项检查工作

一、专项检查计划

用电检查班根据保电检查、季节性检查、事故检查、经营性检查、营业普查等检查任务以及针对电力客户用电异常情况，确定专项检查对象、范围和检查内容，编制专项检查计划，经审核通过后组织执行。

二、专项检查实施

用电检查班根据审批通过后专项检查计划安排现场检查任务 。用电检查班分配现场检查人员，打印“高压电力客户用电检查工作单”或“低压电力客户用电检查工作单”。现场检查人员携带“高压电力客户用电检查工作单”、“低压电力客户用电检查工作单”根据专项检查计划及确定的专项检查对象和检查范围，实施专项检查。

三、专项检查前的准备工作

准备好检查电力客户的相关用电资料，如“用电检查工作单”、常用工器具、《供电营业规则》、《电力安全工作规程》、抄表器、封表钳、铅封、电力客户档案等，电话通知检查电力客户单位的电气负责人。

四、专项检查内容

1. 保电检查

各级政府组织的大型政治活动、大型集会、庆祝娱乐活动及其他大型专项工作安排的活动，需确保供电的，应对相应范围内的电力客户进行专项用电检查。

2. 季节性检查

按每年季节性的变化，对电力客户设备进行安全检查，检查内容包括：

（1）防污检查：检查重污秽区电力客户反污措施的落实，推广防污新技术，督促电力客户改善电气设备绝缘质量，防止污闪事故发生。

（2）防雷检查：在雷雨季节到来之前，检查电力客户设备的接地系统、避雷针、避雷器等设施的安全完好性。

（3）防汛检查：汛期到来之前，检查所辖区域电力客户防洪电气设备的检修、预试工作是否落实，电源是否可靠，防汛的组织及技术措施是否完善。

（4）防冻检查：冬季到来之前，检查电力客户电气设备、消防设备防冻等情况。

（5）事故性检查：电力客户发生电气事故后，除进行事故调查和分析并汇报有关部门外，还要对电力客户设备进行一次全面、系统的检查。

（6）工程检查：系统变更、发行过程中，对电力客户受（送）电装置工程施工是否符合国家和电力行业施工规范要求，是否符合并网所需的安全、计量、调度等管理要求进行检查。

（7）经营性检查：当电费均价、线损、功率因数、分类用电比率及电费等出现大的波动或异常时，配合其他有关部门进行现场检查。

（8）营业普查：组织有关部门集中一段时间在较大范围内核对用电营业基础资料，对电力客户履行供用电合同的情况及有无违章用电、窃电行为进行检查。

五、专项检查步骤

（1）用电检查人员编制用电专项检查计划经主管领导审核批准后组织实施，安排用电检查人员根据用电专项检查计划内容进行现场检查。

（2）根据用电专项检查工作内容，用电检查人员对电力客户单位逐一进行现场检查，检查过程中发现的问题进行认真详细的记录。

（3）用电检查人员检查完毕后，将检查过程中发现的隐患汇总起来，告知电力客户。用电检查人员将检查电力客户所发现的问题进行汇总，进行整理归类，并将用电检查工作单存档。

（4）用电检查人员开具用电检查工作单，责令电力客户单位限期完成整改，电力客户电气负责人确认后签字并加盖公章。

（5）用电检查人员在整改期限当日到电力客户单位复查，检查电力客户整改情况，对于未如期整改完毕的，下达整改通知书，并由用户单位确认签字加盖公章。

第三章

设 备 管 理

第一节 设备档案管理

用电检查班应收集客户的设备运行资料，建立变压器、高压电机、断路器、负荷开关、电力电缆、避雷器、继电保护装置、电容器、自备应急电源、自备电厂等客户设备运行档案及电气接线图。用电检查班应根据日常检查工作中收集的客户设备信息，维护客户设备资料。要定期对客户设备档案进行复核，对现场检查中发现与客户档案内容不符的情况要及时进行补充完善，直至与现场相符并准确无误，用电检查班要对客户设备档案正确性、完整性负责。用电检查班还应收集、整理用电检查运行管理资料，归档保管，比如对因欠费、违约用电、窃电、有序用电等需要对客户中止供电的，用电检查班要按有关规定通知电力客户，下发通知的过程应做好记录，对中止供电原因消除的客户，恢复供电也应做好记录并将资料整理归档。客户设备的档案资料举例：

一、变电站设备规范实例

1. 变压器规范

变压器规范要求如下：

（1）应注明变压器的制造厂家、出厂编号、运行条件（户外强油风冷）、出厂日期和投运日期。

（2）变压器主要技术数据如表3-1所示。

表3-1　　变压器主要技术数据

型号	SFPSZ10-180000/220	额定容量	180000/180000/60000kVA	相数	三相
接线组别	YNyn0d11	额定电压	(220±8×1.25%)/121/11kV	频率	50Hz
冷却方式	ODAF	空载电流	0.24%	空载损耗	112.2kV
运行方式	容量（kVA）	负载损耗（kW）	容量（kVA）	短路阻抗（%）	
220/121	180000	501.68	180000	13.9	

续表

运行方式	容量（kVA）	负载损耗（kW）	容量（kVA）	短路阻抗（%）
220/11	60000	194.36	180000	49.3
121/11	60000	176.0	180000	32.61

有 载 调 压

分接开关位置	高压				中压		低压	
	电压（V）	电流（A）	分接（%）	选择开关	电压（V）	电流（A）	电压（V）	电流（A）
1	242000	429.4	10	X1-Y1-Z1				
2	239000	434.4	8.75	X2-Y2-Z2				
3	236500	439.4	7.5	X3-Y3-Z3				
4	233750	444.6	6.25	X4-Y4-Z4				
5	231000	449.9	5	X5-Y5-Z5	121000	858.9	11000	3149.2
6	228250	455.3	3.75	X6-Y6-Z6				
7	225500	460.9	2.5	X7-Y7-Z7				
8	222750	466.5	1.25	X8-Y8-Z8				
9a			额定	XK-YK-ZK				
9b	220000	472.4	额定	X9-Y9-Z9				
9c			额定	X1-Y1-Z1				
10	217250	478.5	−1.25	X2-Y2-Z2				
11	214500	484.5	−2.5	X3-Y3-Z3				
12	211750	490.8	−3.75	X4-Y4-Z4	121000	858.9	11000	3149.2
13	209000	497.2	−5	X5-Y5-Z5				
14	206250	503.9	−6.25	X6-Y6-Z6				
15	203500	510.7	−7.5	X7-Y7-Z7				
16	200750	517.7	−8.25	X8-Y8-Z8				
17	198000	524.9	−10	X9-Y9-Z9				

2. 组合电器（GIS）规范

组合电器（GIS）规范要求如下：

（1）应注明GIS设备的制造厂家、出厂日期和投运日期。

（2）GIS 主要技术数据如表 3-2 所示。

表 3-2 GIS 主要技术数据

设备名称	项　　目	技　术　数　据
断路器本体	型号	ZF16-252（L）/Y 3150A/50
	额定电压	252kV
	额定电流	3150A
	额定短路开断电流	50kA
	额定短路关合电流	125kA
	满容量开断次数	20 次
	额定开合线路充电电流	125A
	额定失步开断电流	12.5kV
	SF_6 额定气体压力	0.6MPa（20℃）
	气体报警压力	0.55MPa（20℃）
	气体闭锁压力	0.4MPa（20℃）
	合闸时间	≤80ms
	分闸时间	≤17～23ms
	机械寿命	6000 次
液压弹簧操动机构	型号	HMB—4
	充满容积的液压油	1.8L
	总装性能系统压力	45MPa
	总装性能操作功	4.5kJ
	二次回路控制电压	DC　110V，220V
	分（合）闸线圈操作功率	300W（154Ω）
	分（合）闸线圈额定电压	DC　110V，220V
	分（合）闸线圈额定电流	6A（110V），3A（220V）
	弹簧机构用电动机功率	660W
	弹簧机构用电动机电压	DC　110V，220V

3. 断路器规范

断路器规范要求如下：

(1) 应注明断路器的制造厂家、出厂日期和投运日期。

(2) 220kV 断路器主要技术数据如表 3-3 所示。

表 3-3　　220kV 断路器主要技术数据

设备名称	项　目	技 术 数 据
220kV 线路 SF_6 断路器本体	型号	3AQ1EE
	额定电压	252kV
	额定电流	4000A
	额定短路开断电流	50kA
	额定失步开断电流	12.5kA
	额定线路充电开断电流	160A
	首相开断系数	1.5
	额定操作顺序	0-0.3s-co-3min-co
	SF_6 气体质量	20kg
	总质量（含 SF_6）	3170kg
	重合闸型式	三相重合闸（检测无电压）
	出厂编号	02/K40006216
液压操动机构	型号	R1.0-H19
	额定电压	AC380V
	分闸电流	1.4A
	合闸电流	1.4A
	电动机功率	1.1kW
	机构编号	02.11450

(3) 35kV 断路器主要技术数据如表 3-4 所示。

表 3-4　35kV 断路器主要技术数据

设备名称	项　　目	技　术　数　据
变压器 35kV 侧断路器本体	型号	FP4025E
	最高工作电压	40.5kV
	额定开断电流	25kA
	灭弧室额定气压	0.35MPa（20℃）
	工频耐压	95kV
	额定操作顺序	分-0.3s-合分-180s-合分
	分闸时间	36～55ms
	合闸时间	65～95ms
	SF_6 气压值（额定）	0.35MPa（20℃）
	出厂编号	02P548
	质量	185kg
	额定频率	50Hz
	额定电流	1600A
	雷冲击耐受电压	185kV
	产品号	855 900/097s
	标准	GB 1984
	行程	≥78mm
	SF_6 低气压报警值	0.28MPa（20℃）
弹簧电动储能操动机构	储能电动机功率	50W
	额定电压	DC　220V
	额定电流	2.2A

4. 隔离开关规范

隔离开关规范要求如下：

（1）应注明隔离开关的制造厂家、出厂日期和投运日期。

（2）220kV 隔离开关主要技术数据如表 3-5 所示。

（3）110kV 隔离开关主要技术数据如表 3-6 所示。

表 3-5　220kV 隔离开关主要技术数据

项目	技术数据
型号	GW6-220GW
额定电压	220kV
额定电流	1000A

表 3-6　110kV 隔离开关主要技术数据

项目	技术数据
型号	GW8-110G
额定电压	110kV
额定电流	400A

5. 电流互感器规范

电流互感器规范要求如下：

（1）应注明电流互感器的制造厂家、出厂日期和投运日期。

（2）220kV 电流互感器主要技术数据如表 3-7 所示。

表 3-7　220kV 电流互感器主要技术数据

项　目	技　术　数　据	项　目	技　术　数　据
序号	A 7115，B 7117，C 7121	变比	2×600/5
型号	LRB-220-B	热稳定电压	21～42kV
额定电压	220kV	动稳定电压	55～110kV
准确等级	0.5，0.5，5P	油质量	400kg
准确容量	40VA，50VA，50VA	总质量	1400kg

（3）110kV 电流互感器主要技术数据如表 3-8 所示。

表 3-8　110kV 电流互感器主要技术数据

项　目	技　术　数　据	项　目	技　术　数　据
编号	A　2002087，B　2002074，C　2002072	热稳定电流	3s-31.5-63kA
型号	LVQHB—110W2	10%倍数	额定绝缘水平　126/230/550kV
额定电压	110kV	动稳定压力	补气压力 0.35MPa
准确等级	0.2FS，1.0，5P20	油压	额定气压 0.4MPa
变比	2×300/5，2×600/5	总质量	450kg

（4）35kV 电流互感器主要技术数据如表 3-9 所示。

表 3-9　　35kV 电流互感器主要技术数据

项　　目	技 术 数 据	项　　目	技 术 数 据
序号	359，351	准确容量	40VA，30VA
型号	LB6-35	变比	400/5
额定电压	35kV	油质量	25kg
准确等级	0.5	总质量	160kg

6. 电压互感器规范

电压互感器规范要求如下：

（1）应注明电压互感器的制造厂家、出厂日期和投运日期。

（2）220kV 电压互感器主要技术数据如表 3-10 所示。

表 3-10　　220kV 电压互感器主要技术数据

项　　目	技 术 数 据	项　　目	技 术 数 据
编号	A 97J04068-2，B 97J04068-1，C 97J04068-4	变比	$220kV/\sqrt{3}:/100/\sqrt{3}:100V$
型号	JCC_5-220W2	最大容量	300VA
电压	220kV	油质量	330kg
准确等级	0.5，1.3P	总质量	1440kg
准确容量	300VA，500VA，300VA		

（3）110kV 电压互感器主要技术数据如表 3-11 所示。

表 3-11　　110kV 电压互感器主要技术数据

项　　目	技 术 数 据	项　　目	技 术 数 据
编号	000015	变比	$110kV/\sqrt{3}:/100/\sqrt{3}:100V$
型号	JSQX8-110ZHA1	最大容量	2000VA
电压	110kV	试验电压	200kV
准确等级	0.2，3P	油质量	135kg
准确容量	300VA，500VA，300VA	总质量	535kg

7. 电抗器规范

电抗器规范要求如下：

（1）应注明电抗器的制造厂家、出厂日期和投运日期。

（2）10kV 串联电抗器主要技术数据如表 3-12 所示。

表 3-12　10kV 电抗器主要技术数据

项　目	技术数据	项　目	技术数据
型号	CKSQ-360/10.5	器身重	1000kg
额定电压	10500V	额定电容	360kVA
端子电压	364V	运行条件	户外式
额定电流	330A	冷却方式	油浸自冷
电抗值	1.1Ω	油面升温	48℃以下
频率	50Hz	油质量	465kg
总质量	1850kg		

8. 电容器规范

电容器规范要求如下：

（1）应注明电容器的制造厂家、出厂日期和投运日期。

（2）35kV 电容器主要技术数据如表 3-13 所示。

表 3-13　35kV 电容器主要技术数据

项　目	技术数据	项　目	技术数据
型号	BFF	单只电容器额定容量	100kvar
电容量	2.78μF	总容量	9600kvar
额定电压	35kV	接线形式	双星型

9. 高压熔断器规范

高压熔断器规范要求如下：

（1）应注明熔断器的制造厂家、出厂日期和投运日期。

（2）35kV 熔断器主要技术数据如表 3-14 所示。

表 3-14　35kV 熔断器主要技术数据

项　目	技术数据	项　目	技术数据
型号	RN1-35	额定电流	7.5A
额定容量	200MVA		

10. 耦合电容器规范

耦合电容器规范要求如下：

（1）应注明耦合电容器的制造厂家、出厂日期和投运日期。

（2）110kV 耦合电容器主要技术数据如表 3-15 所示。

表 3-15 110kV 耦合电容器主要技术数据

项目	技术数据	项目	技术数据
型号	OWF110/$\sqrt{3}$-0.01	电容量	0.00973μF
额定电压	110/$\sqrt{3}$kV		

11. 避雷器规范

避雷器规范要求如下：

（1）应注明避雷器的制造厂家、出厂日期和投运日期。

（2）110kV 避雷器主要技术数据如表 3-16 所示。

表 3-16 110kV 避雷器主要技术数据

项目	技术数据	项目	技术数据
型号	Y10W-100	额定电压	100kV

12. 母线规范

母线规范要求如下：

（1）应注明母线的安装地点、电压等级。

（2）35kV 母线主要技术数据如表 3-17 所示。

表 3-17 35kV 母线主要技术数据

项目	技术数据	项目	技术数据
型号	LMY-100 * 10	横截面	1000mm^2
额定电流	1347A		

13. 导线规范

导线规范要求如下：

（1）应注明线路导线的安装地点、电压等级。

（2）110kV 线路导线主要技术数据如表 3-18 所示。

表 3-18　　110kV 线路导线主要技术数据

项　目	技　术　数　据	项　目	技　术　数　据
型号	LGJ-240	额定电流	610A

二、变电站运行方式实例

（一）220kV 共历变电站运行方式（见图 3-1，文后插页）

1. 220kV 双母线带旁路接线正常运行方式

220kV 发共线在 220kV 1 母线运行，220kV 发共线 21 断路器、21-1 隔离开关、21-3 隔离开关均在合闸位置。220kV 1 号变压器在 220kV 1 母线运行，220kV 1 号变压器 22 断路器、22-1 隔离开关、22-3 隔离开关均在合闸位置。220kV 安共线在 220kV 2 母线运行，220kV 安共线 25 断路器、25-2 隔离开关、25-3 隔离开关均在合闸位置。220kV 会共线在 220kV 2 母线运行，220kV 会共线 23 断路器，23-2 隔离开关、23-3 隔离开关均在合闸位置。220kV 2 号变压器在 220kV 2 母线运行，220kV 2 号变压器 24 断路器、24-2 隔离开关、24-3 隔离开关均在合闸位置。220kV 母联兼旁路 20 断路器、20-1 隔离开关、20-2 隔离开关均在合闸位置，220kV 1 母线与 220kV 2 母线通过母联兼旁路（简称“母旁”）20 断路器并列运行，220kV 母差保护投入双母差运行。220kV 1 号变压器 220kV 侧中性点经过 1-D20 中性点接地刀闸直接接地。220kV 2 号变压器 2-D20 中性点接地刀闸在拉开位置，220kV 2 号变压器 220kV 侧中性点经放电间隙接地，220kV 2 号变压器放电间隙保护投入运行。220kV 1 号变压器 1-D10 中性点接地刀闸在合闸位置，220kV 1 号变压器 110kV 侧中性点经过 1-D10 中性点接地刀闸直接接地。220kV 2 号变压器 2-D10 中性点接地刀闸在合闸位置，220kV 2 号变压器 110kV 侧中性点经过 2-D10 中性点接地刀闸直接接地。220kV 21TV 在 220kV 1 母线运行，220kV 22TV 在 220kV 2 母线运行。220kV 4 母线（旁路母线）冷备用，母旁 20-4 隔离开关、220kV 发共线 21-4 隔离开关、220kV 1 号变压器 22-4 隔离开关、220kV 会共线 23-4 隔离开关、220kV 2 号变压器 24-4 隔离开关、220kV 安共线 25-4 隔离开关均在拉开位置。

2. 220kV 变压器及三侧设备正常运行方式

220kV 1 号变压器 220kV 侧在 220kV 1 母线运行，220kV 1 号变压器 22 断路器、22-3 隔离开关、22-1 隔离开关均在合闸位置。220kV 1 号变压器 110 kV 侧在 110kV 1 母线运行，220kV 1 号变压器 32 断路器、32-3 隔离开关、32-1 隔离开关均在合闸位置。220kV 1 号变压器 10kV 侧在 10kV 1 母线运行，220kV 1

号变压器92断路器、92-3隔离开关、92-1隔离开关均在合闸位置。220kV 2号变压器220kV侧在220kV 2母线运行，220kV 2号变压器24断路器、24-3隔离开关、24-2隔离开关均在合闸位置。220kV 2号变压器110kV侧在110kV 2母线运行，220kV 2号变压器34断路器、34-3隔离开关、34-2隔离开关均在合闸位置。220kV 2号变压器10kV侧在10kV 2母线运行，2号变压器94断路器、94-3隔离开关、94-2隔离开关均在合闸位置，2号变压器10kV侧在10kV 2母线运行。10kV分段90断路器在拉开位置，90-1隔离开关、90-2隔离开关均在合闸位置。10kV分段90断路器处于热备用状态。220kV母旁20断路器、20-1隔离开关、20-2隔离开关均在合闸位置，220kV 1母线与220kV 2母线并列运行。110kV母旁10断路器、10-1隔离开关、10-2隔离开关均在合闸位置，110kV 1母线与110kV 2母线并列运行。220kV 1号变压器220kV侧中性点经过1-D20中性点接地刀闸直接接地。220kV 2号变压器2-D20中性点接地刀闸在拉开位置，220kV 2号变压器220kV侧中性点经放电间隙接地，220kV 2号变压器放电间隙保护投入运行。220kV 1号变压器1-D10中性点接地刀闸在合闸位置，220kV 1号变压器110kV侧中性点经过1-D10中性点接地刀闸直接接地。220kV 2号变压器2-D10中性点接地刀闸在合闸位置，220kV 2号变压器110kV侧中性点经过2-D10中性点接地刀闸直接接地。

3. 110kV双母线带旁路接线正常运行方式

220kV 1号变压器110kV侧在110kV 1母线运行，220kV 1号变压器32断路器、32-3隔离开关、32-1隔离开关均在合闸位置。110kV历王线在110kV 1母线运行，110kV历王线11断路器、11-3隔离开关、11-1隔离开关均在合闸位置。110kV历方线在110kV 1母线运行，110kV历方线13断路器、13-3隔离开关、13-1隔离开关均在合闸位置。110kV历元线在110kV 1母线运行，110kV历元线15断路器、15-3隔离开关、15-1隔离开关均在合闸位置。110kV历公线在110kV 1母线运行，110kV历公线17断路器、17-3隔离开关、17-1隔离开关均在合闸位置。220kV 2号变压器110kV侧在110kV 2母线运行，220kV 2号变压器34断路器、34-3隔离开关、34-2隔离开关均在合闸位置。110kV历水线在110kV 2母线运行，110kV历水线12断路器、12-3隔离开关、12-2隔离开关均在合闸位置。110kV历加线在110kV 2母线运行，110kV历加线14断路器、14-3隔离开关、14-2隔离开关均在合闸位置。110kV历企线在110kV 2母线运行，110kV历企线16断路器、16-3隔离开关、16-2隔离开关均在合闸位置。110kV母旁10断路器、10-1隔离开关、10-2隔离开关均在合闸位置。110kV 1母线与110kV 2母线并列运行。110kV 11TV在110kV 1母线运行，110kV 12TV在

110kV 2 母线运行。110kV 11TV 与 110kV 12TV 二次联络开关在拉开位置。110kV 母差保护投入双母线运行。110kV 4 母线（旁路母线）冷备用，母旁 10-4 隔离开关、110kV 历王线 11-4 隔离开关、110kV 历水线 12-4 隔离开关、110kV 历方线 13-4 隔离开关、110kV 历加线 14-4 隔离开关、110kV 历元线 15-4 隔离开关、110kV 历企线 16-4 隔离开关、110kV 历公线 17-4 隔离开关、1 号变压器 32-4 隔离开关、2 号变压器 34-4 隔离开关均在拉开位置。

4. 10kV 单母线分段接线正常运行方式

220kV 1 号变压器 10kV 侧在 10kV 1 母线运行，220kV 1 号变压器 92 断路器、92-3 隔离开关、92-1 隔离开关均在合闸位置。220kV 2 号变压器 10kV 侧在 10kV 2 母线运行，2 号变压器 94 断路器、94-3 隔离开关、94-2 隔离开关均在合闸位置。10kV 分段 90 断路器在拉开位置，90-1 隔离开关、90-2 隔离开关均在合闸位置。10kV 分段 90 断路器处于热备用状态。10kV 城南线、10kV 力作线、10kV 科艺线、10kV 工绒线、10kV 城区线、10kV 神高线、10kV 1 号电容器、10kV 齐能线、10kV 1TV、10kV 1 号站用变压器均在 10kV 1 母线带电运行。10kV 城南线 61 断路器、61-1 隔离开关、61-3 隔离开关均在合闸位置，10kV 力作线 62 断路器、62-1 隔离开关、62-3 隔离开关均在合闸位置，10kV 科艺线 63 断路器、63-1 隔离开关、63-3 隔离开关均在合闸位置，10kV 工绒线 64 断路器、64-1 隔离开关、64-3 隔离开关均在合闸位置，10kV 城区线 65 断路器、65-1 隔离开关、65-3 隔离开关均在合闸位置，10kV 神高线 66 断路器、66-1 隔离开关、66-3 隔离开关均在合闸位置，10kV 1 号电容器 67 断路器、67-1 隔离开关、67-3 隔离开关均在合闸位置，10kV 齐能线 68 断路器、68-1 隔离开关、68-3 隔离开关均在合闸位置。10kV 城北线、10kV 2 号电容器、10kV 小屯线、10kV 大店线、10kV 济水线、10kV 马齐线、10kV 城中线、10kV 东州线、10kV 2TV、10kV 2 号站用变压器均在 10kV 2 母线带电运行。10kV 城北线 81 断路器、81-2 隔离开关、81-3 隔离开关均在合闸位置，10kV 2 号电容器 82 断路器、82-2 隔离开关、82-3 隔离开关均在合闸位置，10kV 小屯线 83 断路器、83-2 隔离开关、83-3 隔离开关均在合闸位置，10kV 大店线 84 断路器、84-2 隔离开关、84-3 隔离开关均在合闸位置，10kV 济水线 85 断路器、85-2 隔离开关、85-3 隔离开关均在合闸位置，10kV 马齐线 86 断路器、86-2 隔离开关、86-3 隔离开关均在合闸位置，10kV 城中线 87 断路器、87-2 隔离开关、87-3 隔离开关均在合闸位置，10kV 东州线 88 断路器、88-2 隔离开关、88-3 隔离开关均在合闸位置。10kV 1TV 与 10kV 2TV 二次联络开关在拉开位置。10kV 1 号站用变压器、10kV 2 号站用变压器二次分段刀开关在拉开位置。

（二）220kV申汇变电站运行方式（见图3-2，文后插页）

1. 220kV双母线带旁路接线正常运行方式

220kV广联线在220kV 1母线运行，220kV广联线21断路器、21-1隔离开关、21-3隔离开关均在合闸位置。220kV 1号变压器在220kV 1母线运行，220kV 1号变压器22断路器、22-1隔离开关、22-3隔离开关均在合闸位置。220kV申东线在220kV 2母线运行，220kV申东线25断路器、25-2隔离开关、25-3隔离开关均在合闸位置。220kV川山线在220kV 2母线运行，220kV川山线23断路器，23-2隔离开关、23-3隔离开关均在合闸位置。220kV 2号变压器在220kV 2母线运行，220kV 2号变压器24断路器、24-2隔离开关、24-3隔离开关均在合闸位置。220kV母联兼旁路20断路器、20-1隔离开关、20-2隔离开关均在合闸位置，220kV 1母线与220kV 2母线通过母联兼旁路（简称“母旁”）20断路器并列运行，220kV母差保护投入双母差运行。220kV 1号变压器220kV侧中性点经过1-D20中性点接地刀闸直接接地。220kV 2号变压器2-D20中性点接地刀闸在拉开位置，220kV 2号变压器220kV侧中性点经放电间隙接地，220kV 2号变压器放电间隙保护投入运行。220kV 1号变压器1-D10中性点接地刀闸在合闸位置，220kV 1号变压器110kV侧中性点经过1-D10中性点接地刀闸直接接地。220kV 2号变压器2-D10中性点接地刀闸在合闸位置，220kV 2号变压器110kV侧中性点经过2-D10中性点接地刀闸直接接地。220kV 21TV在220kV 1母线运行，220kV 22TV在220kV 2母线运行。220kV 4母线（旁路母线）冷备用，220kV母旁20-4隔离开关、220kV广联线21-4隔离开关、220kV 1号变压器22-4隔离开关、220kV川山线23-4隔离开关、220kV 2号变压器24-4隔离开关、220kV申东线25-4隔离开关均在拉开位置。

2. 220kV变压器及三侧设备正常运行方式

220kV 1号变压器220kV侧在220kV 1母线运行，220kV 1号变压器22断路器、22-3隔离开关、22-1隔离开关均在合闸位置。220kV 1号变压器110 kV侧在110kV 1母线运行，220kV 1号变压器32断路器、32-3隔离开关、32-1隔离开关均在合闸位置。220kV 1号变压器35kV侧在35kV 1母线运行，220kV 1号变压器52断路器、52-3隔离开关、52-5隔离开关、52-1隔离开关均在合闸位置。220kV 2号变压器220kV侧在220kV 2母线运行，220kV 2号变压器24断路器、24-3隔离开关、24-2隔离开关均在合闸位置。220kV 2号变压器110kV侧在110kV 2母线运行，2号变压器34断路器、34-3隔离开关、34-2隔离开关均在合闸位置。220kV 2号变压器35kV侧在35kV 2母线运行，2号变压器54断路器、54-3隔离开关、54-5隔离开关、54-2隔离开关均在合闸位置。35kV母联50断路器在拉开位置，35kV母联50-1隔离开关、50-2隔离开关均在合闸位置。35kV母联50断路器处于热备用状态。220kV母旁20断路器、20-1隔离开关、20-2隔离开关均在合闸位置，220kV 1母线与220kV 2母线并列运行。110kV母旁10断路器、10-1隔离开关、10-2隔离开关均在合闸位置，110kV 1母线与110kV 2母线并列运行。220kV 1号变压器220kV侧中性点经过1-D20中性点接地刀闸直接接地。220kV 2号变压器2-D20中性点接地刀闸在拉开位置，220kV 2号变压器220kV侧中性点经放电间隙接地，220kV 2号变压器放电间隙保护投入运行。220kV 1号变压器1-D10中性点接地刀闸在合闸位置，220kV 1号变压器110kV侧中性点经过1-D10中性点接地刀闸直接接地。220kV 2号变压器2-D10中性点接地刀闸在合闸位置，220kV 2号变压器110kV侧中性点经过2-D10中性点接地刀闸直接接地。

3. 110kV双母线带旁路接线正常运行方式

220kV 1号变压器110kV侧在110kV 1母线运行，220kV 1号变压器32断路器、32-3隔离开关、32-1隔离开关均在合闸位置。110kV汇商线在110kV 1母线运行，110kV汇商线11断路器、11-3隔离开关、11-1隔离开关均在合闸位置。110kV汇易线在110kV 1母线运行，110kV汇易线13断路器、13-3隔离开关、13-1隔离开关均在合闸位置。110kV汇南线在110kV 1母线运行，110kV汇南线15断路器、15-3隔离开关、15-1隔离开关均在合闸位置。110kV汇玻线在110kV 1母线运行，110kV汇玻线17断路器、17-3隔离开关、17-1隔离开关均在合闸位置。220kV 2号变压器110kV侧在110kV 2母线运行，2号变压器34断路器、34-3隔离开关、34-2隔离开关均在合闸位置。110kV汇张线在110kV 2母线运行，110kV汇张线12断路器、12-3隔离开关、12-2隔离开关均在合闸位置。110kV汇电线在110kV 2母线运行，110kV汇电线14断路器、14-3隔离开关、14-2隔离开关均在合闸位置。110kV汇水线在110kV 2母线运行，110kV汇水线16断路器、16-3隔离开关、16-2隔离开关均在合闸位置。110kV母旁10断路器、10-1隔离开关、10-2隔离开关均在合闸位置。110kV 1母线与110kV 2母线并列运行。110kV 11TV在110kV 1母线运行，110kV 12TV在110kV 2母线运行。110kV 11TV与110kV 12TV二次联络开关在拉开位置。110kV母差保护投入双母差运行。110kV 4母线（旁路母线）冷备用，母旁10-4隔离开关、110kV汇商线11-4隔离开关、110kV汇张线12-4隔离开关、110kV汇易线13-4隔离开关、110kV汇电线14-4隔离开关、110kV汇南线15-4隔离开关、110kV汇水线16-4隔离开关、110kV汇玻线17-4隔离开关、220kV 1号变压器32-4隔离开关、220kV 2号变压器34-4隔离开关均在拉开位置。

4. 35kV 双母线带旁路接线正常运行方式

220kV 1 号变压器 35kV 侧在 35kV 1 母线运行，1 号变压器 52 断路器、52-3 隔离开关、52-1 隔离开关、52-5 隔离开关均在合闸位置。35kV 1 号电容器（A 组、B 组）在 35kV 1 母线运行，1 号电容器 711 断路器、711-1 隔离开关、711-3 隔离开关均在合闸位置。711A 断路器、711A-A 隔离开关均在合闸位置。711B 断路器、711B-B 隔离开关均在合闸位置。35kV 武河线在 35kV 1 母线运行，35kV 武河线 72 断路器、72-3 隔离开关、72-1 隔离开关均在合闸位置。35kV 卢村线在 35kV 1 母线运行，35kV 卢村线 74 断路器、74-3 隔离开关、74-1 隔离开关均在合闸位置。35kV 贵泰线在 35kV 1 母线运行，35kV 贵泰线 77 断路器、77-3 隔离开关、77-1 隔离开关均在合闸位置。35kV 1 号站用变压器在 35kV 1 母线运行，1 号站用变压器 713-1 隔离开关在合闸位置。220kV 2 号变压器 35kV 侧在 35kV 2 母线运行，2 号变压器 54 断路器、54-3 隔离开关、54-2 隔离开关、54-5 隔离开关均在合闸位置。35kV 2 号电容器（A 组、B 组）在 35kV 2 母线运行，2 号电容器 712 断路器、712-2 隔离开关、712-3 隔离开关均在合闸位置。712A 断路器、712A-A 隔离开关均在合闸位置。712B 断路器、712B-B 隔离开关均在合闸位置。金城线在 35kV 2 母线运行，金城线 71 断路器、71-3 隔离开关、71-2 隔离开关均在合闸位置。35kV 华阳线在 35kV 2 母线运行，35kV 华阳线 73 断路器、73-3 隔离开关、73-2 隔离开关均在合闸位置。35kV 东里线 75 断路器、75-3 隔离开关、75-2 隔离开关均在合闸位置。35kV 新桥线在 35kV 2 母线运行，35kV 新桥线 76 断路器、76-3 隔离开关、76-2 隔离开关均在合闸位置。35kV 2 号站用变压器在 35kV 2 母线运行，2 号站用变压器 714-2 隔离开关在合闸位置。35kV 母联 50 断路器热备用，35kV 母联 50 断路器在拉开位置，35kV 母联 50-1 隔离开关、50-2 隔离开关均在合闸位置。35kV 31TV 在 35kV 1 母线运行，35kV 32TV 在 35kV 2 母线运行，35kV 31TV 与 35kV 32TV 二次联络开关在拉开位置。35kV 4 母线（旁路母线）冷备用，35kV 旁路 60 断路器在拉开位置，60-1 隔离开关、60-2 隔离开关、60-4 隔离开关均在拉开位置。220kV 1 号变压器 52-4 隔离开关、220kV 2 号变压器 54-4 隔离开关、35kV 金城线 71-4 隔离开关、35kV 武河线 72-4 隔离开关、35kV 华阳线 73-4 隔离开关、35kV 卢村线 74-4 隔离开关、35kV 东里线 75-4 隔离开关、35kV 新桥线 76-4 隔离开关、35kV 贵泰线 77-4 隔离开关均在拉开位置。

（三）220kV 东关变电站运行方式（见图 3-3，文后插页）

1. 220kV 3/2 断路器接线正常运行方式

220kV 1 母线、220kV 2 母线并串运行，1 串联络 2212 断路器、22121 隔离

开关、22122 隔离开关均在合闸位置，2 串联络 2222 断路器、22221 隔离开关、22222 隔离开关均在合闸位置，3 串联络 2232 断路器、22321 隔离开关、22322 隔离开关均在合闸位置，4 串联络 2242 断路器、22421 隔离开关、22422 隔离开关均在合闸位置。220kV 1 号变压器在 220kV 1 串运行，220kV 1 号变压器 2211 断路器、22111 隔离开关、22112 隔离开关、22116 隔离开关均在合闸位置。220kV 2 号变压器在 220kV 2 串运行，220kV 2 号变压器 2223 断路器、22231 隔离开关、22232 隔离开关、22236 隔离开关均在合闸位置。220kV 德东线在 220kV 1 串运行，220kV 德东线 2213 断路器、22131 隔离开关、22132 隔离开关均在合闸位置。220kV 东源线在 220kV 2 串运行，220kV 东源线 2221 断路器、22211 隔离开关、22212 隔离开关均在合闸位置。220kV 东阳线在 220kV 3 串运行，220kV 东阳线 2233 断路器、22331 隔离开关、22332 隔离开关均在合闸位置。220kV 淄东线在 220kV 4 串运行，220kV 淄东线 2243 断路器、22431 隔离开关、22432 隔离开关均在合闸位置。

2. 220kV 变压器及三侧设备正常运行方式

220kV 1 号变压器在 220kV 1 串运行，220kV 1 号变压器 220kV 侧 2211 断路器、22111 隔离开关、22112 隔离开关、22116 隔离开关均在合闸位置。220kV 2 号变压器在 220kV 2 串运行，220kV 2 号变压器 220kV 侧 2223 断路器、22231 隔离开关、22232 隔离开关、22236 隔离开关均在合闸位置。1 号变压器 220kV 侧中性点经放电直接接地，1-D20 接地刀闸在合闸位置，2 号变压器 220kV 侧中性点间隙接地，2-D20 接地刀闸在拉开位置。220kV 1 串联络 2212 断路器、22121 隔离开关、22122 隔离开关均在合闸位置，220kV 2 串联络 2222 断路器、22221 隔离开关、22222 隔离开关均在合闸位置，220kV 1 母线、220kV 2 母线并串运行。220kV 1 号变压器 110kV 侧在 110kV 1 母线运行，220kV 1 号变压器 110kV 侧 32 断路器、32-3 隔离开关、32-1 隔离开关均在合闸位置，220kV 1 号变压器 1-D10 接地刀闸在合闸位置。220kV 2 号变压器 110kV 侧在 110kV 2 母线运行，220kV 2 号变压器 110kV 侧 34 断路器、34-3 隔离开关、34-2 隔离开关均在合闸位置，220kV 2 号变压器 2-D10 接地刀闸在合闸位置。110kV 母联 10 断路器、10-1 隔离开关、10-2 隔离开关均在合闸位置，110kV 1 母线与 110kV 2 母线并列运行。220kV 1 号变压器 35kV 侧在 35kV 1 母线运行，1 号变压器 52 断路器、52-3 隔离开关、52-1 隔离开关、52-5 隔离开关均在合闸位置。220kV 2 号变压器 35kV 侧在 35kV 2 母线运行，2 号变压器 54 断路器、54-3 隔离开关、54-2 隔离开关、54-5 隔离开关均在合闸位置。35kV 母联 50 断路器热备用，35kV 母联 50 断路器在拉开位置，35kV 母联 50-1 隔离开关、50-2隔离开关均在合闸位置。

3. 110kV双母线带旁路接线正常运行方式

220kV 1号变压器110kV侧在110kV 1母线运行，220kV 1号变压器32断路器、32-3隔离开关、32-1隔离开关均在合闸位置，220kV 1号变压器1-D10接地刀闸在合闸位置。110kV东建线在110kV 1母线运行，110kV东建线11断路器、11-3隔离开关、11-1隔离开关均在合闸位置。110kV东化线在110kV 1母线运行，110kV东化线13断路器、13-3隔离开关、13-1隔离开关均在合闸位置。110kV东山线在110kV 1母线运行，110kV东山线15断路器、15-3隔离开关、15-1隔离开关均在合闸位置。110kV东川线在110kV 1母线运行，110kV东川线17断路器、17-3隔离开关、17-1隔离开关均在合闸位置。220kV 2号变压器110kV侧在110kV 2母线运行，220kV 2号变压器34断路器、34-3隔离开关、34-2隔离开关均在合闸位置，220kV 2号变压器2-D10接地刀闸在合闸位置。110kV东鲁线在110kV 2母线运行，110kV东鲁线12断路器、12-3隔离开关、12-2隔离开关均在合闸位置。110kV东陶线在110kV 2母线运行，110kV东陶线14断路器、14-3隔离开关、14-2隔离开关均在合闸位置。110kV东石线在110kV 2母线运行，110kV东石线16断路器、16-3隔离开关、16-2隔离开关均在合闸位置。110kV母旁10断路器、10-1隔离开关、10-2隔离开关均在合闸位置。110kV 1母线与110kV 2母线并列运行。110kV 11TV在110kV 1母线运行，110kV 12TV在110kV 2母线运行。110kV 11TV与110kV 12TV二次联络开关在拉开位置。110kV母差保护投入双母差运行。110kV 4母线（旁路母线）冷备用，110kV母旁10-4隔离开关、110kV东建线11-4隔离开关、110kV东鲁线12-4隔离开关、110kV东化线13-4隔离开关、110kV东陶线14-4隔离开关、110kV东山线15-4隔离开关、110kV东石线16-4隔离开关、110kV东川线17-4隔离开关、220kV 1号变压器32-4隔离开关、220kV 2号变压器34-4隔离开关均在拉开位置。

4. 35kV双母线带旁路接线正常运行方式

220kV 1号变压器35kV侧在35kV 1母线运行，1号变压器52断路器、52-3隔离开关、52-1隔离开关、52-5隔离开关均在合闸位置。35kV 1号电容器（A组、B组）在35kV 1母线运行，1号电容器711断路器、711-1隔离开关、711-3隔离开关均在合闸位置。711A断路器、711A-A隔离开关均在合闸位置。711B断路器、711B-B隔离开关均在合闸位置。35kV宾海线在35kV 1母线运行，35kV宾海线72断路器、72-3隔离开关、72-1隔离开关均在合闸位置。35kV兰乡线在35kV 1母线运行，35kV兰乡线74断路器、74-3隔离开关、74-

1隔离开关均在合闸位置。35kV石门线在35kV 1母线运行，35kV石门线77断路器、77-3隔离开关、77-1隔离开关均在合闸位置。35kV 1号站用变压器在35kV 1母线运行，1号站用变压器713-1隔离开关在合闸位置。220kV 2号变压器35kV侧在35kV 2母线运行，220kV 2号变压器54断路器、54-3隔离开关、54-2隔离开关、54-5隔离开关均在合闸位置。35kV 2号电容器（A组、B组）在35kV 2母线运行，2号电容器712断路器、712-2隔离开关、712-3隔离开关均在合闸位置。712A断路器、712A-A隔离开关均在合闸位置。712B断路器、712B-B隔离开关均在合闸位置。35kV东江线在35kV 2母线运行，35kV东江线71断路器、71-3隔离开关、71-2隔离开关均在合闸位置。35kV甫田线在35kV 2母线运行，35kV甫田线73断路器、73-3隔离开关、73-2隔离开关均在合闸位置。35kV雨村线在35kV 2母线运行，35kV雨村线75断路器、75-3隔离开关、75-2隔离开关均在合闸位置。35kV宁城线在35kV 2母线运行，35kV宁城线76断路器、76-3隔离开关、76-2隔离开关均在合闸位置。35kV 2号站用变压器在35kV 2母线运行，2号站用变压器714-2隔离开关在合闸位置。35kV母联50断路器热备用，35kV母联50断路器在拉开位置，35kV母联50-1隔离开关、50-2隔离开关均在合闸位置。35kV 31TV在35kV 1母线运行，35kV 32TV在35kV 2母线运行，35kV 31TV与35kV 32TV二次联络开关在拉开位置。35kV旁路60断路器在拉开位置，60-1隔离开关在拉开位置。35kV 4母线（旁路母线）冷备用，60-2隔离开关、60-4隔离开关均在拉开位置。220kV 1号变压器52-4隔离开关、220kV 2号变压器54-4隔离开关、35kV东江线71-4隔离开关、35kV宾海线72-4隔离开关、35kV甫田线73-4隔离开关、35kV兰乡线74-4隔离开关、35kV雨村线75-4隔离开关、35kV宁城线76-4隔离开关、35kV石门线77-4隔离开关均在拉开位置。

（四）110kV科力变电站运行方式（见图3-4）

1. 110kV单母线分段接线正常运行方式

110kV分段10-1隔离开关，10-2隔离开关均在合闸位置，110kV高科线14断路器，14-2隔离开关，14-3隔离开关均在合闸位置，110kV高科线带110kV 1母线与110kV 2母线运行，110kV 1号变压器110kV侧在110kV 1母线运行，110kV 2号变压器110kV侧在110kV 2母线运行。110kV新科线12断路器在拉开位置，12-1隔离开关，12-3隔离开关均在合闸位置，110kV新科线12断路器在热备用状态。110kV备用电自投装置投入运行，110kV 1号变压器1-D10中性点接地刀闸与110kV 2号变压器2-D10中性点接地刀闸均在拉开位置。110kV 1号变压器110kV侧32断路器、32-1隔离开关、32-3隔离开关均在合闸位置。110kV 1号变压器10kV侧92断路器，92-3隔离开关，92-1隔离开关均在合闸

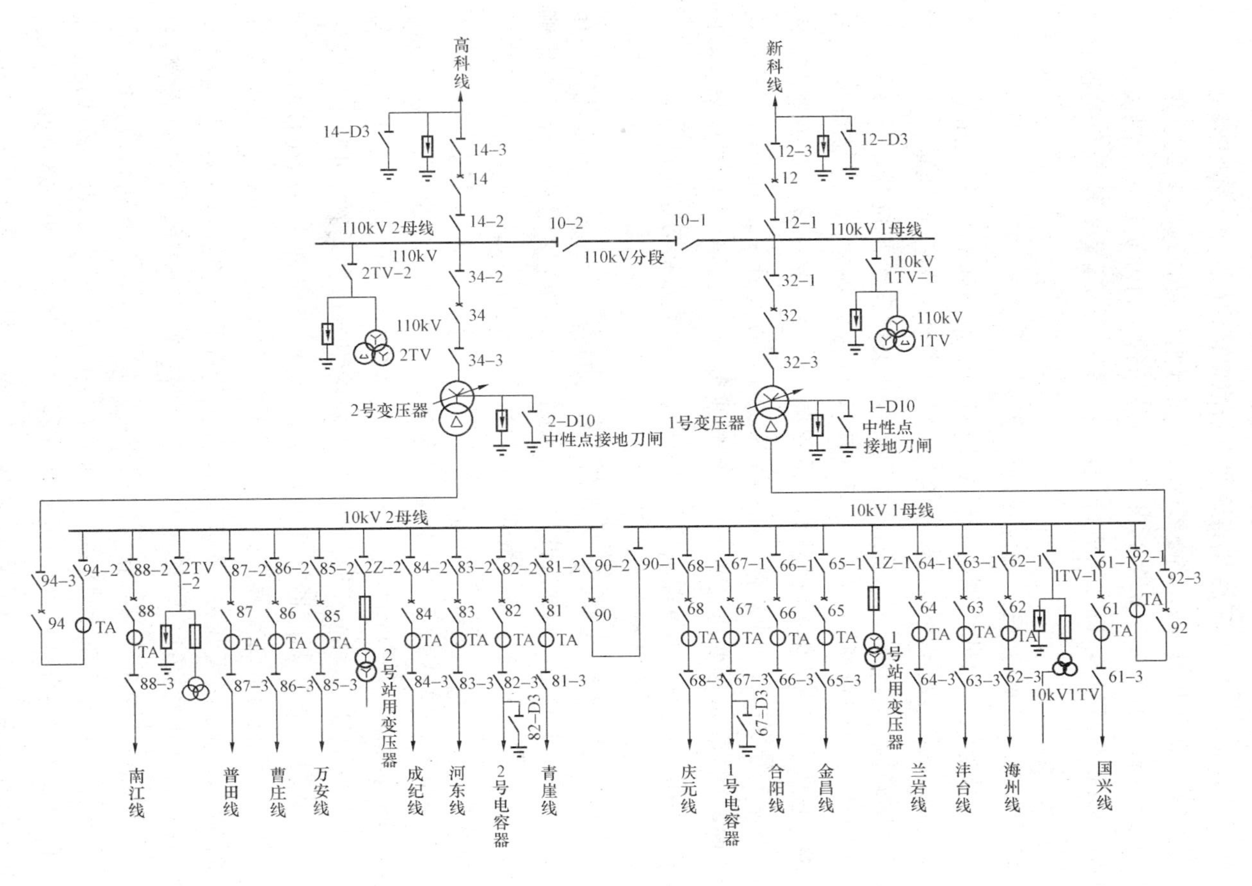

图 3-4 110kV科力变电站一次系统图

位置，110kV 1 号变压器带 10kV 1 母线负荷。110kV 2 号变压器 110kV 侧 34 断路器、34-2 隔离开关、34-3 隔离开关均在合闸位置，110kV 2 号变压器 10kV 侧 94 断路器，94-3 隔离开关，94-2 隔离开关均在合闸位置，110kV 2 号变压器带 10kV 2 母线负荷，110kV 1TV 在 110kV 1 母线运行，110kV 1TV-1 隔离开关在合闸位置，110kV 2TV 在 110kV 2 母线运行，110kV 2TV-2 隔离开关在合闸位置。

2. 110kV 变压器及两侧设备正常运行方式

110kV 1 号变压器 110kV 侧在 110kV 1 母线运行，110kV 1 号变压器 110kV 侧 32 断路器、32-1 隔离开关、32-3 隔离开关均在合闸位置。110kV 1 号变压器 10kV 侧 92 断路器，92-3 隔离开关，92-1 隔离开关均在合闸位置，110kV 1 号变压器带 10kV 1 母线负荷。110kV 2 号变压器 110kV 侧在 110kV 2 母线运行，110kV 2 号变压器 110kV 侧 34 断路器、34-2 隔离开关、34-3 隔离开关均在合闸位置，110kV 2 号变压器 10kV 侧 94 断路器，94-3 隔离开关，94-2 隔离开关均在合闸位置，110kV 2 号变压器带 10kV 2 母线负荷，110kV 1 号变压器 1-D10 中性点接地刀闸与 110kV 2 号变压器 2-D10 中性点接地刀闸均在拉开位置。

3. 10kV 单母线分段接线正常运行方式

110kV 1 号变压器 10kV 侧 92 断路器，92-3 隔离开关，92-1 隔离开关均在合闸位置，110kV 1 号变压器带 10kV 1 母线负荷。110kV 2 号变压器 10kV 侧 94 断路器，94-3 隔离开关，94-2 隔离开关均在合闸位置，110kV 2 号变压器带 10kV 2 母线负荷。10kV 分段 90 断路器在拉开位置，90-1 隔离开关，90-2 隔离开关均在合闸位置，10kV 分段 90 断路器在热备用状态。10kV 国兴线、10kV 海州线、10kV 沣台线、10kV 兰岩线、10kV 金昌线、10kV 合阳线、10kV 1 号电容器、10kV 庆元线、10kV 1TV、10kV 1 号站用变压器均在 10kV 1 母线带电运行。10kV 国兴线 61 断路器、61-1 隔离开关、61-3 隔离开关均在合闸位置，10kV 海州线 62 断路器、62-1 隔离开关、62-3 隔离开关均在合闸位置，10kV 沣台线 63 断路器、63-1 隔离开关、63-3 隔离开关均在合闸位置，10kV 兰岩线 64 断路器、64-1 隔离开关、64-3 隔离开关均在合闸位置，10kV 金昌线 65 断路器、65-1 隔离开关、65-3 隔离开关均在合闸位置，10kV 合阳线 66 断路器、66-1 隔离开关、66-3 隔离开关均在合闸位置，10kV 1 号电容器 67 断路器、67-1 隔离开关、67-3 隔离开关均在合闸位置，10kV 庆元线 68 断路器、68-1 隔离开关、68-3 隔离开关均在合闸位置。10kV 青崖线、10kV 2 号电容器、10kV 河东线、10kV 成纪线、10kV 万安线、10kV 曹庄线、10kV 普田线、10kV 南江线、10kV 2TV、10kV 2 号站用变压器均在 10kV 2 母线带电运行。10kV 青崖线 81

断路器、81-2 隔离开关、81-3 隔离开关均在合闸位置，10kV 2 号电容器 82 断路器、82-2 隔离开关、82-3 隔离开关均在合闸位置，10kV 河东线 83 断路器、83-2 隔离开关、83-3 隔离开关均在合闸位置，10kV 成纪线 84 断路器、84-2 隔离开关、84-3 隔离开关均在合闸位置，10kV 万安线 85 断路器、85-2 隔离开关、85-3 隔离开关均在合闸位置，10kV 曹庄线 86 断路器、86-2 隔离开关、86-3 隔离开关均在合闸位置，10kV 普田线 87 断路器、87-2 隔离开关、87-3 隔离开关均在合闸位置，10kV 南江线 88 断路器、88-2 隔离开关、88-3 隔离开关均在合闸位置。10kV 1TV 与 10kV 2TV 二次联络开关在拉开位置。10kV 1 号站用变压器、10kV 2 号站用变压器二次分段刀开关在拉开位置。10kV 1TV、10kV 2TV 二次电压切换开关在“停用”位置。

（五）110kV 镇溪变电站运行方式（见图 3-5）

1. 110kV 内桥接线正常运行方式

110kV 内桥 10 断路器，10-1 隔离开关，10-2 隔离开关均在合闸位置，110kV 北昌线 12 断路器，12-1 隔离开关，12-3 隔离开关均在合闸位置，110kV 北昌线带 110kV 1 母线与 110kV 2 母线运行，110kV 1 号变压器 110kV 侧在 110kV 1 母线运行，110kV 2 号变压器 110kV 侧在 110kV 2 母线运行。110kV 南齐线 14 断路器在拉开位置，14-2 隔离开关，14-3 隔离开关均在合闸位置，南齐线 14 断路器在热备用状态。110kV 自投装置投入运行，110kV 1 号变压器 1-D10 中性点接地刀闸与 110kV 2 号变压器 2-D10 中性点接地刀闸均在拉开位置。110kV 1 号变压器 32-1 隔离开关，92 断路器，92-3 隔离开关，92-1 隔离开关均在合闸位置，110kV 1 号变压器带 10kV 1 母线负荷。110kV 2 号变压器 34-2 隔离开关，94 断路器，94-3 隔离开关，94-2 隔离开关均在合闸位置，110kV 2 号变压器带 10kV 2 母线负荷，10kV 分段 90 断路器在拉开位置，90-1 隔离开关，90-2 隔离开关均在合闸位置，10kV 分段 90 断路器在热备用状态。110kV 1TV 在 110kV 1 母线运行，110kV 1TV-1 隔离开关在合闸位置。110kV 2TV 在 110kV 2 母线运行，110kV 2TV-2 隔离开关在合闸位置。

2. 110kV 变压器及两侧设备正常运行方式

110kV 1 号变压器 110kV 侧在 110kV 1 母线运行，110kV 南齐线 14 断路器在拉开位置，14-2 隔离开关，14-3 隔离开关均在合闸位置，110kV 南齐线 14 断路器在热备用状态。110kV 自投装置投入运行，110kV 1 号变压器 1-D10 中性点接地刀闸与 110kV 2 号变压器 2-D10 中性点接地刀闸均在拉开位置。110kV 1 号变压器 32-1 隔离开关，92 断路器，92-3 隔离开关，92-1 隔离开关均在合闸位置，110kV 1 号变压器带 10kV 1 母线负荷。110kV 2 号变压器 34-2 隔离开关，

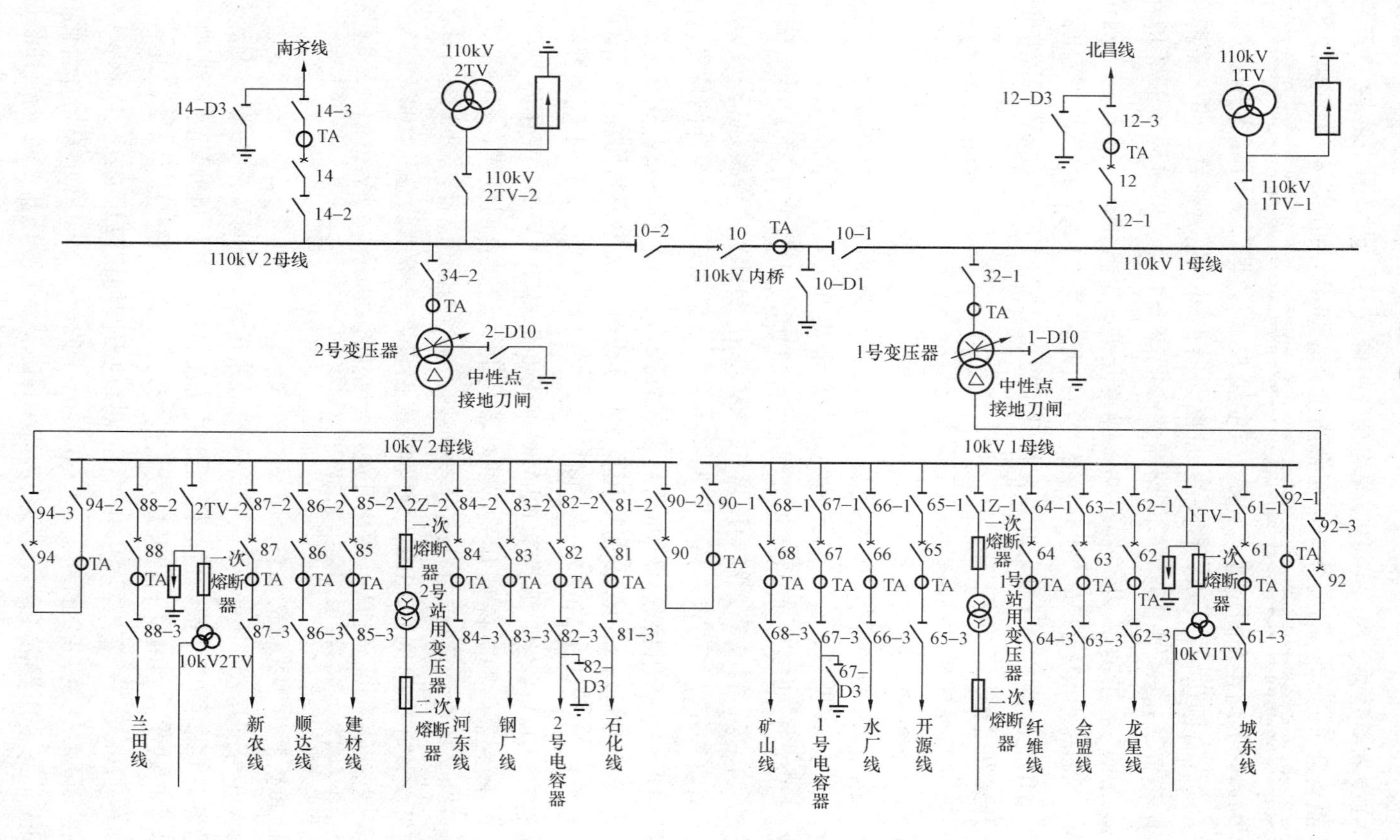

图 3-5 110kV 镇溪变电站一次系统图

94断路器，94-3隔离开关，94-2隔离开关均在合闸位置，110kV 2号变压器带10kV 2母线负荷，10kV分段90断路器在拉开位置，90-1隔离开关，90-2隔离开关均在合闸位置，10kV分段90断路器在热备用状态。

3. 10kV单母线分段接线正常运行方式

110kV 1号变压器10kV侧92断路器，92-3隔离开关，92-1隔离开关均在合闸位置，110kV 1号变压器带10kV 1母线负荷。110kV 2号变压器10kV侧94断路器，94-3隔离开关，94-2隔离开关均在合闸位置，110kV 2号变压器带10kV 2母线负荷，10kV分段90断路器在拉开位置，90-1隔离开关，90-2隔离开关均在合闸位置，10kV分段90断路器在热备用状态。10kV城东线、10kV龙星线、10kV会盟线、10kV纤维线、10kV开源线、10kV水厂线、10kV矿山线、10kV 1号电容器、10kV 1TV、10kV 1号站用变压器均在10kV 1母线带电运行。10kV城东线61断路器、61-1隔离开关、61-3隔离开关均在合闸位置，10kV龙星线62断路器、62-1隔离开关、62-3隔离开关均在合闸位置，10kV会盟线63断路器、63-1隔离开关、63-3隔离开关均在合闸位置，10kV纤维线64断路器、64-1隔离开关、64-3隔离开关均在合闸位置，10kV开源线65断路器、65-1隔离开关、65-3隔离开关均在合闸位置，10kV水厂线66断路器、66-1隔离开关、66-3隔离开关均在合闸位置，10kV 1号电容器67断路器、67-1隔离开关、67-3隔离开关均在合闸位置，10kV矿山线68断路器、68-1隔离开关、68-3隔离开关均在合闸位置。10kV石化线、10kV钢厂线、10kV河东线、10kV建材线、10kV顺达线、10kV新农线、10kV兰田线、10kV 2号电容器、10kV 2TV、10kV 2号站用变压器均在10kV 2母线带电运行。10kV石化线81断路器、81-2隔离开关、81-3隔离开关均在合闸位置，10kV 2号电容器82断路器、82-2隔离开关、82-3隔离开关均在合闸位置，10kV钢厂线83断路器、83-2隔离开关、83-3隔离开关均在合闸位置，10kV河东线84断路器、84-2隔离开关、84-3隔离开关均在合闸位置，10kV建材线85断路器、85-2隔离开关、85-3隔离开关均在合闸位置，10kV顺达线86断路器、86-2隔离开关、86-3隔离开关均在合闸位置，10kV新农线87断路器、87-2隔离开关、87-3隔离开关均在合闸位置，10kV兰田线88断路器、88-2隔离开关、88-3隔离开关均在合闸位置。10kV 1TV与10kV 2TV二次联络开关在拉开位置。10kV 1号站用变压器、10kV 2号站用变压器二次分段刀开关在拉开位置。

（六）110kV付平变电站运行方式（见图3-6，文后插页）

1. 110kV内桥接线正常运行方式

110kV内桥10断路器，10-1隔离开关，10-2隔离开关均在合闸位置，

110kV电付线12断路器，12-1隔离开关，12-3隔离开关均在合闸位置，110kV电付线带110kV 1母线与110kV 2母线运行，110kV 1号变压器110kV侧在110kV 1母线运行，110kV 2号变压器110kV侧在110kV 2母线运行。110kV伊付线14断路器在拉开位置，14-2隔离开关，14-3隔离开关均在合闸位置，110kV伊付线14断路器在热备用状态。110kV自投装置投入运行，110kV 1号变压器1-D10中性点接地刀闸与110kV 2号变压器2-D10中性点接地刀闸均在拉开位置。1号变压器32-1隔离开关在合闸位置，2号变压器34-2隔离开关在合闸位置。110kV 1TV在110kV 1母线运行，110kV 1TV-1隔离开关在合闸位置。110kV 2TV在110kV 2母线运行，110kV 2TV-2隔离开关在合闸位置。

2. 110kV变压器及三侧设备正常运行方式

110kV 1号变压器110kV侧在110kV 1母线运行，110kV 1号变压器32-1隔离开关在合闸位置。110kV 1号变压器35kV侧在35kV 1母线运行，1号变压器52断路器、52-3隔离开关、52-5隔离开关、52-1隔离开关均在合闸位置。110kV 1号变压器带35kV 1母线负荷。110kV 1号变压器10kV侧92断路器，92-3隔离开关，92-1隔离开关均在合闸位置，110kV 1号变压器带10kV 1母线负荷。2号变压器110kV侧在110kV 2母线运行，2号变压器34-2隔离开关在合闸位置。110kV 2号变压器35kV侧在35kV 2母线运行，110kV 2号变压器54断路器、54-3隔离开关、54-5隔离开关、54-2隔离开关均在合闸位置。110kV 2号变压器带35kV 2母线负荷。110kV 2号变压器10kV侧94断路器，94-3隔离开关，94-2隔离开关均在合闸位置，110kV 2号变压器带10kV 2母线负荷。110kV内桥10断路器，10-1隔离开关，10-2隔离开关均在合闸位置。35kV母联50断路器在拉开位置，35kV母联50-1隔离开关、50-2隔离开关均在合闸位置。35kV母联50断路器处于热备用状态。10kV分段90断路器在拉开位置，90-1隔离开关，90-2隔离开关均在合闸位置，10kV分段90断路器在热备用状态。110kV 1号变压器1-D10中性点接地刀闸与110kV 2号变压器2-D10中性点接地刀闸均在拉开位置。

3. 35kV双母线带旁路接线正常运行方式

110kV 1号变压器35kV侧在35kV 1母线运行，110kV 1号变压器52断路器、52-3隔离开关、52-1隔离开关、52-5隔离开关均在合闸位置。35kV西焦线在35kV 1母线运行，35kV西焦线72断路器、72-3隔离开关、72-1隔离开关均在合闸位置。35kV柳庄线在35kV 1母线运行，35kV柳庄线74断路器、74-3隔离开关、74-1隔离开关均在合闸位置。110kV 2号变压器35kV侧在35kV 2母线运行，110kV 2号变压器54断路器、54-3隔离开关、54-2隔离开关、54-5

隔离开关均在合闸位置。35kV 黄村线在 35kV 2 母线运行，35kV 黄村线 71 断路器、71-3 隔离开关、71-2 隔离开关均在合闸位置。35kV 杏林线在 35kV 2 母线运行，35kV 杏林线 73 断路器、73-3 隔离开关、73-2 隔离开关均在合闸位置。35kV 母联 50 断路器热备用，35kV 母联 50 断路器在拉开位置，35kV 母联 50-1 隔离开关、50-2 隔离开关均在合闸位置。35kV 31TV 在 35kV 1 母线运行，35kV 32TV 在 35kV 2 母线运行，35kV 31TV 与 35kV 32TV 二次联络开关在拉开位置。35kV 4 母线（旁路母线）冷备用，35kV 旁路 60 断路器在拉开位置，60-2 隔离开关、60-1 隔离开关、60-4 隔离开关均在拉开位置。1 号变压器 52-4 隔离开关、2 号变压器 54-4 隔离开关、35kV 黄村线 71-4 隔离开关、35kV 西焦线 72-4 隔离开关、35kV 杏林线 73-4 隔离开关、35kV 柳庄线 74-4 隔离开关均在拉开位置。

4. 10kV 单母线分段接线正常运行方式

110kV 1 号变压器 10kV 侧 92 断路器，92-3 隔离开关，92-1 隔离开关均在合闸位置，110kV 1 号变压器带 10kV 1 母线负荷。110kV 2 号变压器 10kV 侧 94 断路器，94-3 隔离开关，94-2 隔离开关均在合闸位置，110kV 2 号变压器带 10kV 2 母线负荷。10kV 分段 90 断路器在拉开位置，90-1 隔离开关，90-2 隔离开关均在合闸位置，10kV 分段 90 断路器在热备用状态。10kV 南营线、10kV 小庄线、10kV 华中线、10kV 青波线、10kV 成华线、10kV 花山线、10kV 1 号电容器、10kV 曹庄线、10kV 1TV、10kV 1 号站用变压器均在 10kV 1 母线带电运行。10kV 南营线 61 断路器、61-1 隔离开关、61-3 隔离开关均在合闸位置，10kV 小庄线 62 断路器、62-1 隔离开关、62-3 隔离开关均在合闸位置，10kV 华中线 63 断路器、63-1 隔离开关、63-3 隔离开关均在合闸位置，10kV 青波线 64 断路器、64-1 隔离开关、64-3 隔离开关均在合闸位置，10kV 成华线 65 断路器、65-1 隔离开关、65-3 隔离开关均在合闸位置，10kV 花山线 66 断路器、66-1 隔离开关、66-3 隔离开关均在合闸位置，10kV 1 号电容器 67 断路器、67-1 隔离开关、67-3 隔离开关均在合闸位置，10kV 曹庄线 68 断路器、68-1 隔离开关、68-3 隔离开关均在合闸位置。10kV 尚武线、10kV 2 号电容器、10kV 海申线、10kV 银雀线、10kV 李庄线、10kV 桥台线、10kV 金山线、10kV 山峪线、10kV 2TV、10kV 2 号站用变压器均在 10kV 2 母线带电运行。10kV 尚武线 81 断路器、81-2 隔离开关、81-3 隔离开关均在合闸位置，10kV 2 号电容器 82 断路器、82-2 隔离开关、82-3 隔离开关均在合闸位置，10kV 海申线 83 断路器、83-2 隔离开关、83-3 隔离开关均在合闸位置，10kV 银雀线 84 断路器、84-2 隔离开关、84-3 隔离开关均在合闸位置，10kV 李庄线 85 断路器、85-2 隔离开关、85-

3隔离开关均在合闸位置，10kV桥台线86断路器、86-2隔离开关、86-3隔离开关均在合闸位置，10kV金山线87断路器、87-2隔离开关、87-3隔离开关均在合闸位置，10kV山峪线88断路器、88-2隔离开关、88-3隔离开关均在合闸位置。10kV 1TV与10kV 2TV二次联络开关在拉开位置。10kV 1号站用变压器、10kV 2号站用变压器二次分段刀开关在拉开位置。10kV 1TV、10kV 2TV二次电压切换开关在“停用”位置。

（七）110kV山头变电站运行方式（见图3-7，文后插页）

1. 110kV单母线分段接线正常运行方式

110kV分段10-1隔离开关，10-2隔离开关均在合闸位置，110kV龙山线14断路器，14-2隔离开关，14-3隔离开关均在合闸位置，110kV龙山线带110kV 1母线与110kV 2母线运行，110kV 1号变压器110kV侧在110kV 1母线运行，110kV 2号变压器在110kV 2母线运行。110kV源山线12断路器在拉开位置，12-1隔离开关，12-3隔离开关均在合闸位置，110kV源山线12断路器在热备用状态。110kV自投装置投入运行，1号变压器1-D10中性点接地刀闸与2号变压器2-D10中性点接地刀闸均在拉开位置。110kV 1号变压器32断路器、32-1隔离开关、32-3隔离开关均在合闸位置。110kV 2号变压器34断路器、34-2隔离开关、34-3隔离开关均在合闸位置。110kV 1TV在110kV 1母线运行，110kV 1TV-1隔离开关在合闸位置。110kV 2TV在110kV 2母线运行，110kV 2TV-2隔离开关在合闸位置。

2. 110kV变压器及三侧设备正常运行方式

110kV 1号变压器110kV侧在110kV 1母线运行，1号变压器32断路器、32-1隔离开关、32-3隔离开关均在合闸位置。110kV 1号变压器35kV侧在35kV 1母线运行，110kV 1号变压器52断路器、52-3隔离开关、52-5隔离开关、52-1隔离开关均在合闸位置。110kV 1号母线带35kV 1母线负荷。110kV 1号变压器10kV侧92断路器，92-3隔离开关，92-1隔离开关均在合闸位置，110kV 1号变压器带10kV 1母线负荷。110kV 2号变压器110kV侧在110kV 2母线运行，110kV 2号变压器34断路器、34-2隔离开关、34-3隔离开关均在合闸位置。110kV 2号变压器35kV侧在35kV 2母线运行，110kV 2号变压器54断路器、54-3隔离开关、54-5隔离开关、54-2隔离开关均在合闸位置。110kV 2号变压器带35kV 2母线负荷。110kV 2号变压器10kV侧94断路器，94-3隔离开关，94-2隔离开关均在合闸位置，110kV 2号变压器带10kV 2母线负荷。110kV分段10-1隔离开关，10-2隔离开关均在合闸位置。35kV母联50断路器在拉开位置，35kV母联50-1隔离开关、50-2隔离开关均在合闸位置。35kV母联50断路器处于热备用状态。10kV分段90断路器在拉开位置，90-1隔离开关，90-2隔离开关均在合闸位置，10kV分段90断路器在热备用状态。110kV 1号变压器1-D10中性点接地刀闸与110kV 2号变压器2-D10中性点接地刀闸均在拉开位置。

3. 35kV双母线带旁路接线正常运行方式

110kV 1号变压器35kV侧在35kV 1母线运行，1号变压器52断路器、52-3隔离开关、52-1隔离开关、52-5隔离开关均在合闸位置。35kV王庄线在35kV 1母线运行，35kV王庄线72断路器、72-3隔离开关、72-1隔离开关均在合闸位置。35kV宝光线在35kV 1母线运行，35kV宝光线74断路器、74-3隔离开关、74-1隔离开关均在合闸位置。110kV 2号变压器35kV侧在35kV 2母线运行，110kV 2号变压器54断路器、54-3隔离开关、54-2隔离开关、54-5隔离开关均在合闸位置。35kV峪丰线在35kV 2母线运行，35kV峪丰线71断路器、71-3隔离开关、71-2隔离开关均在合闸位置。35kV恒星线在35kV 2母线运行，35kV恒星线73断路器、73-3隔离开关、73-2隔离开关均在合闸位置。35kV母联50断路器热备用，35kV母联50断路器在拉开位置，35kV母联50-1隔离开关、50-2隔离开关均在合闸位置。35kV 31TV在35kV 1母线运行，35kV 32TV在35kV 2母线运行，35kV 31TV与35kV 32TV二次联络开关在拉开位置。35kV 4母线（旁路母线）冷备用，35kV旁路60断路器在拉开位置，60-2隔离开关、60-1隔离开关、60-4隔离开关均在拉开位置。110kV 1号变压器52-4隔离开关、110kV 2号变压器54-4隔离开关、35kV峪丰线71-4隔离开关、35kV王庄线72-4隔离开关、35kV恒星线73-4隔离开关、35kV宝光线74-4隔离开关均在拉开位置。

4. 10kV单母线分段接线正常运行方式

110kV 1号变压器10kV侧92断路器，92-3隔离开关，92-1隔离开关均在合闸位置，110kV 1号变压器带10kV 1母线负荷。110kV 2号变压器10kV侧94断路器，94-3隔离开关，94-2隔离开关均在合闸位置，110kV 2号变压器带10kV 2母线负荷。10kV分段90断路器在拉开位置，90-1隔离开关，90-2隔离开关均在合闸位置，10kV分段90断路器在热备用状态。10kV民生线、10kV学院线、10kV祥合线、10kV亚陈线、10kV西城线、10kV全山线、10kV 1号电容器、10kV文化线、10kV 1TV、10kV 1号站用变压器均在10kV 1母线带电运行。10kV民生线61断路器、61-1隔离开关、61-3隔离开关均在合闸位置，10kV学院线62断路器、62-1隔离开关、62-3隔离开关均在合闸位置，10kV祥和线63断路器、63-1隔离开关、63-3隔离开关均在合闸位置，10kV亚陈线64

断路器、64-1 隔离开关、64-3 隔离开关均在合闸位置，10kV 西城线 65 断路器、65-1 隔离开关、65-3 隔离开关均在合闸位置，10kV 全山线 66 断路器、66-1 隔离开关、66-3 隔离开关均在合闸位置，10kV 1 号电容器 67 断路器、67-1 隔离开关、67-3 隔离开关均在合闸位置，10kV 文化线 68 断路器、68-1 隔离开关、68-3 隔离开关均在合闸位置。10kV 化工线、10kV 2 号电容器、10kV 开元线、10kV 达仁线、10kV 汽配线、10kV 胜利线、10kV 九里线、10kV 米庄线、10kV 2TV、10kV 2 号站用变压器均在 10kV 2 母线带电运行。10kV 1TV 与 10kV 2TV 二次联络开关在拉开位置。10kV 化工线 81 断路器、81-2 隔离开关、81-3 隔离开关均在合闸位置，10kV 2 号电容器 82 断路器、82-2 隔离开关、82-3 隔离开关均在合闸位置，10kV 开元线 83 断路器、83-2 隔离开关、83-3 隔离开关均在合闸位置，10kV 达仁线 84 断路器、84-2 隔离开关、84-3 隔离开关均在合闸位置，10kV 汽配线 85 断路器、85-2 隔离开关、85-3 隔离开关均在合闸位置，10kV 胜利线 86 断路器、86-2 隔离开关、86-3 隔离开关均在合闸位置，10kV 九里线 87 断路器、87-2 隔离开关、87-3 隔离开关均在合闸位置，10kV 米庄线 88 断路器、88-2 隔离开关、88-3 隔离开关均在合闸位置。10kV 1 号站用变压器、10kV 2 号站用变压器二次分段刀开关在拉开位置。10kV 1TV、10kV 2TV 二次电压切换开关在“停用”位置。10kV 1 号电容器在 10kV 1 母线运行，10kV 2 号电容器在 10kV 2 母线运行。

（八）35kV 河西变电站运行方式（见图 3-8）

1. 35kV 单母线分段正常运行方式

35kV 分段 10-1 隔离开关，10-2 隔离开关均在合闸位置，35kV 淄河线 14 断路器，14-2 隔离开关，14-3 隔离开关均在合闸位置，35kV 淄河线带 35kV 1 母线与 35kV 2 母线运行，35kV 1 号变压器 35kV 侧在 35kV 1 母线运行，35kV 2 号变压器 35kV 侧在 35kV 2 母线运行。35kV 山河线 12 断路器在拉开位置，12-1 隔离开关，12-3 隔离开关均在合闸位置，35kV 山河线 12 断路器在热备用状态。35kV 备用电自投装置投入运行。35kV 1 号变压器 32 断路器、32-1 隔离开关、32-3 隔离开关均在合闸位置。35kV 2 号变压器 34 断路器、34-2 隔离开关、34-3 隔离开关均在合闸位置，35kV 1TV 在 35kV 1 母线运行，35kV 1TV-1 隔离开关在合闸位置，35kV 2TV 在 35kV 2 母线运行，35kV 2TV-2 隔离开关在合闸位置。

2. 35kV 变压器及两侧设备正常运行方式

35kV 1 号变压器 35kV 侧在 35kV 1 母线运行，35kV 1 号变压器 32 断路器、32-1 隔离开关、32-3 隔离开关均在合闸位置。35kV 1 号变压器 10kV 侧 92

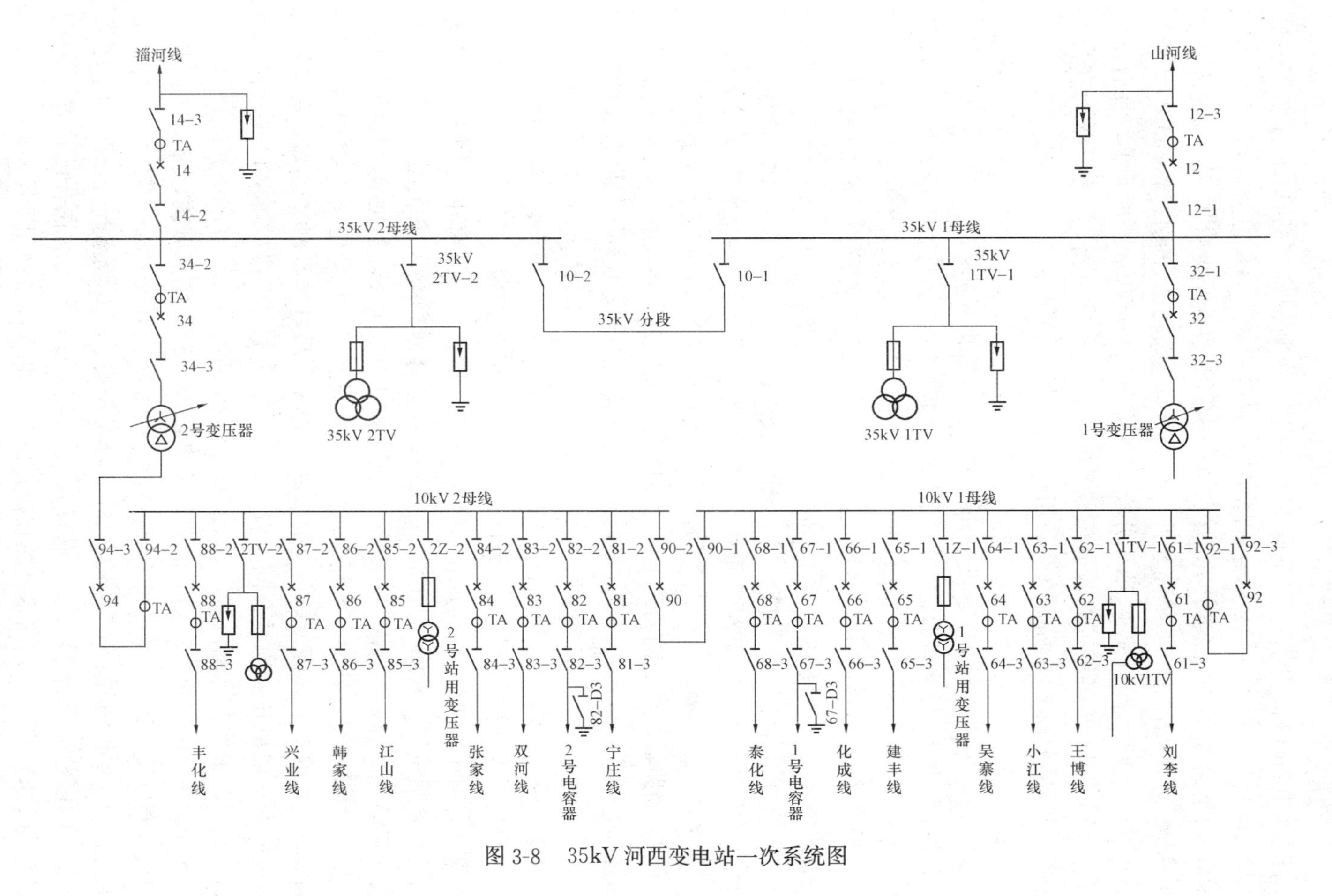

图 3-8　35kV 河西变电站一次系统图

断路器，92-3 隔离开关，92-1 隔离开关均在合闸位置，35kV 1 号变压器带 10kV 1 母线负荷。35kV 2 号变压器 35kV 侧在 35kV 2 母线运行，35kV 2 号变压器 34 断路器、34-2 隔离开关、34-3 隔离开关均在合闸位置。35kV 2 号变压器 10kV 侧 94 断路器，94-3 隔离开关，94-2 隔离开关均在合闸位置，35kV 2 号变压器带 10kV 2 母线负荷。35kV 分段 10-1 隔离开关，10-2 隔离开关均在合闸位置。10kV 分段 90 断路器在拉开位置，90-1 隔离开关，90-2 隔离开关均在合闸位置，10kV 分段 90 断路器在热备用状态。

3. 10kV 单母线分段正常运行方式

35kV 1 号变压器 10kV 侧 92 断路器，92-3 隔离开关，92-1 隔离开关均在合闸位置，35kV 1 号变压器带 10kV 1 母线负荷。35kV 2 号变压器 10kV 侧 94 断路器，94-3 隔离开关，94-2 隔离开关均在合闸位置，35kV 2 号变压器带 10kV 2 母线负荷。10kV 分段 90 断路器在拉开位置，90-1 隔离开关，90-2 隔离开关均在合闸位置，10kV 分段 90 断路器在热备用状态。10kV 刘李线、10kV 王博线、10kV 小江线、10kV 吴寨线、10kV 建丰线、10kV 化成线、10kV 1 号电容器、10kV 泰化线、10kV 1TV、10kV 1 号站用变压器均在 10kV 1 母线带电运行。10kV 刘李线 61 断路器、61-1 隔离开关、61-3 隔离开关均在合闸位置，10kV 王博线 62 断路器、62-1 隔离开关、62-3 隔离开关均在合闸位置，10kV 小江线 63 断路器、63-1 隔离开关、63-3 隔离开关均在合闸位置，10kV 吴寨线 64 断路器、64-1 隔离开关、64-3 隔离开关均在合闸位置，10kV 建丰线 65 断路器、65-1 隔离开关、65-3 隔离开关均在合闸位置，10kV 化成线 66 断路器、66-1 隔离开关、66-3 隔离开关均在合闸位置，10kV 1 号电容器 67 断路器、67-1 隔离开关、67-3 隔离开关均在合闸位置，10kV 泰化线 68 断路器、68-1 隔离开关、68-3 隔离开关均在合闸位置。10kV 宁庄线、10kV 2 号电容器、10kV 双河线、10kV 张家线、10kV 江山线、10kV 韩家线、10kV 兴业线、10kV 丰化线、10kV 2TV、10kV 2 号站用变压器均在 10kV 2 母线带电运行。10kV 宁庄线 81 断路器、81-2 隔离开关、81-3 隔离开关均在合闸位置，10kV 2 号电容器 82 断路器、82-2 隔离开关、82-3 隔离开关均在合闸位置，10kV 双河线 83 断路器、83-2 隔离开关、83-3 隔离开关均在合闸位置，10kV 张家线 84 断路器、84-2 隔离开关、84-3 隔离开关均在合闸位置，10kV 江山线 85 断路器、85-2 隔离开关、85-3 隔离开关均在合闸位置，10kV 韩家线 86 断路器、86-2 隔离开关、86-3 隔离开关均在合闸位置，10kV 兴业线 87 断路器、87-2 隔离开关、87-3 隔离开关均在合闸位置，10kV 丰化线 88 断路器、88-2 隔离开关、88-3 隔离开关均在合闸位置。10kV 1TV 与 10kV 2TV 二次联络开关在拉开位置。10kV 1 号站用变压器、10kV 2 号站用变压器二次分段刀开关在拉开位置。10kV 1TV、10kV 2TV 二次电压切换开关在“停用”位置。

（九）35kV 粟庄变电站运行方式（见图 3-9）

1. 35kV 变压器进线接线一次系统正常运行方式

35kV 海粟线带 35kV 1 母线运行，35kV 海粟线 12-3 手车隔离开关在合闸位置。35kV 1 号变压器 35kV 侧在 35kV 1 母线运行，35kV 1 号变压器 12 手车断路器在合闸位置。35kV 南粟线带 35kV 2 母线运行，35kV 南粟线 14-3 手车隔离开关在合闸位置。35kV 2 号变压器 35kV 侧在 35kV 2 母线运行，35kV 2 号变压器 14 手车断路器在合闸位置。35kV 1 号变压器 35kV 侧接地刀闸 12-D1 在拉开位置，35kV 2 号变压器 35kV 侧接地刀闸 14-D2 在拉开位置。35kV 1TV 在 35kV 1 母线运行，35kV 2TV 在 35kV 2 母线运行。

2. 35kV 变压器及两侧设备正常运行方式

35kV 1 号变压器 35kV 侧在 35kV 1 母线运行，35kV 1 号变压器 12 手车断路器在合闸位置。35kV 1 号变压器 10kV 侧 92 手车断路器在合闸位置，35kV 1 号变压器带 10kV 1 母线负荷。35kV 2 号变压器 35kV 侧在 35kV 2 母线运行，35kV 2 号变压器 14 手车断路器在合闸位置。35kV 2 号变压器 10kV 侧 94 手车断路器在合闸位置，35kV 2 号变压器带 10kV 2 母线负荷。35kV 1 号变压器 35kV 侧接地刀闸 12-D1 在拉开位置，35kV 2 号变压器 35kV 侧接地刀闸 14-D2 在拉开位置。10kV 分段 90 手车断路器在拉开位置，90-1 手车隔离开关在合闸位置，10kV 分段 90 断路器在热备用状态。

3. 10kV 单母线分段正常运行方式

35kV 1 号变压器 10kV 侧 92 手车断路器在合闸位置，35kV 1 号变压器带 10kV 1 母线负荷。35kV 2 号变压器 10kV 侧 94 手车断路器在合闸位置，35kV 2 号变压器带 10kV 2 母线负荷。10kV 分段 90 手车断路器在拉开位置，90-1 手车隔离开关在合闸位置，10kV 分段 90 断路器在热备用状态。10kV 顺风线、10kV 城中线、10kV 金禾线、10kV 1 号电容器、10kV 娄址线、10kV 1TV、10kV 1 号站用变压器均在 10kV 1 母线带电运行。10kV 顺风线 61 手车断路器、10kV 城中线 62 手车断路器、10kV 金禾线 63 手车断路器、1 号电容器 64 断路器、10kV 娄址线 65 手车断路器、10kV 1 号站用变压器 1Z-1 手车断路器、10kV 1TV-1 手车隔离开关均在合闸位置。10kV 市北线、10kV 桓城线、10kV 胜利线、10kV 2 号电容器、10kV 六里线、10kV 2TV、10kV 2 号站用变压器均在 10kV 2 母线带电运行。10kV 市北线 81 手车断路器、10kV 桓城线 82 手车断路器、10kV 胜利线 83 手车断路器、10kV 2 号电容器 84 断路器、10kV 六里线 85

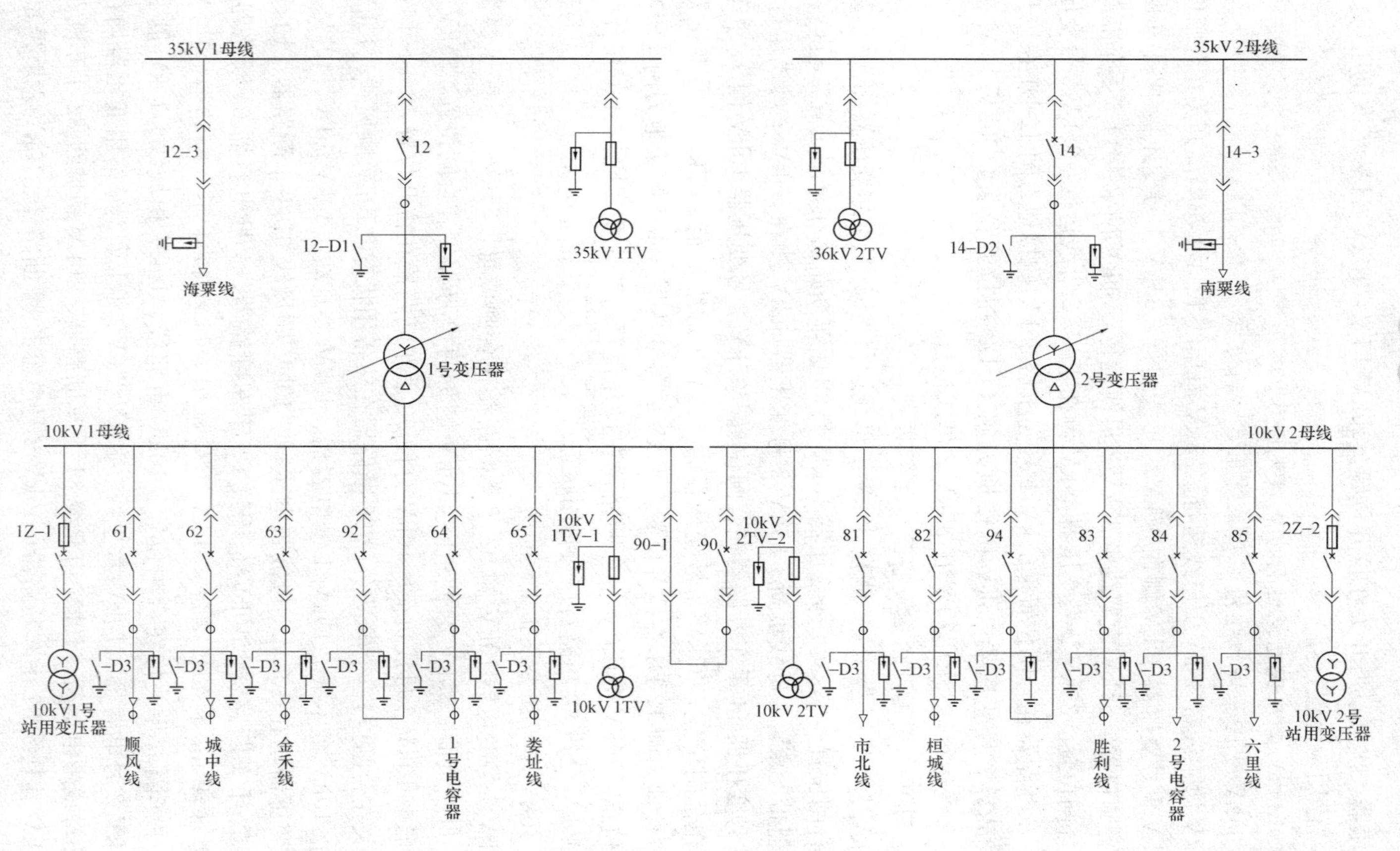

图 3-9 35kV 粟庄变电站一次系统图

手车断路器、10kV 2 号站用变压器 2Z-2 手车断路器、10kV 2TV-2 手车隔离开关均在合闸位置。10kV 1TV 与 10kV 2TV 二次联络开关在拉开位置。10kV 1 号站用变压器、10kV 2 号站用变压器二次分段刀开关在拉开位置。10kV 1TV、10kV 2TV 二次电压切换开关在“停用”位置。

（十）35kV 齐城变电站运行方式（见图 3-10）

1. 35kV 内桥接线正常运行方式

35kV 内桥 10 断路器，10-1 隔离开关，10-2 隔离开关均在合闸位置，35kV 仁齐线 12 断路器，12-1 隔离开关，12-3 隔离开关均在合闸位置，35kV 仁齐线带 35kV 1 母线与 35kV 2 母线运行，35kV 1 号变压器 35kV 侧在 35kV 1 母线运行，35kV 2 号变压器 35kV 侧在 35kV 2 母线运行。35kV 米齐线 14 断路器在拉开位置，14-2 隔离开关，14-3 隔离开关均在合闸位置，米齐线 14 断路器在热备用状态。35kV 自投装置投入运行。35kV 1 号变压器 32-1 隔离开关在合闸位置，35kV 2 号变压器 34-2 隔离开关在合闸位置。

2. 35kV 变压器及两侧设备正常运行方式

35kV 1 号变压器 35kV 侧在 35kV 1 母线运行，35kV 米齐线 14 断路器在拉开位置，14-2 隔离开关，14-3 隔离开关均在合闸位置，35kV 米齐线 14 断路器在热备用状态。35kV 自投装置投入运行，35kV 1 号变压器 32-1 隔离开关，92 断路器，92-3 隔离开关，92-1 隔离开关均在合闸位置，35kV 1 号变压器带 10kV 1 母线负荷。35kV 2 号变压器 34-2 隔离开关，94 断路器，94-3 隔离开关，94-2 隔离开关均在合闸位置，35kV 2 号变压器带 10kV 2 母线负荷，10kV 分段 90 断路器在拉开位置，90-1 隔离开关，90-2 隔离开关均在合闸位置，10kV 分段 90 断路器在热备用状态。

3. 10kV 单母线分段接线正常运行方式

35kV 1 号变压器 10kV 侧 92 断路器，92-3 隔离开关，92-1 隔离开关均在合闸位置，35kV 1 号变压器带 10kV 1 母线负荷。35kV 2 号变压器 10kV 侧 94 断路器，94-3 隔离开关，94-2 隔离开关均在合闸位置，35kV 2 号变压器带 10kV 2 母线负荷。10kV 分段 90 断路器在拉开位置，90-1 隔离开关，90-2 隔离开关均在合闸位置，10kV 分段 90 断路器在热备用状态。10kV 北旺线、10kV 朱信线、10kV 水务线、10kV 陶瓷线、10kV 机电线、10kV 峪山线、10kV 1 号电容器、10kV 林源线、10kV 1TV、10kV 1 号站用变压器均在 10kV 1 母线带电运行。10kV 北旺线 61 断路器、61-1 隔离开关、61-3 隔离开关均在合闸位置，10kV 朱信线 62 断路器、62-1 隔离开关、62-3 隔离开关均在合闸位置，10kV 水务线 63 断路器、63-1 隔离开关、63-3 隔离开关均在合闸位置，10kV 陶瓷线 64 断路器、

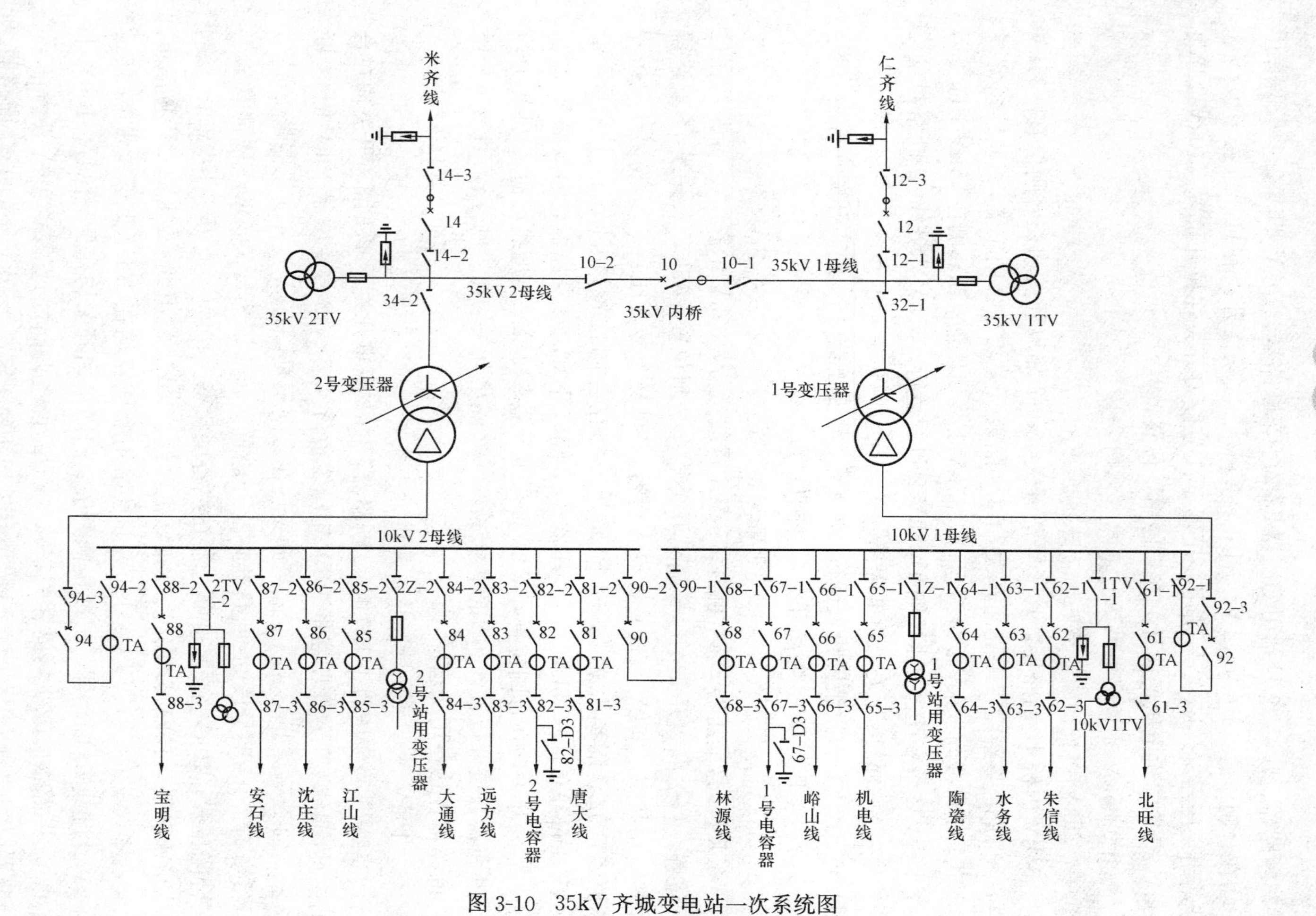

图 3-10 35kV 齐城变电站一次系统图

64-1隔离开关、64-3隔离开关均在合闸位置，10kV机电线65断路器、65-1隔离开关、65-3隔离开关均在合闸位置，10kV峪山线66断路器、66-1隔离开关、66-3隔离开关均在合闸位置，10kV 1号电容器67断路器、67-1隔离开关、67-3隔离开关均在合闸位置，10kV林源线68断路器、68-1隔离开关、68-3隔离开关均在合闸位置。10kV唐大线、10kV 2号电容器、10kV远方线、10kV大通线、10kV江山线、10kV沈庄线、10kV安石线、10kV宝明线、10kV 2TV、10kV 2号站用变压器均在10kV 2母线带电运行。10kV唐大线81断路器、81-2隔离开关、81-3隔离开关均在合闸位置，10kV 2号电容器82断路器、82-2隔离开关、82-3隔离开关均在合闸位置，10kV远方线83断路器、83-2隔离开关、83-3隔离开关均在合闸位置，10kV大通线84断路器、84-2隔离开关、84-3隔离开关均在合闸位置，10kV江山线85断路器、85-2隔离开关、85-3隔离开关均在合闸位置，10kV沈庄线86断路器、86-2隔离开关、86-3隔离开关均在合闸位置，10kV安石线87断路器、87-2隔离开关、87-3隔离开关均在合闸位置，10kV宝明线88断路器、88-2隔离开关、88-3隔离开关均在合闸位置。10kV 1TV与10kV 2TV二次联络开关在拉开位置。10kV 1号站用变压器、10kV 2号站用变压器二次分段刀开关在拉开位置。10kV 1TV、10kV 2TV二次电压切换开关在“停用”位置。

三、继电保护及自动装置整定计算定值单实例

（一）RCS-915AB型微机母线保护装置定值单

变电站名称：申东变电站

变电设备名称：220kV母线保护

通知单编号：申1201-09

通知单日期：2012.08.10

TA变比：1600/5

220kV母线TV变比：220kV/$\sqrt{3}$/100V/$\sqrt{3}$/100V/3

批准部门：××供电公司整定计算管理部门

批准人员：李××

整定计算审核人员：宫××

整定计算人员：孔××

定值单 1

（保护Ⅰ柜）

系统参数定值				
序号	定值名称	整定范围	改变前定值	改变后定值
1	TV 二次额定电压	57.7/相	57.7	57.7
2	TV 二次额定电流	A	5	5
3	东明Ⅰ线 TA 调整系数(1600/5)		1	1
4	东明Ⅱ线 TA 调整系数(1600/5)		1	1
5	1 号变压器 TA 调整系数(1600/5)		1	1
6	2 号变压器 TA 调整系数(1600/5)		1	1
7	3 号变压器 TA 调整系数(1600/5)			1
8	母联调整系数(2500/5)		1.56	1.56
9	投中性点不接地系统		0	0
10	投单母线主接线		0	0
11	投单母线分段主接线		0	0
12	投母联兼旁路主接线		0	0
13	投外部启动母联失灵		1	1

定值单 2

（保护Ⅰ柜）

序号	定值符号	定值名称	整定范围	改变前定值	改变后定值
1	IHCD	差动启动电流高值	$0.25I_N \sim 1.5I_N$	3	3
2	ILCD	差动启动电流低值	$0.25I_N \sim 1.5I_N$	2.5	2.5
3	KH	比率制动系数高值	0.5～0.8	0.7	0.7
4	KL	比率制动系数低值	0.3～0.8	0.6	0.6
5	ICHG	充电保护电流定值	$0.1I_N \sim 19I_N$	8	5
6	IGL	母联过流电流定值	$0.1I_N \sim 19I_N$	8	5
7	I0GL	母联过流零序定值	$0.1I_N \sim 19I_N$	5	2.5
8	TGL	母联过流时间定值	0.01～10s	0.01	0.3
9	I0BYZ	母联非全相零序定值	$0.1I_N \sim 19I_N$	5	5
10	I2BYZ	母联非全相负序定值	$0.1I_N \sim 19I_N$	5	5

续表

序号	定值符号	定值名称	整定范围	改变前定值	改变后定值
11	TBYZ	母联非全相时间定值	0.01～10s	0.5	0.5
12	IDX	TV断线电流定值	$0.1I_N$～$19I_N$	0.5	0.5
13	IYC	TV异常电流定值	$0.1I_N$～$19I_N$	0.3	0.3
14	UBS	母线差动相低电压闭锁	2～100V	37	37
15	U0BS	母线差动零序电压闭锁	6～200V	6	6
16	U2BS	母线差动负序电压闭锁	2～57V	6	6
17	IMSL	母联失灵电流定值	$0.1I_N$～$19I_N$	8	8
18	TMSL	母联失灵时间定值	0.01～10s	0.5	0.5
19	TSQ	死区动作时间定值	0.01～10s	0.1	0.1

注 母联充电保护、母联过流保护正常停用。

定值单3

（保护Ⅰ柜）

运行方式控制字定值(某位=1，对应功能投入)				
序号	定值名称		改变前定值	改变后定值
1	投母线差动保护		1	1
2	投充电保护		1	1
3	投母联过流		1	1
4	投母联非全相		1	1
5	投单母线方式		1	1
6	投1母线TV		0	0
7	投2母线TV		0	0
8	投充电闭锁母线差动		1	0
9	投TV断线不平衡判据		1	1
10	投TV断线自动恢复		1	1
11	投母联过流启动失灵		1	1
12	投外部闭锁母线差动保护		0	0

定值单 4

（保护Ⅱ柜）

系统参数定值				
序号	定值名称	整定范围	改变前定值	改变后定值
1	TV 二次额定电压	57.7/相	57.7	57.7
2	TV 二次额定电流	A	5	5
3	东明Ⅰ线 TA 调整系数(1600/5)		1	1
4	东明Ⅱ线 TA 调整系数(1600/5)		1	1
5	1 号变压器 TA 调整系数(1600/5)		1	1
6	2 号变压器 TA 调整系数(1600/5)		1	1
7	3 号变压器 TA 调整系数(1600/5)			1
8	母联调整系数(2500/5)		1.56	1.56
9	投中性点不接地系统		0	0
10	投单母线主接线		0	0
11	投单母线分段主接线		0	0
12	投母联兼旁路主接线		0	0
13	投外部启动母联失灵		1	1

定值单 5

（保护Ⅱ柜）

序号	定值符号	定值名称	整定范围	改变前定值	改变后定值
1	IHCD	差动启动电流高值	$0.25I_N \sim 1.5I_N$	3	3
2	ILCD	差动启动电流低值	$0.25I_N \sim 1.5I_N$	2.5	2.5
3	kH	比率制动系数高值	0.5～0.8	0.7	0.7
4	kL	比率制动系数低值	0.3～0.8	0.6	0.6
5	ICHG	充电保护电流定值	$0.1I_N \sim 19I_N$	8	5
6	IGL	母联过流电流定值	$0.1I_N \sim 19I_N$	8	5
7	I0GL	母联过流零序定值	$0.1I_N \sim 19I_N$	5	2.5
8	TGL	母联过流时间定值	0.01～10s	0.01	0.3
9	I0BYZ	母联非全相零序定值	$0.1I_N \sim 19I_N$	95	95
10	I2BYZ	母联非全相负序定值	$0.1I_N \sim 19I_N$	95	95
11	TBYZ	母联非全相时间定值	0.01～10s	10	10

续表

序号	定值符号	定值名称	整定范围	改变前定值	改变后定值
12	IDX	TV断线电流定值	$0.1I_N \sim 19I_N$	0.5	0.5
13	IYC	TV异常电流定值	$0.1I_N \sim 19I_N$	0.3	0.3
14	UBS	母线差动相低电压闭锁	2～100V	37	37
15	U0BS	母线差动零序电压闭锁	6～200V	6	6
16	U2BS	母线差动负序电压闭锁	2～57V	6	6
17	IMSL	母联失灵电流定值	$0.1I_N \sim 19I_N$	95	95
18	TMSL	母联失灵时间定值	0.01～10s	10	10
19	TSQ	死区动作时间定值	0.01～10s	10	10

注 母联充电保护、母联过流保护正常停用。

定值单6

（保护Ⅱ柜）

运行方式控制字定值（某位=1，对应功能投入）				
序号	定值名称		改变前定值	改变后定值
1	投母线差动保护		1	1
2	投充电保护		1	1
3	投母联过流		1	1
4	投母联非全相		0	0
5	投单母线方式		1	1
6	投1母线TV		0	0
7	投2母线TV		0	0
8	投充电闭锁母线差动		1	0
9	投TV断线不平衡判据		1	1
10	投TV断线自动恢复		1	1
11	投母联过流启动失灵		0	0
12	投外部闭锁母线差动保护		0	0

（二）ISA311G数字式线路保护装置定值单

变电站名称：晨东变电站

变电设备名称：220kV 华晨线
断路器编号：22
通知单编号：晨 1202-03
通知单日期：2012.07.09
TA 变比：2000/5
批准部门：××供电公司整定计算管理部门
批准人员：李××
整定计算审核人员：宫××
整定计算人员：孔××

定值单 1

序号	定值名称	范　围	单位	改变前定值	改变后定值
1	线路全长	0～200	km		9.39
2	线路正序阻抗二次值	0.05～80Ω/I_n	Ω		1.36
3	线路正序阻抗角度	50～90	度		74.7
4	线路零序阻抗二次值	0.05～240Ω/I_n	Ω		4.1
5	线路零序阻抗角度	50～85	度		74.7
6	电流突变量启动定值	0.1～0.5I_n	A		0.5
7	零序电流启动定值	0.1～0.5I_n	A		0.5
8	相间距离Ⅰ段阻抗定值	0.05～80Ω/I_n	Ω		1.1
9	相间距离Ⅱ段阻抗定值	0.05～80Ω/I_n	Ω		3.4
10	相间距离Ⅱ段阻抗时限	0.02～10	s		0.4
11	相间距离Ⅲ段阻抗定值	0.05～80Ω/I_n	Ω		10
12	相间距离Ⅲ段阻抗时限	0.02～10	s		2.7
13	变压器后备保护阻抗定值	0.05～100Ω/I_n	Ω		0.01
14	变压器后备保护时限	1～10	s		10
15	负荷限制电阻定值	0.05～100Ω/I_n	Ω		0.01
16	零序阻抗补偿系数	0～3.5			0.62
17	接地距离Ⅰ段阻抗定值	0.05～80Ω/I_n	Ω		0.01
18	接地距离Ⅱ段阻抗定值	0.05～80Ω/I_n	Ω		0.01
19	接地距离Ⅱ段阻抗时限	0.02～10	s		10
20	接地距离Ⅲ段阻抗定值	0.05～80Ω/I_n	Ω		0.01
21	接地距离Ⅲ段阻抗时限	0.02～10	s		10

续表

序号	定值名称	范　围	单位	改变前定值	改变后定值
22	接地距离偏移角度	0～30	度		30
23	零序反时限启动定值	0.01～20I_n	A		100
24	零序反时限时间常数	0.1～10	s		10
25	零序过流Ⅰ段定值	0.01～20I_n	A		22
26	零序过流Ⅰ段时限	0.1～10	s		3.5
27	零序过流Ⅱ段时限	0.1～10	s		0.4
28	零序过流Ⅲ段定值	0.01～20I_n	A		0.75
29	零序过流Ⅲ段时限	0.1～10	s		1
30	零序过流Ⅳ段定值	0.01～20I_n	A		0.75
31	零序过流Ⅳ段时限	0.1～10	s		10
32	零序过流加速定值	0.01～20I_n	A		3.5
33	TV断线过流Ⅰ段定值	0.01～20I_n	A		4
34	TV断线过流Ⅰ段时限	0.1～10	s		1
35	TV断线过流Ⅱ段定值	0.01～20I_n	A		100
36	TV断线过流Ⅱ段时限	0.1～10	s		10
37	重合闸时限	0.1～10	s		2
38	重合闸检同期角度定值	0～90	度		40

定值单2

序号	定值名称	范围	单位	改变前定值	改变后定值
1	相间距离Ⅰ段投退	退出/投入			投入
2	相间距离Ⅱ段投退	退出/投入			投入
3	相间距离Ⅲ段投退	退出/投入			投入
4	变压器后备保护投退	退出/投入			退出
5	负荷限制距离投退	退出/投入			退出
6	接地距离Ⅰ段投退	退出/投入			退出
7	接地距离Ⅱ段投退	退出/投入			退出
8	接地距离Ⅲ段投退	退出/投入			退出
9	零序反时限投退	退出/投入			退出
10	零序反时限方向元件投退	退出/投入			退出

续表

序号	定值名称	范围	单位	改变前定值	改变后定值
11	零序过流Ⅰ段投退	退出/投入			投入
12	零序过流Ⅰ段方向投退	退出/投入			退出
13	零序过流Ⅱ段投退	退出/投入			投入
14	零序过流Ⅱ段方向投退	退出/投入			退出
15	零序过流Ⅲ段投退	退出/投入			投入
16	零序过流Ⅲ段方向投退	退出/投入			退出
17	零序过流Ⅳ段投退	退出/投入			退出
18	零序过流Ⅳ段方向投退	退出/投入			退出
19	零序过流加速投退	退出/投入			投入
20	TV 断线零序过流投退	退出/投入			投入
21	TV 断线过流保护投退	退出/投入			投入
22	振荡闭锁投退	退出/投入			退出
23	突变量继电器投退	退出/投入			退出
24	双回线相继速动投退	退出/投入			退出
25	不对称故障相继速动投退	退出/投入			退出
26	弱馈保护投退	退出/投入			退出
27	重合闸投退	退出/投入			投入
28	不对应启动重合闸投退	退出/投入			投入
29	重合闸同期检定投退	退出/投入			退出
30	检线无压母有压	退出/投入			退出
31	检母无压线有压	退出/投入			退出
32	检线无压、母无压	退出/投入			退出
33	投重合闸不检	退出/投入			投入
34	相邻线有流重合闸检定	退出/投入			退出
35	母线 TV 断线闭锁重合闸	退出/投入			退出
36	零序过流Ⅱ段闭锁重合闸	退出/投入			退出
37	距离Ⅱ段闭锁重合闸	退出/投入			退出
38	Ⅲ段及以上闭锁重合闸	退出/投入			退出
39	多相故障闭锁重合闸	退出/投入			退出

续表

序号	定值名称	范围	单位	改变前定值	改变后定值
40	控制回路断线告警投退	退出/投入			投入
41	TA 异常告警投退	退出/投入			投入
42	TWJ 异常告警投退	退出/投入			投入
43	交叉异常告警投退	退出/投入			退出

(三) PSC 641U 型数字式电容器保护装置定值单

变电站名称：晨东变电站

变电设备名称：10kV 2 号电容器保护

断路器编号：62

通知单编号：晨 1302-05

通知单日期：2013.07.03

TA 变比：800/5

电容器 TV 变比：10kV/100V

批准部门：××供电公司整定计算管理部门

批准人员：李××

整定计算审核人员：宫××

整定计算人员：孔××

定值单 1

序号	定 值 名 称	整定范围	改变前定值	改变后定值
1	控制字一			4000
2	控制字二			0000
3	电流Ⅰ段电流	0.2～100A		6
4	电流Ⅱ段电流	0.2～100A		3
5	电流Ⅰ段时间	0～20s		0
6	电流Ⅱ段时间	0.1～20s		0.5
7	零序Ⅰ段电流	0.02～100A		20
8	零序Ⅱ段电流	0.02～100A		20
9	零序Ⅰ段时间	0～20s		20
10	零序Ⅱ段时间	0.1～20s		20
11	过流反时限基准电流	0.2～100A		100

续表

序号	定 值 名 称	整定范围	改变前定值	改变后定值
12	过流反时限时间	0.005～127s		127
13	零序反时限基准电流	0.01～20A		20
14	零序反时限时间	0.005～127s		127
15	反时限指数	0.01～10		10
16	过电压定值	30～150V		121
17	过电压时间	0.1～1200s		5
18	欠电压定值	10～150V		66
19	欠电压时间	0.1～100s		1.3
20	欠压闭锁电流	0.2～100A		0.5
21	不平衡电压1定值	0.5～100V		9
22	不平衡电压1时间	0～20s		0.5
23	不平衡电压2定值	0.5～100V		100
24	不平衡电压2时间	0～20s		20
25	不平衡电压3定值	0.5～100V		100
26	不平衡电压3时间	0～20s		20
27	自投切过压定值	30～150V		150
28	自投切低压定值	30～150V		30
29	自投动作时间	0～60s		60
30	自切动作时间	0～60s		60

注 反时限保护、零序电流保护、投切功能停用。

定值单2

序号	置1时含义	置0时含义	改变前定值	改变后定值
K15	TA额定电流为1A	TA额定电流为5A		0
K14	TV断线判别投入	TV断线判别退出		1
K13	保护选择反时限方式	保护选择定时限方式		0
K12	备用	备用		0
K11	控回断线判别退出	控回断线判别投入		0
K10	位置不对应告警退出	位置不对应告警投入		0
K09	备用	备用		0
K08	备用	备用		0

续表

序号	置1时含义	置0时含义	改变前定值	改变后定值
K07	备用	备用		0
K06	备用	备用		0
K05	备用	备用		0
K04	备用	备用		0
K03	油温高跳闸	油温高告警		0
K02	轻瓦斯跳闸	轻瓦斯告警		0
K01	重瓦斯跳闸	重瓦斯告警		0
K00	过压保护取间隙电压	过压保护取母线电压		0

(四) PSL 641U型数字式线路保护装置定值单

变电站名称：齐城变电站

变电设备名称：10kV周平线

断路器编号：61

通知单编号：齐1102-10

通知单日期：2011.11.12

TA变比：800/5

批准部门：××供电公司整定计算管理部门

批准人员：李××

整定计算审核人员：宫××

整定计算人员：孔××

定值单1

序号	定值名称	整定范围	改变前定值	改变后定值
1	控制字一			4000
2	控制字二			0000
3	控制字三			0200
4	过流Ⅰ段电流	0.04～100A		25
5	过流Ⅱ段电流	0.04～100A		7
6	过流Ⅲ段电流	0.04～100A		100
7	过流Ⅰ段时间	0～20s		0
8	过流Ⅱ段时间	0.1～20s		1

续表

序号	定值名称	整定范围	改变前定值	改变后定值
9	过流Ⅲ段时间	0.1～20s		20
10	零序Ⅰ段电流	0.02～100A		100
11	零序Ⅱ段电流	0.02～100A		100
12	零序Ⅰ段时间	0～20s		20
13	零序Ⅱ段时间	0.1～20s		20
14	零序告警电流	0.02～100A		100
15	零序告警时间	0.1～20s		20
16	过负荷电流	0.2～100A		100
17	过负荷告警时间	0.1～9000s		9000
18	过负荷跳闸时间	0.1～9000s		9000
19	过流加速段电流	0.2～100A		100
20	过流加速段时间	0～5s		5
21	零序加速段电流	0.02～100A		100
22	零序加速段时间	0～5s		5
23	复压低电压定值	1～120V		120
24	复压负序电压定值	1～120V		1
25	过流反时限基准	0.2～100A		100
26	过流反时限时间	0.005～127s		127
27	零序反时限基准	0.02～100A		100
28	零序反时限时间	0.005～127s		127
29	反时限指数	0.01～10		2
30	重合闸检同期定值	10°～50°		30
31	重合闸时间	0.2～20s		1
32	低频保护频率定值	45～49.5Hz		45
33	低频保护时间定值	0.1～20s		20
34	频率保护闭锁电压	15～120V		120
35	频率保护闭锁滑差	0.5～20Hz/s		0.5
36	频率保护闭锁电流	0.2～100A		0.2
37	低压减载电压定值	20～100V		20
38	低压减载时间定值	0.1～20s		20

续表

序号	定 值 名 称	整定范围	改变前定值	改变后定值
39	低压减载闭锁滑差	1～100V/s		1
40	准同期电压差闭锁	0～20V		20
41	准同期频率差闭锁	0～2Hz		2
42	准同期加速度闭锁	0～5Hz/s		5
43	合闸导前时间	0～2s		2
44	二次重合时间	0.1～200s		200
45	重合闸同期方式	0～3		0
46	同期相别选择	0～7		6

定值单 2

序号	置 1 时含义	置 0 时含义	改变前定值	改变后定值
K15	TA 额定电流为 1A	TA 额定电流为 5A		0
K14	TV 断线判别投入	TV 断线判别退出		1
K13	TV 断线时相关段退出	TV 断线时相关段退出		0
K12	低频解列投入	低频减载投入		0
K11	零序反时限带方向	零序反时限不带方向		0
K10	过流反时限带方向	过流反时限不带方向		0
K09	备用	备用		0
K08	零序Ⅱ段带方向	零序Ⅱ段不带方向		0
K07	零序Ⅰ段带方向	零序Ⅰ段不带方向		0
K06	过流加速低压闭锁投入	过流加速低压闭锁退出		0
K05	过流Ⅲ段低压闭锁投入	过流Ⅲ段低压闭锁退出		0
K04	过流Ⅱ段低压闭锁投入	过流Ⅱ段低压闭锁退出		0
K03	过流Ⅰ段低压闭锁投入	过流Ⅰ段低压闭锁退出		0
K02	过流Ⅲ段带方向	过流Ⅲ段不带方向		0
K01	过流Ⅱ段带方向	过流Ⅱ段不带方向		0
K00	过流Ⅰ段带方向	过流Ⅰ段不带方向		0

定值单 3

序号	置 1 时含义	置 0 时含义	改变前定值	改变后定值
K15	备用	备用		0
K14	备用	备用		0
K13	手合检无压投入	手合检无压退出		0
K12	手合准同期投入	手合准同期退出		0
K11	手合检同期投入	手合检同期退出		0
K10	本线路接地告警投入	本线路接地告警退出		0
K09	位置不对应告警投入	位置不对应告警退出		1
K08	控回断线告警退出	控回断线告警投入		0
K07	检线路 TV 断线投入	检线路 TV 断线退出		0
K06	过流加速负压闭锁投入	过流加速负压闭锁退出		0
K05	过流Ⅲ段负压闭锁投入	过流Ⅲ段负压闭锁退出		0
K04	过流Ⅱ段负压闭锁投入	过流Ⅱ段负压闭锁退出		0
K03	过流Ⅰ段负压闭锁投入	过流Ⅰ段负压闭锁退出		0
K02	低频闭锁电流投入	低频闭锁电流退出		0
K01	备用	备用		0
K00	备用	备用		0

（五）PSP643U 数字式备用电源自投装置定值单

变电站名称：齐城变电站

变电设备名称：110kV 备用电源自投装置

断路器编号：110kV 营齐线 12 断路器、110kV 鲁齐线 14 断路器、内桥 10 断路器、内桥 13 断路器

通知单编号：齐 1301-03

通知单日期：2013.07.12

TA 变比：1200/5

批准部门：××供电公司整定计算管理部门

批准人员：李××

整定计算审核人员：宫××

整定计算人员：孔××

定值单 1

序号	定 值 名 称	定值说明	整定范围	改变前定值	改变后定值
1	电压定值 Udz1	母线无压定值	1～120V		30
2	电压定值 Udz2	母线有压定值	1～120V		70
3	电压定值 Udz3		1～120V		120
4	电压定值 Udz4		1～120V		120
5	电压定值 Udz5		1～120V		120
6	电压定值 Udz6		1～120V		120
7	复压低压定值		1～120V		120
8	复压负序定值		1～120V		1
9	电流定值 Idz1	12 断路器无流定值	0.2～100A		0.2
10	电流定值 Idz2	14 断路器无流定值	0.2～100A		0.2
11	电流定值 Idz3		0.2～100A		100
12	电流定值 Idz4		0.2～100A		100
13	电流定值 Idz5		0.2～100A		100
14	电流定值 Idz6		0.2～100A		100
15	电流定值 Idz7		0.2～100A		100
16	电流定值 Idz7B		0.2～100A		100
17	电流定值 Idz8		0.2～100A		100
18	电流定值 Idz8B		0.2～100A		100
19	电流定值 Idz9		0.2～100A		100
20	电流定值 Idz9B		0.2～100A		100
21	电流定值 Idz10	10 断路器充电保护过流定值	0.2～100A		9
22	电流定值 Idz10B	13 断路器充电保护过流定值	0.2～100A		9
23	电流定值 Idz11	10 断路器充电保护零序定值	0.2～100A		3.5
24	电流定值 Idz11B	13 断路器充电保护零序定值	0.2～100A		3.5
25	电流定值 Idz12		0.2～100A		100
26	电流定值 Idz12B		0.2～100A		100
27	电流定值 Idz13		0.2～100A		100
28	电流定值 Idz13B		0.2～100A		100
29	时间定值 T1	12 断路器跳闸时间	0.0～60s		3
30	时间定值 T2	14 断路器跳闸时间	0.0～60s		3
31	时间定值 T3	12 断路器合闸时间	0.0～60s		0.5

续表

序号	定值名称	定值说明	整定范围	改变前定值	改变后定值
32	时间定值 T4	14 断路器合闸时间	0.0～60s		0.5
33	时间定值 T5	10 断路器合闸时间	0.0～60s		0.5
34	时间定值 T6	13 断路器合闸时间	0.0～60s		0.5
35	时间定值 T7		0.0～60s		60
36	时间定值 T7B		0.0～60s		60
37	时间定值 T8		0.0～60s		60
38	时间定值 T8B		0.0～60s		60
39	时间定值 T9		0.0～60s		60
40	时间定值 T9B		0.0～60s		60
41	时间定值 T10	10 断路器充电保护电流延时	0.0～60s		0
42	时间定值 T10B	13 断路器充电保护电流延时	0.0～60s		0
43	时间定值 T11	10 断路器充电保护零序延时	0.0～60s		0
44	时间定值 T11B	13 断路器充电保护零序延时	0.0～60s		0
45	时间定值 T12		0.0～60s		60
46	时间定值 T12B		0.0～60s		60
47	时间定值 T13		0.0～60s		60
48	时间定值 T13B		0.0～60s		60
49	时间定值 T14		0.0～60s		60
50	时间定值 T15		0.0～60s		60
51	备投充电时间		0.0～120s		10

定值单 2

控制字定值

位号	定义		改变前定值	改变后定值
0	选择方式 1			退出
1	选择方式 2			退出
2	选择方式 3			退出
3	选择方式 4			退出
4	选择方式 5			退出
5	选择方式 6			退出
6	选择方式 7			退出
7	进线失压告警			退出

续表

控制字定值				
位号	定义		改变前定值	改变后定值
8	控制回路断线判别			投入
9	母线TV断线告警			投入
10	备投闭锁告警			投入
11	TA额定电流			5A
12	进线有压检查			退出
13	过流Ⅰ段复压闭锁			退出
14	过流Ⅱ段复压闭锁			退出
15	充电保护复压闭锁			退出
16	充电保护硬连接片			退出
17	备用电自投加速			退出
18	联切Ⅰ母线小电源			退出
19	联切Ⅱ母线小电源			退出
20	紧急联切负荷			退出
21	扩大内桥			投入

（六）ISA311G数字式线路保护装置定值单

变电站名称：石开变电站

变电设备名称：110kV石城线

断路器编号：12断路器

通知单编号：石1202-03

通知单日期：2012.07.9

TA变比：2000/5

批准部门：××供电公司整定计算管理部门

批准人员：李××

整定计算审核人员：宫××

整定计算人员：孔××

定值单1

序号	定值名称	范围	单位	改变前定值	改变后定值
1	线路全长	0～200	km		9.39
2	线路正序阻抗二次值	0.05～80Ω/I_n	Ω		1.36

续表

序号	定值名称	范围	单位	改变前定值	改变后定值
3	线路正序阻抗角度	50°～90°	(°)		74.7
4	线路零序阻抗二次值	0.05～240Ω/I_n	Ω		4.1
5	线路零序阻抗角度	50°～85°	(°)		74.7
6	电流突变量启动定值	0.1～0.5 I_n	A		0.5
7	零序电流启动定值	0.1～0.5 I_n	A		0.5
8	相间距离Ⅰ段阻抗定值	0.05～80Ω/I_n	Ω		1.1
9	相间距离Ⅱ段阻抗定值	0.05～80Ω/I_n	Ω		3.4
10	相间距离Ⅱ段阻抗时限	0.02～10	s		0.4
11	相间距离Ⅲ段阻抗定值	0.05～80Ω/I_n	Ω		10
12	相间距离Ⅲ段阻抗时限	0.02～10	s		2.7
13	变压器后备保护阻抗定值	0.05～100Ω/I_n	Ω		0.01
14	变压器后备保护时限	1～10	s		10
15	负荷限制电阻定值	0.05～100Ω/I_n	Ω		0.01
16	零序阻抗补偿系数	0～3.5			0.62
17	接地距离Ⅰ段阻抗定值	0.05～80Ω/I_n	Ω		0.01
18	接地距离Ⅱ段阻抗定值	0.05～80Ω/I_n	Ω		0.01
19	接地距离Ⅱ段阻抗时限	0.02～10	s		10
20	接地距离Ⅲ段阻抗定值	0.05～80Ω/I_n	Ω		0.01
21	接地距离Ⅲ段阻抗时限	0.02～10	s		10
22	接地距离偏移角度	0°～30°	(°)		30
23	零序反时限启动定值	0.01～20I_n	A		100
24	零序反时限时间常数	0.1～10	s		10
25	零序过流Ⅰ段定值	0.01～20I_n	A		22
26	零序过流Ⅱ段定值	0.1～20I_n	A		3.5
27	零序过流Ⅱ段时限	0.1～10	s		0.4
28	零序过流Ⅲ段定值	0.01～20I_n	A		0.75
29	零序过流Ⅲ段时限	0.1～10	s		1
30	零序过流Ⅳ段定值	0.01～20I_n	A		0.75
31	零序过流Ⅳ段时限	0.1～10	s		10
32	零序过流加速定值	0.01～20I_n	A		3.5
33	TV断线过流Ⅰ段定值	0.01～20I_n	A		4

续表

序号	定值名称	范围	单位	改变前定值	改变后定值
34	TV断线过流Ⅰ段时限	0.1～10	s		1
35	TV断线过流Ⅱ段定值	0.01～20I_n	A		100
36	TV断线过流Ⅱ段时限	0.1～10	s		10
37	重合闸时限	0.1～10	s		2
38	重合闸检同期角度定值	0°～90°	(°)		40

定值单2

序号	定值名称	范围	单位	改变前定值	改变后定值
1	相间距离Ⅰ段投退	退出/投入			投入
2	相间距离Ⅱ段投退	退出/投入			投入
3	相间距离Ⅲ段投退	退出/投入			投入
4	变压器后备保护投退	退出/投入			退出
5	负荷限制距离投退	退出/投入			退出
6	接地距离Ⅰ段投退	退出/投入			退出
7	接地距离Ⅱ段投退	退出/投入			退出
8	接地距离Ⅲ段投退	退出/投入			退出
9	零序反时限投退	退出/投入			退出
10	零序反时限方向元件投退	退出/投入			退出
11	零序过流Ⅰ段投退	退出/投入			投入
12	零序过流Ⅰ段方向投退	退出/投入			退出
13	零序过流Ⅱ段投退	退出/投入			投入
14	零序过流Ⅱ段方向投退	退出/投入			退出
15	零序过流Ⅲ段投退	退出/投入			投入
16	零序过流Ⅲ段方向投退	退出/投入			退出
17	零序过流Ⅳ段投退	退出/投入			退出
18	零序过流Ⅳ段方向投退	退出/投入			退出
19	零序过流加速投退	退出/投入			投入
20	TV断线零序过流投退	退出/投入			投入
21	TV断线过流保护投退	退出/投入			投入
22	振荡闭锁投退	退出/投入			退出
23	突变量继电器投退	退出/投入			退出

续表

序号	定值名称	范围	单位	改变前定值	改变后定值
24	双回线相继速动投退	退出/投入			退出
25	不对称故障相继速动投退	退出/投入			退出
26	弱馈保护投退	退出/投入			退出
27	重合闸投退	退出/投入			投入
28	不对应启动重合闸投退	退出/投入			投入
29	重合闸同期检定投退	退出/投入			退出
30	检线无压母有压	退出/投入			退出
31	检母无压线有压	退出/投入			退出
32	检线无压母无压	退出/投入			退出
33	投重合闸不检	退出/投入			投入
34	相邻线有流重合闸检定	退出/投入			退出
35	母线 TV 断线闭锁重合闸	退出/投入			退出
36	零序过流Ⅱ段闭锁重合闸	退出/投入			退出
37	距离Ⅱ段闭锁重合闸	退出/投入			退出
38	距离Ⅲ段及以上闭锁重合闸	退出/投入			退出
39	多相故障闭锁重合闸	退出/投入			退出
40	控制回路断线告警投退	退出/投入			投入
41	TA 异常告警投退	退出/投入			投入
42	TWJ 异常告警投退	退出/投入			投入
43	交叉异常告警投退	退出/投入			退出

（七）WBH-801A 数字式变压器保护装置定值单

变电站名称：法原变电站

变电设备名称：1 号变压器

断路器编号：22 断路器、32 断路器、92 断路器

通知单编号：法 1101-03

通知单日期：2011. 11. 18

TA 变比：1600/5；1600/5；4000/5

批准部门：××供电公司整定计算管理部门

批准人员：李××

整定计算审核人员：宫××

整定计算人员：孔××

定值单 1

序号	定 值 名 称	单 位	改变前定值	改变后定值
1	变压器高中压侧额定容量	MVA		180
2	变压器低压侧额定容量	MVA		60
3	中压侧接线方式钟点数			12
4	低压侧接线方式钟点数			11
5	高压侧额定电压	kV		220
6	中压侧额定电压	kV		121
7	低压侧额定电压	kV		10.5
8	高压侧 TV 一次值	kV		220
9	中压侧 TV 一次值	kV		110
10	低压侧 TV 一次值	kV		10
11	高压侧 TA 一次值	A		1600
12	高压侧 TA 二次值	A		5
13	高压侧零序 TA 一次值	A		400
14	高压侧零序 TA 二次值	A		5
15	高压侧间隙 TA 一次值	A		400
16	高压侧间隙 TA 二次值	A		5
17	中压侧 TA 一次值	A		1600
18	中压侧 TA 二次值	A		5
19	中压侧零序 TA 一次值	A		400
20	中压侧零序 TA 二次值	A		5
21	中压侧间隙 TA 一次值	A		400
22	中压侧间隙 TA 二次值	A		5
23	低压侧一分支 TA 一次值	A		4000
24	低压侧一分支 TA 二次值	A		5
25	低压侧二分支 TA 一次值	A		4000
26	低压侧二分支 TA 二次值	A		5
27	低压侧电抗器 TA 一次值	A		4000
28	低压侧电抗器 TA 二次值	A		5

定值单 2

（差动保护定值）

序号	定值名称	单位	改变前定值	改变后定值
1	差动速断电流定值	A		5
2	差动保护启动电流定值	A		0.5
3	二次谐波制动系数			0.15

定值单 3

（差动保护控制字定值）

序号	定值名称	整定范围	改变前定值	改变后定值
1	差动速断投退			1
2	差动保护投退			1
3	二次谐波制动投退			1
4	TA 断线闭锁差动保护			1

定值单 4

（220kV 后备保护定值）

序号	定值名称	整定范围	改变前定值	改变后定值
1	低电压闭锁定值	0～100V		65
2	负序电压闭锁定值	1.0～50V		6
3	复压闭锁过流Ⅰ段定值	A		100
4	复压闭锁过流Ⅰ段 1 时限	s		10
5	复压闭锁过流Ⅰ段 2 时限	s		10
6	复压闭锁过流Ⅱ段定值	A		2.5
7	复压闭锁过流Ⅱ段时间	s		3.6
8	零序过流Ⅰ段定值	A		22.5
9	零序过流Ⅰ段 1 时限	s		1.8
10	零序过流Ⅰ段 2 时限	s		10
11	零序过流Ⅱ段定值	A		7.5
12	零序过流Ⅱ段时间	s		3
13	间隙电流时间	s		0.5
14	非全相负序电流定值	A		50
15	非全相零序电流定值	A		50

续表

序号	定值名称	整定范围	改变前定值	改变后定值
16	非全相时间	s		10
17	通风启动Ⅰ段定值	A		1
18	通风启动Ⅰ段时间	s		5
19	通风启动Ⅱ段定值	A		50
20	通风启动Ⅱ段时间	s		10
21	调压闭锁定值	A		1.5
22	调压闭锁时间	s		1

定值单 5

（220kV 后备保护控制字定值）

序号	定值名称	整定范围	改变前定值	改变后定值
1	复压过流Ⅰ段指向母线			0
2	复压过流Ⅰ段 1 时限			0
3	复压过流Ⅰ段 2 时限			0
4	复压过流Ⅱ段			1
5	零序过流Ⅰ段指向母线			1
6	零序过流Ⅰ段 1 时限			1
7	零序过流Ⅰ段 2 时限			0
8	零序过流Ⅱ段			1
9	间隙保护			1
10	高压侧失灵经变压器跳闸			0
11	非全相			0
12	启动通风Ⅰ段			1
13	启动通风Ⅱ段			0
14	调压闭锁			1

定值单 6

（110kV 后备保护定值）

序号	定值名称	整定范围	改变前定值	改变后定值
1	低电压闭锁定值	0～100V		65
2	负序电压闭锁定值	1.0～50V		6
3	复压闭锁过流定值	A		5.5
4	复压闭锁过流 1 时限	s		3

续表

序号	定 值 名 称	整定范围	改变前定值	改变后定值
5	复压闭锁过流2时限	s		3.3
6	复压闭锁过流3时限	s		10
7	限时电流速断定值	A		10
8	限时速断1时限	s		1
9	限时速断2时限	s		1.3
10	零序过流Ⅰ段定值	A		25.5
11	零序过流Ⅰ段1时限	s		1
12	零序过流Ⅰ段2时限	s		1.3
13	零序过流Ⅱ段定值	A		5
14	零序过流Ⅱ段时间	s		2.5
15	间隙电流时间	s		0.5
16	通风启动Ⅰ段定值	A		50
17	通风启动Ⅰ段时间	s		10
18	通风启动Ⅱ段定值	A		50
19	通风启动Ⅱ段时间	s		10

定值单7

（110kV后备保护控制字定值）

序号	定 值 名 称	整定范围	改变前定值	改变后定值
1	复压过流Ⅰ段指向母线			1
2	复压过流Ⅰ段1时限			1
3	复压过流Ⅰ段2时限			1
4	复压过流Ⅰ段3时限			0
5	限时速断过流1时限			1
6	限时速断过流2时限			1
7	零序过流Ⅰ段指向母线			1
8	零序过流Ⅰ段1时限			1
9	零序过流Ⅰ段2时限			1
10	零序过流Ⅱ段			1
11	间隙保护			1
12	启动通风Ⅰ段			0
13	启动通风Ⅱ段			0

定值单 8

（10kV 后备保护定值）

序号	定 值 名 称	整定范围	改变前定值	改变后定值
1	过流定值	A		12
2	过流 1 时限	s		0.6
3	过流 2 时限	s		10
4	过流 3 时限	s		10
5	低电压闭锁定值	V		65
6	负序电压闭锁定值	V		6
7	复压闭锁过流定值	A		7
8	复压闭锁过流 1 时限	s		0.3
9	复压闭锁过流 2 时限	s		1.4
10	复压闭锁过流 3 时限	s		10

定值单 9

（10kV 后备保护控制字定值）

序号	定 值 名 称	整定范围	改变前定值	改变后定值
1	过流 1 时限			1
2	过流 2 时限			0
3	过流 3 时限			0
4	复压闭锁过流 1 时限			1
5	复压过流过流 2 时限			1
6	复压过流过流 3 时限			0

定值单 10

（10kV 2 分支后备保护）

序号	定 值 名 称	整定范围	改变前定值	改变后定值
1	过流定值	A		100
2	过流 1 时限	s		10
3	过流 2 时限	s		10
4	过流 3 时限	s		10
5	低电压闭锁定值	V		65
6	负序电压闭锁定值	V		6
7	复压闭锁过流定值	A		100

续表

序号	定值名称	整定范围	改变前定值	改变后定值
8	复压闭锁过流1时限	s		10
9	复压闭锁过流2时限	s		10
10	复压闭锁过流3时限	s		10

定值单11

（10kV 2分支后备保护控制字定值）

序号	定值名称	整定范围	改变前定值	改变后定值控制字定值
1	过流1时限			0
2	过流2时限			0
3	过流3时限			0
4	复压闭锁过流1时限			0
5	复压闭锁过流2时限			0
6	复压闭锁过流3时限			0

定值单12

（自定义定值）

序号	定值名称	整定范围	改变前定值	改变后定值
1	低电压闭锁定值	V		65
2	负序电压闭锁定值	V		6
3	复压闭锁过流定值	A		100
4	复压闭锁过流1时限	s		10
5	复压闭锁过流2时限	s		10

定值单13

（自定义控制字）

序号	定值名称	整定范围	改变前定值	改变后定值自定义控制字
1	增量差动保护			0
2	复压闭锁过流1时限			0
3	复压闭锁过流2时限			0

定值单 14

（软连接片定值）

序号	定值名称	整定范围	改变前定值	改变后定值
1	主保护			1
2	高压侧后备保护			1
3	中压侧后备保护			1
4	低 1 分支后备保护			1
5	低 1 分支复压过流保护			1
6	低 2 分支后备保护			0
7	低 2 分支复压过流保护			0
8	电抗器后备保护			0
9	远方修改定值			0

定值单 15

（跳闸矩阵）

序号	名称	跳高压侧	跳高压母联	跳中压侧	跳中压母联	跳低压侧1分支	跳低压侧1分段	跳低压侧2分支	跳低压侧2分段	闭锁中压侧备自投	闭锁低压1分支备自投	闭锁低压2分支备自投	非全相
1	高复压过流Ⅱ段	1		1		1							
2	高零序过流Ⅰ段 1 时限	1											
3	高零序过流Ⅱ段	1		1		1							
4	高零序过电压	1		1		1							
5	高间隙电流	1		1		1							
6	中复压过流Ⅰ段 1 时限				1								
7	中复压过流Ⅰ段 2 时限			1									
8	中限时速断 1 时限				1								
9	中限时速断 2 时限			1									
10	中零序过流Ⅰ段 1 时限				1								
11	中零序过流Ⅰ段 2 时限			1									
12	中零序过流Ⅱ段	1		1		1							
13	中零序过电压			1									

续表

序号	名称	跳高压侧	跳高压母联	跳中压侧	跳中压母联	跳低压侧1分支	跳低压侧1分段	跳低压侧2分支	跳低压侧2分段	闭锁中压侧备自投	闭锁低压1分支备自投	闭锁低压2分支备自投	非全相
14	中间隙电流			1									
15	低1分支过流1时限					1							
16	低1分支复压过流1时限						1						
17	低1分支复压过流2时限					1							

定值单16

（自定义定值）

序号	定 值 名 称	整定范围	改变前定值	改变后定值
1	保护投退控制字			0000
2	启失灵经断路器合位			0
3	启失灵经三相不一致			0
4	失灵启动零序电流	A		50
5	失灵启动负序电流	A		50
6	失灵启动动作相电流	A		50
7	失灵启动延时1	s		10
8	失灵启动延时2	s		10
9	非全相负序电流	A		50
10	非全相零序电流	A		50
11	非全相延时t1	s		10
12	非全相延时t2	s		10
13	通风启动一段动作电流	A		50
14	通风启动一段延时时间	s		10
15	通风启动二段动作电流	A		50
16	通风启动二段延时时间	s		10
17	调压闭锁动作电流	A		50
18	调压闭锁延时时间	s		10

定值单17

（控制字定值）

位号	定值名称	整定范围	改变前定值	改变后定值
0	失灵启动t1			0
1	失灵启动t2			0
2	非全相t1			0
3	非全相t2			0
4	通风启动一段			0
5	通风启动二段			0
6	调压闭锁			0

定值单18

（软连接片定值）

位号	定值名称	整定范围	改变前定值	改变后定值
1	失灵启动软连接片			0
2	非全相保护软连接片			0

（八）RCS _ 923A型线路保护装置定值单

变电站名称：法原变电站

变电设备名称：220kV山法线

断路器编号：21断路器

通知单编号：法1101-01

通知单日期：2011.12.15

TA变比：1600/5

220kV母线TV变比：$220kV/\sqrt{3}/100V/\sqrt{3}/100V/3$

批准部门：××供电公司整定计算管理部门

批准人员：李××

整定计算审核人员：宫××

整定计算人员：孔××

定值单

序号	符号	定值名称	单位	原定值	现定值
1	IDQ	电流变化量启动元件	A	1.0000	1.0000

续表

序号	符号	定值名称	单位	原定值	现定值
2	I0Q	零序电流启动元件	A	0.5000	0.5000
3	ISLQD	失灵保护相电流启动元件	A	3.0000	6.0000
4	IL1	相电流过流Ⅰ段定值	A	5.0000	8.0000
5	TL1	相电流过流Ⅰ段时间	s	0.3000	0.1000
6	IL2	相电流过流Ⅱ段定值	A	5.0000	6.0000
7	TL2	相电流过流Ⅱ段时间	s	10.0000	0.3000
8	I01	零序过流Ⅰ段定值	A	5.0000	11.4000
9	T01	零序过流Ⅰ段时间	s	0.3000	0.1000
10	I02	零序过流Ⅱ段定值	A	5.0000	3.5000
11	T02	零序过流Ⅱ段时间	s	10.0000	0.3000
12	I0BYZ	三相不一致零序电流定值（3I0）	A	0.5000	0.5000
13	I2BYZ	三相不一致负序电流定值	A	0.5000	0.5000
14	TBYZ	三相不一致保护时间	s	2.5000	2.5000
15	ICD	充电保护相电流定值（C型为Ⅰ段）	A	5.0000	6.0000
16	xlbh	线路编号		21	21
17	SLQD	失灵启动投入：1		1	1
18	GL1	相电流过流Ⅰ段投入：1		1	1
19	GL2	相电流过流Ⅱ段投入：1		0	1
20	GL01	零序过流Ⅰ段投入：1		1	1
21	GL02	零序过流Ⅱ段投入：1		0	1
22	BYZ	三相不一致保护投入：1		1	1
23	BYZI0	三相不一致保护受零序电流控制：1		1	1
24	BYZI2	三相不一致保护受负序电流控制：1		1	1
25	CD	充电保护相电流投入（C型为Ⅰ段）：1		1	1
26	GL_TR	过流保护软连接片投入：1（硬连接片同时投入有效）		1	1
27	BYZ_TR	不一致保护软连接片投入：1（硬连接片同时投入有效）		1	1
28	CD_TR	充电保护软连接片投入：1（硬连接片同时投入有效）		1	1

第二节 设备验收管理

一、变压器验收

（一）对变压器进行外观检查验收

（1）用水平仪测试变压器基础水平小于 5mm。

（2）检查变压器本体接地应有两根接地引下线与主接地网连接，且连接在主接地网的不同地点，接地引下线应焊接牢固，接地扁钢截面符合设计要求。接地标示涂刷油漆清晰规范。铁芯外引接地套管完好无损。

（3）检查变压器铭牌参数齐全、字迹清晰。

（4）检查变压器本体不渗油。

（5）检查变压器冷却装置及所有附件均完整齐全，冷却装置不渗油。

（6）检查变压器油系统中的阀门全部在“开”位置。

（7）检查变压器事故排油设施应完好，消防设施齐全。

（8）检查变压器储油柜油温标示线清晰可见。

（9）检查变压器温度计校验合格，报警触头动作正常。测温插管内清洁无杂物且注满变压器油，测温元件插入后塞座拧紧，密封无渗漏油现象。

（10）检查变压器顶盖上面无遗留杂物。

（11）检查变压器本体油漆涂刷完整，套管相色标志正确。

（12）检查变压器高压套管的接地小套管应接地良好，套管顶部将军帽应密封良好，与外部引线连接良好。

（二）对变压器有载调压装置进行检查验收

（1）检查变压器有载调压装置分接开关动、静触头无烧损，无发热痕迹，动、静触头接触良好。

（2）检查变压器有载调压装置分接开关触头导电部分与分接引线距离符合规定，且与分接引线连接牢固。

（3）检查变压器有载调压装置分接开关触头动作顺序符合制造厂家规定。

（4）检查变压器有载调压装置过渡电阻无损伤，阻值符合制造厂规定。

（5）检查变压器有载调压开关油室与变压器本体间无渗漏。

（6）检查变压器有载调压装置箱体密封良好。

（7）检查变压器有载调压装置操作机构控制回路接线正确，连接无松动。

（8）用 2500V 兆欧表遥测变压器有载调压装置操作机构控制回路绝缘良好。

（9）检查变压器有载调压装置分头位置指示正确，且与主控室分头位置指示一致。

（三）对变压器油箱及套管、储油柜进行检查验收

（1）检查变压器油箱内部清洁无锈蚀、无油垢、漆膜完整。油箱外漆膜喷涂均匀，有光泽，无漆瘤。

（2）检查变压器油箱箱沿平整，无凹凸，箱沿内侧有挡圈。油箱强度足够，密封良好。

（3）检查变压器油试验报告，试验数据均在合格范围。

（4）检查注油前真空保持时间大于8h。注油后真空保持时间大于4h。

（5）检查注油方式为真空注油，真空注油速度应小于100L/min

（6）检查磁（电）屏蔽装置固定牢固，接地良好。

（7）检查变压器油位表指示正确。

（8）检查变压器储油柜内壁刷绝缘漆且无锈蚀及油垢。检查变压器储油柜外壁刷绝缘漆且无锈蚀及油垢，外壁喷油漆且喷涂均匀平整有光泽。

（9）检查变压器储油柜胶囊外形完整无损伤，胶囊放置方向与储油柜长轴平行，无扭偏。胶囊口密封良好呼吸通畅。

（10）对变压器储油柜气密性进行检查，不漏气。

（11）检查变压器储油柜油位表动作灵活，指示正确，信号接点位置正确。

（四）对变压器冷却装置进行检查验收

（1）检查变压器冷却装置表面清扫清洁。检查变压器冷却装置内部用油冲洗干净。

（2）检查变压器冷却装置连接处密封良好无渗漏，检查变压器冷却装置各焊口及结合面无渗漏油。充油试验持续30min无渗漏。

（3）检查变压器冷却装置外观完好无破损，铭牌完整。

（4）用扳手检查变压器冷却装置各螺栓连接紧固，无震动。

（5）用摇表摇测潜油泵电机绝缘大于500MΩ

（6）潜油泵转子装配时检查转动平滑无卡阻。轴承及转子音响均匀正常，转动方向符合要求，转速小于1000r/min。

（7）检查变压器冷却装置风扇叶片外观无裂纹变形。

（8）检查变压器冷却装置风扇转子装配检查转动平滑无卡阻。旋转方向正确。

（9）用摇表摇测风扇电机绝缘大于500MΩ。

（五）对变压器气体继电器进行检查验收

（1）检查气体继电器外部清洁，无油垢。观察孔清洁。气体继电器密封良好，无渗漏油。

（2）检查气体继电器流速校验合格，绝缘良好。

（3）检查气体继电器保持水平位置，连管朝储油柜方向有1%～1.5%的升高坡度。

（4）检查气体继电器防雨罩安装牢固。

（六）对变压器安全气道进行检查验收

（1）检查安全气道内部清洁，无杂物，无锈蚀。

（2）检查安全气道法兰密封不漏气。

（3）检查安全气道膜片外形完整无裂损。

（4）检查安全气道膜片材料规格符合产品规定。

（5）检查安全气道上部应与储油柜连通。

（6）检查安全气道压力释放阀校验合格。

（七）对变压器净油器、吸湿器进行检查验收

（1）检查净油器容器内部无油垢，无锈蚀物。

（2）检查净油器上下出口均装滤网。

（3）检查净油器硅胶颜色为蓝色不透明。

（4）检查吸湿器内部和外部清洁，吸湿器与油枕连接处密封无渗漏油。

（5）检查吸湿器密封油位正常。

（6）检查吸湿器呼吸气道畅通且无阻塞。

二、SF_6断路器验收

（一）对断路器进行外观检查验收

（1）检查断路器基础平整，高低水平差符合标准要求。检查断路器安装牢固可靠。检查断路器底座（或支架）与基础间的垫片不宜超过三片，垫片总厚度小于10mm。各片间应焊接牢固。

（2）检查断路器是否按照制造厂的部件编号和规定顺序进行组装，不存在混装现象。

（3）检查断路器相间支持瓷套法兰面应在同一水平面上，安放位置正确且紧固均匀。

（4）检查断路器相位色正确，醒目，相位标示必须在同一水平位置上。

（5）检查断路器连接三相的水平拉杆外拐臂角度一致，拉杆拧入深度符合规定，防松螺母拧紧，垫圈、开口肖齐全并开口。

（6）检查断路器所有电气连接点可靠且接触良好。

（7）检查断路器各瓷件表面应光滑，瓷件无裂纹和缺损，铸件无砂眼。断路器各瓷件应涂长效硅油，检查长效硅油涂刷厚度均匀，没有漏涂现象。

（8）检查断路器各部位紧固螺栓规格符合标准，基座螺栓要有备帽，螺杆露出螺帽2～3丝。用扳手检查断路器各紧固部位及连接部位应紧固。

（9）检查SF_6断路器密封良好，SF_6气体压力应符合产品规定。密度继电器应安装牢固，密封良好。报警、闭锁定值应符合设备说明书规定，年漏气率应不大于1%。

（10）检查断路器基座接地可靠，接地引线与主接地网连接牢固，接地扁钢截面符合设计要求，接地标示涂刷油漆清晰规范。

（二）对断路器操动机构进行外观检查验收

（1）检查断路器操动机构固定牢固，外表清洁完整。分闸、合闸指示正确。分闸、合闸标志清晰，观察窗清洁。

（2）检查断路器与操动机构的联动应正常，无卡阻现象。操动机构箱中接触器、微动开关、压力开关、辅助开关动作应正确可靠，接点接触良好无电弧烧损和锈蚀现象。

（3）检查断路器弹簧系统各转动部分应涂以适合当地气候条件的润滑脂，机械闭锁装置动作灵活，复位应准确、迅速、可靠。检查断路器弹簧机构合闸后合闸弹簧能够储能。

（4）检查断路器空气操动机构无漏气，安全阀、减压阀动作正确可靠。

（5）检查断路器液压操动机构无渗油，油位正常，压力表应指示正确。工作缸活塞行程应符合说明书要求。工作缸、储压器及连接管接头处无渗漏和锈蚀现象。

（6）检查断路器操动机构箱体密封良好，箱门开启灵活，箱体内外洁净无锈蚀。检查断路器操动机构箱体内二次接线排列整齐有序，标志齐全，字迹清晰。检查加热器或去潮器应正常。

（7）电缆管口、洞口应用防火材料封堵。

（三）检查断路器动作特性试验报告

（1）检查断路器分闸、合闸时间，分闸、合闸速度，操动机构储能时间，合闸线圈电阻值，分闸线圈的直流电阻值，三相主回路电阻值均符合断路器产品说明书规定。

（2）检查断路器合闸线圈动作电压在30～65%U_e之间。分闸线圈动作电压在30～65%U_e之间。

（3）检查断路器相间合闸不同期不大于5ms或符合产品说明书规定。相间分闸不同期不大于3ms或符合产品说明书规定。

（4）检查断路器同相各断口间分闸不同期不大于2ms或符合产品说明书规

定。检查断路器同相各断口间合闸不同期不大于3ms或符合产品说明书规定。

（5）检查断路器液压机构防慢分试验符合产品说明书规定。检查断路器气动机构防慢分试验符合产品说明书规定。

（6）对断路器压力表进行校验，对 SF_6 断路器气压进行校验。对断路器机构操作液（气）压进行校验。对断路器安全阀进行校验。

（四）对断路器交接资料进行验收

（1）检查断路器交接清单完整、齐全。

（2）检查断路器产品合格证齐全。

（3）检查断路器安装使用说明书齐全。

（4）检查断路器厂家试验记录齐全。

（5）检查断路器安装调试记录齐全。

（6）检查断路器电气试验记录齐全。

（五）对交接的备品备件进行验收

（1）检查断路器的备品备件、设备专用工具清单完整、齐全。

（2）检查断路器的备品备件数量、型号符合清单要求，备品备件完整、齐全、没有损坏。

（3）检查断路器的专用工具数量、型号符合清单要求，备品备件完整、齐全、没有损坏。

三、封闭式组合电器验收

（一）对封闭式组合电器进行外观检查验收

（1）检查封闭式组合电器基础平整，高低水平差符合标准要求，检查封闭式组合电器安装牢固可靠。检查封闭式组合电器底座（或支架）与基础间的垫片不宜超过三片，其总厚度不大于10mm；各片间应焊接牢固。

（2）检查封闭式组合电器是否按照制造厂的部件编号和规定顺序进行组装，不存在混装现象。

（3）检查封闭式组合电器的各部件完整无损，外壳清洁无油迹，外壳喷漆均匀、完整，无锈蚀现象。

（4）检查封闭式组合电器相间支持瓷套法兰面应在同一水平面上，安放位置正确且紧固均匀。检查封闭式组合电器各绝缘件无变形，无受潮，无裂纹。检查封闭式组合电器各瓷件表面光滑，无裂纹，无缺损，铸件无砂眼。在室外的瓷件涂长效硅油，长效硅油涂刷严密，厚度均匀，无漏涂现象。

（5）检查封闭式组合电器的相位色正确且醒目，相位标示涂刷位置在同一水平位置上。相位贴位置也要在同一水平位置上。检查封闭式组合电器气室间隔有明显的色标且标志清晰。检查断路器、隔离开关、接地刀闸分、合闸指示正确，标志清晰，观察窗应清洁。

(6) 检查封闭式组合电器本体接地应连接牢固，接地引线焊接牢固，接地扁钢截面符合设计要求，接地标志涂刷规范。

(7) 检查封闭式组合电器各元件接线端子、插接件及载流部分光洁且无锈蚀现象。设备接线端子的接触表面应平整、清洁、无氧化膜并涂抹薄层电力复合脂。镀银部分没有挫磨。载流部分表面应无凹陷及毛刺，各连接螺栓齐全、紧固。

(8) 检查封闭式组合电器各气室密封良好，各分隔气室的压力值和含水量符合设备说明书规定。检查密度继电器安装牢固，密封良好。检查密度继电器报警、闭锁定值符合设备说明书规定。检查封闭式组合电器年漏气率小于1%。

(9) 检查封闭式组合电器各元件的紧固螺栓齐全、无松动。紧固螺栓规格符合标准，基座螺栓有备帽，螺杆露出螺帽2～3丝。检查封闭式组合电器各紧固部位及连接部位紧固，无松动。

(10) 检查封闭式组合电器整体和断路器、隔离开关、接地刀闸、电流互感器、电压互感器、避雷器等设备铭牌清晰。

(二) 对封闭式组合电器汇控柜进行检查验收

(1) 检查汇控柜门面操作开关与模拟元件位置指示器相对应。检查汇控柜安装固定牢固，外表清洁完整且可靠接地。

(2) 检查汇控柜密封良好，箱内洁净，箱门开启灵活且无锈蚀。检查汇控柜内照明灯完好无损坏，照明灯由限位开关控制，开门时灯亮，关门时灯灭。检查汇控柜加热器或去潮器完好无损坏且投切正常。检查汇控柜内所有元器件完整、齐全、无损坏。

(3) 检查汇控柜断路器、隔离开关、接地刀闸就地一远方选择开关操作灵活、正确。

(4) 检查封闭式组合电器各气室的SF_6气体密度及操作空气压力处于正常状态。

(5) 检查汇控柜内二次线排列整齐有序，标志齐全，字迹清楚。检查二次电缆管口、洞口防火材料封堵严密。

(6) 检查弹簧系统各转动部分涂以适合当地气候条件的润滑脂，检查机械闭锁装置动作灵活，复位准确，扣合可靠。检查弹簧机构合闸后合闸弹簧保持储能状态。

(7) 检查封闭式组合电器与传动机构的联动正常，无卡阻现象。检查分、合闸指示正确。检查分、合闸闭锁装置动作灵活、可靠且复位准确。接触器、微动开关、压力开关、辅助开关动作均正确可靠，触点接触良好无电弧烧损和锈蚀。

（三）对隔离开关交接资料进行验收

（1）检查隔离开关交接清单完整、齐全。

（2）检查隔离开关产品合格证齐全。

（3）检查隔离开关安装使用说明书齐全。

（4）检查隔离开关厂家试验记录齐全。

（5）检查隔离开关安装调试记录齐全。

（6）检查隔离开关电气试验记录齐全。

（四）对交接的备品备件进行验收

（1）检查隔离开关的备品备件、设备专用工具清单完整、齐全。

（2）检查隔离开关的备品备件数量、型号符合清单要求，备品备件完整、齐全、没有损坏。

（3）检查隔离开关的专用工具数量、型号符合清单要求，备品备件完整、齐全、没有损坏。

四、隔离开关验收

（一）对隔离开关进行外观检查验收

（1）检查安装的隔离开关符合设计要求，测量隔离开关相间距离与设计要求相差小于5mm。

（2）检查隔离开关绝缘子表面清洁，无破损，无裂纹，无遗留物。检查隔离开关硅油涂刷均匀，无漏涂，无拉丝现象。检查隔离开关绝缘子法兰胶合部位胶合牢固，无松动现象。

（3）检查安装后的隔离开关三相单极支柱平行且在一条轴线上。同相绝缘支柱的各绝缘支柱中心线应在同一垂直线上，同相各绝缘支柱的中心线应在同一垂直平面内。检查隔离开关相间连杆在同一水平线上，垂直连杆与基座垂直。

（4）检查隔离开关整体外观无锈蚀。检查隔离开关均压环安装牢固，无变形、无裂痕缺陷。检查隔离开关相位色正确、清晰、醒目，相位标示必须在同一水平位置上。

（5）检查隔离开关操作机构各传动部位涂有适量润滑油。检查隔离开关主刀闸及接地刀闸铜辫子线涂有适量大黄油。

（6）检查隔离开关基座接地可靠，接地引线与主接地网连接牢固，接地扁钢截面符合设计要求，接地标示涂刷油漆清晰规范。

（7）检查隔离开关各部位紧固螺栓规格符合标准，基座螺栓有备帽，螺杆露出螺帽 2～3 丝。检查隔离开关各紧固部位及连接部位紧固。轴肖及开口肖齐全，开口肖要开口。

（二）对隔离开关操动机构进行检查验收

（1）检查隔离开关操动机构安装牢固，检查隔离开关操动机构电动机的转向应正确，操动机构的分、合指示应与隔离开关的实际分、合位置相符。检查隔离开关电动机齿轮与大齿轮啮合良好，检查涂有适量润滑油。检查隔离开关机构箱内丝母与丝杠啮合良好，丝母不脱离与丝杠的啮合，检查涂有适量润滑油。

（2）检查隔离开关手动分、合闸操作时动作灵活、可靠，到位准确，电动操作转动速度匀速进行，没有过大的异音。检查隔离开关机构动作时无卡涩、无冲击现象。操动机构的限位装置动作准确可靠，到达规定分、合位置时能可靠切断电动操动机构电源。

（3）检查隔离开关的辅助切换触点动作准确，接触良好。当隔离开关的辅助切换触点装于室外时，要检查防雨措施可靠。

（4）检查隔离开关机构箱密封良好，二次接线正确，无松动。检查隔离开关机构箱内加热装置能可靠投入，检查隔离开关机构箱孔洞封堵严密。

（5）带有接地刀的隔离开关，检查接地刀闸与隔离开关间的机械闭锁准确可靠，接地刀闸的扇形板与隔离开关的弧形板保留有 1～3mm 的间隙。电气闭锁装置动作正确可靠，符合设计性能要求，电气闭锁装置。

（三）对隔离开关导电部分进行检查验收

（1）检查隔离开关接线座及导电管夹板无裂纹，压接无偏斜，螺栓紧固，开口肖齐全并开口。检查隔离开关导电管、导电杆平滑，无弯曲、不变形。检查隔离开关接线端子及载流部分清洁无污垢，连接处螺栓齐全，接触良好。

（2）检查隔离开关右触头固定牢固，垫圈齐全且触头与轴线垂直并与左触头保持在一水平位置上。检查隔离开关左触头定位板无松动，触指夹口有弹性。检查隔离开关触指座无偏斜，触头各触点全面接触。检查隔离开关右触头、左触头均涂有适量电力复合脂。检查隔离开关右触头、左触头镀银层无脱落，无锈蚀，无氧化。检查隔离开关在合闸位置时，右触头插入左触头尺寸符合标准，两触头间要有 3～8mm 间隙。

（3）检查隔离开关在接线座内的软导电部分无损伤，无断裂，盘旋方向正确，无别抗 、无折损，载流部分表面无严重凹陷和锈蚀，接触面涂有适量电力复合脂，压接面紧固无松动。

（四）对隔离开关转动部分进行检查验收

（1）检查隔离开关各转动部位灵活，传动正确。

（2）水平或25℃上层布置的隔离开关，其传动方式的连杆应水平或垂直，焊接牢固。相间连杆应在同一水平线上。

（3）底座固定牢固，底座内部的伞型齿轮，啮合正确，且无松动，并涂有适量的润滑脂。

（4）轴承座内的单列圆锥式推力轴承，应涂有适量的润滑脂。

（5）接地装置传动应符合机械闭锁的要求，且接触良好。

（6）定位螺钉应按产品的技术要求进行调整，并加以固定。

（五）对隔离开关交接资料进行验收

（1）检查隔离开关交接清单完整、齐全。

（2）检查隔离开关产品合格证齐全。

（3）检查隔离开关安装使用说明书齐全。

（4）检查隔离开关厂家试验记录齐全。

（5）检查隔离开关安装调试记录齐全。

（6）检查隔离开关电气试验记录齐全。

（六）对交接的备品备件进行验收

（1）检查隔离开关的备品备件、设备专用工具清单完整、齐全。

（2）检查隔离开关的备品备件数量、型号符合清单要求，备品备件完整、齐全、没有损坏。

（3）检查隔离开关的专用工具数量、型号符合清单要求，备品备件完整、齐全、没有损坏。

五、电力电容器组验收

（一）对电力电容器组进行检查验收

（1）检查电力电容器组箱体无渗油，无锈蚀，无凹凸等现象。检查电力电容器组油位指示正确。检查电力电容器本体温度计完好无损，指示正确。

（2）检查电力电容器组的瓷质部分无损伤，无放电痕迹。检查套管芯棒无弯曲现象，压接螺栓齐全。

（3）检查电力电容器框架安装固定牢固，电力电容器油漆涂刷均匀，相位涂刷正确、清晰。

（4）检查电力电容器外壳及框架接地引线连接牢固，接地引线截面符合设计要求。接地标志涂刷油漆规范。电力电容器顺序编号醒目清晰。

（5）检查电力电容器组接线正确，引出线端连接用的螺母、垫圈齐全。

（二）对干式电抗器进行检查验收

（1）检查干式电抗器各紧固件，连接件安装可靠紧固，齐全。

（2）检查干式电抗器导电部件无生锈，无腐蚀。检查干式电抗器外壳绝缘无损伤，无爬电，无碳化现象。

（3）检查干式电抗器安装位置倾斜度≤2/1000。检查电抗器周围1.1倍直径范围内，不得有封闭的金属短路环。

（4）检查干式电抗器接地引线连接牢固，接地引线截面符合设计要求。接地标志涂刷油漆规范。

（三）对放电线圈进行检查验收

（1）检查放电线圈安装固定牢固，外壳接地良好。检查充油放电线圈器身无渗油，无锈蚀现象。检查放电线圈箱盖螺丝无松动。

（2）检查放电线圈瓷质部分或合成绝缘套管无损伤。

（3）检查放电线圈接线正确，符合设计要求。检查放电线圈相色标示正确，醒目，引出线端连接用的螺母、垫圈齐全。

（4）检查放电线圈二次接线端子连接牢固，检查放电线圈放电回路完整，无开路现象。

（四）对设备间的连接电缆进行检查验收

（1）检查电缆头的安装位置符合设计要求，检查电缆头连接方式要便于检修、试验拆线及接线。

（2）检查电缆头固定可靠。检查电力电缆隔室与电缆沟连接处的防止小动物措施有效可靠。

（五）对电力电容器组交接资料进行检查验收

（1）检查电力电容器组交接清单完整、齐全。

（2）检查电力电容器组产品合格证齐全。

（3）检查电力电容器组安装使用说明书齐全。

（4）检查电力电容器组厂家试验记录齐全。

（5）检查电力电容器组安装调试记录齐全。

（6）检查电力电容器组电气试验记录齐全。

（六）对交接的备品备件进行验收

（1）检查电力电容器组的备品备件、设备专用工具清单完整、齐全。

（2）检查电力电容器组的备品备件数量、型号符合清单要求，备品备件完整、齐全、没有损坏。

（3）检查电力电容器组的专用工具数量、型号符合清单要求，备品备件完整、齐全、没有损坏。

六、油浸式互感器验收

（一）对油浸式互感器进行整体检查验收

（1）检查油浸式互感器安装牢固，金属部件无脱漆，无锈蚀。铭牌参数齐全，字迹清楚。检查油浸式互感器相色醒目清晰。

（2）检查油浸式互感器瓷套与法兰连接螺丝紧固。检查油浸式互感器瓷套外表清洁，无裂纹、无破损、无放电痕迹。检查油浸式互感器各瓷件涂长效硅油，检查长效硅油涂刷厚度均匀，没有漏涂现象。

（3）检查油浸式互感器油位指示正确，密封良好无渗漏油现象。检查油浸式互感器金属膨胀器完好。

（4）检查油浸式互感器所有电气连接点可靠且接触良好，检查弹簧垫圈齐全。检查油浸式互感器接地引线连接牢固，接地引线应焊接牢固，截面符合设计要求。接地标志涂刷油漆规范。

（二）对油浸式互感器交接资料进行验收

（1）检查油浸式互感器交接清单完整、齐全。

（2）检查油浸式互感器产品合格证齐全。

（3）检查油浸式互感器安装使用说明书齐全。

（4）检查油浸式互感器厂家试验记录齐全。

（5）检查油浸式互感器安装调试记录齐全。

（6）检查油浸式互感器电气试验记录齐全。

（三）对交接的备品备件进行验收

（1）检查油浸式互感器的备品备件、设备专用工具清单完整、齐全。

（2）检查油浸式互感器的备品备件数量、型号符合清单要求，备品备件完整、齐全、没有损坏。

（3）检查油浸式互感器的专用工具数量、型号符合清单要求，备品备件完整、齐全、没有损坏。

七、铠装式金属封闭开关柜验收

（一）对铠装式金属封闭开关柜柜体进行外观检查验收

（1）检查铠装式金属封闭开关柜柜体正面元器件安装位置正确、齐全，符合设计要求。各元器件连接可靠，无松动、无变形现象。

（2）检查铠装式金属封闭开关柜柜体观察窗，从柜体观察窗可以观察到柜体内的设备及关键部位任意工作位置，从柜体观察窗可以清晰看到柜体内进、出线过桥连接点、柜内隔离开关、接地刀闸的工作状态。从柜体观察窗也能清晰看到柜内电缆连接点、计数器等组件。

（3）检查铠装式金属封闭开关柜柜体整洁，无锈蚀，无施工遗留物品。柜内金属件表面涂层完好，无锈蚀、无变形。绝缘件表面光滑，无损坏、无受潮现象。检查整个柜体要有足够的通风和排气，确保柜体温升符合标准要求。

（4）检查铠装式金属封闭开关柜柜内一次导电回路相与相之间距离，相与地之间距离符合标准要求。相序标示正确无误，且符合设计要求。

（5）检查铠装式金属封闭开关柜一次进线、出线电气连接部分接触面平整、无氧化，涂适量电力复合脂。电气元件压接牢固，压接螺栓垫圈齐全，规格符合设计要求。相色正确、清晰、醒目。

（6）检查铠装式金属封闭开关柜柜体接地良好，接地标示涂刷油漆清晰规范。

（7）检查铠装式金属封闭开关柜柜体内清洁，无检修施工遗留物品。

（二）对手车开关室进行外观检查验收

（1）检查手车开关轨道平直与地面接触良好，无变形松动现象。检查手车开关定位板无变形，没有损坏，各轴肖、垫圈齐全，固定牢固。

（2）检查手车开关静触头挡板无变形，无损坏现象。挡板开闭灵活、可靠，无卡涩现象。检查手车开关静触头光滑、平整，无扭曲，无毛刺现象。

（3）检查触头式电流互感器安装平直、牢固，绝缘面光滑，无脱落、脱漆、裂纹现象。电流互感器二次接线连接紧固，线端表示号清晰，正确无误，无遗漏现象。

（4）检查各电气连接接触面平整、清洁、无氧化，连接紧密，压接螺栓垫圈齐全，螺栓规格符合设计标准。检查各绝缘子完好无损，且安装牢固。

（5）检查电气间隔具有独立防误操作闭锁功能，且闭锁可靠，高压带电显示装置运行良好。

（三）对手车进行外观检查验收

（1）检查手车开关外观清洁，支柱绝缘子、断路器本体、隔离开关动触头完好无损，动触头光滑、平整，无扭曲、毛刺现象，并涂适量的电力复合脂。检查各连接部件固定牢固。断路器位置指示明显，指示分闸、合闸状态正确。

（2）检查手车隔离开关外观清洁，支柱绝缘子、隔离开关动触头完好无损，动触头光滑、平整，无扭曲、毛刺现象，并涂适量的电力复合脂。检查各连接部件固定牢固。

（3）检查互感器完好无损、固定牢固，且采用隔离措施。检查电压互感器装有防止铁磁谐振措施，电压互感器高压侧装设高压熔断器完好动作可靠。检查互感器二次接线连接紧固可靠。

（4）检查避雷器应完好无损、接地良好，计数器指示正常，安装位置便于观察。

（5）检查手车二次插头和插座接触良好可靠，有锁紧措施。检查插头与断路器的机械连锁装置可靠，当断路器在工作位置时，插头不能拔出。

（6）检查手车中各电气连接面平整、光滑，压接紧固接触良好。电气接触面应涂有适量电力复合脂。

（四）对手车操作情况进行检查验收

（1）检查手车滚轮转动灵活，检查手车在轨道上运动畅通，无卡涩。定位挂钩定位准确，定位后手车没有晃动现象。

（2）检查手车在试验位置时定位准确，检查手车在工作位置时定位准确，定位肖能可靠插入定位空内。

（3）检查手车在工作位置时机械闭锁使接地开关不能合闸。手车在试验位置，接地开关能进行分闸、合闸。手车柜中的电气、机械闭锁装置可靠，闭锁程序正确。

（五）对手车断路器操作机构进行检查验收

（1）检查手车断路器操作机构安装固定牢固，操作机构中电动机储能正常，储能齿轮咬合良好，齿口无损坏。储能电动机转动灵活，无异音现象。

（2）检查手车断路器操作机构主轴、连板、连杆完好，无断裂，无锈蚀，无变形现象。检查手车断路器操作机构各传动轴、轴肖齐全，开口肖均在开口位置，转动部位涂有适量润滑油。

（3）检查手车断路器操作机构分闸、合闸动作灵活无卡涩，检查手车断路器脱扣装置无变形，无裂纹，无锈蚀现象。扣入深度符合技术要求，在规定的动作电压内能可靠动作。检查分闸、合闸位置指示器指示正确，标识清晰。

（4）检查手车断路器操作机构的辅助开关、限位开关切换位置正确，触点接触良好，动作灵活、可靠。检查二次接线正确，接点压接牢固，接点无氧化，接触良好，检查端子排二次布线整齐，线端标识正确、清晰，端子排无损坏现象。

（六）对铠装式金属封闭开关柜交接资料进行验收

（1）检查铠装式金属封闭开关柜交接清单完整、齐全。

（2）检查铠装式金属封闭开关柜产品合格证齐全。

（3）检查铠装式金属封闭开关柜安装使用说明书齐全。

（4）检查铠装式金属封闭开关柜厂家试验记录齐全。

（5）检查铠装式金属封闭开关柜安装调试记录齐全。

（6）检查铠装式金属封闭开关柜电气试验记录齐全。

（七）对交接的备品备件进行验收

（1）检查铠装式金属封闭开关柜的备品备件、设备专用工具清单完整、齐全。

（2）检查铠装式金属封闭开关柜的备品备件数量、型号符合清单要求，备品备件完整、齐全、没有损坏。

（3）检查铠装式金属封闭开关柜的专用工具数量、型号符合清单要求，备品备件完整、齐全、没有损坏。

八、软母线及引线验收

（一）对软母线及引线进行检查验收

（1）检查软母线及引线无松股，无断股，无扭结，无损伤，无严重腐蚀现象。检查软母线及引线表面清洁，无施工及检修遗留物品。检查安装的软母线及引线弧垂符合设计标准。

（2）检查引线长度适中，与电气端子连接不应使其受到超过允许的机械应力。检查引线风偏度应符合设计规范要求。

（3）检查双列软母线两软母线及引线平齐一致，长度相等，间隔棒安装间距相等，间隔棒与软母线及引线压接处应缠铝包带保护层，两间隔棒之间的距离符合设计要求。

（4）检查软母线驰度应符合设计要求（允许误差为＋5％、－2.5％），同一档距内三相母线的驰度应一致，相同布置的分支线，应有同样的弯度和驰度。

（5）检查扩经导线不得有明显凹陷和变形。检查扩经导线的弯曲度不小于导线外径的30倍。

（二）对金具进行检查验收

（1）检查软母线各金具表面光滑，无变形，无锈蚀，无砂眼，无裂纹，无损伤现象。各金具外观镀锌层面无脱落，无开裂现象。对照软母线各金具型号和数量符合设计规定要求。

（2）检查软母线各金具所配附件齐全，组装顺序符合设计规定，固定螺栓连接牢固，无滑扣现象。

（3）检查悬垂线夹、球头挂环、碗头挂板安装可靠，转动部位灵活。

（三）对绝缘子、穿墙套管进行检查验收

（1）绝缘子、穿墙套管的瓷件或硅橡胶表面清洁、平整，绝缘层无损伤，无开裂，无严重划痕现象，胶合处填料完整，结合牢固。

（2）检查均压环安装方向正确，无扭曲，无裂，无锈蚀现象。均压环固定螺丝规格符合设计要求，垫圈齐全，压接紧固。

(3) 如果穿墙套管直接固定在钢板上时，检查套管周围不能形成闭合磁路。检查支柱绝缘子和穿墙套管底座及法兰盘没有埋入混凝土中。

(4) 对于垂直安装的穿墙套管，检查法兰应向上，对于水平安装的穿墙套管，检查法兰应在外侧。

(5) 检查悬式绝缘子连接金具的螺栓、销钉及锁紧销完整，其穿向一致，检查耐张绝缘子串的碗口应向上。

(6) 检查穿墙套管接地端子接地可靠。穿墙套管法兰应直接接地。

(四) 对线夹进行检查验收

(1) 检查线夹表面清洁、光滑、平整，导向角度符合实际安装要求，检查线夹无开裂，无变形现象。检查使用线夹与所连接软母线或引下线相匹配。

(2) 检查线夹接触面平整、无氧化，涂有适量电力复合脂。连接螺栓规格符合设计标准，垫圈齐全，无锈蚀，无脱扣现象。检查线夹螺栓应拧紧。检查U型螺丝两端紧固均衡，没有歪斜。螺栓长度露出螺母2～3扣。

(3) 检查螺栓型耐张线夹压接后，尾部留有约100mm的软母线或引下线，其断面应平整，无散股。压接螺栓受力均匀，方向一致。

(4) 对于软母线、引下线使用螺栓型耐张线夹或悬垂线夹连接的，检查压接面上缠绕的铝包带大于20%的压接面，其绕向与外层铝股的旋向一致，两端露出线夹不超过10mm，其端口要回到线夹内压住。

(五) 对软母线、引线及所属设备交接资料进行验收

(1) 检查软母线及引线交接清单完整、齐全。

(2) 检查软母线及引线合格证齐全。

(3) 检查软母线及引线安装使用说明书齐全。

(4) 检查软母线及引线厂家试验记录齐全。

(5) 检查软母线及引线安装调试记录齐全。

(6) 检查软母线及引线电气试验记录齐全。

(7) 检查绝缘子、金具产品合格证齐全。

(8) 检查绝缘子试验报告齐全。

(9) 检查软母线安装图纸。

(六) 对交接的备品备件进行验收

(1) 检查软母线及引线的备品备件、设备专用工具清单完整、齐全。

(2) 检查软母线及引线的备品备件数量、型号符合清单要求，备品备件完整、齐全、无损坏。

(3) 检查软母线及引线的专用工具数量、型号符合清单要求，备品备件完

整、齐全、无损坏。

九、微机保护验收

（一）对微机保护通用部分进行检查验收

（1）检查微机保护软件版本正确。检查保护各通道零漂和采样值满足规程要求。

（2）在微机保护上显示并打印定值，将打印定值与定值单核对是否正确。

（3）检查交、直流回路绝缘电阻满足规程要求。检查 TA 回路直流电阻满足规程要求。检查 TA 变比、伏安特性试验记录齐全。检查 TA 二次负担试验满足10%误差要求。检查 TA 回路整体极性试验正确。检查 TV 回路一点接地。

（4）实测微机保护传动断路器跳闸试验正确。检查微机保护发信试验正确。

（二）对变压器保护进行检查验收

（1）检查差动起动门槛试验值误差、比率制动系数试验值误差值、差流越限试验值误差、二次谐波制动系数误差均满足规程要求。

（2）检查过流保护试验值误差、复合电压闭锁值误差、闭锁有载调压试验值误差、启动风冷试验值误差、瓦斯继电器试验、过负荷发信试验值误差均满足规程要求。

（3）检查变压器风冷装置 1 号工作电源与 2 号工作电源互投功能正常。检查变压器风冷装置工作风扇、辅助风扇、备用风扇启动正确。

（三）对自投装置进行检查验收

（1）检查进线自投逻辑试验满足方式整定要求。

（2）检查进线自投保护试验值误差满足规程要求。

（3）检查分段自投逻辑试验满足方式整定要求。

（4）检查分段自投保护试验值误差满足规程要求。

（5）检查加速保护试验值误差满足规程要求。

（四）对线路保护进行检查验收

（1）检查线路逻辑试验满足方式整定要求。

（2）检查线路保护试验值误差满足规程要求。

十、直流屏、站用电屏验收

（一）对直流主充屏进行检查验收

（1）检查直流主充屏盘面整洁，柜门开启灵活、关闭严密，检查直流主充屏内各端子排防尘盖齐全，二次电缆接线排列整齐，二次电缆标示齐全、清晰。各电源开关完好无损，电源开关标示清晰正确。

（2）检查直流主充屏指示仪表指示正确，安装牢固，完整无损，量程符合要求。在自动、手动两个位置上，分别将直流主充屏进行通电试验，直流主充屏运行正常，指示灯指示正确，带电设备无噪声。按照设计图纸，检查充电模块性能、容量是否符合要求。

(3) 各接插件，应接插位正，锁口紧严，触片具有一定弹性，无断裂现象，接触良好，其印刷电路板各元件焊接牢固焊点无假焊现象，且整齐美观。

(4) 核对直流主充屏各模块整定值符合设计要求。检查主电路绝缘电阻符合标准要求。

(二) 对直流负荷屏操动机构进行检查验收

(1) 检查直流负荷屏盘面整洁，柜门开启灵活、关闭严密，检查直流负荷屏内各端子排防尘盖齐全，二次电缆接线排列整齐，二次电缆标示齐全、清晰。各电源开关完好无损，电源开关标示清晰正确。

(2) 检查直流负荷屏指示仪表指示正确，安装牢固，完整无损，量程符合要求。对直流负荷屏进行通电试验，直流负荷屏运行正常，指示灯指示正确，带电设备无噪声。

(3) 检查直流负荷屏负荷开关、组合开关接触良好，技术参数满足技术要求。检查直流负荷屏上的熔断器满足选择性和快速性要求。检查直流负荷屏上各小母线排列整齐，支架绝缘牢固完好漆色正确。

(三) 对站用电屏进行检查验收

(1) 检查站用电屏盘面整洁，柜门开启灵活、关闭严密，检查站用电屏内各端子排防尘盖齐全，二次电缆接线排列整齐，二次电缆标示齐全、清晰。各电源开关完好无损，电源开关标示清晰正确。

(2) 检查站用电屏指示仪表指示正确，安装牢固，完整无损，量程符合要求。对站用电屏进行通电试验，站用电屏运行正常，指示灯指示正确，带电设备无噪声。

(3) 检查站用电屏负荷开关接触良好，技术参数满足技术要求。检查站用电屏上的熔断器满足选择性和快速性要求。检查站用电屏上各小母线排列整齐，支架绝缘牢固完好漆色正确。

(4) 检查备用电源自投装置运行正常，模拟工作电源消失时备用电源能可靠自动投入，发出自动信号正确。

(5) 接触器、磁力起动器、自动开关分闸、合闸迅速可靠，动作灵活，灭弧罩应完整，铁芯吸合良好且无噪声，失磁后能迅速返回。

(四) 对直流屏、站用电屏交接资料进行验收

(1) 直流系统说明书及直流系统绝缘监测仪说明书，调试大纲。

（2）直流装置原理接线图、装置装焊图、备品备件材料单、设计原理接线图，与实际相符的二次回路安装接线图，电缆清册，布置图纸。

（3）直流系统绝缘监测仪故障支路对照表。

第三节　变电设备缺陷

一、变电设备缺陷分类

（一）变电设备缺陷类别

变电设备缺陷按其严重程度可分为危急缺陷、严重缺陷、一般缺陷三类。

（二）变电设备缺陷定义

（1）危急缺陷：设备或建筑物发生了直接威胁安全运行并需立即处理的缺陷，否则，随时可能造成设备损坏、人身伤亡、大面积停电、火灾等事故。

（2）严重缺陷：对人身或设备有严重威胁，暂时尚能坚持运行但需尽快处理的缺陷。

（3）一般缺陷：除了危急、严重缺陷以外的设备缺陷，指性质一般，情况较轻，对安全运行影响不大的缺陷。

二、变电设备缺陷范围

（1）变电站一次设备。

（2）变电站二次设备。

（3）变电站防雷设施、过电压保护装置及接地装置。

（4）导线、母线及绝缘子。

（5）变电设备架构及其附件，架构基础。

（6）电缆及电缆沟道。

（7）变电站房屋建筑及室内外照明。

（8）取暖装置，给水、排水系统，通风设备。

（9）综合自动化监控系统。

（10）调度自动化主站及分站设备。

（11）通讯设备、远动及其辅助设备。

（12）计量装置及其辅助设备。

（13）防止电气误操作闭锁装置。

（14）其他。

三、变电设备缺陷消缺基本要求

（1）变电运行值班人员在发现变电设备缺陷并经确认后，应将缺陷部位、内容、发现的时间、发现人、回报人填入变电设备缺陷记录簿中，对危急缺陷和严重缺陷要做好跟踪，当变电设备缺陷消除并经验收合格后，运行值班人员在变电设备缺陷记录簿中盖上“已消除”章，变电设备缺陷消除过程结束。

（2）检修人员、生产管理人员、运行监控人员在发现变电设备缺陷并经确认后，要通知变电运行值班人员做好记录。按照缺陷管理流程进行处理。

（3）检修人员要经常查看缺陷记录簿或缺陷管理系统中新增缺陷，做好变电设备消缺的各项准备，确保变电设备的消除质量，直至达到验收合格要求。

（4）有些变电设备可以结合设备大修或者小修能够消除的缺陷，应在设备大修或者小修将缺陷统计好，分别列入设备检修项目之中，做好变电设备消缺的各项准备，在变电设备检修工作中进行消除，直至达到验收合格要求。

（5）有些变电设备可以通过对运行方式的调整或经倒换备用设备完成对变电设备消缺任务，对于这样的变电设备缺陷应在发现缺陷的当日内消除。

（6）对于变电设备中发现的必须停电处理的危急缺陷，由缺陷消除单位提出申请，当值调度值班员按照电网负荷情况，做好变电设备停电的部署。

（7）变电设备缺陷部门负责统计分析影响电网和设备安全经济运行的危急缺陷和严重缺陷，督促相关单位按照消缺周期要求进行消除，并做好消除现场的技术指导。

四、变电设备缺陷消除周期

（1）紧急缺陷消除时间，从发现缺陷至消除缺陷不超过24h。

（2）严重缺陷消除时间，从发现缺陷至消除缺陷不超过7天。

（3）对于不需停电处理的一般缺陷，从发现缺陷至消除缺陷不超过3个月。

（4）对于需要停电消除的一般缺陷，从发现缺陷至消除缺陷不超过6个月。

五、变电设备缺陷消除统计方法

以变电站为单位每月对变电设备缺陷消除情况统计一次。紧急缺陷、严重缺陷、一般缺陷消缺率应分别统计。

（1）紧急缺陷消缺率统计公式：

$$\text{紧急缺陷消缺率}=\frac{\text{消除紧急缺陷总条数}}{\text{统计期间存在、发现紧急缺陷总条数}}\times 100\%$$

（2）严重缺陷消缺率统计公式：

$$\text{严重缺陷消缺率}=\frac{\text{消除严重缺陷总条数}}{\text{统计期间存在、发现严重缺陷总条数}}\times 100\%$$

（3）一般缺陷消缺率统计公式：

$$一般缺陷消缺率=\frac{消除一般缺陷总条数}{统计期间存在、发现一般缺陷总条数}\times 100\%$$

六、变电设备缺陷判定

（一）变电站设备危急缺陷

1. 电力变压器

（1）运行中的变压器有严重漏油、喷油现象。

（2）变压器出现振动，变压器内部有明显的放电声或异音，变压器出现冒烟和着火现象。

（3）运行中的变压器油枕看不到变压器油，变压器油标管、油位指示器破损且严重漏油。

（4）安装在变压器上的瓦斯继电器监视窗破裂。

（5）运行中的变压器冷却装置全部停运，在规定时间内无法处理不能使其投入运行的。

（6）变压器内部线圈或变压器套管线圈绝缘显著下降或局放严重超标。

（7）对变压器绝缘油进行色谱分析时发现异常，分析表明变压器内部有潜在故障。

（8）变压器接地引下线严重腐蚀。变压器接地引下线与接地网完全脱开。

（9）电抗器可参照电力变压器进行判别。

2. 断路器

（1）运行中断路器不能进行分闸操作。

（2）运行中断路器不能进行合闸操作。

（3）断路器控制回路发生断线。

（4）断路器故障跳闸次数达到规定的允许跳闸次数。

（5）断路器液压机构潜油泵频繁启动且建立油压间隔时间小于 10min。

（6）断路器液压机构潜油泵频繁启动连续 5 次及以上者。

（7）断路器液压机构压力出现异常，液压机构中辅助开关接触不良或切换不到位。

（8）断路器液压机构严重漏油、漏氮，液压机构压缩机损坏。

（9）断路器弹簧机构弹簧断裂或出现裂纹，弹簧机构储能电机损坏不能运行，断路器操作机构绝缘拉杆松脱、断裂。

（10）真空断路器玻璃泡失去光泽，发红，铜屏蔽罩变色。

（11）真空断路器灭弧室有裂纹，灭弧室内有放电声。真空断路器灭弧室耐压或真空度检测不合格。

（12）SF_6断路器气室严重漏气。

（13）少油断路器分闸、合闸过程中出现喷油现象，少油断路器分闸、合闸时灭弧室冒烟或内部有异音。少油断路器有严重漏油、喷油、冒烟着火现象。

3. 隔离开关

（1）运行中的隔离开关不能进行分闸操作。

（2）运行中的隔离开关不能进行合闸操作。

（3）隔离开关操作连杆脱扣、断裂。

（4）隔离开关辅助接点接触不良造成隔离开关不能进行电气分闸、合闸操作。

（5）运行中隔离开关的支持绝缘子裂纹，法兰开裂。

（6）运行中的隔离开关触头接触不良，严重发热造成触头变色。

（7）隔离开关底座接地引下线严重腐蚀。隔离开关底座接地引下线与接地网完全脱开。

（8）隔离开关传动机构严重腐蚀。

4. 变电设备连接头

（1）变电站设备连接头发热烧红、变色。

（2）变电站设备连接头包有绝缘胶带热缩带纽曲变形。

（3）变电站设备的绝缘、温升、强度等运行参数超过极限值。

5. 导线及母线

（1）软母线或导线断股、损伤严重，超过导线截面积的25%需要割断重接。

（2）导线压接管明显抽动或发热变色。

（3）线夹金具松脱，损坏。

（4）导线连接点温度超过允许值，已经变色。

（5）母线或导线上挂有异物，极易造成接地或短路现象。

（6）管型母线发生变形，管型母线出现裂纹。

6. 绝缘子

（1）变电设备瓷绝缘子严重放电或流胶。

（2）变电设备瓷绝缘子纵向裂纹达总长20%的。

（3）瓷绝缘子涂RTV长效硅油的注油变电设备漏油，已蔓延到涂RTV瓷绝缘子1/3者。

（4）瓷绝缘子串销子脱落或绝缘子脱落。

（5）合成绝缘子严重脱胶或有严重放电现象发生。

（6）一串绝缘子上零值或破损瓷瓶片数110kV 3片及以上，220kV 4片及以上。

7. 电力电缆

(1) 变电站电力电缆及接头有放电现象。

(2) 变电站电力电缆或电缆头严重漏胶或渗漏油。

(3) 变电站电力电缆及接头严重过热。

8. 避雷器

(1) 避雷器试验不合格。

(2) 避雷器法兰有严重裂纹、密封不严。

(3) 避雷器均压环严重歪斜。

(4) 引流线与避雷器连接处有严重放电现象。

(5) 避雷器或避雷针接地引下线腐蚀严重或与接地网完全断开。

(6) 避雷器底座出现贯穿性裂纹。

(7) 避雷器试验时泄露电流严重超标。

(8) 避雷针倾斜。

9. 变电站设备架构及房屋

(1) 变电站设备架构上有鸟窝。

(2) 断路器防雨帽上有鸟窝。

(3) 变电站房屋漏雨，雨水有可能滴在变电设备上。

(4) 设备室内地基下沉，危及变电设备安全运行。

10. 电力电容器

(1) 电力电容器有鼓肚现象。

(2) 电力电容器出现大量漏油。

(3) 电力电容器出现喷油。

(4) 电力电容器内部有明显的放电声或异音。

(5) 电力电容器接地引下线严重腐蚀。电力电容器接地引下线与接地网完全脱开。

11. 变电站二次设备危急缺陷

(1) 继电保护及自动装置不能正常投入运行，当电力系统和变电设备出现故障时断路器无法正确动作。

(2) 变电站中某一电气设备单元的全部主保护不能正常运行。

(3) 综合自动化监控装置不能正常运行。

(4) 故障录波器装置不能正常录波。

(5) 变电站直流系统发生接地。

(6) 变电站直流设备的操作电源不可靠或电源不能满足操作电源规定要求。

(7) 中央信号装置不能发出信号或不正确发信。

(8) 电压互感器二次回路出现短路。

(9) 电流互感器二次回路发生开路。

(二) 变电站设备严重缺陷

1. 电力变压器

(1) 变压器强迫油循环风冷却装置有一整组冷却器全部损坏。

(2) 变压器强迫油循环风冷装置辅助冷却器不能按规定投入运行。

(3) 变压器强迫油循环风冷装置备用冷却器不能按规定投入运行。

(4) 变压器强迫油循环风冷却装置一组冷却器潜潜油泵不能正常运行。

(5) 变压器强迫油循环风冷却装置一组冷却器全部风扇不能正常运行。

(6) 变压器有载调压分接头位置指示器指示错误。

(7) 变压器有载调压分接开关接触不良。

(8) 变压器有载调压操作机构动作失灵。

(9) 运行中的变压器油枕严重渗油。

(10) 变压器压力释放阀渗油。

(11) 变压器油标管、油位指示器严重渗油。

(12) 变压器本体的呼吸器硅胶罐破裂。

(13) 变压器套管出现漏油。

(14) 变压器轻瓦斯频繁动作发信号。

(15) 变压器本体测温装置不能正常测温。

(16) 变压器温升异常或顶层油温长期超过限定值(变压器在正常运行条件下)。

(17) 测试变压器铁芯接地电流数值不合格。

2. 断路器

(1) 断路器液压机构频繁打压,潜油泵电机启动间隙时间小于4h。

(2) 油断路器发生渗漏油,每5min有一次油珠垂滴者。

(3) 瓷绝缘子涂RTV长效硅油的断路器,漏油附着在瓷绝缘子表面且有蔓延趋势。

(4) 断路器瓷绝缘子严重积污。

(5) SF_6气室严重漏气。

(6) SF_6气体湿度超标严重。

(7) 断路器内部发热,外壳温升大于20K。

(8) 断路器绝缘试验超标准，断路器油务分析中主要数据超标。

(9) 断路器试验超周期且无批准手续。

(10) 带电断路器相与相之间或对地间隙距离小于规程规定，未采取措施。

(11) 接地电阻不合格，接地引下线松动。

3. 变电设备发热

(1) 变电设备的接头发热，试温蜡片有化蜡现象且有蜡滴，但已维持现状不再发展。

(2) 变电设备内部发热，设备外壳温升大于 20K。裸导体设备温升大于 50K。

4. 绝缘子

(1) 变电设备绝缘子积污严重，遇有雨天和雾天出现闪络现象。

(2) 变电设备支柱绝缘子严重倾斜或有破损，绝缘子破损面积在 $40mm^2$ 以内。

(3) 合成绝缘子严重脱胶或有严重放电现象。

(4) 一串绝缘子串上零值或破损瓷瓶 110kV 达到 2 片，220kV 达到 3 片，500kV 达到 3 片。

(5) 绝缘子盐密超标。

5. 母线及导线

(1) 钢芯铝绞线及软母线发生微断断股，损伤截面积占总铝股截面积的 10%～25%。

(2) 母线及导线连接处发热严重，试温蜡片有化蜡现象。

(3) 母线及导线上挂有漂浮物，已经影响安全运行且未有任何措施者。

6. 防雷装置与过电压保护装置

(1) 避雷器泄露电流超过规定值。

(2) 避雷器瓷绝缘子出现裂纹。避雷器瓷绝缘子积污严重，遇有雨雾天气出现明显放电现象。

(3) 避雷器与引流线连接螺丝松动，避雷器与引流线连接处出现放电现象。

(4) 避雷器的引流线出现严重断股或散股。

(5) 避雷器的基座出现裂纹，避雷器的接地引下线严重断股或散股，避雷器的接地体腐蚀明显。

(6) 避雷器的接地电阻严重超标，接地网热稳定校验不合格。

(7) 避雷器的均压环歪斜不严重。

(8) 塔式避雷针主要部件缺材缺少铁塔材料 5 条及以上。

7. 变电站二次设备

（1）变电站两套主保护中的一套保护出现异常且不能投入正常运行。

（2）经测试，母线差动不平衡电流数值不合格。

（3）工作接地、保护接地失效。

8. 其他

（1）变电设备不能按设备名牌出力运行且没有批准手续。

（2）上变电设备试验超周期且没有批准手续。

（3）变电设备绝缘试验超标准，油务化验主要数据超标准。

（4）变电设备的接地电阻不合格。

（5）变电设备的间隙距离小于规程规定，且未采取有效措施。

（6）变电设备对地间隙距离小于规程规定，且未采取有效措施。

9. 无人值班中心监控站设备

（1）调度自动化装置负荷预报、潮流计算不准确，达不到指标要求。

（2）未按规定对变电站进行“五遥”远传试验。

（3）变电站的重要遥测、遥信量不准确且遥调失灵。

（4）通道误码率不符合规定要求。

（5）变电站的运行曲线不能正常运行。

（6）变电站的报表不能正常生成。

（7）变电站反事故技术措施未在规定时间内完成。

（三）变电站一般缺陷实例

1. 变压器本体一般缺陷

（1）110kV 1号变压器本体温度计玻璃罩透明度低，看不清指示。

（2）110kV 1号变压器本体温度计出现卡针。

（3）110kV 1号变压器10kV侧有功功率表指示误差大。

（4）110kV 2号变压器油位表损坏，油位表接线拆头。

（5）110kV 2号变压器储油柜油位略低（110kV 2号变压器在备用状态）。

（6）110kV 1号变压器本体与散热器底部连接处锈蚀。

（7）110kV 1号变压器本体端子箱锈蚀严重。

（8）110kV 2号变压器西侧热虹吸装置下侧阀门渗油。

（9）110kV 1号变压器3号散热器上部与本体连接处渗油。

（10）110kV 2号变压器东侧热虹吸下阀门处渗油。

（11）110kV 1号变压器储油柜油位表渗油。

（12）110kV 1号变压器10kV侧B相套管顶部渗油。

(13) 220kV 2号变压器东侧上部大盖一法兰处渗油。

(14) 220kV 1号变压器本体与散热器连接主管路上部东南侧法兰渗油。

(15) 220kV 2号变压器110kV侧A相套管油位偏高。

2. 变压器冷却装置一般缺陷

(1) 110kV 1号变压器1号散热器1号风扇不转。

(2) 110kV 1号变压器2号散热器2号风扇运转不正常，振动声大。

(3) 110kV 2号变压器3号散热器1号风扇运转时有抗磨声。

(4) 110kV 1号变压器冷却器控制箱内时间继电器抖动频繁。

(5) 110kV 2号变压器4号散热器上部与本体连接处渗油。

(6) 110kV 1号变压器3号散热器散热片下部渗油。

(7) 220kV 1号变压器5号冷却装置3号风扇不能正常运行。

(8) 220kV 2号变压器6号冷却装置3号风扇故障断开电源。

(9) 220kV 2号变压器7号冷却装置2号风扇热耦继电器损坏。

(10) 220kV 1号变压器9号冷却装置热耦继电器动作断开3号风扇电机电源，3号风扇停运。

(11) 220kV 2号变压器2冷却装置潜油泵流速继电器损坏。

(12) 220kV 1号变压器6号冷却装置潜油泵热耦继电器出线发热变色。

(13) 220kV 2号变压器5号冷却装置电源快分开关负荷侧B相电线发热变色。

(14) 220kV 1号变压器启动风冷温度表下部绝缘发热损坏。

(15) 220kV 2号变压器7号散热装置上部导油管法兰处渗油。

(16) 220kV 1号变压器3号冷却装置流速表处渗油。

(17) 220kV 1号变压器冷却装置控制柜门关闭严。

(18) 220kV 1号变压器冷却装置控制箱内加热器不加热。

3. 变压器有载调压装置一般缺陷

(1) 110kV 2号变压器有载调压装置不能实现远方操作。

(2) 110kV 1号变压器有载调压装置在进行远方调压时，调压装置电源开关跳闸。

(3) 110kV 2号变压器有载调压装置油枕指示油位略低。

(4) 110kV 1号变压器有载调压装置瓦斯继电器防雨罩歪斜。

(5) 110kV 2号变压器有载调压装置机构箱门折页断裂。

(6) 220kV 1号变压器有载调压装置急停按钮损坏。

(7) 220kV 2号变压器有载调压装置投、停指示灯不亮。

(8) 220kV 2号变压器有载调压装置油枕呼吸器玻璃罩透明度不高。

(9) 220kV 1号变压器有载调压装置机构箱门密封不严。

4. 断路器一般缺陷

(1) 110kV 汇泉线 14 断路器液压机构箱内加热器电源熔断器底座损坏。

(2) 220kV 2号变压器 34 断路器液压机构箱内加热器投入后不能正常加热。

(3) 110kV 2号变压器 10kV 侧 94 断路器液压机构箱内加热装置持续加热，已取下加热器电源熔断器。

(4) 220kV 1号变压器 110kV 侧 32 断路器液压机构渗油。

(5) 110kV 周河线 12 断路器液压机构箱内高压油管法兰处渗油。

(6) 110kV 马临线 15 断路器液压机构箱内储压筒下部渗油。

(7) 110kV 内桥 10 断路器液压机构箱内压力表下部渗油。

(8) 220kV 2号变压器 34 断路器液压机构箱内加热继电器触点烧住。

(9) 110kV 汇科线 16 断路器机构箱手动打压机构下部高压油管与螺丝连接处渗油。

(10) 110kV 城南线 14 断路器液压机构箱加热开关送不住。

(11) 110kV 博位线汇控柜内空压机缺少润滑油。

(12) 110kV 南村线汇控室内电流表指示不正确。

(13) 220kV 1号变压器 110kV 侧 32 断路器端子箱开门把手断裂。

(14) 10kV 1号电力电容器 64 断路器监视继电器异常。

(15) 35kV 2号电力电容器 73 断路器操作把手操作不灵。

(16) 10kV 分段 90 断路器合指示器指示不清楚，合指示器字迹模糊。

(17) 10kV 新村线 61 断路器分指示器指示不清楚，分指示器字迹模糊。

(18) 220kV 宏大线 26 断路器端子箱下部锈蚀。

(19) 10kV 中保线 63 断路器柜观察窗玻璃破裂。

(20) 10kV 利民线 65 断路器柜内挡板拉杆脱落。

(21) 35kV 2号电容器组 78 断路器柜分闸指示灯不亮。

(22) 10kV 新村线 61 断路器柜合闸指示灯不亮。

5. 隔离开关

(1) 220kV 母联 20-4 隔离开关 A 相底座有鸟巢。

(2) 110kV 周唐线 15-4 隔离开关地座处有鸟巢。

(3) 220kV 1号变压器 1-D20 中性点接地开关电动操动机构交流接触器烧坏，不能电动操作。

(4) 220kV 母联 20-4 隔离开关与 220kV 周东线 23-4 隔离开关间架构支柱上

南侧露筋 3 根。

（5）10kV 荆河线 67-3 隔离开关 C 相示温蜡片融化。

（6）110kV 锦吴线线路接地开关断裂，B 相合不到位。

（7）110kV 2 号变压器 54-3 隔离开关 B、C 两相绝缘子有放电现象。

（8）35kV 高压室内 35kV 桥母线放电声大。

（9）220kV 塔明线 25-D2 接地开关 C 相合不到位。

（10）110kV 青方线 14-D3 接地开关三相均合不到位。

（11）110kV 林唐线 11-3 隔离开关辅助接点接触不良。

（12）220kV 1 母线 220-D12 接地开关立拉杆裂纹。

（13）110kV 汇田线 13-D2 接地开关辅助触点切换不良。

（14）110kV 2 号变压器 94-3 隔离开关实际位置与微机指示不对应，原因是 94-3 隔离开拉杆辅助接点行程过大造成辅助触点有时接触不良。

（15）110kV 田桥线 13-D3 接地开关合闸时三相不同期。

（16）110kV 兴越线 12-D3 接地开关 B 相动触头脱落。

（17）35kV 顺河线 73 断路器柜 73-D2 接地开关不能分、合闸。

（18）110kV 2 号变压器 94-3 隔离开关辅助开关触点接地。

（19）110kV 周林线 18-D1 接地开关 A 相接地线断股 1/3。

（20）220kV 塔李线 C 相结合滤波器并联接地开关上、下两侧瓷瓶裂纹。

（21）110kV 泉里线 GIS 组合电器汇控柜内 115-2 隔离开关位置指示器脱落。

6. 互感器

（1）10kV 2TV 消谐器液晶屏不显示，消谐、谐振灯亮。

（2）10kV 1TV 柜内加热器故障。

（3）110kV 新村线 B 相 TA 放油阀处渗油。

（4）110kV 2TV 消谐器损坏。

（5）110kV 汇泉线 A 相 TA 上部渗油。

（6）110kV 2 母线 TV B 相金属膨胀器指针指示为零。

（7）220kV 1 母线 21TV 二次熔断器底座损坏。

7. 避雷器

（1）220kV 周河线 A 相避雷器计数器防雨罩损坏。

（2）10kV 恭新线 B 相避雷器计数器进水。

（3）220kV 1 号变压器 220kV 侧桥母线 A 相避雷器泄漏电流表损坏进水，泄漏电流表指示为零。

（4）10kV 金城线出线至避雷器连接弓子线 A 相断股。

(5) 110kV 2号变压器10kV桥母线避雷器接地引下线锈蚀。

(6) 110kV 2母线避雷器C相泄漏电流指示器损坏。

(7) 110kV山林线避雷器B、C两相在线监测仪进水。

8. 电缆

(1) 110kV 2号变压器54断路器机构箱底部二次电缆孔洞封堵不严。

(2) 110kV高远线12断路器端子箱底部与电缆沟连接处未封堵。

(3) 电缆层进门防鼠挡板损坏。

(4) 110kV 1母线11TV端子箱底部二次电缆孔洞未封堵。

(5) 控制室内变送器屏、电能计量装置屏二次电缆孔洞封堵不严。

(6) 控制室内直流馈电屏底部二次电缆孔洞封堵不严。

9. 电力电容器

(1) 10kV 1号电容器组A相1号电容器鼓肚，已经退出运行。

(2) 10kV 2号电容器组C相5号电容器下部焊缝渗油。

(3) 10kV 1号电容器组放电TV二次B相套管上部渗油。

(4) 10kV 2号电容器组A相2号单只电容器熔断器熔丝熔断。

(5) 10kV 2号电容器组B相11号单只电容器熔断器熔丝熔断。

(6) 10kV 1号电容器组C相3号单只电容器熔断器熔丝熔断。

(7) 10kV 1号电容器组零序套管线夹裂纹。

(8) 10kV 2号电容器组A相6号电容器底部放油阀处渗油。

(9) 35kV 2号电容器组A相8号电容器编号不清楚。

(10) 10kV 1号电容器组A相2号电容器编号不清楚。

(11) 10kV 2号电容器组电抗器噪声大。

(12) 10kV 1号电容器组电抗器储油柜下部连接管渗油。

(13) 10kV 2号电容器组电抗器温度表指示异常。

(14) 35kV 2号电容器组电抗器底部渗油。

(15) 35kV 1号电容器组电抗器放油阀处渗油。

10. 站用电

(1) 站用电室400V 1号交流屏上10kV保护交流电源开关把手损坏，电源开关操作不灵活。

(2) 站用电室400V 2号交流屏上全站照明电源总开关损坏。

(3) 10kV 3号站用变压器油枕油位无法观察。

(4) 站用变压器消弧线圈自动调谐器控制器显示器不显示。

(5) 10kV 2号站用变压器低压侧进线空气开关指示灯不亮。

(6) 10kV 2号站用变压器中性点接地线压接不牢固。
(7) 10kV 3号站用变压器高压侧A相跌落熔断器消弧罩损坏。
(8) 35kV 2号站用变压器电能表不走字。
(9) 35kV 2号站用变压器电能表损坏。

11. 蓄电池及硅整流装置

(1) 蓄电池室中间照明灯座损坏。
(2) 蓄电池室照明灯电源开关损坏。
(3) 12号蓄电池电压略低于标准值。
(4) 蓄电池室防鼠挡板损坏不能固定。
(5) 硅整流器盘蓄电池充电电流表无指示。

12. 防误闭锁装置

(1) 10kV 旗山线84断路器柜后门闭锁失灵。
(2) 10kV 药厂线61断路器柜后遮拦门闭锁失灵。
(3) 10kV 1号电容器柜后遮拦门闭锁失灵。
(4) 10kV 2号电容器组2号电抗器后门锁损坏。
(5) 10kV 董建线65断路器柜后遮拦门带电显示器指示灯不亮。
(6) 10kV 1号电容器组68断路器柜闭锁指示灯不亮。
(7) 10kV 位新83线断路器柜后遮拦门带电显示器指示异常。
(8) 110kV 1号变压器32-1与32-2隔离开关闭锁程序接反。
(9) 110kV 2号变压器54-D1接地刀闸没有分、合位置指示牌。
(10) 110kV 1号变压器10kV侧92断路器柜前门闭锁失灵。
(11) 10kV 1号电容器组62断路器柜接地刀闸闭锁损坏。
(12) 10kV 2号电容器82断路器接地刀闸电气闭锁按钮失效。
(13) 35kV 位商线74-D3接地刀闸闭锁不灵敏。
(14) 110kV 2号变压器52-D1接地刀闸电气闭锁装置无电。
(15) 110kV 2号变压器32-1与32-2隔离开关闭锁程序接反。
(16) 110kV 母联10断路器闭锁失效。
(17) 35kV 高压室北侧所有出线爬梯遮拦锁打不开。
(18) 10kV 1号电容器组遮拦门电气闭锁回路无电。
(19) 110kV 南金线线路接地刀闸拉开后闭锁电源消失。
(20) 220kV 冬周线21-D3接地刀闸锁损坏。
(21) 220kV 2号变压器54断路器柜内35kV侧接地刀闸电磁锁无电。

13. 微机保护

(1) 10kV湖田线81开关保护装置显示模糊。

(2) 远方监控机边河线325开关“弹簧未储能”告警灯亮(实际开关已储能)。

(3) 甲变差速断保护动作未发报文。

(4) 110kV 1号变压器发“压力释放”信号,不能复归。

(5) 直流馈电屏微机直溜系统接地检测仪电源损坏。

(6) 直流绝缘监测仪液晶屏没有显示(电源灯指示正常)。

(7) 淄桓Ⅱ线收发信机频繁动作。

(8) 淄桓Ⅱ线保护Ⅱ屏打印机左面无压纸片及弹簧、右面压纸片无弹簧。

(9) 110kV母差保护液晶显示屏异常。

14. 五遥

(1) 220kV 1号变压器误发“压力释放”信号。

(2) 220kV 1号变压器误发“冷却装置工作电源断线”信号。

(3) 远方监控机显示的220kV 2号变西部监控温度比变电站实际温度高20℃,发信有误。

(4) 110kV 2号变压器不能远方调压。

(5) 远方监控机不显示10kV 2号母线2号电容器组电流信息。

(6) 变电站直流设备发出模块故障后远方监控机收不到故障信息。

(7) 远方监控机显示的直流接地报出的路数与变电站实际接地路数不对应。

(8) 远方监控机显示的金岭变电站10kV分段90断路器位置在合闸位置,而金岭变电站10kV分段90断路器实际位置在分闸位置,不对应。

(9) 远方监控机显示的110kV坤玲线11断路器位置与实际位置不对应。

(10) 金岭变电站10kV松山线保护动作,但远方监控机保护装置无显示。

(11) 远方监控机显示的2号变压器温度指示0℃,但现场2号变压器实际温度指示44℃。

(12) 远方监控机显示的110kV母线电压与变电站实际显示的110kV母线电压不对应。

(13) 远方监控机不能监视110kV变压器32-D2、92-D1接地刀闸位置。

(14) 远方监控机10kV金城线有功功率无指示。

(15) 远方监控机误发“* *变电站10kV大川线67断路器弹簧未储能”信号。

(16) 远方监控机误指示220kV 1号变压器温度为-15℃,变压器现场实际温度43℃。

（17）远方监控机指示 110kV 2 号变压器温度为 0，变压器现场实际温度为 60℃。

（18）远方监控机显示 110kV 1TV 隔离开关位置与现场实际不对应。

（19）远方监控机误发“10kV 2 母线接地”信号，现场没有接地。

（20）远方监控机发出“110kV 1 号变压器变差动保护告警”信号，不能复归。

（21）远方监控机显示 10kV 柳林线 65-D3 接地刀闸在合闸位置状态，但现场实际在分闸位置状态。

（22）远方监控机的 10kV 1 号电容器 76 断路器显示不变位。

（23）远方监控机上显示的遥测数据无 10kV 1 号电容器无功功率数据。

（24）远方监控机误发“10kV 铜矿线微机保护装置电源消失”信号，但现场实际为 10kV 铜矿线微机保护装置电源正常。

（25）远方监控机误发“220kV 1 号变压器差动保护告警”信号，信号不能复归。

（26）远方监控机上 10kV 和平线手车断路器分、合指示不变位。

（27）远方监控机上 10kV 城东线 66-D3 接地刀闸不变位。

15. 变电站房屋

（1）10kV 高压室东墙顶部有 3 处渗雨。

（2）110kV 高压室西南角顶部渗雨。

（3）10kV 高压室西墙顶部渗雨。

（4）控制室西南角房顶漏雨。

（5）10kV 高压室矿山线穿墙套管处渗雨。

（6）110kV 2 号变压器室北面排气扇控制熔断器底座烧坏。

（7）220kV 保护室外顶层探照灯损坏。

（8）10kV 高压室房顶两只探照灯外壳锈透。

（9）35kV 高压室房顶北面探照灯从底座锈透严重。

（10）10kV 高压室内照明灯墙内线路有故障，照明灯电源开关送不住。

（11）35kV 高压室事故照明电源故障。

（12）10kV 高压室西墙北侧排气扇合上电源开关后不转。

（13）35kV 电容器室内东侧排气扇电机损坏。

（14）高压室外东墙 6 号检修电源箱门合页损坏门掉下。

（15）变电站内所有防盗门、防盗窗锈蚀严重。

（16）35kV 高压室东门锁损坏。

(17) 110kV 高压室内 3 个穿墙套管测试箱无标志。

第四节 变电站设备评级

一、变电站设备评级概述

变电站设备评级是供电设备技术管理的一项基础工作，设备定期评级既可全面掌握设备技术状况，又可加强对设备的维修和改进，使供电设备经常处于完好状态。设备评级主要是根据运行中发现的缺陷，检修维护的技术质量，结合预防性试验的结果，进行综合分析，权衡对安全运行的影响程度及其技术管理水平来审定该设备的等级。

各车间对所辖设备每季度评级一次，将评级报表填好后于下一季度首月 5 日前报生技部。

二、变电站设备评级分类

1. 一类设备

设备技术健康状况良好，操作灵活，运行安全可靠，外观整洁，无锈蚀、渗漏等缺陷，技术资料齐全，记录填写正确、清晰，设备的绝缘强度与污秽地区的等级相匹配，反事故安全措施及技术措施已完成。

2. 二类设备

设备存在一般缺陷，个别次要元部件或次要试验结果不合格，不致影响安全运行或影响较小，外观尚可，主要技术资料具备且基本符合实际。检修和预防性试验超周期但不超过半年，设备的绝缘强度接近污秽地区的等级要求，重大反事故技术措施正在执行，尚未完成。

3. 三类设备

设备存在重大或紧急缺陷，漏油漏气严重，外观很不整洁，不能保证安全可靠运行，主要技术资料残缺不全。检修和预防性试验超过一个周期以上，设备的绝缘强度低于污秽地区等级的要求，上级规定的重大反事故技术措施没有执行。

一、二类设备均称为完好设备。

三、变电站设备评级单元划分

(1) 主变压器：以台为单元，包括 PT、避雷器、冷却装置、中性点接地装置等。

(2) 开关设备：以开关为主要部件，附属元件包括母线隔离开关、出线隔离开关、接地隔离开关、TV、TA、电抗器、耦合电容器、线路避雷器、架构等。

(3) 母线：以条为单元，应包括母线隔离开关静触头、母线 TV、避雷器及架构等。

(4) 电容器：以组为单元，包括分组熔丝、电缆、放电 TV、中心点 TA 等。

(5) 站用变：以台为单元，包括隔离开关、熔丝、电缆、避雷器等。

(6) 直流设备为一个单元，包括蓄电池组、浮充电机、整流装置、直流盘。

(7) 变电站内所有避雷针和接地网为一个单元。

(8) 全站照明设备为一个单元（包括事故照明）。

(9) 除设备基础、架构外的全站土建房屋、场地、道路、电缆沟等为一个单元。

(10) 继电保护及自动装置随相应的变电站一次设备为同一个单元。

(11) 全站公用继电、自动、自投、并列、中央信号装置为一个单元。

(12) 远动设备：包括发讯、通道、接受等。

(13) 通信设备：包括微波、载波、电台、程控交换机、通信线路等。

四、变电站设备评级标准

(一) 电力电缆

1. 一类设备

(1) 规格能满足实际运行的需要，无过热现象。

(2) 无机械损伤，接地正确可靠。

(3) 绝缘良好，各项试验符合规程要求。

(4) 电缆头无漏胶、渗油现象，套管完整无缺。

(5) 电缆的固定和支架完好。

(6) 电缆的敷设路径、中间接头盒的位置以及土埋的深度等符合要求，地面应有明显标志。

(7) 电缆头分相颜色和标志牌正确清楚。

(8) 技术、试验及图纸资料完整正确。

(9) 电缆附件完好。

2. 二类设备

仅能达到一类设备 (1) ～ (4) 条标准的设备为二类设备。

3. 三类设备

不符合一、二类设备的为三类设备。

(二) 变压器、油浸电抗器

1. 一类设备

(1) 可随时投入运行，能持续的达到铭牌出力、或经出力试验及上级批准的出力。温升符合设计数值或上层油温符合运行规程规定。

（2）预防性试验项目齐全合格。

（3）零部件完整齐全，有载调压分接开关机电性能良好。

（4）冷却系统齐全，运行正常可靠。

（5）表计、信号、保护完备，符合规程要求，部件完好，动作可靠。

（6）变压器及油浸电抗器本身及周围环境整洁、无锈蚀、不渗漏油，油色、油位正常。铭牌和必要的标志、编号齐全。

（7）设备基础、架构和接地良好。

（8）技术资料齐全，数据正确，符合运行规程要求。

2. 二类设备

（1）经常能达到铭牌出力或上级批准的出力。温升符合设计数值或符合运行规程规定。

（2）线圈、套管试验符合规定要求，绝缘油的介损比规程规定稍有增大或呈微酸反应。

（3）零部件齐全，有载调压分接开关机电性能良好，接触电阻稍有变化但仍符合标准，不影响安全运行。

（4）冷却系统运行正常，不影响变压器出力。

（5）主要表计、信号、保护完备，部件完好，动作可靠。有载调压、小油箱瓦斯保护未接入跳闸，只接信号。

（6）设备基础、架构和接地良好。

（7）技术资料虽不齐全，但有主要数据可供分析，能保证安全运行。

3. 三类设备

不符合一、二类设备的为三类设备。

（三）高压开关

1. 一类设备

（1）高压开关技术档案齐全。

（2）绝缘良好，油、SF_6气体符合规定要求。

（3）开关外观整洁，无锈蚀，油漆完好，开关名称、铭牌、编号、分合闸位置指示器、相别色标等清晰醒目，不进水、不渗漏油、气。液压机构、油泵启动满足规定的周期，预压力符合规定要求。无卡阻现象。

（4）开关的油色、油位指示正常，辅助开关绝缘良好，动作可靠。开关机构的加热以及气压表、油压表均完好无损、准确。套管 TA 的电流比准确度级、绝缘状况满足开关实际运行地点的要求。传动机构、操动机构箱应密封良好，能有效的防潮、防尘、防小动物进入，端子牌的标志明显、清晰。

(5) 基础无变形、下沉或露筋、剥落。场地整洁、接地良好。

(6) 实际断路器遮断容量能满足安装地点的要求，防污措施满足安装地点的要求。

2. 二类设备

不完全具备一类设备条件，但设备基本完好，能保证安全运行。

3. 三类设备

不符合一、二类设备的为三类设备。

(四) TV、TA、耦合电容器

1. 一类设备

(1) 各项参数满足实际运行需要。

(2) 部件完整，瓷件无损伤，接地良好。

(3) 绝缘良好，油、SF_6气体符合规程要求。各项试验项目齐全，符合规程要求。

(4) 油位正常，无渗油现象。

(5) 本体清洁，无锈蚀，油漆完整，标志正确清楚，基础构架和接地良好。

(6) 资料齐全，数据正确，与现场相符。

2. 二类设备

(1) 基本上能达到一类设备 (1) ～ (3) 项标准。

(2) 油位低于监视线，有轻微渗油但无渗油现象。

(3) 油漆轻微脱落，有锈蚀现象。

(4) 资料不全，但有主要数据，可供分析以保证安全运行。

(5) 瓷件虽有小块破损，但已用环氧树脂修补，不会进潮气，不影响安全运行。

(6) 基础构架和接地基本良好。

3. 三类设备

不符合一、二类设备的为三类设备。

(五) 电力电容器

1. 一类设备

(1) 按照周期定时进行试验，试验数据符合规程要求。

(2) 瓷件完好无损。

(3) 密封良好，外壳无渗油，无油垢，无变形，无锈蚀，油漆完好。

(4) 资料齐全正确，与现场实际相符。

（5）通风良好，室温不超过40℃。

2. 二类设备

（1）投产试验数据稍差，但符合规程规定。

（2）此间虽有小块破损，不影响安全运行。

（3）外壳有轻微渗油和轻微变形。

3. 三类设备

不符合一、二类设备的为三类设备。

（六）干式电抗器

1. 一类设备

（1）按照周期定期进行试验，试验数据符合规程要求，各项参数符合实际运行需要。

（2）线圈无变形，混凝土支柱无裂纹，无脱漆，瓷件无损伤。

（3）通风良好，通道清洁，无积水，无杂物。

（4）本体清洁，标志正确，清楚。

（5）资料齐全，正确，与实际相符。

2. 二类标准

（1）达到一类设备第一项的规定。

（2）线圈稍有变形，混凝土支柱稍有裂纹，瓷件稍有损伤，不影响安全运行。

（3）通风基本良好，资料基本齐全。

3. 三类设备

不符合一、二类设备的为三类设备。

（七）隔离开关、母线、熔断器

1. 一类设备

（1）按照周期定期进行试验，试验数据符合规程要求。

（2）各项参数符合实际运行需要。

（3）带电部分的安全距离符合规程要求。

（4）高压熔断器无腐蚀现象，接触可靠，动作灵活。

（5）隔离开关操作机构电动、手动灵活，辅助接点、闭锁装置良好，三相同期一致，转开角度符合要求，隔离开关操作机构箱内端子排布线整齐。清洁，无锈蚀，箱体密封良好，隔离开关名称、编号、色标清晰醒目。

（6）母线名称、编号、色标齐全、醒目，母线连接部件完整、接触部分无过热现象。

（7）部件完整，瓷件无损伤，接地良好。

（8）料齐全正确，与实际相符。

（9）防误闭锁装置齐全，灵活好用，满足“五防”要求。

2. 二类设备

（1）试验数据基本符合规程要求，各项参数基本能满足实际运行需要。

（2）带电部分的安全距离符合规程规定。

（3）隔离开关操作机构不太灵活，三相同期稍有不一致，但辅助接点、闭锁装置良好，转开角度符合要求。刀口合不足。

（4）瓷件虽有损伤，但不影响安全运行。

（5）防误闭锁装置满足“五防”要求，个别元件使用不灵活。

3. 三类设备

不符合一、二类设备的为三类设备。

（八）直流设备

蓄电池组。

1. 一类设备

（1）容量达到铭牌额定或80%放电容量以上。

（2）电解液化验合格。

（3）极板无弯曲变形，颜色正常，玻璃缸完整，无裂纹、无倾斜现象，无严重沉淀物。

（4）蓄电池整洁，标志正确清楚，绝缘符合规程要求。

（5）接头连接牢固、可靠，端电池经常充放电，无生盐现象。

（6）防酸、防日化、采暖、通风等设备良好。

（7）资料齐全，数字正确，与实际相符。

（8）充放电设备齐全，定期进行充放电试验，并有记录。

（9）单只和整组蓄电池电压和内阻合格。

2. 二类设备

（1）达不到额定放电容量，但能满足开关跳合闸的需要。

（2）电解液和电池绝缘均合格，接头连接牢固。

（3）极板轻微变形，有沉淀物，但尚不超过规定。

3. 三类设备

不符合一、二类设备的为三类设备。

（九）浮充机、整流器及直流盘

1. 一类设备

(1) 浮充机各部件连接良好，电压调整灵活可靠。

(2) 整流元件特性良好，参数符合运行要求，在正常及事故情况下能满足继电保护、自动装置、开关动作的要求。

(3) 调压变压器、稳压变压器、电流供电器、电压供电器等运行无异常、无过热现象。

(4) 各种开关、保险元件安装牢固、整齐、接点接触良好不发热。

(5) 各种保护信号装置、绝缘监视，接地检测指示仪表动作正确可靠，指示正常。

(6) 高频充电模块输出均衡。

(7) 配线整齐，标志编号齐全，有符合实际的接线图。

(8) 设备整洁，无积灰，无锈蚀，无脱漆。

(9) 资料齐全正确。

2. 二类设备

(1) 仅能达到一类设备标准 (1) ～ (5) 项。

(2) 备用高频充电模块退出。

3. 三类设备

不符合一、二类设备的为三类设备。

(十) 继电保护、自动装置、二次回路、故障录波器

1. 一类设备

(1) 盘、继电器、仪表、信号装置、微机和各种部件安装端正、牢固、清洁，外壳密封良好，有名称标志。

(2) 配线整齐美观，电缆各类端子编号齐全，导线、电缆截面符合规程要求。

(3) 各元件、部件的端子螺丝紧固可靠，闲置元件、导线不带电。

(4) 各种元件、部件和二次回路等绝缘符合有关规程规定。

(5) 回路接线合理，安装接线图与实际相符。

(6) 各种装置、元件、部件的检查、试验周期、特性和误差符合规程规定。

(7) 各种装置整组动作、微机操作、显示、打印正确可靠。

(8) 定值有依据，试验记录（包括原是记录）、技术资料图纸齐全。

2. 二类设备

达到一类设备标准 (1) ～ (5) 项。

3. 三类设备

不符合一、二类设备的为三类设备。

（十一）远动、载波、微波、电台、程控总机、通信设备

1. 一类设备

（1）机械、电子设备的安装符合规程规定。

（2）机械、电子设备的性能符合专业规程的要求。

（3）有可靠的备用电源，通道畅通，话机音质、音量良好，微机操作、显示、打印灵活可靠。

（4）按备品清单有足够的备品备件。

（5）机械、电子设备按照周期测试、调整，记录清楚、齐全。

（6）室内通风良好，空调能满足设备需要的室温，机器、设备、仪器、仪表清洁无灰尘。

（7）技术资料、图纸完整，符合实际。

2. 二类设备

达到一类设备标准（1）～（5）项。

3. 三类设备

不符合一、二类设备的为三类设备。

（十二）过电压保护及接地装置

1. 一类设备

（1）防雷接线及过电压保护各项装置的装设符合有关规程的规定。

（2）防雷设备预防性试验项目齐全，试验合格，不超周期，接地装置接地电阻测试合格。

（3）避雷针结构完整，无倾斜，有足够的机械强度，引线及接地良好。

（4）瓷件及避雷器套管完整无损伤，绝缘良好。避雷器均压环固定牢固，无电晕放电，混凝土水泥支架无剥落、露筋现象，接地良好。

（5）放电计数器完好，动作指数指示正确。

（6）设备外观清洁，油漆完好，铁件无锈蚀，设备名称、标志正确、清楚。

（7）避雷针保护范围满足要求，各进线防雷满足要求，高压设备满足防止操作过电压的要求。

（8）设计、安装、运行资料和记录齐全。

2. 二类设备

达到一类设备标准（1）～（5）项。

3. 三类设备

不符合一、二类设备的为三类设备。

（十三）生产厂房、土建设施及场地

1. 一类设备

（1）架构完好，无倾斜下沉，铁件无锈蚀，混凝土水泥构件无剥落、裂纹、露筋现象。

（2）厂房门窗完整、严密，排气通风良好，房顶不漏雨、不渗水，开关室及控制室无孔洞，小动物及鸟类不能进入。

（3）电缆沟完整、清洁、无积水，盖板齐全，强度足够。支架无锈蚀，防腐完好，电缆进入开关室、主控制室处封堵严密，建防火墙。

（4）各设备基础完好。

（5）室内外场地平整。清洁，不积水，下水道畅通，道路畅通。绿化合理、环境优美。

（6）消防器材齐全、良好，定期检查。

（7）室内外固定遮拦牢固，符合安规要求，标志齐全，闭锁良好。

（8）生产厂房主体结构无裂纹、无断裂、无局部下沉，墙皮无脱落，装饰良好，控制室、保护室、会议室等达到防火二级标准。

2. 二类设备

（1）架构基本完好，无严重倾斜及裂纹，铁件有锈蚀。

（2）房顶有轻微渗水，墙体有脱皮现象。

（3）其他方面不存在严重的缺陷。

3. 三类设备

不符合一、二类设备的为三类设备。

（十四）照明

1. 一类设备

（1）室内外照明完好，亮度足够，能满足正常运行及处理事故的需要。

（2）布线整齐牢固，容量足够，回路良好，图纸、资料齐全。

2. 二类设备

（1）室内外照明尚好，能满足正常运行及处理事故的需要。

（2）布线、回路尚好，图纸、资料基本齐全。

3. 三类设备

不符合一、二类设备的为三类设备。

第四章

运　行　管　理

第一节　电压、无功与谐波管理

电压质量和功率因数是电力客户用电安全的重要技术指标，电压是电能质量的主要指标之一，电压质量对电力设备安全运行、电力客户生产、产品质量、用电单耗都起到直接影响作用，无功电力是影响电压质量和电网经济运行的一个重要因素，因此电力客户要加强对电压质量和无功电力的综合管理，坚持电压质量和无功补偿综合治理的原则，充分利用有载调压的手段，改善电力客户变电站的电压质量，并根据无功情况及时投切电容补偿装置。

一、电压质量标准

1. 用户受电端供电电压允许偏差值

(1) 35kV及以上用户供电电压正、负偏差绝对值之和不超过额定电压的10%。

(2) 10kV及以下三相供电电压允许偏差为额定电压的±7%。

(3) 220V单相供电电压允许偏差为额定电压的+7%、−10%。

2. 电压质量控制标准

变电站和发电厂（直属）的10（6）kV母线正常运行方式下的电压允许偏差为系统额定电压的0%～+7%。

二、电压质量监测点的设置

供电电压质量监测分为A、B、C、D四类监测点。各类监测点每年应随供电网络变化进行动态调整。

(1) A类：带地区供电负荷的变电站和发电厂（直属）的10（6）kV母线电压。

(2) B类：35（66）kV专线供电和110kV及以上供电的用户端电压。

(3) C类：35（66）kV非专线供电的和10（6）kV供电的用户端电压。每10MW负荷至少应设一个电压质量监测点。

(4) D类：380/220V低压网络和用户端的电压。监测点应设在有代表性的低压配电网首末两端和部分重要用户。

三、综合电压合格率的计算

电压合格率是实际运行电压在允许电压偏差范围内累计运行时间与对应的总运行统计时间的百分比。综合电压合格率（V）计算公式如下：

$$V=0.5A+0.5(B+C+D)/N$$

式中 A——A类电压监测点变电站10kV母线电压合格率；

$A=[1-\sum^{n}$电压监测点电压超出偏差时间（分）/$\sum^{n}$电压监测点运行时间（分）$]\times 100\%$

B——B类电压监测点35kV及以上专线用户电压合格率；

$B=[1-\sum^{n}$电压监测点电压超出偏差时间（分）/$\sum^{n}$电压监测点运行时间（分）$]\times 100\%$

C——C类电压监测点10kV用户电压合格率；

$C=[1-\sum^{n}$电压监测点电压超出偏差时间（分）/$\sum^{n}$电压监测点运行时间（分）$]\times 100\%$

D——D类电压监测点380/220V低压用户电压合格率；

$D=[1-\sum^{n}$电压监测点电压超出偏差时间（分）/$\sum^{n}$电压监测点运行时间（分）$]\times 100\%$

n——监测点的个数。

N——B、C、D类别数。

四、电压调整

（1）变电站应采用节能型有载调压变压器，对已投运的无载调压变压器要逐步进行有载调压改造。加强有载调压开关的日常运行管理，当操作次数达到规定次数时，要及时进行检修维护。在满足电压合格的条件下，电压调整应遵循无功电力分层分区平衡原则。

（2）按调度权限划分，进行无功调压计算，定期编制调整各级网络主变压器运行变比的方案，定期下达发电厂和枢纽变电站的运行电压或无功电力曲线。

（3）电网电压超出规定值时，应采取调整发电机、调相机无功出力、增减并联电容器（或并联电抗器）容量等措施解决。

（4）局部网络电压的下降或升高，可采取改变有功与无功电力潮流的重新分配、改变运行方式、调整主变压器变比或改变网络参数等措施加以解决。

（5）在电压水平影响到电网安全时，调度部门有权采取限制负荷和解列机组、线路等措施。

（6）用电检查班需及时更新电压监测的客户档案，跟踪客户受电电压监测数据，分析客户受电电压质量，提出改进意见，督促实施。

五、无功补偿

电力客户应根据其负荷的无功需求，设计和安装无功补偿装置，并应具备防止向电网反送无功电力的措施。35kV 及以上供电的电力客户变电站应合理配置适当容量的无功补偿装置，并根据设计计算确定无功补偿装置的容量。35～220kV 变电站在主变最大负荷时，其一次侧功率因数应不低于 0.95；在低谷负荷时功率因数应不高于 0.95。100kVA 及以上 10kV 供电的电力客户，其功率因数宜达到 0.95 以上。其他电力客户，其功率因数宜达到 0.90 以上。电力客户对所安装的无功补偿装置，应随时保持完好状态，按期进行巡视检查。无功补偿装置应定期维护，发生故障时，应及时处理修复，保持电容器、并联电抗器运行正常。电力客户的电容器组、电抗器组、调相机等无功补偿装置应配齐相应的无功功率表，电力客户应建立无功补偿装置管理台账，开展无功补偿装置运行情况分析工作。电力客户应制定无功补偿装置试验方法和试验周期，定期进行无功补偿装置试验。用电检查班应对电力客户无功补偿装置的安全运行、投入（或切除）时间、电压偏差值等状况进行监督和检查。既要防止低功率因数运行，也应防止在低谷负荷时向电网反送无功电力。建立对电力客户电压质量状况反映或投诉核对处理制度，对较严重的电压质量问题，应查清具体原因，提出解决方案，制订整改计划实施。用电检查班需及时更新客户无功补偿设备档案，分析客户功率因数的变化，对功率因数较低的客户，提出无功补偿装置运行管理及无功补偿措施建议。

六、无功补偿原则

电网的无功补偿配置应能保证在系统有功负荷高峰和低谷运行方式下，分（电压）层和分（供电）区无功平衡。分层无功平衡的重点是 220kV 及以上电压等级层面的无功平衡，分区就地无功平衡主要是 110kV 及以下配电系统的无功平衡。无功补偿配置应按照分散就地补偿与变电站集中补偿相结合，以分散补偿为主；高压补偿与低压补偿相结合，以低压补偿为主；降损与调压相结合，以降损为主的原则。

七、谐波管理

用电检查班负责组织开展辖区内电力客户的谐波日常管理工作，做好谐波指标的统计、分析和上报工作，编制电力客户谐波改进措施计划，负责辖区内谐波监测点的数据统计分析，负责电力客户谐波在线监测仪和谐波电度表台账建立及巡视检查。熟悉上级谐波管理有关方针、政策，熟悉谐波管理职责和工作流程，熟悉重要电力客户的谐波装置情况，熟悉电力客户所辖的谐波监测网络以及谐波电度表数据分析、上报工作，具备一定的组织协调能力。用电检查班要及时记录客户谐波监测数据，对监测结果超标的客户督促采取谐波消除措施。

八、谐波管理资料

（1）电力客户谐波治理整改通知单。

（2）月度、季度和年度谐波分析和谐波管理总结。

（3）年度、月度谐波消除措施计划，谐波措施计划完成情况总结。

（4）年度、季度、月度谐波合格率报表。

（5）谐波分析会议纪要。

（6）谐波治理设备台账记录。

（7）谐波电力客户档案，谐波测量报告。

（8）谐波管理培训计划。

（9）谐波在线监测仪台账。

第二节　预 防 性 试 验

一、预防性试验

为了提前发现运行中电气设备的隐患，超前预防事故发生，避免电气设备损坏，组织对电气设备进行的检查、试验或监测，也包括取油样或气样进行的试验称为电气设备预防性试验。在不影响电气设备运行的条件下，对电气设备状况连续或定时进行的自动监测，称为在线监测。对在运行电压下的电气设备，采用专用仪器，由检修人员参与进行的测量称为带电测量。利用红外技术对电力系统中具有电流、电压致热效应的带电电气设备进行检测和诊断，称为红外测温。在绝缘结构的两个电极之间施加的直流电压值与流经该对电极的泄漏电流值之比，常用兆欧表直接测得绝缘电阻值。

二、电气设备绝缘评价

为了使电气设备预防性试验更有效的开展，电力客户可以根据电气设备的绝缘情况，预防性试验结果并结合电气设备的运行和检修中发现的缺陷，以及电气设备缺陷对电网安全运行的影响进行综合评价，确定电气设备的绝缘等级，电气设备的绝缘等级一般分为三级。

1. 一级绝缘电气设备

电气设备的预防性试验内容、油质化验内容、分析项目等齐全，预防性试验结果全部合格，电气设备在运行和检修后没有任何缺陷存在，称为一级绝缘电气设备。

2. 二级绝缘电气设备

电气设备的预防性试验结果中部分次要项目试验不合格的电气设备，绝缘油化验、分析有异常而需加强监视的电气设备。电气设备在运行和检修后存在一般缺陷，但不影响电网安全运行的电气设备。称为二级绝缘电气设备。

3. 三级绝缘电气设备

电气设备的预防性试验、油质化验、分析结果中部分主要项目不合格的电气设备。绝缘油严重劣化、威胁安全运行的电气设备。未按年度计划进行试验、化验、分析的电气设备。运行、检修后仍存在危机、重大缺陷，不能保证电网安全运行的电气设备。

三、电气设备预防性试验内容

电力客户每年12月份要制订出下年度的电气设备（包括电力电缆）预防性试验计划、充油电气设备油质化验和色谱分析计划，根据电气设备预防性试验计划委托有资质的单位按照《电气设备预防性试验规程》规定进行试验。电力客户每季度要组织召开电气设备预防性试验工作会议，协调解决电气设备预防性试验工作中存在的问题，提出缺陷消除和电气设备升级措施计划，分析电气设备预防性试验工作标准执行情况，对全年绝缘事故、障碍异常分类进行统计，找出原因进行全面分析，制定采取的防范措施。如果电气设备在运行、检修、试验（化验）中被发现存在缺陷及异常情况时，应按电气设备缺陷管理制度执行。当电气设备发生绝缘事故后，电气设备预防性试验专责人应参与事故调查分析，制订反事故措施中预防性试验内容。电力客户电气设备预防性试验专责人每季度要做一次预防性试验工作总结，对全年预防性试验计划完成情况及存在问题，有无超期、漏试、漏项、误判断、试验电气设备损坏等情况进行总结。

四、电气设备预防性试验资料

(1) 电气设备台账（试验记录卡片）。

(2) 预防性试验、油质化验计划及执行情况。

(3) 试验、化验、分析报告。

(4) 电气设备缺陷及消除情况记录。

(5) 主要用油电气设备的地点、电压、容量、油质、油种等资料。

(6) 电气设备预防性试验工作总结及有关资料。

(7) 电气设备出厂说明书及有关图纸资料。

(8) 电气设备定级及二、三类电气设备缺陷明细表。

(9) 变电站污秽区划分及外绝缘泄漏比距配备图。

（10）变电站防雷、接地装置、零值瓷瓶测试记录。

（11）电气设备预防性试验计划、油质化验计划、电测仪表和变送器校验计划、电网防污闪工作计划。

（12）主要电气设备试验、化验、报告和缺陷分析记录。

（13）电气设备绝缘缺陷及绝缘损坏事故分析资料。

（14）主结线图。

五、电力客户电气设备预防性试验管理

供电公司用电检查班根据电力客户电气设备的试验周期要求，以书面形式提前通知电力客户进行预防性试验，并要求电力客户签收。用电检查人员对预防性试验到期电力客户开具用电检查结果通知书，督促电力客户委托有资质的单位按照《电气设备预防性试验规程》规定进行试验，并及时反馈试验信息。用电检查班用电检查人员根据电力客户预防性试验结果，督促试验不合格的电力客户进行消缺处理，直至安全隐患消除为止。用电检查班将督促催办无效的电力客户名单报当地电力管理部门和安监部门备案。对拒不整改且存在严重威胁电力网安全运行的电力客户，供电公司应报告当地电力管理部门，经批准后实施停电。用电检查班在营销业务应用系统录入试验资料，对电力客户电气设备运行档案数据进行维护更新。

第三节 运 行 记 录

电力客户运行记录是变电运行管理的可靠依据和有效载体，只有健全各种记录才能将变电运行、检修、维护人员的各项工作、变电设备的运行管理、各种标准制度的执行有机的结合起来，由于电力客户变电运行记录涉及变电运行管理的方方面面、林林总总，因此有必要对电力客户变电运行记录进行定期检查，使电力客户的运行、检修、维护人员正确的填写电力客户变电运行各种记录，避免由于记录填写错误造成管理工作的失误，导致变电设备的不安全运行。这里列举了值班运行工作记录、交接班记录、巡视检查记录、设备缺陷记录、设备检修试验工作记录、继电保护及自动装置工作记录、电容器投切记录、断路器故障跳闸记录、安全消防用具记录、安全活动记录、运行分析记录等11种记录的填写说明、记录格式、记录填写实例和参考资料。

一、值班运行工作记录

（一）值班运行工作记录模板

值班运行工作记录模板如下：

值班运行工作记录

____年____月____日____时____分～____年____月____日____时____分　　天气：____

时间			值班记录	值班员	工作性质
日	时	分			

（二）值班运行工作记录填写说明

值班运行工作记录填写说明如下：

（1）值班运行工作记录中的值班记录、时间、工作性质、值班员各栏由当值变电运行值班负责人负责填写，在“工作性质”栏内应注明检修、试验、事故、操作、验收、巡视等具体工作性质，值班运行工作记录按值移交。

（2）“值班记录”栏填写值班期间检修、试验、事故、操作、验收、巡视等具体工作内容。“时间”栏填写值班期间检修、试验、事故、操作、验收、巡视等具体工作的记录时间。

（3）对于无人值班变电站，值班负责人应记录操作队所辖各变电站运行方式变化、变电设备投运情况、变电设备停运情况。

（4）对于有人值班变电站，值班负责人只记录本变电站运行方式变化、变电设备投运情况、变电设备停运情况；操作票的执行情况，工作票等以及检修、试验结果等主要工作内容。

（5）值班负责人记录调度指令，工作票的收到、许可、终结，操作票的执行情况。记录调度和上级有关运行通知。记录变电站“五遥”情况。

（6）值班负责人记录变电站例行工作完成情况，设备定期试验轮换工作，防小动物检查、剩余电流动作保护器试验、防汛物资检查试验等其他定期工作。

（7）值班负责人记录变电设备事故及异常情况，记录变电设备巡视情况及发现的缺陷。

（8）值班负责人记录变电设备检修、试验、验收等主要内容。值班负责人记录与运行有关的其他事项。

（9）值班运行工作记录按照每值一页进行填写，值班运行工作记录中的交班时间由交班负责人填写，交班时间填写年、月、日、时、分。值班运行工作记录中的接班时间及天气情况由接班负责人员填写，接班时间填写年、月、日、时、分。

（10）值班运行工作记录要用钢笔填写，字迹工整，清楚正确。不准在记录上乱涂、乱画，不准撕页。

（三）值班运行工作记录填写实例

【实例1】

值班运行工作记录

2011年11月02日08时30分～2011年11月03日08时30分　　天气：晴

时间			值 班 记 录	值班员	工作性质
日	时	分			
02	09	12	赵家庄变电站2号变压器94断路器停电	吴××	操作
02	09	27	赵家庄变电站10kV分段90断路器停电	吴××	操作
02	09	45	赵家庄变电站10kV 2母线停电	刘××	操作
02	09	53	赵家庄变电站10kV 2号电容器停电	刘××	操作
02	09	59	赵家庄变电站10kV石化线停电	何××	操作
02	10	10	赵家庄变电站10kV钢厂线停电	何××	操作
02	10	19	赵家庄变电站10kV河东线停电	何××	操作
02	10	25	赵家庄变电站10kV顺达线停电	何××	操作
02	10	33	赵家庄变电站10kV建材线停电	何××	操作
02	10	39	赵家庄变电站10kV新农线停电	何××	操作
02	10	48	赵家庄变电站10kV兰田线停电	何××	操作

【实例 2】

值班运行工作记录

2012年10月02日08时30分～2012年10月03日08时30分　　天气：晴

时间			值班记录	值班员	工作性质
日	时	分			
02	09	12	小营变电站220kV广联线停电	国××	操作
02	09	25	220kV 1母线停电，220kV 1母线和2母线由双母线运行转为单母线运行	国××	操作
02	09	45	小营变电站220kV广联线21-1隔离开关小修，工作票编号0037389	郑××	检修
02	15	30	组织运行值班人员对红旗变电站、南郊变电站、杜林变电站、赵家庄变电站、道庄变电站、怀庆变电站电气设备进行巡视	王××、刘××、周××	巡视
02	17	20	组织对小营变电站220kV广联线21-1隔离开关进行验收，验收合格可以送电	国××	验收
02	17	37	对小营变电站220kV广联线21断路器进行遥控操作正常	国××	操作
02	17	59	小营变电站220kV广联线送电	国××	操作
02	18	38	220kV 1母线送电，220kV 1母线和2母线单母线恢复正常双母线运行方式	国××	操作

二、交接班记录

（一）交接班记录模板

交接班记录模板如下：

交接班记录

1. 运行方式
2. 工作票、操作票执行情况
1）执行中的工作票　　份（变电站名称、工作票编号）：
2）待执行的工作票　　份（变电站名称、工作票编号）：

续表

3）待执行的操作票　份（变电站名称、操作票编号）：					
3. 安全措施					
1）已合接地开关　组（变电站名称、接地开关名称、工作票编号）：					
2）已装设接地线　组（变电站名称、接地线装设地点及编号、工作票编号）：					
4. 其他交接内容					
5. 交接班内容					
运行方式、安全措施		设备异常及事故处理情况		上级命令、通知、要求及运行有关的其他情况	
设备巡视情况		缺陷及消除情况		设备检修试验情况，安全措施布置，装设接地线编号及地点等	
倒闸操作及操作预告		保护和自动装置的运行和变更情况		工具、仪表、钥匙的使用和变更情况	
工作票、操作票执行情况		运行维护情况		交班值尚未完成需接班值应做的工作及注意事项	
值班记录与交待内容相符		模拟图板、监控机一次系统图位置与实际相符		值班室卫生，各类物品是否完整无损，生活用具齐全整洁	
有关记录填写齐全正确		钥匙、工器具、仪表齐全，存放整齐		通信工具、车辆处于良好状态，安全工器具齐全	
交班负责人		交班人员			
接班负责人		接班人员			

（二）交接班记录填写说明

交接班记录填写说明如下：

(1) 交接班记录由交班值班负责人填写，交班值班负责人填写“运行方式”、

"工作票、操作票执行情况"、"安全措施"和"其他交接内容"。

(2) 交接内容要依据运行值班内容进行填写，如果变电站运行方式发生变化，由交班值班负责人在"运行方式"栏填写××变电站运行方式变化情况；如果变电站运行方式没有发生变化，在"运行方式"栏填写"××变电站正常运行方式"。"工作票、操作票执行情况"栏要填写执行中的工作票份数，并注明所在变电站名称和工作票的编号。填写待执行工作票的份数，并注明所在变电站名称和工作票的编号。填写待执行操作票的份数，并注明所在变电站名称和操作票编号。"安全措施"栏填写已合接地开关组数，并注明变电站名称、接地开关名称和工作票编号。填写已装设接地线组数，并注明变电站名称、接地线装设地点及编号、工作票编号。

(3) 接班人员要对照交接班记录中的交接班内容进行逐项检查，检查内容有变电站运行方式，设备异常及事故处理情况，上级命令、通知、要求及运行有关的其他情况，设备巡视情况，缺陷及消除情况，设备检修试验情况，安全措施布置，装设接地线编号及地点，倒闸操作及操作预告，保护和自动装置的运行和变更情况，工具、仪表、钥匙的使用和变更情况，值班记录填写与交待内容是否相符，模拟图板、监控机一次系统图位置与实际是否相符，值班室卫生，各类物品是否完整无损，生活用具齐全整洁，有关记录填写是否齐全正确，钥匙、工器具、仪表齐全存放整齐，通信工具、车辆处于良好状态，安全工器具齐全，工作票、操作票执行情况，变电站运行维护情况，交班值尚未完成需接班值应做的工作及注意事项，经交接班双方确认无问题后在记录中对应项打"√"，参加交接人员在记录上签名，不得代签。

(4) 无人值班变电站，每日8:30在操作队主站进行交接班，交班值、接班值和上白班的人员全部参加，接班人员应在交接班前10分钟到站，做好接班准备。交接班时全体人员应列队交接，由交班值班长按运行值班记录内容逐项交接，接班值和白班人员必须熟悉所管辖设备的运行方式、运行状况、设备缺陷、工作情况等。

(5) 接班人员如发现现场情况与交接班记录中交接不符时，应立即提出。交接过程中发现的问题，交班人员应耐心地解答，需做处理时由交班人员负责处理，接班人员协助处理，并做好记录。如发生争议不能解决时，应报告操作队队长或汇报运行车间专工处理，并暂停交接班，双方争议解决后再办理交接班手续，严禁不履行交接手续擅自离岗。接班人员未到，交班人员应坚守岗位，在未全部办完交接手续前，一切运行工作由交班值负责。

(6) 交接班时间应避开变电站倒闸操作，在交班过程中发生事故和异常，应由交班值负责人组织人员进行处理。禁止在事故和异常情况下及操作过程中进行交接班，当事故处理或操作告一段落后，可再进行交接班。各值之间应相互配合协作，遇到检修或停送电工作时，在接班后 2h 内进行的运行操作，交班值必须为下一值做好所需的各类准备工作。

（7）交接班记录按照每值一页进行填写，交班值负责人填写并审核记录无误后在交接班记录签名，全体交班人员完成交接班工作任务后在交接班记录签名。接班值负责人逐项审核记录无误后，经接班人员检查无问题后在交接班记录签名，全体接班人员签名。

（8）交接班记录要用钢笔或签字笔填写，字迹工整，清楚正确。不准在记录上乱涂、乱画，不准撕页。

（三）交接班记录填写实例

【实例 1】

交 接 班 记 录

<table>
<tr><td colspan="6">1. 运行方式
小营变电站正常运行方式。南郊变电站正常运行方式。杜林变电站正常运行方式。赵家庄变电站正常运行方式。宏商变电站正常运行方式。陈家变电站正常运行方式。道庄变电站正常运行方式。怀庆变电站正常运行方式</td></tr>
<tr><td colspan="6">2. 工作票、操作票执行情况</td></tr>
<tr><td colspan="6">1）执行中的工作票 0 份（变电站名称、工作票编号）：</td></tr>
<tr><td colspan="6">2）待执行的工作票 0 份（变电站名称、工作票编号）：</td></tr>
<tr><td colspan="6"></td></tr>
<tr><td colspan="6">3）待执行的操作票 0 份（变电站名称、操作票编号）：</td></tr>
<tr><td colspan="6"></td></tr>
<tr><td colspan="6">3. 安全措施</td></tr>
<tr><td colspan="6">1）已合接地开关 0 组（变电站名称、接地开关名称、工作票编号）：</td></tr>
<tr><td colspan="6"></td></tr>
<tr><td colspan="6">2）已装设接地线 0 组（变电站名称、接地线装设地点及编号、工作票编号）：</td></tr>
<tr><td colspan="6">4. 其他交接内容</td></tr>
<tr><td colspan="6">无</td></tr>
<tr><td colspan="6">5. 交接班内容</td></tr>
<tr><td>运行方式</td><td>√</td><td>设备异常及事故处理情况</td><td>√</td><td>上级命令、通知、要求及运行有关的其他情况</td><td>√</td></tr>
</table>

续表

设备巡视情况	√	缺陷及消除情况	√	设备检修试验情况，安全措施布置，装设接地线编号及地点等	√
倒闸操作及操作预告	√	保护和自动装置的运行和变更情况	√	工具、仪表、钥匙的使用和变更情况	√
工作票、操作票执行情况	√	运行维护情况	√	交班值尚未完成需接班值应做的工作及注意事项	√
值班记录与交待内容相符	√	模拟图板、监控机一次系统图位置与实际相符	√	值班室卫生，各类物品是否完整无损，生活用具齐全整洁	√
有关记录填写齐全正确	√	钥匙、工器具、仪表齐全，存放整齐	√	通信工具、车辆处于良好状态，安全工器具齐全	√

交班负责人	曲××	交班人员	赵××、李××、刘×、肖××、何××、国××
接班负责人	路××	接班人员	韩××、张×、钱××、常××、杨××、吴×

【实例 2】

交接班记录

1. 运行方式 杜林变电站 220kV 2 号变压器及三侧设备停电，110kV 2 母线停电，110kV 1 母线和 2 母线由双母线运行转换为单母线运行，杜林变电站其他设备正常运行方式。红旗变电站正常运行方式。南郊变电站正常运行方式。小营变电站正常运行方式。赵家庄变电站正常运行方式。宏商变电站正常运行方式。陈家变电站正常运行方式。道庄变电站正常运行方式。怀庆变电站正常运行方式
2. 工作票、操作票执行情况
1）执行中的工作票 1 份（变电站名称、工作票编号）：杜林变电站 220kV 2 号变压器及三侧设备小修、预试、消缺，工作票编号 0037617
2）待执行的工作票 0 份（变电站名称、工作票编号）：
3）待执行的操作票 0 份（变电站名称、操作票编号）：
3. 安全措施

续表

<table>
<tr><td colspan="6">1）已合接地开关 1 组（变电站名称、接地开关名称、工作票编号）：杜林变电站，合上 2 号变压器 24-D3 接地开关。工作票编号 0037617</td></tr>
<tr><td colspan="6"></td></tr>
<tr><td colspan="6">2）已装设接地线 3 组（变电站名称、接地线装设地点及编号、工作票编号）：杜林变电站，在 2 号变压器 34-3 隔离开关变压器侧装设 1 号接地线。已在 2 号变压器 54-5 隔离开关变压器侧装设 2 号接地线。已在 2 号变压器 54-3 隔离开关与 54-4 隔离开关间装设 3 号接地线。工作票编号 0037617</td></tr>
<tr><td colspan="6">4. 其他交接内容</td></tr>
<tr><td colspan="6">无</td></tr>
<tr><td colspan="6">5. 交接班内容</td></tr>
<tr><td>运行方式</td><td>√</td><td>设备异常及事故处理情况</td><td>√</td><td>上级命令、通知、要求及运行有关的其他情况</td><td>√</td></tr>
<tr><td>设备巡视情况</td><td>√</td><td>缺陷及消除情况</td><td>√</td><td>设备检修试验情况，安全措施布置，装设接地线编号及地点等</td><td>√</td></tr>
<tr><td>倒闸操作及操作预告</td><td>√</td><td>保护和自动装置的运行和变更情况</td><td>√</td><td>工具、仪表、钥匙的使用和变更情况</td><td>√</td></tr>
<tr><td>工作票、操作票执行情况</td><td>√</td><td>运行维护情况</td><td>√</td><td>交班值尚未完成需接班值应做的工作及注意事项</td><td>√</td></tr>
<tr><td>值班记录与交待内容相符</td><td>√</td><td>模拟图板、监控机一次系统图位置与实际相符</td><td>√</td><td>值班室卫生，各类物品是否完整无损，生活用具齐全整洁</td><td>√</td></tr>
<tr><td>有关记录填写齐全正确</td><td>√</td><td>钥匙、工器具、仪表齐全，存放整齐</td><td>√</td><td>通信工具、车辆处于良好状态，安全工器具齐全</td><td>√</td></tr>
</table>

交班负责人	曲××	交班人员	赵××、李××、刘×、肖××、何××、国××
接班负责人	路××	接班人员	韩××、张×、钱××、常××、杨××、吴×

【实例 3】

交接班记录

1. 运行方式 赵家庄变电站 10kV 1 号电容器停电，赵家庄变电站其他设备正常运行方式。红旗变电站正常运行方式。南郊变电站正常运行方式。小营变电站正常运行方式。杜林变电站正常运行方式。宏商变电站正常运行方式。陈家变电站正常运行方式。道庄变电站正常运行方式。怀庆变电站正常运行方式
2. 工作票、操作票执行情况

续表

<table>
<tr><td colspan="6">1）执行中的工作票 0 份（变电站名称、工作票编号）：</td></tr>
<tr><td colspan="6">2）待执行的工作票 1 份（变电站名称、工作票编号）：赵家庄变电站 10kV 1 号电容器保护装置及二次电缆更换停电，工作票编号 0037656</td></tr>
<tr><td colspan="6"></td></tr>
<tr><td colspan="6">3）待执行的操作票 0 份（变电站名称、操作票编号）：</td></tr>
<tr><td colspan="6"></td></tr>
<tr><td colspan="6">3. 安全措施</td></tr>
<tr><td colspan="6">1）已合接地开关 1 组（变电站名称、接地开关名称、工作票编号），赵家庄变电站，合上 1 号电容器 67-D3 接地开关。工作票编号 0037656</td></tr>
<tr><td colspan="6"></td></tr>
<tr><td colspan="6">2）已装设接地线 2 组（变电站名称、接地线装设地点及编号、工作票编号）：赵家庄变电站，在 1 号电容器 67 断路器与 67-1 隔离开关间装设 1 号接地线。在 1 号电容器放电 TV 二次熔断器 TV 侧装设 05 号接地线。工作票编号 0037656</td></tr>
<tr><td colspan="6">4. 其他交接内容</td></tr>
<tr><td colspan="6">无</td></tr>
<tr><td colspan="6">5. 交接班内容</td></tr>
<tr><td>运行方式</td><td>√</td><td>设备异常及事故处理情况</td><td>√</td><td>上级命令、通知、要求及运行有关的其他情况</td><td>√</td></tr>
<tr><td>设备巡视情况</td><td>√</td><td>缺陷及消除情况</td><td>√</td><td>设备检修试验情况，安全措施布置，装设接地线编号及地点等</td><td>√</td></tr>
<tr><td>倒闸操作及操作预告</td><td>√</td><td>保护和自动装置的运行和变更情况</td><td>√</td><td>工具、仪表、钥匙的使用和变更情况</td><td>√</td></tr>
<tr><td>工作票、操作票执行情况</td><td>√</td><td>运行维护情况</td><td>√</td><td>交班值尚未完成需接班值应做的工作及注意事项</td><td>√</td></tr>
<tr><td>值班记录与交待内容相符</td><td>√</td><td>模拟图板、监控机一次系统图位置与实际相符</td><td>√</td><td>值班室卫生，各类物品是否完整无损，生活用具齐全整洁</td><td>√</td></tr>
<tr><td>有关记录填写齐全正确</td><td>√</td><td>钥匙、工器具、仪表齐全，存放整齐</td><td>√</td><td>通信工具、车辆处于良好状态，安全工器具齐全</td><td>√</td></tr>
</table>

交班负责人	曲××	交班人员	赵××、李××、刘×、肖××、何××、国××
接班负责人	路××	接班人员	韩××、张×、钱××、常××、杨××、吴×

【实例4】

交接班记录

1. 运行方式 小营变电站220kV广联线停电，220kV 1母线停电，220kV 1母线和2母线由双母线运行转为单母线运行。小营变电站其他设备正常运行方式。红旗变电站正常运行方式。南郊变电站正常运行方式。杜林变电站正常运行方式。赵家庄变电站正常运行方式。宏商变电站正常运行方式。陈家变电站正常运行方式。道庄变电站正常运行方式。怀庆变电站正常运行方式					
2. 工作票、操作票执行情况					
1）执行中的工作票1份（变电站名称、工作票编号）：小营变电站220kV广联线21－1隔离开关小修，工作票编号0037389					
2）待执行的工作票0份（变电站名称、工作票编号）：					
3）待执行的操作票0份（变电站名称、操作票编号）：					
3. 安全措施					
1）已合接地开关2组（变电站名称、接地开关名称、工作票编号）：小营变电站，已合上220kV 2母线220-D21接地开关，已合上220kV 2母线220-D22接地开关。工作票编号0037389					
2）已装设接地线0组（变电站名称、接地线装设地点及编号、工作票编号）：					
4. 其他交接内容					
无					
5. 交接班内容					
运行方式	√	设备异常及事故处理情况	√	上级命令、通知、要求及运行有关的其他情况	√
设备巡视情况	√	缺陷及消除情况	√	设备检修试验情况，安全措施布置，装设接地线编号及地点等	√
倒闸操作及操作预告	√	保护和自动装置的运行和变更情况	√	工具、仪表、钥匙的使用和变更情况	√
工作票、操作票执行情况	√	运行维护情况	√	交班值尚未完成需接班值应做的工作及注意事项	√
值班记录与交待内容相符	√	模拟图板、监控机一次系统图位置与实际相符	√	值班室卫生，各类物品是否完整无损，生活用具齐全整洁	√
有关记录填写齐全正确	√	钥匙、工器具、仪表齐全，存放整齐	√	通信工具、车辆处于良好状态，安全工器具齐全	√
交班负责人	曲××	交班人员	赵××、李××、刘×、肖××、何××、国××		
接班负责人	路××	接班人员	韩××、张×、钱××、常××、杨××、吴×		

【实例5】

交接班记录

1. 运行方式
小营变电站220kV 2母线停电，220kV 1母线和2母线由双母线运行转为单母线运行，小营变电站其他设备正常运行方式。红旗变电站正常运行方式。南郊变电站正常运行方式。杜林变电站正常运行方式。赵家庄变电站正常运行方式。宏商变电站正常运行方式。陈家变电站正常运行方式。道庄变电站正常运行方式。怀庆变电站正常运行方式
2. 工作票、操作票执行情况
1）执行中的工作票1份（变电站名称、工作票编号）：小营变电站220kV 2母线支持绝缘子加装爬裙，工作票编号0037625
2）待执行的工作票0份（变电站名称、工作票编号）：
3）待执行的操作票0份（变电站名称、操作票编号）：
3. 安全措施
1）已合接地开关2组（变电站名称、接地开关名称、工作票编号）：小营变电站，合上220kV 2母线220－D21接地开关，已合上220kV 2母线220－D22接地开关。工作票编号0037625
2）已装设接地线0组（变电站名称、接地线装设地点及编号、工作票编号）：
4. 其他交接内容
无
5. 交接班内容

项目		项目		项目	
运行方式	√	设备异常及事故处理情况	√	上级命令、通知、要求及运行有关的其他情况	√
设备巡视情况	√	缺陷及消除情况	√	设备检修试验情况，安全措施布置，装设接地线编号及地点等	√
倒闸操作及操作预告	√	保护和自动装置的运行和变更情况	√	工具、仪表、钥匙的使用和变更情况	√
工作票、操作票执行情况	√	运行维护情况	√	交班值尚未完成需接班值应做的工作及注意事项	√
值班记录与交待内容相符	√	模拟图板、监控机一次系统图位置与实际相符	√	值班室卫生，各类物品是否完整无损，生活用具齐全整洁	√
有关记录填写齐全正确	√	钥匙、工器具、仪表齐全，存放整齐	√	通信工具、车辆处于良好状态，安全工器具齐全	√

交班负责人	曲××	交班人员	赵××、李××、刘×、肖××、何××、国××
接班负责人	路××	接班人员	韩××、张×、钱××、常××、杨××、吴×

【实例6】

交接班记录

1. 运行方式

杜林变电站2号变压器停电，110kV 2母线停电，110kV 4母线停电，110kV 1母线和2母线由双母线运行转换为单母线运行，2号变压器34断路器TA、2号变压器34－2隔离开关、34－3隔离开关、34－4隔离开关停电，杜林变电站其他设备正常运行方式。红旗变电站正常运行方式。南郊变电站正常运行方式。小营变电站正常运行方式。赵家庄变电站正常运行方式。宏商变电站正常运行方式。陈家变电站正常运行方式。道庄变电站正常运行方式。怀庆变电站正常运行方式

2. 工作票、操作票执行情况

1）执行中的工作票1份（变电站名称、工作票编号）：杜林变电站2号变压器停电，110kV 2母线停电，110kV 4母线停电。室外110kV设备区2号变压器34断路器、34断路器TA更换，2号变压器34－2隔离开关、34－3隔离开关、34－4隔离开关小修、消缺。工作票编号0037227

2）待执行的工作票0份（变电站名称、工作票编号）：

3）待执行的操作票0份（变电站名称、操作票编号）：

3. 安全措施

1）已合接地开关3组（变电站名称、接地开关名称、工作票编号）：杜林变电站：已合上2号变压器34－D1接地开关、110kV 2母线110－D21接地开关、110－D22接地开关。工作票编号0037227

2）已装设接地线3组（变电站名称、接地线装设地点及编号、工作票编号）：杜林变电站，在2号变压器34－3隔离开关变压器侧装设4号接地线，在2号变压器34－4隔离开关母线侧装设5号接地线。在110kV 12TV二次熔断器TV侧装设04号接地线。工作票编号0037227

4. 其他交接内容

无

5. 交接班内容

项目		项目		项目	
运行方式	√	设备异常及事故处理情况	√	上级命令、通知、要求及运行有关的其他情况	√
设备巡视情况	√	缺陷及消除情况	√	设备检修试验情况，安全措施布置，装设接地线编号及地点等	√
倒闸操作及操作预告	√	保护和自动装置的运行和变更情况	√	工具、仪表、钥匙的使用和变更情况	√
工作票、操作票执行情况	√	运行维护情况	√	交班值尚未完成需接班值应做的工作及注意事项	√
值班记录与交待内容相符	√	模拟图板、监控机一次系统图位置与实际相符	√	值班室卫生，各类物品是否完整无损，生活用具齐全整洁	√
有关记录填写齐全正确	√	钥匙、工器具、仪表齐全，存放整齐	√	通信工具、车辆处于良好状态，安全工器具齐全	√

交班负责人	曲××	交班人员	赵××、李××、刘×、肖××、何××、国××
接班负责人	路××	接班人员	韩××、张×、钱××、常××、杨××、吴×

【实例 7】

交接班记录

1. 运行方式 赵家庄变电站 2 号变压器 94 断路器、10kV 分段 90 断路器、10kV 2 母线、10kV 2 号电压互感器、10kV 2 号站用变压器、10kV 2 号电容器、10kV 石化线、10kV 钢厂线、10kV 河东线、10kV 建材线、10kV 顺达线、10kV 新农线、10kV 兰田线停电，赵家庄变电站其他设备正常运行方式。红旗变电站正常运行方式。南郊变电站正常运行方式。小营变电站正常运行方式。杜林变电站正常运行方式。宏商变电站正常运行方式。陈家变电站正常运行方式。道庄变电站正常运行方式。怀庆变电站正常运行方式
2. 工作票、操作票执行情况
1）执行中的工作票 0 份（变电站名称、工作票编号）：
2）待执行的工作票 1 份（变电站名称、工作票编号）：赵家庄变电站 10kV 高压室内，2 号变压器 94 断路器、94-2 隔离开关、10kV 分段 90 断路器柜、10kV 2 母线、10kV 2 号电压互感器柜、10kV 2 号站用变压器柜、10kV 石化线 81 断路器柜、10kV 2 号电容器 82 断路器柜、10kV 钢厂线 83 断路器柜、10kV 河东线 84 断路器柜、10kV 建材线 85 断路器柜、10kV 顺达线 86 断路器柜、10kV 新农线 87 断路器柜、10kV 兰田线 88 断路器柜、10kV 2 号电容器室 2 号电容器、电抗器、放电 TV、电缆，室外 10kV 钢厂线，10kV 新农线，10kV 兰田线出线电缆及线路 1 号杆避雷器，10kV 石化线、10kV 河东线、10kV 顺达线避雷器小修、预试、消缺。工作票编号 0037690
3）待执行的操作票 0 份（变电站名称、操作票编号）：
3. 安全措施
1）已合接地开关 0 组（变电站名称、接地开关名称、工作票编号）：
2）已装设接地线 12 组（变电站名称、接地线装设地点及编号、工作票编号）：赵家庄变电站，在 2 号变压器 94 断路器与 94-3 隔离开关间装设 3 号接地线、10kV 分段 90 断路器与 90-1 隔离开关间装设 2 号接地线、石化线 81-3 隔离开关线路侧装设 6 号接地线、10kV 2 号电容器 82-3 隔离开关电容器侧装设 8 号接地线、钢厂线 83-3 隔离开关线路侧装设 7 号接地线、河东线 84-3 隔离开关线路侧装设 9 号接地线、建材线 85-3 隔离开关线路侧装设 1 号接地线、顺达线 86-3 隔离开关线路侧装设 10 号接地线、新农线 87-3 隔离开关线路侧装设 4 号接地线、兰田线 88-3 隔离开关线路侧装设 5 号接地线、10kV 2 号电压互感器二次熔断器电压互感器侧装设 01 号接地线、10kV 2 号站用变压器二次刀开关与二次分段刀开关间装设 02 号接地线。工作票编号 0037690
4. 其他交接内容
无
5. 交接班内容

续表

运行方式	√	设备异常及事故处理情况	√	上级命令、通知、要求及运行有关的其他情况	√
设备巡视情况	√	缺陷及消除情况	√	设备检修试验情况，安全措施布置，装设接地线编号及地点等	√
倒闸操作及操作预告	√	保护和自动装置的运行和变更情况	√	工具、仪表、钥匙的使用和变更情况	√
工作票、操作票执行情况	√	运行维护情况	√	交班值尚未完成需接班值应做的工作及注意事项	√
值班记录与交待内容相符	√	模拟图板、监控机一次系统图位置与实际相符	√	值班室卫生，各类物品是否完整无损，生活用具齐全整洁	√
有关记录填写齐全正确	√	钥匙、工器具、仪表齐全，存放整齐	√	通信工具、车辆处于良好状态，安全工器具齐全	√
交班负责人	曲××	交班人员	赵××、李××、刘×、肖××、何××、国××		
接班负责人	路××	接班人员	韩××、张×、钱××、常××、杨××、吴×		

三、巡视检查记录

（一）巡视检查记录模板

巡视检查记录模板如下：

巡视检查记录

变电站名称：

开始时间	年 月 日 时 分	开始时间	年 月 日 时 分	开始时间	年 月 日 时 分
结束时间	年 月 日 时 分	结束时间	年 月 日 时 分	结束时间	年 月 日 时 分
巡视类别		巡视类别		巡视类别	
巡视人员		巡视人员		巡视人员	
巡检项目	巡检情况	巡检项目	巡检情况	巡检项目	巡检情况
变压器及附属设备		变压器及附属设备		变压器及附属设备	

续表

500kV 设备		500kV 设备		500kV 设备	
220kV 设备		220kV 设备		220kV 设备	
110kV 设备		110kV 设备		110kV 设备	
35kV 设备		35kV 设备		35kV 设备	
10kV 设备		10kV 设备		10kV 设备	
二次设备		二次设备		二次设备	
直流设备		直流设备		直流设备	
计量设备		计量设备		计量设备	
资料管理		资料管理		资料管理	
模拟图核对		模拟图核对		模拟图核对	
安全用具		安全用具		安全用具	
备品备件		备品备件		备品备件	
五防闭锁		五防闭锁		五防闭锁	
消防、安全		消防、安全		消防、安全	
通信设施		通信设施		通信设施	
站内文明生产		站内文明生产		站内文明生产	
备注：		备注：		备注：	

（二）巡视检查记录填写说明

巡视检查记录填写说明如下：

（1）值班运行人员每次巡视变电站设备时应对照巡视检查记录逐项填写，认真签名，不得代签名。

（2）“巡视类别”栏应填写正常巡视、特殊性巡视、夜间巡视、会诊性巡视检查、监督性巡视检查等。

（3）值班运行人员每次巡视变电站设备时应在巡视检查记录“开始时间”栏填写巡视变电站设备的开始时间，开始时间填写年、月、日、时、分，“结束时间”栏填写巡视变电站设备的结束时间，结束时间填写年、月、日、时、分。“巡视人员”栏填写变电站实际巡视设备的值班运行人员。“变电站名称”栏填写巡视变电站名称。

（4）正常巡视：操作队值班运行人员的正常巡视是指按设备巡视周期对所辖

无人值班变电站设备进行全面巡视。500kV有人值班变电站，每天交接班时巡视一次变电站设备；220kV无人值班变电站，每两天巡视一次变电站设备；110kV无人值班变电站，每四天巡视一次变电站设备；35kV无人值班变电站，每六天巡视一次变电站设备。对于无人值班变电站电缆出线1号杆，应每周巡视一次。

（5）夜间巡视：500kV有人值班变电站和220kV无人值班变电站，每周夜间巡视一次，110kV、35kV无人值班变电站，每半月夜间巡视一次。

（6）设备特巡：遇有以下情况，必须对有人值班变电站和无人值班变电站设备进行特巡，并制定出跟踪措施，再根据现场发展情况缩短巡视周期：

1）大风前后的巡视；

2）雷雨后的巡视；

3）冰雪、冰雹、雾天的巡视；

4）新设备投入运行后的巡视；

5）设备经过检修、改造或长期停运后重新投入运行后的巡视；

6）异常情况下的巡视主要是指设备缺陷近期有发展的、过负荷或负荷剧增、超过规定温度、设备发热或设备存有紧急缺陷、断路器跳闸、电力系统有接地故障等情况，应加强巡视，必要时，应派专人监视；

7）法定节日期间、或有重要保电任务时，应加强巡视次数。

（7）会诊性巡视：会诊性巡视是指对无人值班变电站存在的设备缺陷进行核对性检查，掌握设备缺陷的变化情况，并根据现场运行情况和设备缺陷发展情况及时变更缺陷性质。会诊性巡视应由操作队队长或副队长组织，技术专责、两名及以上运行正值班人员参加，每月一次对无人值班变电站的设备缺陷进行核对性检查。

（8）监督性巡视：变电运行车间的管理人员要定期对无人值班变电站的设备进行监督性巡视。巡视周期为：500kV有人值班变电站和220kV无人值班变电站每月巡视一次，110kV无人值班变电站每两个月巡视一次，35kV无人值班变电站每季巡视一次。如果在一个无人值班变电站内的同一天遇有正常巡视、夜间巡视、设备特巡或会诊性巡视时，可合成一次进行巡视，不必重复巡视。

（9）巡视检查情况正常时在相应“巡视项目”栏内打“√”，异常时在相应“巡视项目”栏内打“×”。在备注栏内填写异常情况。

（10）“备注”栏内可填写：巡视发现的异常、缺陷等情况，非按正常巡视时间巡视的原因及提醒下次巡视时应特别注意的情况等。

（11）巡视检查记录为选项填写，未填项为空白或未发生。

（12）巡视检查记录要用钢笔或签字笔填写，字迹工整，清楚正确。不准在记录上乱涂、乱画，不准撕页。

（三）巡视检查记录填写实例

【实例 1】

巡 视 检 查 记 录

变电站名称：220kV 顺发变电站

开始时间	2011-06-30 15:00	开始时间	2011-07-30 15:00	开始时间	2011-08-30 15:10
结束时间	2011-06-30 17:55	结束时间	2011-07-30 18:10	结束时间	2011-08-30 18:20
巡视类别	正常巡视	巡视类别	正常巡视	巡视类别	正常巡视
巡视人员	华××、张××	巡视人员	赵××、门××	巡视人员	吴××、徐××
巡检项目	巡检情况	巡检项目	巡检情况	巡检项目	巡检情况
变压器及附属设备	√	变压器及附属设备	√	变压器及附属设备	√
220kV 设备	√	220kV 设备	×	220kV 设备	√
110kV 设备	√	110kV 设备	√	110kV 设备	√
35kV 设备	√	35kV 设备	√	35kV 设备	√
10kV 设备	√	10kV 设备	√	10kV 设备	√
二次设备	√	二次设备	√	二次设备	√
直流设备	√	直流设备	√	直流设备	√
计量设备	√	计量设备	√	计量设备	√
资料管理	√	资料管理	√	资料管理	√
模拟图核对	√	模拟图核对	√	模拟图核对	√
安全用具	√	安全用具	√	安全用具	√
备品备件	√	备品备件	√	备品备件	√
五防闭锁	√	五防闭锁	√	五防闭锁	√
消防、安全	√	消防、安全	√	消防、安全	√
通信设施	√	通信设施	√	通信设施	√
站内文明生产	√	站内文明生产	√	站内文明生产	√
备注：		备注：220kV 华明线 22 断路器操动机构箱门关不严。已做记录并汇报		备注：	

【实例 2】

巡 视 检 查 记 录

变电站名称：220kV 金桥变电站

开始时间	2012-06-30 15:00	开始时间	2012-07-30 15:00	开始时间	2012-08-30 21:10
结束时间	2012-06-30 17:55	结束时间	2012-07-30 18:10	结束时间	2012-08-30 22:20
巡视类别	正常巡视	巡视类别	特殊性巡视	巡视类别	熄灯巡视
巡视人员	华××、张××	巡视人员	赵××、门××	巡视人员	吴××、徐××
巡检项目	巡检情况	巡检项目	巡检情况	巡检项目	巡检情况
变压器及附属设备	√	变压器及附属设备	√	变压器及附属设备	√
220kV 设备	√	220kV 设备	√	220kV 设备	√
110kV 设备	√	110kV 设备	√	110kV 设备	√
35kV 设备	√	35kV 设备	√	35kV 设备	√
10kV 设备	√	10kV 设备	√	10kV 设备	√
二次设备	√	二次设备	√	二次设备	√
直流设备	√	直流设备	√	直流设备	√
计量设备	√	计量设备	√	计量设备	√
资料管理	√	资料管理	√	资料管理	√
模拟图核对	√	模拟图核对	√	模拟图核对	√
安全用具	√	安全用具	√	安全用具	√
备品备件	√	备品备件	√	备品备件	√
五防闭锁	√	五防闭锁	√	五防闭锁	√
消防、安全	√	消防、安全	√	消防、安全	√
通信设施	√	通信设施	√	通信设施	√
站内文明生产	√	站内文明生产	√	站内文明生产	√
备注：		备注：高温特巡		备注：	

四、设备缺陷记录

（一）设备缺陷记录模板

设备缺陷记录模板如下：

设 备 缺 陷 记 录

变电站名称：

发现日期	发现人	设备缺陷内容	缺陷类别	汇报人	接收人	消除日期	消除人	验收人

（二）设备缺陷记录填写说明

设备缺陷记录填写说明如下：

（1）运行值班人员发现变电设备缺陷后应立即汇报，由当值值班负责人、现场值班人员或检修人员定性后，汇报人将缺陷情况填入设备缺陷记录中。发现人栏填写发现变电设备缺陷的运行值班人员。

（2）检修人员发现变电设备缺陷后应立即汇报，由检修班班长定性后告知当值变电运行值班人员，运行值班人员将缺陷情况填入设备缺陷记录中，“发现人”栏填写发现变电设备缺陷的检修人员。

（3）运行监控人员发现变电设备缺陷后应立即汇报，由监控班班长定性后告知当值变电运行值班人员，运行值班人员将缺陷情况填入设备缺陷记录中，“发现人”栏填写发现变电设备缺陷的监控人员。

（4）变电设备缺陷内容填写应准确，应写明缺陷的部位、缺陷的程度及有关数据，并写明发现人、汇报人、接收人和发现缺陷的日期。

（5）变电设备缺陷类别分为一般缺陷、严重缺陷、危急缺陷三类。

（6）变电设备缺陷发生变化应及时在记录中进行更正。

（7）变电设备缺陷消除后应及时在设备缺陷记录中注销。由变电运行人员在设备缺陷记录中填写消除人、验收人姓名，并填写消除日期（年、月、日）。

（8）设备缺陷记录以变电站为单位分页填写。

（9）变电设备缺陷定义。危急缺陷：设备或建筑物发生了直接威胁安全运行并需立即处理的缺陷，否则，随时可能造成设备损坏、人身伤亡、大面积停电、火灾等事故。严重缺陷：对人身或设备有严重威胁，暂时尚能坚持运行但需尽快处理的缺陷。一般缺陷：除了危急、严重缺陷以外的设备缺陷，指性质一般，情况较轻，对安全运行影响不大的缺陷。

（10）变电设备缺陷的范围有变电站一次设备、变电站二次设备、变电站防雷设施、过电压保护装置及接地装置、导线、母线及绝缘子 、变电设备架构及其附件，架构基础、电缆及电缆沟、变电站房屋建筑及室内外照明、取暖装置，给水、排水系统，通风设备、综合自动化监控系统、调度自动化主站及分站设备、通信设备、远动及其辅助设备、计量装置及其辅助设备、防止电气误操作闭锁装置等。

（11）变电设备缺陷消除周期：危急缺陷消除时间，从发现缺陷至消除缺陷不超过 24h。严重缺陷消除时间，从发现缺陷至消除缺陷不超过 7 天。对于不需停电处理的一般缺陷，从发现缺陷至消除缺陷不超过 3 个月。对于需要停电消除的一般缺陷，从发现缺陷至消除缺陷不超过 6 个月。

（12）变电设备缺陷记录要用钢笔或签字笔填写，字迹工整，清楚正确。不准在记录上乱涂、乱画，不准撕页。

（三）设备缺陷记录填写实例

【实例1】

设备缺陷记录

变电站名称：红旗变电站

发现日期	发现人	设备缺陷内容	缺陷类别	汇报人	接收人	消除日期	消除人	验收人
2012.3.9	赵××	2号变压器油枕看不到变压器油	危急	张××	王××	2012.3.9	徐××	吴××
2012.3.15	赵××	35kV电力电容器组21号电容器喷油	危急	张××	王××	2012.3.15	徐××	吴××
2012.3.20	赵××	220kV母线上挂有塑料布，易造成母线接地或短路	危急	张××	王××	2012.3.20	徐××	吴××
2012.4.9	赵××	35kV金城线71断路器控制回路发生断线	危急	张××	王××	2012.4.9	徐××	吴××
2012.4.16	赵××	110kV汇水线16-3隔离开关触头接触不良，严重发热造成触头变色	危急	张××	王××	2012.4.16	徐××	吴××
2012.4.28	赵××	110kV汇电线14-2隔离开关操作连杆脱扣、断裂	危急	张××	王××	2012.4.28	徐××	吴××
2012.5.9	赵××	220kV母线最东侧龙门架A相瓷绝缘子放电严重	危急	张××	王××	2012.5.9	徐××	吴××
2012.5.15	赵××	110kV汇电线14断路器不能进行合闸操作	危急	张××	王××	2012.5.15	徐××	吴××
2012.5.26	赵××	35kV电力电容器出线电力电缆接头有放电现象	危急	张××	王××	2012.5.26	徐××	吴××
2012.7.2	赵××	110kV汇电线保护装置运行异常，液晶屏无显示，装置合闸位灯不亮	危急	张××	王××	2012.7.2	徐××	吴××
2012.8.22	赵××	110kV汇水线16断路器液压机构潜油泵频繁启动	危急	张××	王××	2012.8.22	徐××	吴××

【实例 2】

设备缺陷记录

变电站名称：红旗变电站

发现日期	发现人	设备缺陷内容	缺陷类别	汇报人	接收人	消除日期	消除人	验收人
2012.3.9	赵××	1号变压器本体的呼吸器硅胶罐破裂	重大	张××	王××	2012.3.10	徐××	吴××
2012.3.15	赵××	110kV汇电线14-2隔离开关C相负荷侧接头线夹发热，试温蜡片有化蜡现象且有蜡滴，但已维持现状不再发展	重大	张××	王××	2012.3.19	徐××	吴××
2012.3.20	赵××	2号变压器轻瓦斯频繁动作发信号	重大	张××	王××	2012.3.30	徐××	吴××
2012.4.9	赵××	35kV金城线71油断路器发生渗漏油，每5min有一次油珠垂滴	重大	张××	王××	2012.4.10	徐××	吴××
2012.4.16	赵××	2号变压器110kV侧B相避雷器与引流线连接处有放电现象	重大	张××	王××	2012.4.19	徐××	吴××
2012.4.28	赵××	测试2号变压器铁芯接地电流数值不合格	重大	张××	王××	2012.4.30	徐××	吴××
2012.5.9	赵××	220kV母线最西侧龙门架B相绝缘子积污严重，遇有雨天和雾天出现闪络现象	重大	张××	王××	2012.5.12	徐××	吴××
2012.5.15	赵××	220kV申东线25断路器SF_6气室严重漏气	重大	张××	王××	2012.5.15	徐××	吴××
2012.5.26	赵××	1号变压器有载调压分接开关接触不良	重大	张××	王××	2012.5.28	徐××	吴××
2012.11.2	赵××	1号变压器强迫油循环风冷却装置第6组冷却器全停，不能投运	重大	张××	王××	2012.11.8	徐××	吴××
2012.12.22	赵××	110kV汇商线11断路器液压机构频繁打压，潜油泵电机启动间隙时间小于3h	重大	张××	王××	2012.12.26	徐××	吴××

设 备 缺 陷 记 录

变电站名称：红旗变电站

发现日期	发现人	设备缺陷内容	缺陷类别	汇报人	接收人	消除日期	消除人	验收人
2012.3.2	赵××	2号变压器本体端子箱锈蚀严重	一般	张××	王××	2012.6.28	徐××	吴××
2012.3.11	赵××	1号变压器3号散热器上部与本体连接法兰处渗油	一般	张××	王××	2012.6.28	徐××	吴××
2012.4.3	赵××	1号变压器35kV侧B相套管顶部渗油	一般	张××	王××	2012.8.3	徐××	吴××
2012.4.19	赵××	2号变压器1号散热器1号风扇不转	一般	张××	王××	2012.8.3	徐××	吴××
2012.5.16	赵××	1号变压器有载调压装置气体继电器防雨罩歪斜	一般	张××	王××	2012.9.20	徐××	吴××
2012.5.28	赵××	2号变压器34断路器液压机构箱内加热器投入后不能正常加热	一般	张××	王××	2012.9.20	徐××	吴××
2012.7.9	赵××	110kV汇电线14断路器液压机构箱内高压油管法兰处渗油	一般	张××	王××	2012.11.15	徐××	吴××
2012.9.15	赵××	110kV汇商线11-3隔离开关辅助触点接触不良	一般	张××	王××	2012.11.15	徐××	吴××
2012.10.26	赵××	220kV1母线220-D12接地开关立拉杆裂纹	一般	张××	王××	2012.12.26	徐××	吴××
2012.11.2	赵××	蓄电池室防鼠挡板损坏不能固定	一般	张××	王××	2013.1.2	徐××	吴××
2012.11.22	赵××	110kV 1母线11 TV端子箱底部二次电缆孔洞未封堵	一般	张××	王××	2013.1.2	徐××	吴××

设备缺陷记录

变电站名称：东山变电站

发现日期	发现人	设备缺陷内容	缺陷类别	汇报人	接收人	消除日期	消除人	验收人
2012.3.2	赵××	1号变压器12号冷却器故障，热偶跳开合不上	一般	张××	王××	2012.6.28	徐××	吴××
2012.3.11	赵××	10kV 2号电容器组C相37号电容器鼓肚	一般	张××	王××	2012.6.28	徐××	吴××
2012.4.3	赵××	1号变压器冷却器电源箱东侧门关闭不严，把手损坏	一般	张××	王××	2012.8.3	徐××	吴××
2012.4.19	赵××	10kV 1号电容器组C相15号电容器上部房顶漏雨，雨水落在电容器套管处	一般	张××	王××	2012.8.3	徐××	吴××
2012.5.16	赵××	变电站直流充电屏左侧第二模块故障灯亮，不能复归	一般	张××	王××	2012.9.20	徐××	吴××
2012.5.28	赵××	2号变压器有载调压远控调压至3挡位时，有载调压电源开关跳闸。合上电源后调压正常	一般	张××	王××	2012.9.20	徐××	吴××
2012.7.9	赵××	10kV 2号电容器组B相16号电容器熔丝熔断	一般	张××	王××	2012.11.15	徐××	吴××
2012.9.15	赵××	10kV分段90丙隔离开关手车位置指示灯不亮	一般	张××	王××	2012.11.15	徐××	吴××
2012.10.26	赵××	站用电盘上综合楼插座漏电保护空气开关损坏	一般	张××	王××	2012.12.26	徐××	吴××
2012.11.2	赵××	110kV 2母线A相避雷器放电计数器密封不良、玻璃破裂	一般	张××	王××	2013.4.2	徐××	吴××
2012.11.22	赵××	蓄电池组10号蓄电池电压低：1.90V	一般	张××	王××	2013.4.2	徐××	吴××

（四）设备缺陷记录参考资料

变电设备一般缺陷管理流程图见图 4-1，变电严重缺陷管理流程图见图 4-2，变电危急缺陷管理流程图见图 4-3。

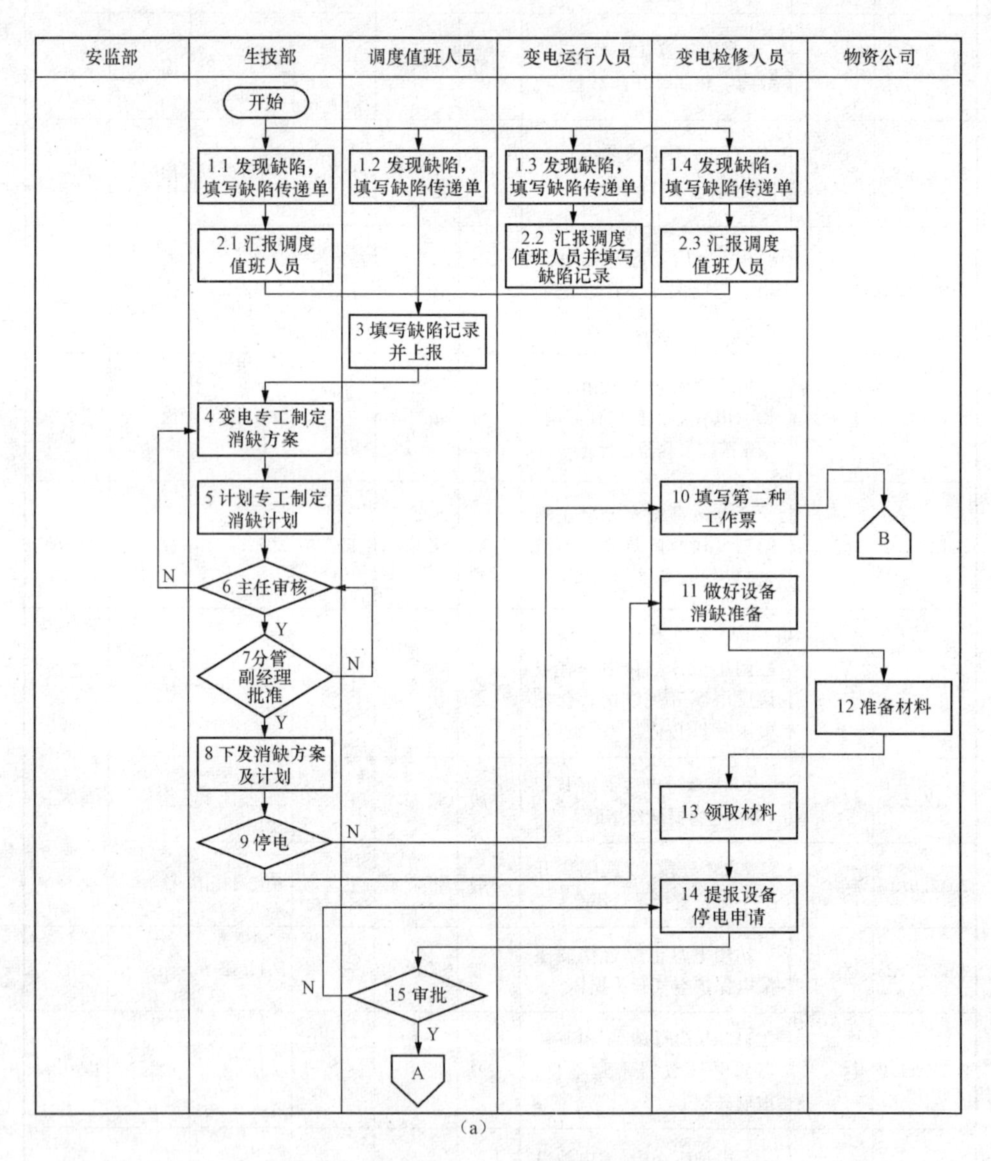

（a）

图 4-1 变电设备一般缺陷管理流程图（一）

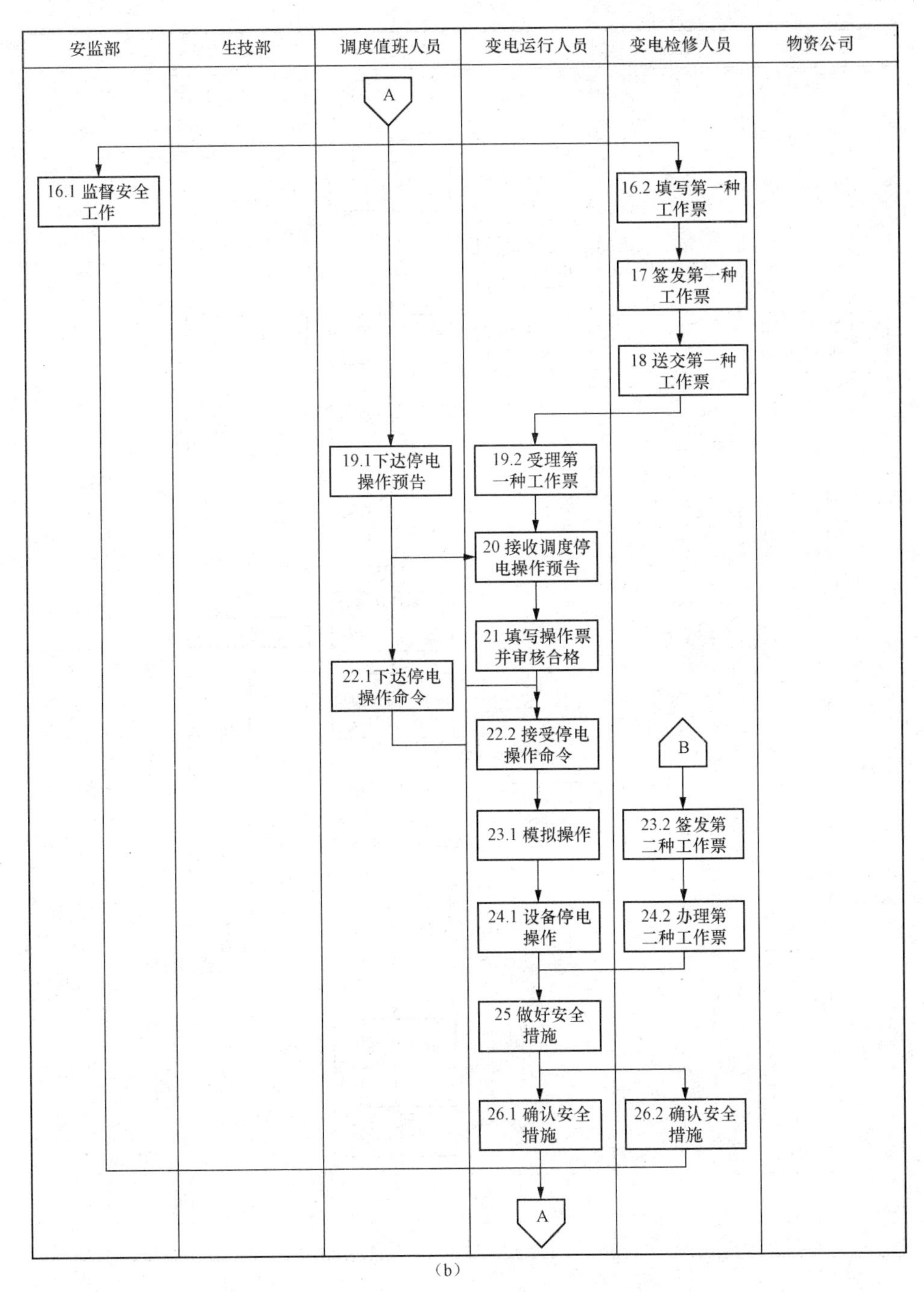

（b）

图 4-1 变电设备一般缺陷管理流程图（二）

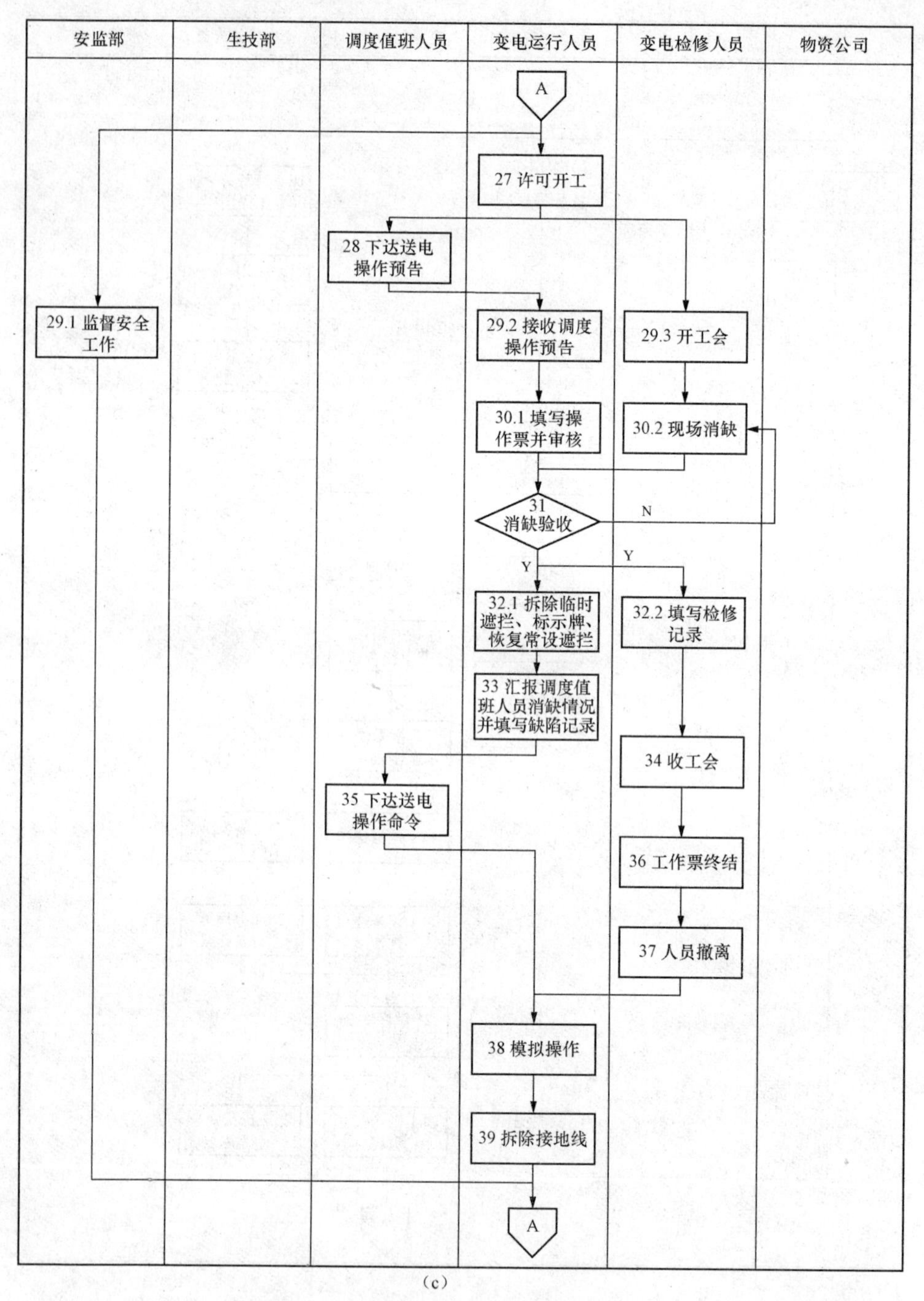

(c)

图 4-1 变电设备一般缺陷管理流程图（三）

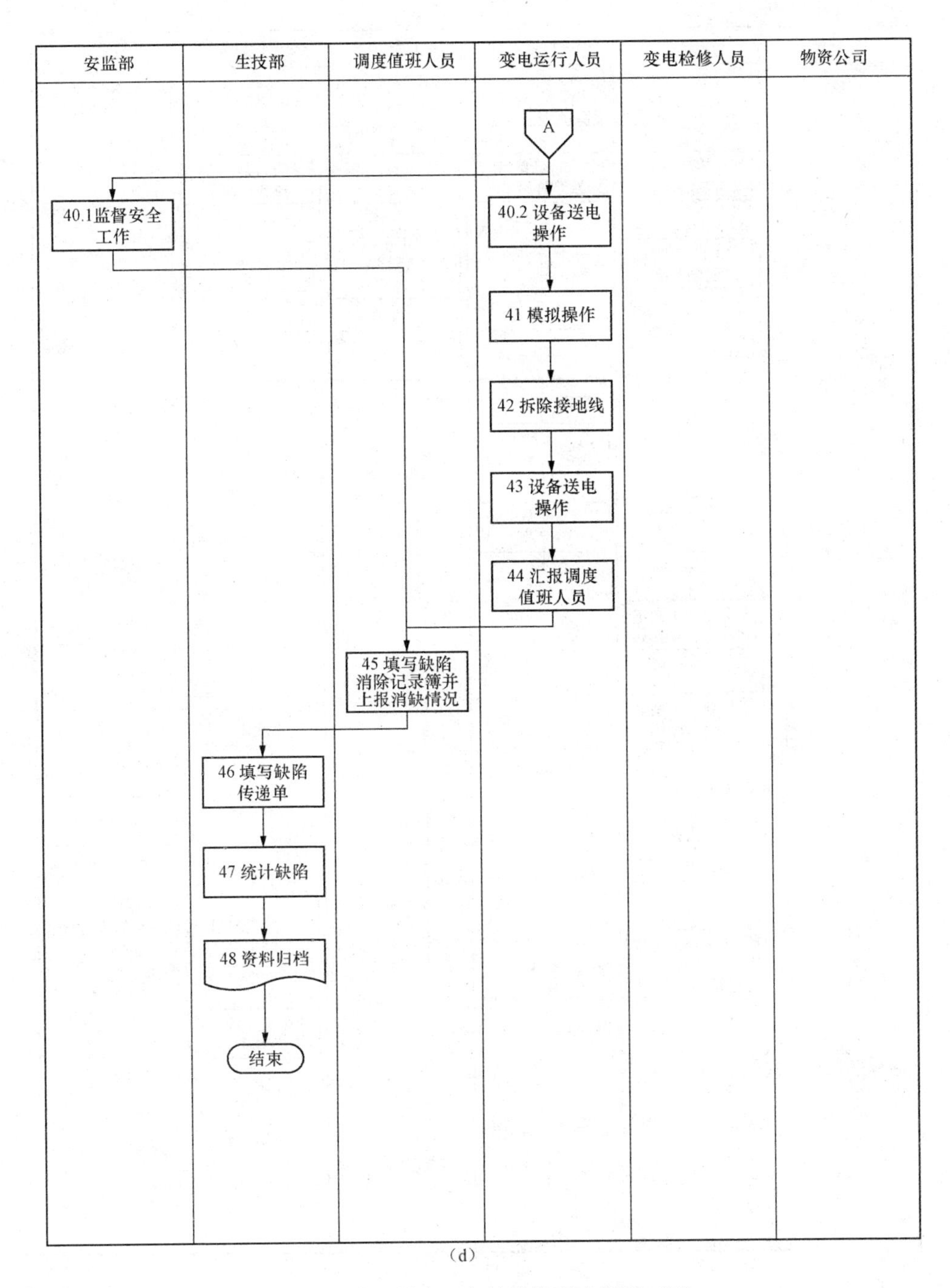

(d)

图 4-1 变电设备一般缺陷管理流程图（四）

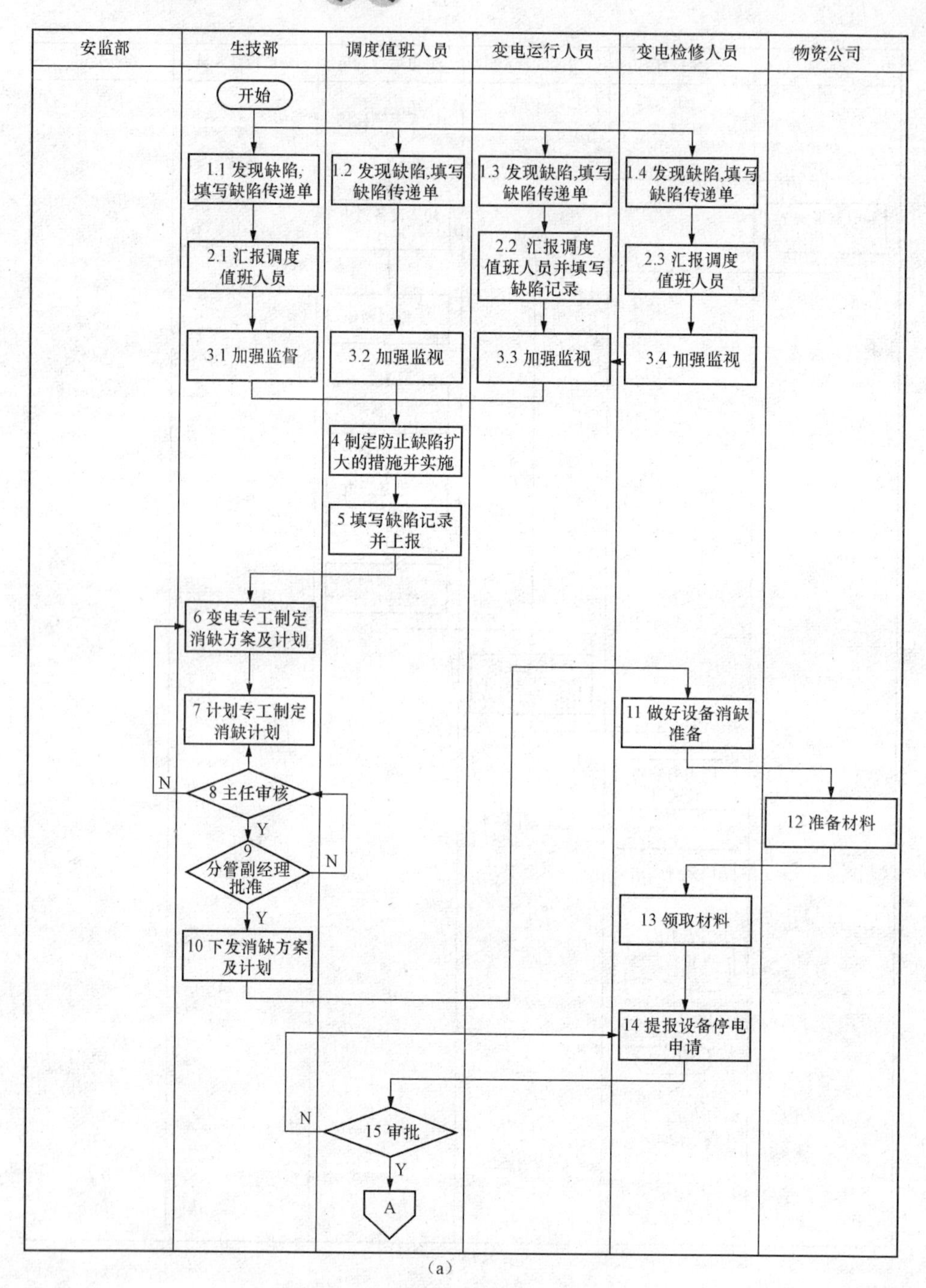

(a)

图 4-2 变电设备重大缺陷管理流程图（一）

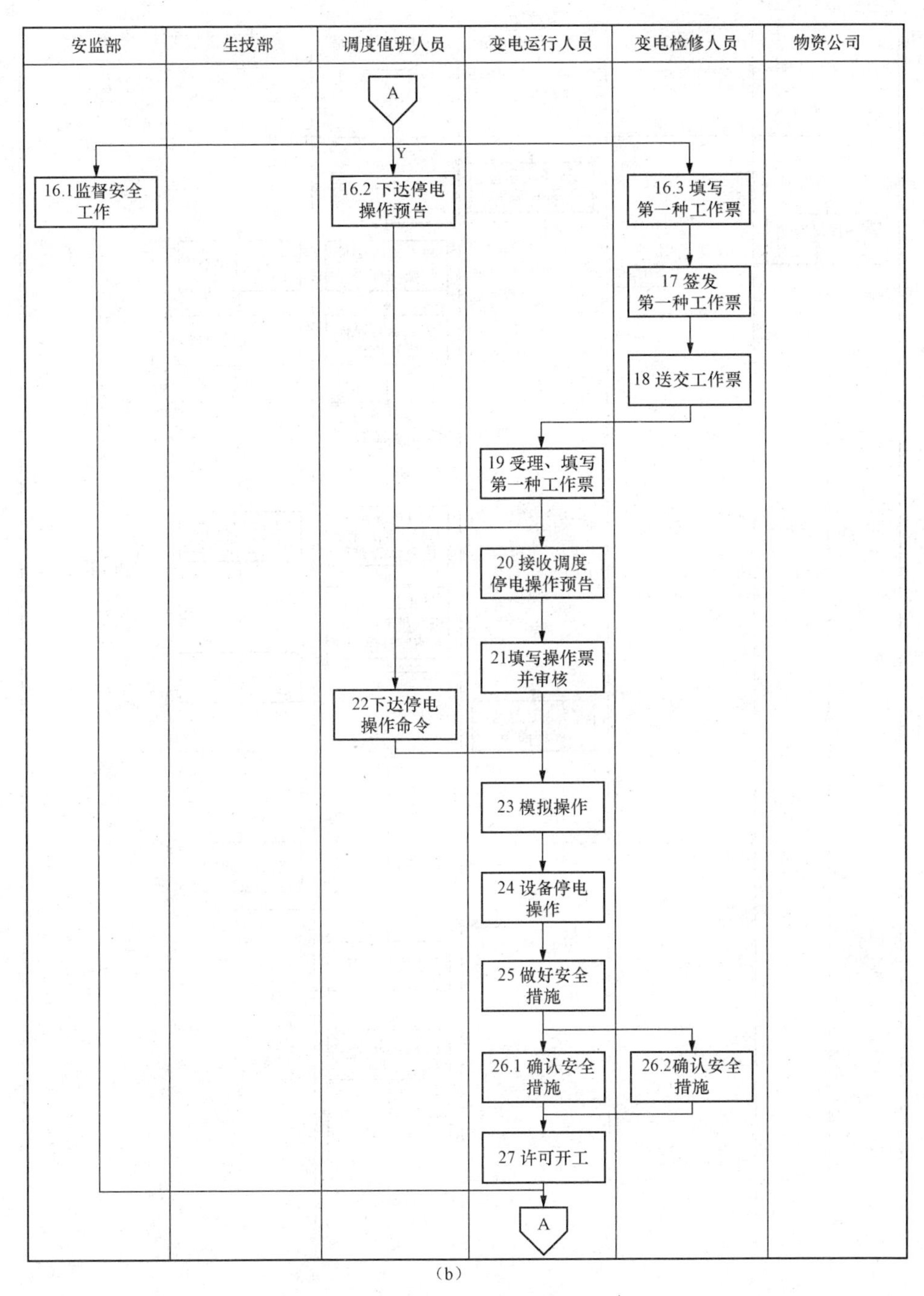

（b）

图 4-2　变电设备重大缺陷管理流程图（二）

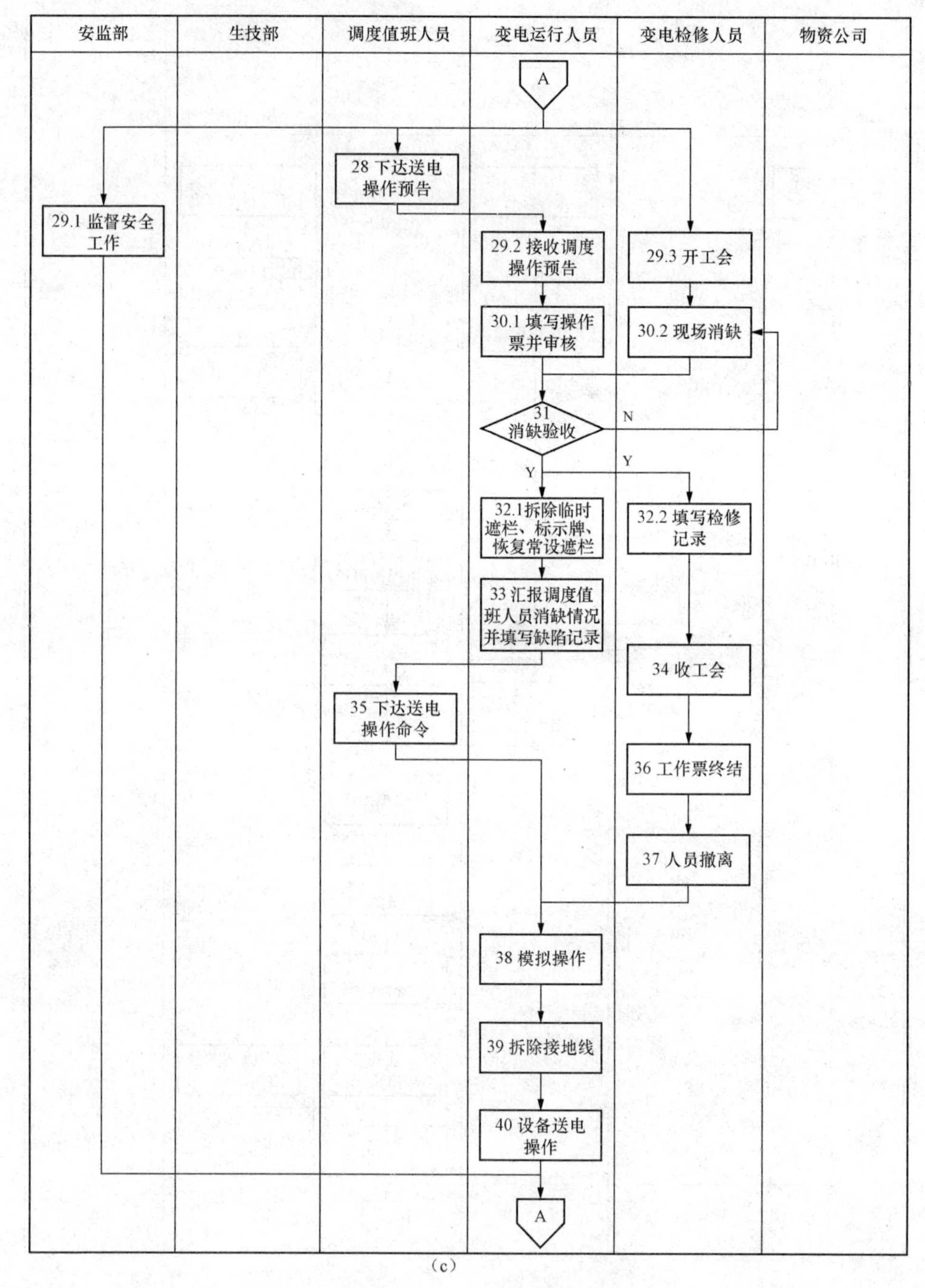

(c)

图 4-2 变电设备重大缺陷管理流程图（三）

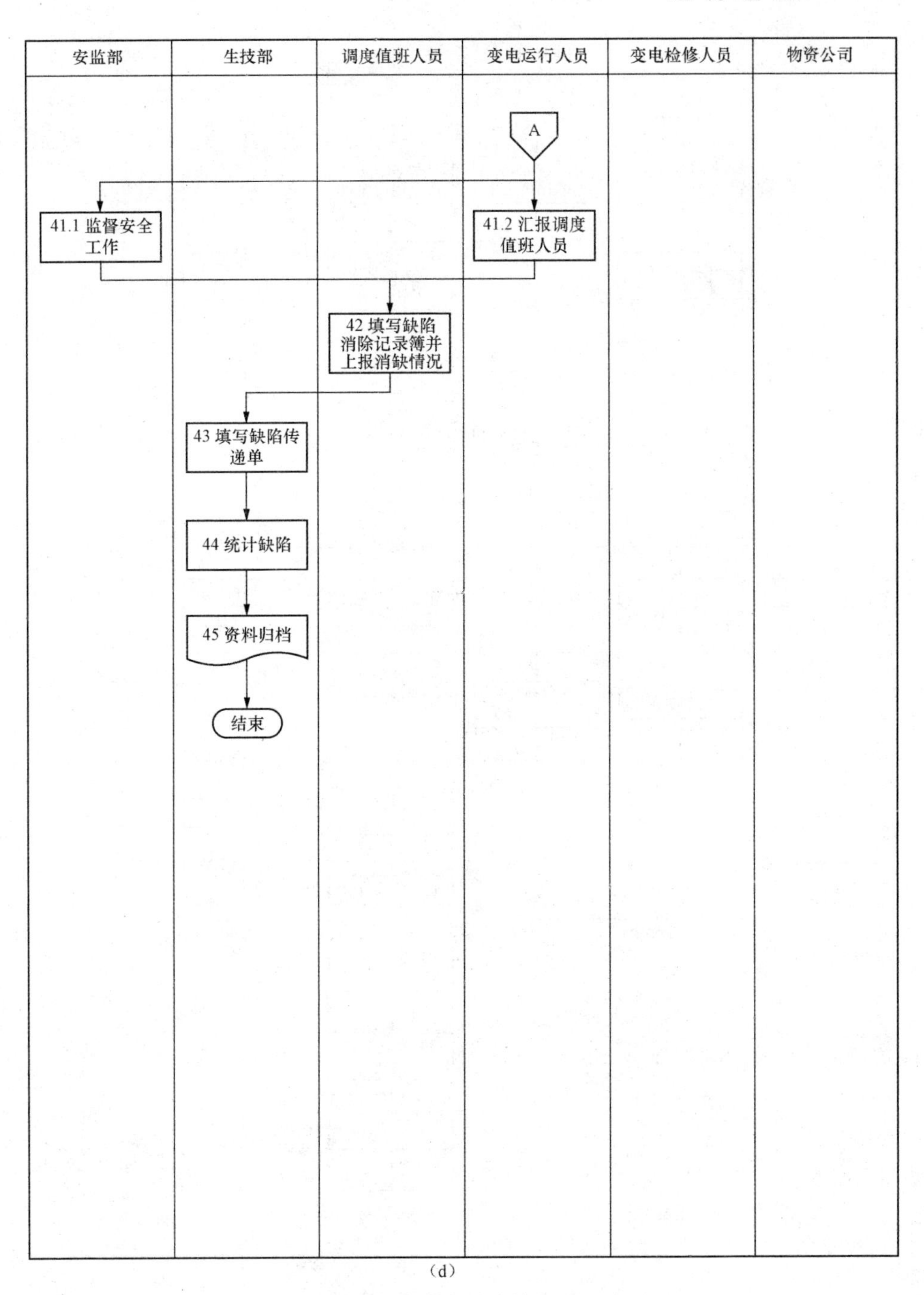

（d）

图 4-2　变电设备重大缺陷管理流程图（四）

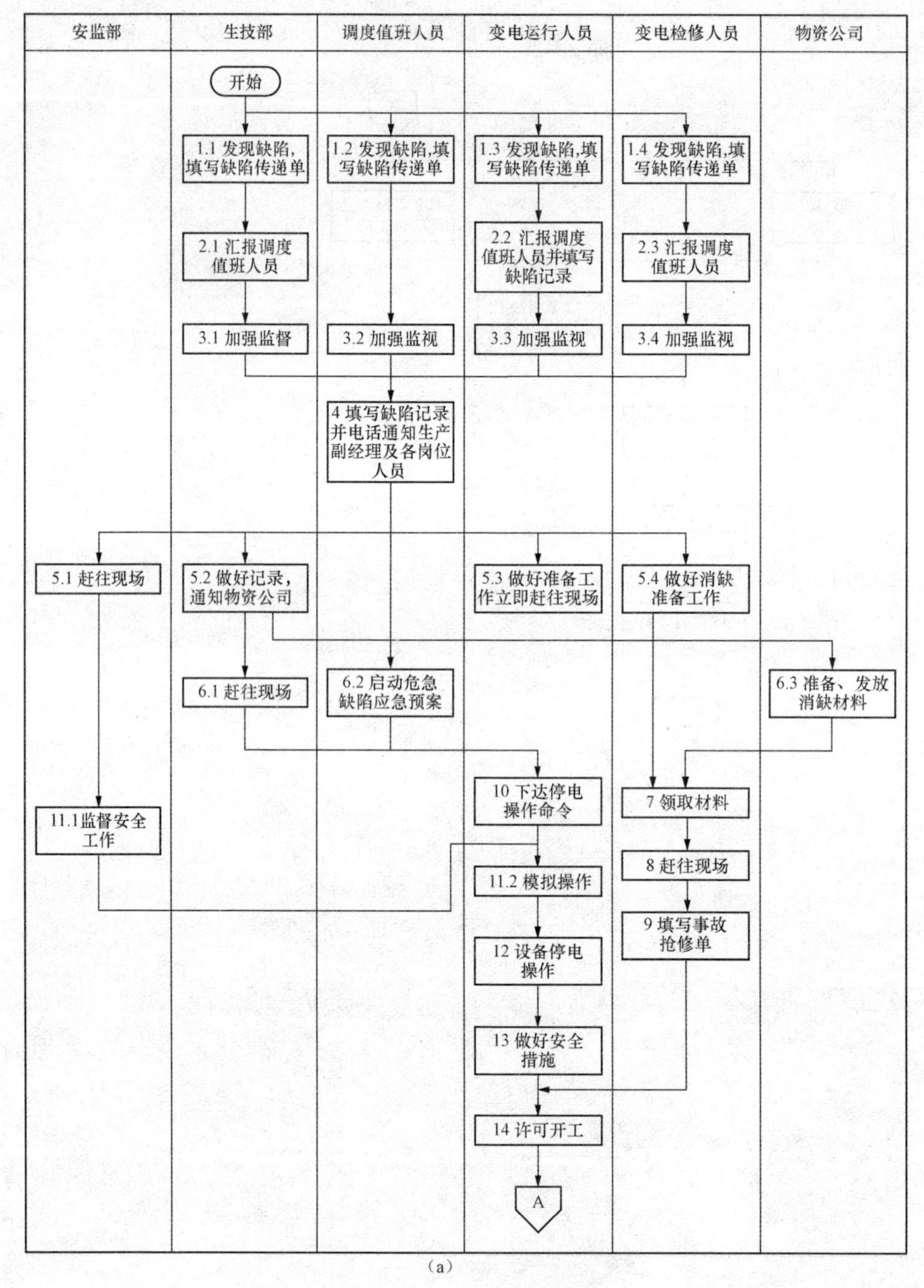

（a）

图 4-3　变电设备危急缺陷管理流程图（一）

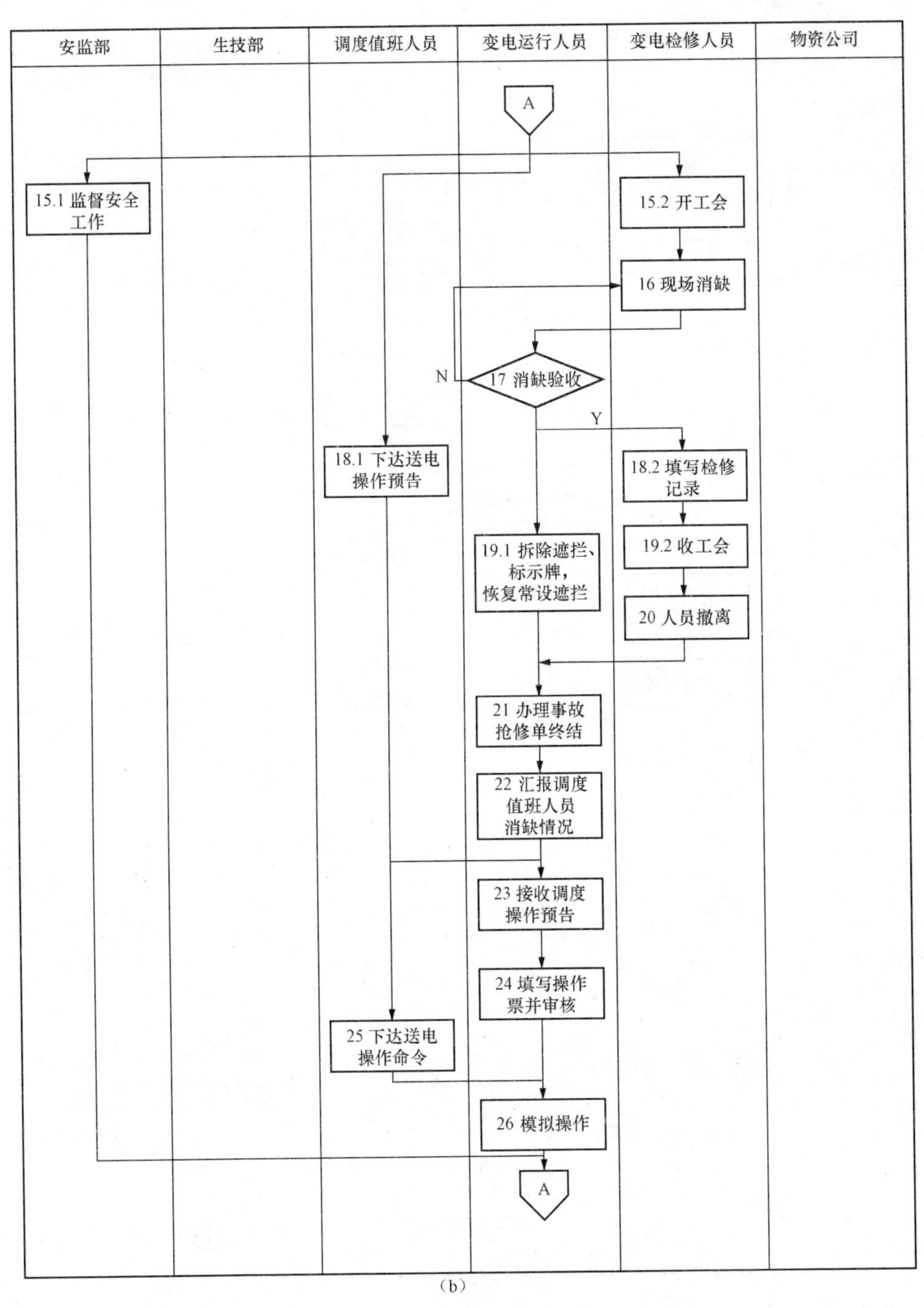

（b）

图 4-3　变电设备危急缺陷管理流程图（二）

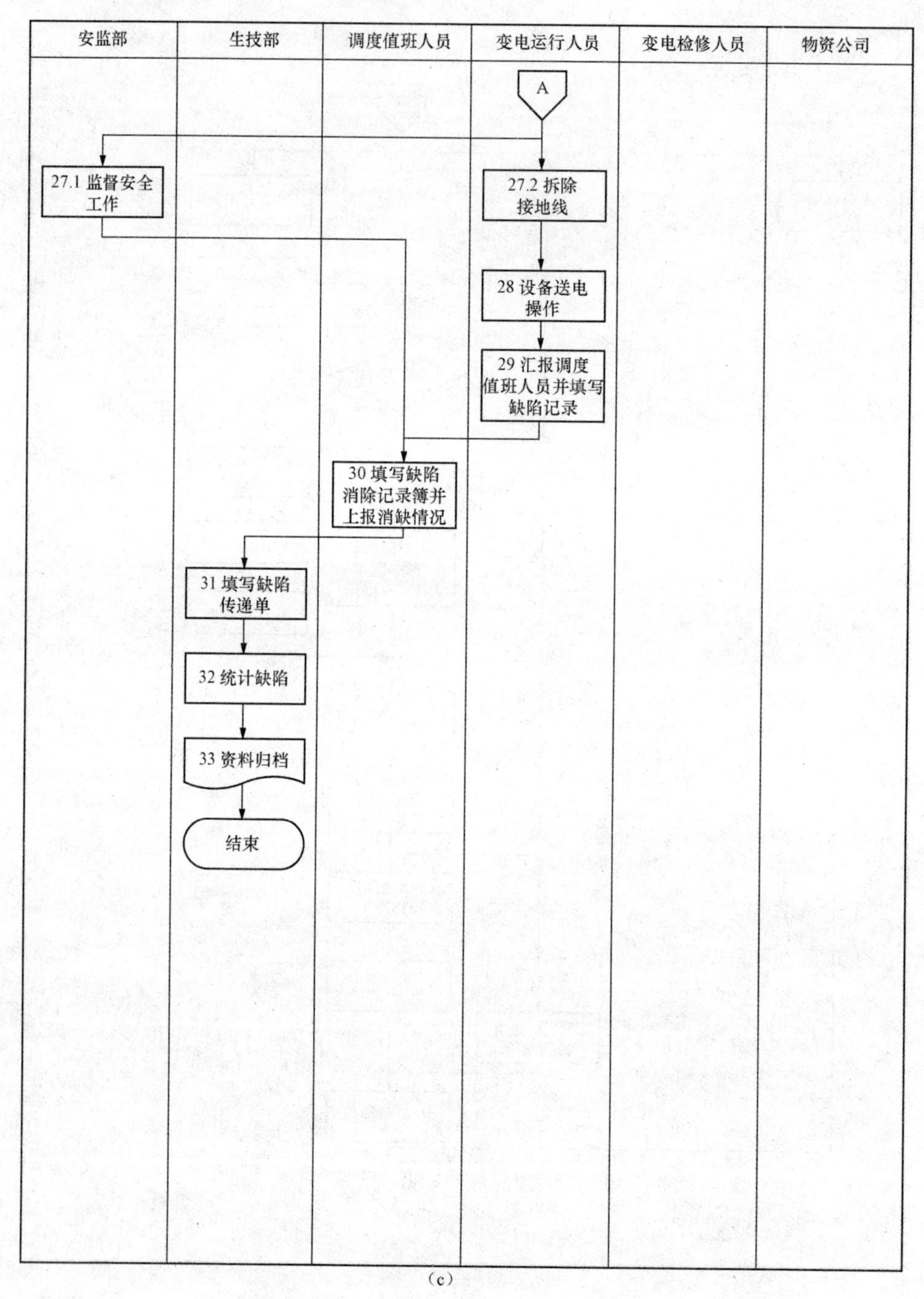

(c)

图 4-3　变电设备危急缺陷管理流程图（三）

五、设备检修试验工作记录

（一）设备检修试验工作记录模板

设备检修试验工作记录模板如下：

设备检修试验工作记录

变电站名称：

工作票编号	工作日期	检修项目、试验项目、存在问题、交待事项	检修试验结果	工作负责人	验收人

（二）设备检修试验工作记录填写说明

设备检修试验工作记录填写说明如下：

（1）变电一次设备、变电二次设备、通信设备检修、试验、消缺、测量等工作后，由工作负责人填写设备检修试验工作记录并在“工作负责人”栏签名；工作负责人是检修人员，变电一次设备、变电二次设备、通信设备的检修、试验、消缺、测量等工作结束后必须经过值班运行人员验收，验收合格后由设备验收人员在设备检修试验工作记录的“验收人”栏签名，设备验收人可以是变电站值班负责人、正值班员或工作许可人。

（2）变电一次、二次设备、通信设备的检查、维护等工作后，由工作负责人填写设备检修试验工作记录并在“工作负责人”栏签名，工作负责人可以是检修人员也可以是值班运行人员，变电一次设备、二次设备、通信设备检查、维护等工作结束后，必须经过当值值班运行人员验收，验收合格后由设备验收人员在设备检修试验工作记录的“验收人”栏签名，设备验收人可以是变电站值班负责人、正值班员或工作许可人。

（3）设备检修试验工作记录中的“工作票编号”应填写变电设备检修、试验、消缺、测量、检查、维护等工作所使用的工作票编号，记录和工作票上的编号要一致。

（4）设备检修试验工作记录中的“工作日期”应填写变电设备检修、试验、消缺、测量、检查、维护等工作所使用的工作票工作日期，记录和工作票上的工作日期要一致，“工作日期”栏填写年、月、日、时、分。

（5）“变电站名称”栏填写变电站名称和电压等级，按照变电站设备检修试验工作时间顺序填写记录。

（6）“检修项目、试验项目”栏应填写变电一次、二次设备、通信设备检修及试验项目内容，要与工作票上的工作项目一致。“存在问题、交待事项”应填写发现的问题及处理经过。“检修试验结果”栏填写能否投运的结论，一般填写“可以投运’’、“测量正常”等。

（7）设备检修试验工作记录要用钢笔或签字笔填写，字迹工整，清楚正确。不准在记录上乱涂、乱画，不准撕页。

（三）设备检修试验工作记录填写实例

【实例 1】

设备检修试验工作记录

变电站名称：220kV 稻田变电站

工作票编号	工作日期	检修项目、试验项目、存在问题、交待事项	检修试验结果	工作负责人	验收人
135306011	2011-01-08	1号变压器有载调压装置电源小开关故障，已经更换处理，没有问题	可以投运	刘××	赵××
135306019	2011-01-15	2号变压器冷却装置1号散热器渗油，已经消除缺陷，没有问题	可以投运	刘××	赵××
135306022	2011-01-31	测量1号变压器中性点接地电流，正常，没有问题	测量正常	韩××	何××
135306022	2011-01-31	测量2号变压器中性点接地电流，正常，没有问题	测量正常	韩××	何××
135306031	2011-02-19	防误闭锁装置模拟盘电源断电，已经消除缺陷，没有问题	可以投运	刘××	赵××

续表

工作票编号	工作日期	检修项目、试验项目、存在问题、交待事项	检修试验结果	工作负责人	验收人
135306038	2011-03-01	10kV 交尚线电缆接火，工作结束，没有问题	可以投运	刘××	赵××
135306058	2011-03-26	110kV 汇水线电能表更换，没有问题	可以投运	张××	吴××
135306058	2011-03-26	110kV 汇电线电能表更换，没有问题	可以投运	张××	吴××
135306058	2011-03-26	110kV 汇商线电能表更换，没有问题	可以投运	张××	吴××
135306076	2011-05-24	1 号变压器本体东部下法兰渗油，已经消除缺陷，没有问题	可以投运	刘××	赵××
135306081	2011-05-28	2 号变压器取油样，工作结束，没有问题	可以投运	刘××	赵××
135306085	2011-05-31	10kV 照口线计量装置电流变比调整，工作结束，没有问题	可以投运	韩××	何××
135306085	2011-05-31	10kV 金华线计量装置电流变比调整，工作结束，没有问题	可以投运	韩××	何××
135306088	2011-06-01	变电站防火装置检查、维护，工作结束，没有问题	可以投运	刘××	赵××
135306090	2011-06-11	220kV 申东线 A 相断路器液压机构渗油，已经消除缺陷，没有问题	可以投运	刘××	赵××
135306102	2011-06-31	1 号变压器放油，工作结束，没有问题	可以投运	张××	吴××
135306106	2011-07-22	2 号变压器冷却装置风扇冲洗，工作结束，没有问题	可以投运	刘××	赵××
135306109	2011-07-31	2 号变压器本体取油样，工作结束，没有问题	可以投运	张××	吴××
135306109	2011-07-31	1 号变压器本体取油样，工作结束，没有问题	可以投运	张××	吴××

续表

工作票编号	工作日期	检修项目、试验项目、存在问题、交待事项	检修试验结果	工作负责人	验收人
135306112	2011-08-11	1号变压器110kV侧避雷器带电测试阻性电流无异常，工作结束，没有问题	可以投运	刘××	赵××
135306123	2011-09-02	10kV城南线61-1隔离开关合不到位，已经消除缺陷，没有问题	可以投运	刘××	赵××
135306139	2011-10-31	10kV 2 TV断线告警信号发出，已经消除缺陷，没有问题	可以投运	刘××	赵××

【实例2】

设备检修试验工作记录

变电站名称：220kV京华变电站

工作票编号	工作日期	检修项目、试验项目、存在问题、交待事项	检修试验结果	工作负责人	验收人
613506011	2012-01-08	1号变压器有载调压装置电源信号灯不亮，已经更换处理，没有问题	可以投运	刘××	赵××
613506019	2012-01-15	220kV卫其线21断路器保护显示屏不显示，已经消除缺陷，没有问题	可以投运	刘××	赵××
613506022	2012-01-31	测量1号变压器中性点接地电流，正常，没有问题	测量正常	韩××	何××
613506022	2012-01-31	测量2号变压器中性点接地电流，正常，没有问题	测量正常	韩××	何××
613506031	2012-02-19	通信机房更换专用空调，工作结束，没有问题	可以投运	刘××	赵××
613506038	2012-03-01	10kV城郊线电缆接火，工作结束，没有问题	可以投运	刘××	赵××
613506058	2012-03-26	10kV蓝田线电能表更换，没有问题	可以投运	张××	吴××
613506058	2012-03-26	10kV城东线电能表更换，没有问题	可以投运	张××	吴××

续表

工作票编号	工作日期	检修项目、试验项目、存在问题、交待事项	检修试验结果	工作负责人	验收人
613506058	2012-03-26	10kV水厂线电能表更换，没有问题	可以投运	张××	吴××
613506076	2012-05-24	2号变压器本体东部下法兰渗油，已经消除缺陷，没有问题	可以投运	刘××	赵××
613506081	2012-05-28	2号变压器取油样，工作结束，没有问题	可以投运	刘××	赵××
613506085	2012-05-31	2号变压器分接开关呼吸器硅胶更换，工作结束，没有问题	可以投运	韩××	何××
613506085	2012-05-31	2号变压器本体呼吸器硅胶更换，工作结束，没有问题	可以投运	韩××	何××
613506088	2012-06-01	220kV 1母线220-D12接地开关合不到位，已经消除缺陷，没有问题	可以投运	刘××	赵××
613506090	2012-06-11	变电站视频监控、电子围栏、防火防盗系统维修，工作结束，没有问题	可以投运	刘××	赵××
613506102	2012-06-31	变电站防腐处理，工作结束，没有问题	可以投运	张××	吴××
613506106	2012-07-22	变电站电缆盖板更换维修，工作结束，没有问题	可以投运	刘××	赵××
613506109	2012-07-31	2号变压器10kV侧94断路器一次定相，工作结束，没有问题	测量正常	张××	吴××
613506109	2012-07-31	1号变压器10kV侧92断路器一次定相，工作结束，没有问题	测量正常	张××	吴××
613506112	2012-08-11	1号变压器110kV侧避雷器带电测试阻性电流无异常，工作结束	测量正常	刘××	赵××
613506123	2012-09-02	10kV城北线68-1隔离开关合不到位，已经消除缺陷，没有问题	可以投运	刘××	赵××
613506139	2012-10-31	220kV卫其线电能表现场校验，工作结束，没有问题	可以投运	刘××	赵××

六、继电保护及自动装置工作记录

（一）继电保护及自动装置工作记录模板

继电保护及自动装置工作记录模板如下：

继电保护及自动装置工作记录

变电站名称：

工作票编号		工作日期		工作负责人	
工作内容					
继电保护定值					
注意事项 存在缺陷 连接片接线 变更情况					
检修结论				工作验收人	

（二）继电保护及自动装置工作记录填写说明

继电保护及自动装置工作记录填写说明如下：

（1）继电保护及自动装置工作记录由工作负责人填写并签名，值班负责人、正值班员或工作许可人审核后在“工作验收人”栏签名。

（2）由工作负责人在继电保护及自动装置工作记录中填写继电保护及自动装置工作票编号、工作日期（年、月、日），在“工作负责人”栏填写工作票上工作负责人姓名。“工作内容”栏由工作负责人记录继电保护及自动装置、二次回路等项目工作的简要内容，定值及改变情况，校验中发现的异常及处理情况等，继电保护及自动装置工作记录中记录的工作内容要与继电保护及自动装置工作票上内容相对应。

（3）继电保护及自动装置工作记录中的“注意事项存在缺陷连接片接线变更情况”栏应注明继电保护及自动装置连接片的功能及作用，继电保护及自动装置连接片的使用、操作方法和注意事项等。

（4）继电保护及自动装置工作记录中的“检修结论”栏应填写能否投入运行的结论性意见。“工作验收人”栏填写继电保护及自动装置工作票上验收人姓名，验收人为运行值班人员。

（5）远动自动化装置工作也要填写继电保护及自动装置工作记录。

（6）继电保护及自动装置工作记录要用钢笔或签字笔填写，字迹工整，清楚正确。不准在记录上乱涂、乱画，不准撕页。

（三）继电保护及自动装置工作记录填写实例

【实例 1】

继电保护及自动装置工作记录

变电站名称：220kV 广大站

工作票编号	135303018	工作日期	2011-03-19	工作负责人	高××
工作内容	220kV 保护室 220kV 申东线 602 保护屏更换 MMI 小板与装置背板间排线，PSL-631A 保护装置检查工作结束				
继电保护定值	保护定值不变				
注意事项 存在缺陷 连接片接线 变更情况	重新上电并运行 2h，装置运行正常，无异常信息				
检修结论	可以投运			工作验收人	华××

【实例 2】

继电保护及自动装置工作记录

变电站名称：220kV 沂川站

工作票编号	135303029	工作日期	2011-04-21	工作负责人	郑××
工作内容	处理 220kV GIS 设备区直流接地，在 220kV GIS 设备区进行检查，经查找为 220kV 深济线间隔 100-2 线芯从端子排抽头发生接地造成直流接地。此线芯为 220kV 深济线 26-D3 接地开关手动操作闭锁电气回路的连接线，经过重新接线后，直流接地消失，对 220kV GIS 设备区直流系统进行检查正常				
继电保护定值	保护定值不变				
注意事项 存在缺陷 连接片接线 变更情况	遇到 220kV 深济线 26-D3 接地开关检修验收时，要注意检查 100-2 线芯与端子排连接良好				
检修结论	可以投运			工作验收人	杨××

【实例3】

继电保护及自动装置工作记录

变电站名称：220kV 位宏站

工作票编号	135303033	工作日期	2011-04-22	工作负责人	吴××
工作内容	处理直流接地，检查3号变压器220kV侧203断路器汇控箱直流接地时发现203-2隔离开关辅助触点损坏，造成直流接地，拆除X1:41、X2:36、X2:38三根接线后直流接地消失，待天气晴好后再将X1:41、X2:36、X2:38三根接线接入接线盒，不影响直流系统正常运行。直流接地处理工作结束				
继电保护定值	保护定值不变				
注意事项 存在缺陷 连接片接线 变更情况	拆除了X1:41、X2:36、X2:38三根接线				
检修结论	可以投运		工作验收人	孙××	

七、电力电容器投停记录

（一）电力电容器投停记录模板

电力电容器投停记录模板如下：

电力电容器投停记录

变电站名称：　　　　电力电容器组编号：　　　　电力电容器组容量（kvar）：

投入时间	发令人	受令人	操作人	停运时间	发令人	受令人	操作人	运行小时	检修故障小时	断路器故障动作次数	备注

（二）电力电容器投停记录填写说明

电力电容器投停记录填写说明如下：

（1）电力电容器投停记录由当值运行值班人员填写。

（2）受令人接到发令人投入电力电容器组指令后，首先填写发令人、操作人和受令人姓名，由受令人监护操作人投入电力电容器组，由当值运行值班人员填写电力电容器组投入时间。投入时间填写年、月、日、时、分，格式为××××—××—××　××：××。

（3）受令人接到发令人停用电力电容器组指令后，首先填写发令人、操作人和受令人姓名，由受令人监护操作人停用电力电容器组，由当值运行值班人员填写电力电容器组停用时间。停用时间填写年、月、日、时、分，格式为××××—××—××　××：××。

（4）由当值运行值班人员填写电力电容器组从投运到停用的运行累计时间，“运行小时”栏填写小时数小数点后两位。

（5）电力电容器组因故障使断路器发生跳闸，由当值运行值班人员填写断路器动作跳闸次数，电力电容器组检修停电和故障停电后，由当值运行值班人员统计并填写检修故障小时。

（6）电力电容器投停记录以变电站为单位分页填写。由运行值班人员填写变电站名称、电力电容器组编号、电力电容器组容量。

（7）电力电容器投停记录要用钢笔或签字笔填写，字迹工整，清楚正确。不准在记录上乱涂、乱画，不准撕页。

（三）电力电容器投停记录填写实例

【实例】

电力电容器投停记录

变电站名称：红旗变电站

电力电容器组编号：10kV 1号电容器组 电力电容器组容量（kvar）：3600kvar

投入时间	发令人	受令人	操作人	停运时间	发令人	受令人	操作人	运行小时	检修故障小时	断路器故障动作次数	备注
2012-02-08 08:40	王××	高××	李××	2012-02-08 17:30	刘××	郭××	徐××	8.50	0	0	
2012-02-14 08:50	王××	高××	李××	2012-02-14 21:52	刘××	郭××	徐××	13.02	0	0	

续表

投入时间	发令人	受令人	操作人	停运时间	发令人	受令人	操作人	运行小时	检修故障小时	断路器故障动作次数	备注
2012-03-02 07:30	王××	高××	李××	2012-03-02 22:24	刘××	郭××	徐××	14.54	0	0	
2012-03-18 08:28	王××	高××	李××	2012-03-18 11:32	王××	高××	李××	3.05	0	0	
2012-05-20 06:15	王××	高××	李××	2012-05-25 17:04	刘××	郭××	徐××	130.8	0	0	
2012-05-24 23:02	王××	高××	李××	2012-05-26 11:32	刘××	郭××	徐××	36.48	0	0	
2012-06-24 23:14	王××	高××	李××	2012-07-09 13:50	刘××	郭××	徐××	110.62	0	0	
2012-07-08 14:18	王××	高××	李××	2012-06-29 18:01	刘××	郭××	徐××	27.43	0	0	
2012-07-09 08:42	王××	高××	李××	2012-07-09 16:48	刘××	郭××	徐××	8.08	0	0	
2012-07-12 08:48	王××	高××	李××	2012-07-12 16:50	刘××	郭××	徐××	8.03	0	0	
2012-07-15 07:30	王××	高××	李××	2012-07-15 22:24	刘××	郭××	徐××	14.54	0	0	
2012-07-18 08:28	王××	高××	李××	2012-07-18 11:39	王××	高××	李××	3.12	0	0	
2012-07-20 06:15	王××	高××	李××	2012-07-25 17:00	刘××	郭××	徐××	128.45	0	0	
2012-07-24 23:02	王××	高××	李××	2012-07-26 11:30	刘××	郭××	徐××	36.46	0	0	
2012-07-27 23:14	王××	高××	李××	2012-07-29 13:56	刘××	郭××	徐××	28.42	0	0	
2012-08-28 14:18	王××	高××	李××	2012-08-29 18:06	刘××	郭××	徐××	27.48	0	0	

八、断路器故障跳闸记录

（一）断路器故障跳闸记录模板

断路器故障跳闸记录模板如下：

断路器故障跳闸记录

变电站名称：　　　　　　　断路器名称及编号：　　　　　　　允许故障跳闸次数：

断路器跳闸时间	断路器跳闸次数			断路器累计跳闸次数			继电保护、重合闸动作情况	记录人	检修日期
年月日时分	U	V	W	U	V	W			

（二）断路器故障跳闸记录填写说明

断路器故障跳闸记录填写说明如下：

（1）断路器故障跳闸记录由当值运行值班人员填写。“断路器跳闸时间”栏填写年、月、日、时、分，格式为××××—××—××　××：××。“记录人”栏由当值运行值班人员填写。

（2）断路器故障跳闸后，由当值运行值班人员填写断路器跳闸时间，断路器跳闸次数，断路器累计跳闸次数。应将继电保护、重合闸动作情况填写在断路器故障跳闸记录中。单相操作的断路器应按照单相记录，例如：U 相 1 次。三相操作的断路器应 U、V、W 同时记录 1 次，例如：U 相 1 次、V 相 1 次、W 相 1 次。一般快速保护动作断路器跳闸统计为 1 次，断路器跳闸后重合不成统计为 2 次。其他保护动作断路器跳闸统计为 0.5 次，断路器接近允许跳闸次数 1 次时应停用该断路器重合闸装置。

（3）断路器故障跳闸后，由当值运行值班人员检查保护及重合闸动作情况，并将情况详细记录在“保护及重合闸动作情况”栏中。断路器跳闸次数应根据保护及重合闸动作情况填写次数。

（4）断路器经过解体检修后，故障跳闸的累计次数从该次检修后复归到 0 次重新统计，并用红笔在检修前记录的下方划红线，表明以前的累计跳闸次数已注销。检修日期由运行值班人员填写，要与断路器检修工作票日期一致。

（5）断路器故障跳闸记录应根据断路器名称和编号分页填写。由值班运行人员填写变电站名称、断路器名称和编号、断路器允许故障跳闸次数。

（6）断路器故障跳闸记录要用钢笔或签字笔填写，字迹工整，清楚正确。不准在记录上乱涂、乱画，不准撕页。

（三）断路器故障跳闸记录填写实例

【实例1】

断路器故障跳闸记录

变电站名称：500kV 开原变电站　　断路器名称及编号：220kV 平湖线 206 断路器

允许故障跳闸次数：20

断路器跳闸时间	断路器跳闸次数			断路器累计跳闸次数			继电保护、重合闸动作情况	记录人	检修日期
年月日时分	U	V	W	U	V	W			
2011-01-27 11:32	1	1	1	1	1	1	1. 220kV 平湖线线路保护屏Ⅰ“RWS-931 跳 U、跳 V、跳 W 灯亮”，液晶屏显示：220kV 平湖线电流差动动作、距离Ⅰ段动作。UV 相故障，故障测距 21.9km	李××	2011-01-27
2011-01-27 11:32	1	1	1	1	1	1	2. 220kV 平湖线线保护屏Ⅱ“RWS-902 跳 U、跳 V、跳 W 灯亮”，液晶屏显示：220kV 平湖线纵联距离动作，距离Ⅰ段动作，故障电流：5.86A；故障零序电流：0.22A；UV 相故障，故障测距 22km。 3. 220kV 平湖线线保护屏Ⅱ“RWS-923”TU、TV、TW 红灯亮，U 相过流灯亮，V 相过流灯亮”。 4. 220kV 平湖线线路重合闸方式为单重，因此相间故障重合闸不动作	李××	2011-01-27

【实例 2】

断路器故障跳闸记录

变电站名称：500kV 生水变电站　　断路器名称及编号：220kV 水峡线 206 断路器

允许故障跳闸次数：20

断路器跳闸时间	断路器跳闸次数			断路器累计跳闸次数			继电保护、重合闸动作情况	记录人	检修日期
年月日时分	U	V	W	U	V	W			
2010-02-29 11:07	2	0	0	2	0	0	220kV 水峡线 LFP-901A 屏液晶屏显示：220kV 水峡线 206 断路器 U 相跳闸，220kV 水峡线高频方向保护、高频零序保护、距离Ⅰ段保护动作，动作时间为 23ms，QF1、QF2 合闸于故障加速，故障测距为 27.3km；LFP-902A 屏液晶屏显示：220kV 水峡线 206 断路器 U 相跳闸，220kV 水峡线高频距离保护、高频零序保护、距离Ⅰ段保护动作，动作时间为 21ms，QF1、QF2 合闸于故障加速，故障测距为 27.1km	张××	2010-02-29
2011-11-26 12:18	2	0	0	2	0	0	220kV 水峡线 LFP-901A 屏液晶屏显示：220kV 水峡线 206 断路器 U 相跳闸，220kV 水峡线高频方向保护、高频零序保护、距离Ⅰ段保护动作，动作时间为 23ms，QF1、QF2 合闸于故障加速，故障测距为 22.4km。LFP-902A 屏液晶屏显示：220kV 水峡线 206 断路器 U 相跳闸，220kV 水峡线高频距离保护、高频零序保护、距离Ⅰ段保护动作，动作时间为 21ms，QF1、QF2 合闸于故障加速，故障测距为 22.2km	孟××	2011-11-26

续表

断路器跳闸时间	断路器跳闸次数			断路器累计跳闸次数			继电保护、重合闸动作情况	记录人	检修日期
年月日时分	U	V	W	U	V	W			
2012-11-21 07:22	2	0	0	2	0	0	220kV水峡线LFP-901A屏液晶屏显示：220kV水峡线206断路器U相跳闸，220kV水峡线高频方向保护、高频零序保护、快速距离Ⅰ段保护动作，距离Ⅰ段保护动作，动作时间为21ms，故障测距为13.2km。LFP-902A屏液晶屏显示：220kV水峡线206断路器U相跳闸，220kV水峡线高频距离保护、高频零序保护、快速距离Ⅰ段保护动作，距离Ⅰ段保护动作，动作时间为21ms，故障测距为13.1km	许××	2012-11-21
2013-07-06 09:51	0	0	2	0	0	2	220kV水峡线LFP-901A屏液晶屏显示：220kV水峡线206断路器W相跳闸，220kV水峡线高频方向保护、高频零序保护、快速距离Ⅰ段保护动作，动作时间为21ms，QF1合闸于故障加速，故障测距为32.7km。LFP-902A屏液晶屏显示：220kV水峡线206断路器W相跳闸，220kV水峡线高频距离保护、高频零序保护、快速距离Ⅰ段保护动作，距离Ⅰ段保护动作，动作时间为21ms，QF1合闸于故障加速，故障测距为31.3km	吴××	2013-07-06

【实例 3】

断路器故障跳闸记录

变电站名称：500kV 生水变电站　　　　断路器名称及编号：220kV 申东线 205 断路器

允许故障跳闸次数：17

断路器跳闸时间	断路器跳闸次数			断路器累计跳闸次数			继电保护、重合闸动作情况	记录人	检修日期
年月日时分	U	V	W	U	V	W			
2011-05-17 11:27	1	0	0	1	0	0	220kV 申东线线路 U 相接地故障，RCS-901、RCS-902 保护动作，由于 220kV 申东线线路充电备用，线路重合闸没有投入。申东线 205 断路器 U 相断路器跳闸	肖××	
2011-08-15 15:12	0	1	0	1	1	0	220kV 申东线线路 V 相接地故障 RCS-901、RCS-902 保护动作，申东线 205 断路器 V 相断路器跳闸，单相重合成功	孔××	2011-08-15
2013-06-28 08:11	0	0	2	0	0	2	220kV 申东线线路 W 相故障，RCS-901、RCS-902 保护动作，220kV 申东线 205 断路器 W 相断路器跳闸，重合不成跳三相	赵××	
2013-08-22 15:21	2	0	0	2	0	2	220kV 申东线线路 U 相故障，RCS-901、RCS-902 保护动作，220kV 申东线 205U 相断路器跳闸，单相重合不成跳三相	李××	2013-08-22

九、安全消防用具记录

（一）安全消防用具记录模板

安全消防用具记录模板如下：

安全消防用具记录

名称（编号）：

试验周期		放置地点		规　格	
试验日期	试验人	结论	下次试验日期	验收人	备注

（二）安全消防用具记录填写说明

安全消防用具记录填写说明如下：

（1）安全消防用具记录由操作队（或变电站）安全员负责填写，应按照变电站安全消防用具的名称和编号分页进行填写，定期检查维护。

（2）操作队（或变电站）安全员要按照安全消防用具试验项目、周期和要求进行试验（检查），安全消防用具试验后更换试验标签，并及时更新填写安全消防用具记录。

（3）安全消防用具记录根据用具名称和编号进行分页填写，“试验周期”栏填写安全消防用具的试验周期（根据安全工作规程和消防规程规定填写），例如：安全带试验周期为1年，携带型短路接地线试验周期为4年。“放置地点”栏填写安全消防用具实际存放位置，例如：6号干粉灭火器存放位置为主控室东门内北侧，8号消防桶存放位置为主控室一楼楼梯西侧。“规格”栏填写安全消防用具规格，例如：MFZL8、MF8等。

（4）安全消防用具的“试验日期”填写安全消防用具试验合格证上填写的日期，“试验人”栏填写试验安全消防用具的检修人员姓名，“结论”栏填写安全消防用具试验合格证上的试验结论，一般填写合格、不合格。安全消防用具记录的试验日期、试验人、结论要与安全消防用具试验合格证上的试验日期、试验人、试验结论相一致。“下次试验日期”应根据本次试验日期加上试验周期填写下次试验日期。“验收人”栏由值班运行人员根据安全消防用具试验后进行再检查，没有发现问题后将安全消防用具实行定置管理，按照存放地点进行存放，并填写安全消防用具记录各栏内容，在“验收人”栏填写自己姓名。

（5）安全消防用具是由安全工器具和消防器材组成。

（6）安全工器具分为绝缘安全工器具、一般防护安全工器具、安全围栏（网）和安全标示牌。

（7）绝缘安全工器具分为基本绝缘安全工器具和辅助绝缘安全工器具两种，基本绝缘安全工器具包括电容型验电器、绝缘杆、绝缘隔板、绝缘罩、携带型短路接地线、个人保安接地线、核相器等。辅助绝缘安全工器具包括绝缘手套、绝缘靴（鞋）、绝缘胶垫等。一般防护安全工器具（一般防护用具）包括安全帽、安全带、梯子、安全绳、脚扣、防护眼镜、防静电服（静电感应防护服）、防电弧服、导电鞋（防静电鞋）、安全自锁器、速差自控器、过滤式防毒面具、正压式消防空气呼吸器、SF_6气体检漏仪、氧量测试仪、耐酸手套、耐酸服及耐酸靴等。安全围栏（网）包括安全固定围栏（网）和安全移动围栏两种。安全标示牌包括变电站各种安全警告牌、设备标示牌等。

（8）操作队（或变电站）安全员要对照规程和记录检查操作队所辖各变电站安全消防用具的配备情况。

（9）按规定周期对照实际物品进行检查，安全消防用具记录要保持与实物相一致，保证安全消防用具时时处于完备、良好可用状态。

（10）安全消防用具记录要用钢笔或签字笔填写，字迹工整，清楚正确。不准在记录上乱涂、乱画，不准撕页。

（三）安全消防用具记录填写实例

【实例 1】

安全消防用具记录

名称（编号）：35kV 2 号验电器

试验周期	12 个月	放置地点	安全工具室	规　格	GYB-35kV
试验日期	试验人	结论	下次试验日期	验收人	备注
2006-05-06	翟××	合格	2007-05-06	孙××	
2007-05-06	张××	合格	2008-05-06	高××	
2008-05-06	刘××	合格	2009-05-06	吴××	
2009-05-06	张××	合格	2010-05-06	高××	
2010-05-06	何××	合格	2011-05-06	李××	
2011-05-06	柴××	合格	2012-05-06	徐××	
2012-05-06	韩××	合格	2013-05-06	赵××	
2013-05-06	段××	合格	2014-05-06	曲××	

【实例 2】

安全消防用具记录

名称（编号）：35kV 1 号绝缘杆

试验周期	12 个月	放置地点	安全工具室	规 格	
试验日期	试验人	结论	下次试验日期	验收人	备注
2006-11-08	翟××	合格	2007-11-08	孙××	
2007-11-08	张××	合格	2008-11-08	高××	
2008-11-08	刘××	合格	2009-11-08	吴××	
2009-11-08	张××	合格	2010-11-08	高××	
2010-11-08	何××	合格	2011-11-08	李××	
2011-11-08	柴××	合格	2012-11-08	徐××	
2012-11-08	韩××	合格	2013-11-08	赵××	
2013-11-08	段××	合格	2014-11-08	曲××	

【实例3】

安全消防用具记录

名称（编号）：2号安全带

试验周期	12个月	放置地点	安全工具室	规　格	
试验日期	试验人	结论	下次试验日期	验收人	备注
2006-08-08	翟××	合格	2007-08-08	孙××	
2007-08-08	张××	合格	2008-08-08	高××	
2008-08-08	刘××	合格	2009-08-08	吴××	
2009-08-08	张××	合格	2010-08-08	高××	
2010-08-08	何××	合格	2011-08-08	李××	
2011-08-08	柴××	合格	2012-08-08	徐××	
2012-08-08	韩××	合格	2013-08-08	赵××	
2013-08-08	段××	合格	2014-08-08	曲××	

【实例 4】

安全消防用具记录

名称（编号）：3 号绝缘手套

试验周期	6 个月	放置地点	安全工具室	规　格	双
试验日期	试验人	结论	下次试验日期	验收人	备注
2006-06-06	翟××	合格	2006-12-06	孙××	
2006-12-06	张××	合格	2007-06-06	高××	
2007-06-06	刘××	合格	2007-12-06	吴××	
2007-12-06	张××	合格	2008-06-06	高××	
2008-06-06	何××	合格	2008-12-06	李××	
2008-12-06	柴××	合格	2009-06-06	徐××	
2009-06-06	韩××	合格	2009-12-06	赵××	
2009-12-06	段××	合格	2010-06-06	曲××	
2010-06-06	翟××	合格	2010-12-06	孙××	
2010-12-06	张××	合格	2011-06-06	高××	
2011-06-06	刘××	合格	2011-12-06	吴××	
2011-12-06	何××	合格	2012-06-06	曲××	
2012-06-06	段××	合格	2012-12-06	曲××	
2012-12-06	战××	合格	2013-06-06	高××	

【实例5】

安全消防用具记录

名称（编号）：1号绝缘靴

试验周期	6个月	放置地点	安全工具室	规　格	双
试验日期	试验人	结论	下次试验日期	验收人	备注
2006-06-06	翟××	合格	2006-12-06	孙××	
2006-12-06	张××	合格	2007-06-06	高××	
2007-06-06	刘××	合格	2007-12-06	吴××	
2007-12-06	张××	合格	2008-06-06	高××	
2008-06-06	何××	合格	2008-12-06	李××	
2008-12-06	柴××	合格	2009-06-06	徐××	
2009-06-06	韩××	合格	2009-12-06	赵××	
2009-12-06	段××	合格	2010-06-06	曲××	
2010-06-06	翟××	合格	2010-12-06	孙××	
2010-12-06	张××	合格	2011-06-06	高××	
2011-06-06	刘××	合格	2011-12-06	吴××	
2011-12-06	何××	合格	2012-06-06	曲××	
2012-06-06	段××	合格	2012-12-06	曲××	
2012-12-06	战××	合格	2013-06-06	高××	

【实例6】

安全消防用具记录

名称（编号）：2号消防锹

试验周期	12个月	放置地点	35kV 2号电容器组消防棚	规　格	
试验日期	试验人	结论	下次试验日期	验收人	备注
2006-12-12	翟××	合格	2007-12-12	孙××	
2007-12-12	张××	合格	2008-12-12	高××	
2008-12-12	刘××	合格	2009-12-12	吴××	
2009-12-12	张××	合格	2010-12-12	高××	
2010-12-12	何××	合格	2011-12-12	李××	
2011-12-12	柴××	合格	2012-12-12	徐××	
2012-12-12	韩××	合格	2013-12-12	赵××	
2013-12-12	段××	合格	2014-12-12	曲××	

【实例 7】

安全消防用具记录

名称（编号）：1 号手提式干粉灭火器

试验周期	6 个月	放置地点	控制室一楼大厅东侧	规　格	MFZL8
试验日期	试验人	结论	下次试验日期	验收人	备注
2007-12-06	张××	合格	2008-06-06	高××	
2008-06-06	何××	合格	2008-12-06	李××	
2008-12-06	柴××	合格	2009-06-06	徐××	
2009-06-06	韩××	合格	2009-12-06	赵××	
2009-12-06	段××	合格	2010-06-06	曲××	
2010-06-06	翟××	合格	2010-12-06	孙××	
2010-12-06	张××	合格	2011-06-06	高××	
2011-06-06	刘××	合格	2011-12-06	吴××	
2011-12-06	何××	合格	2012-06-06	曲××	
2012-06-06	段××	合格	2012-12-06	曲××	
2012-12-06	战××	合格	2013-06-06	高××	

【实例 8】

安全消防用具记录

名称（编号）：2号推车式干粉灭火器

试验周期	6个月	放置地点	室外消防室内东侧	规　格	MFTZL-35
试验日期	试验人	结论	下次试验日期	验收人	备注
2007-12-06	张××	合格	2008-06-06	高××	
2008-06-06	何××	合格	2008-12-06	李××	
2008-12-06	柴××	合格	2009-06-06	徐××	
2009-06-06	韩××	合格	2009-12-06	赵××	
2009-12-06	段××	合格	2010-06-06	曲××	
2010-06-06	翟××	合格	2010-12-06	孙××	
2010-12-06	张××	合格	2011-06-06	高××	
2011-06-06	刘××	合格	2011-12-06	吴××	
2011-12-06	何××	合格	2012-06-06	曲××	
2012-06-06	段××	合格	2012-12-06	曲××	
2012-12-06	战××	合格	2013-06-06	高××	

十、安全活动记录

（一）安全活动记录模板

安全活动记录模板如下：

安 全 活 动 记 录

<table>
<tr><td>主持人</td><td></td><td>应到人数</td><td></td><td>活动时间</td><td colspan="2">年 月 日 时 分～ 时 分</td></tr>
<tr><td>实到人数</td><td></td><td>缺席人员姓名
及原因</td><td colspan="4"></td></tr>
<tr><td colspan="7">活动内容：</td></tr>
<tr><td colspan="7">缺席人员补课：</td></tr>
<tr><td colspan="7"></td></tr>
<tr><td colspan="5">车间安全管理人员审阅：</td><td>签名：</td><td>年 月 日</td></tr>
<tr><td colspan="5">公司安全管理人员审阅：</td><td>签名：</td><td>年 月 日</td></tr>
</table>

（二）安全活动记录填写说明

安全活动记录填写说明如下：

（1）安全活动每周进行一次，总结一周变电站安全生产情况，结合变电站安全工作出现的问题，提出改进措施和建议。由操作队队长（或变电站站长）主持，在“主持人”栏填写操作队长（或站长）姓名。安全活动记录由操作队（或变电站）安全员填写。

（2）每次安全活动均由操作队（或变电站）安全员填写记录活动时间、活动时间、活动内容、缺席人员姓名及原因。缺席人员补课情况，对学习内容讨论情况、事故教训及建议和措施应详细记录，不要记录与安全生产无关的内容。对于缺席人员，操作队（或变电站）安全员应尽量安排时间对其进行补课，安全活动时间填写安全活动的开始时间和结束时间，时间填写年、月、日、时、分。“应到人数”填写操作队（或变电站）全部人数，“实到人数”填写操作队（或变电站）实际参加安全活动的人数。

（3）安全活动要围绕不发生误操作事故、不发生责任火灾事故、不发生人员违章等安全管理目标，结合变电站设备存在的缺陷、隐患、人员不安全因素、存在的问题等制定出实现安全管理目标的组织、技术措施。安全活动的内容一般为学习安全工作规程及上级下发的各类安全生产文件、事故通报，结合变电站实际制定相应措施。根据季节变化、大负荷时的变电设备薄弱点及运行方式变化，有针对性地提出重点监控措施和监控内容。对变电站一周或一月来的安全情况进行总结和分析。活动内容包括各种安全活动开展情况、下周或下月安全事项、讨论制定安全措施和注意事项。

（4）车间安全管理人员要定期参加变电站安全活动，及时检查安全活动情况，车间安全管理人员对值班运行人员安全活动提出建议并填写在安全活动记录的“车间安全管理人员审阅”栏中，在“签名”栏签字后，填写检查日期，日期填写年、月、日。车间安全管理人员应定期检查操作队（或变电站）安全活动记录的填写情况，对值班运行人员提出的措施进行审查，提出建议并签名。公司安全管理人员要定期参加变电站安全活动，及时检查安全活动开展情况，公司安全管理人员对值班运行人员安全活动提出建议并填写在安全活动记录的“公司安全管理人员审阅”栏中，在“签名”栏签字后，填写检查日期，日期填写年、月、日。公司安全管理人员应定期检查操作队（或变电站）安全活动记录的填写情况，对值班运行人员提出的措施进行审查，提出建议并签名。

（5）安全活动记录要用钢笔或签字笔填写，字迹工整，清楚正确。不准在记录上乱涂、乱画，不准撕页。

（三）安全活动记录填写实例

【实例1】

安全活动记录

<table>
<tr><td>主持人</td><td>刘××</td><td>应到人数</td><td>18</td><td>活动时间</td><td colspan="2">2013年03月15日09时20分~11时52分</td></tr>
<tr><td>实到人数</td><td>18</td><td>缺席人员姓名及原因</td><td colspan="4">无</td></tr>
<tr><td colspan="7">活动内容
一、本周安全活动
1. 组织学习《电力安全工作规程（变电部分）》。学习省电力公司安全通报。学习市供电公司生产安全工作例会会议纪要。
2. 对本周各变电站执行的“两票”情况进行分析，工作票中的“三种人”履行职责情况，作业现场人身安全措施布置情况，作业现场保证安全的技术措施和组织措施落实到位情况。
3. 按期完成各变电站设备巡视检查，对于有保电任务的变电站要组织变电运行人员增加变电站设备的巡视次数。组织变电运行人员完成各变电站设备日常维护工作。
4. 组织学习《电网风险预控管理办法》，对风险预控进行分析，认真查找梳理人身安全存在的问题和隐患，杜绝隐患排查不彻底习惯，对查出的隐患制定措施加以消除。
5. 组织落实《关于开展防误闭锁专项隐患排查治理工作的通知》要求，开展防误闭锁专项隐患排查治理。对操作队管辖变电站各类防误操作闭锁装置逐项对照排查内容，全面深入排查防误闭锁安全隐患，彻底查清各管辖站防误闭锁装置存在的隐患，操作队不能消除的隐患汇报公司防误闭锁专工。
二、下周安全工作要求
1. 按期完成各变电站设备巡视检查任务，完成各变电站设备日常维护工作。
2. 值班期间禁止脱岗、空岗，发现异常情况立即汇报调度及运行车间。
3. 根据天气变化情况，做好大风的反事故措施，制定好事故处理预案。
4. 220kV崔吕变电站：10kV华泽线一次出线电缆敷设、试验，保护装置改定值，做好10kV华泽线送电的安全措施</td></tr>
<tr><td colspan="7">缺席人员补课：</td></tr>
<tr><td colspan="5">车间安全管理人员审阅：安全活动按照规定开展，操作队全部人员参加</td><td>签名：郭××</td><td>2013年03月15日</td></tr>
<tr><td colspan="5">公司安全管理人员审阅：安全活动内容符合变电站现场实际</td><td>签名：申××</td><td>2013年03月28日</td></tr>
</table>

【实例2】

安全活动记录

<table>
<tr><td>主持人</td><td>刘××</td><td>应到人数</td><td>18</td><td>活动时间</td><td colspan="2">2013年07月15日09时20分～11时52分</td></tr>
<tr><td>实到人数</td><td>18</td><td>缺席人员姓名及原因</td><td colspan="4">无</td></tr>
<tr><td colspan="7">活动内容
一、本周安全活动
1. 组织学习《电力安全工作规程（变电部分）》。
2. 对本周各变电站执行的“两票”情况进行分析，“两票”合格率100%。
3. 针对近期气温高、部分变电站负荷高等情况，在变电站红外测温的基础上，组织操作队人员对部分变电站设备及“卡脖子”设备增加设备巡视次数，加强对设备的正常巡视、特巡、夜巡，巡视过程认真仔细，重点检查过负荷设备的运行状况、主变冷却装置的运行情况、保护运行情况。开展有针对性的红外测温工作，发现问题及时汇报。督促变电检修单位做好消缺工作，对发现的设备过热等异常情况及时处理，确保设备可靠运行。组织操作队人员认真落实安全责任，保证在迎峰度夏期间人员、车辆、抢修物资的配备，确保应急抢修工作及时到位。
4. 学习市供电公司《关于开展迎峰度夏消防安全隐患专项排查治理工作的通知》要求，检查变电站消防设施、器材、标识配置情况，消防通道畅通情况，站内无易燃易爆物品存放，检查电缆防火封堵、防火材料涂刷等技术措施落实情况，排除各类安全隐患不留死角。
5. 开展“交通安全反违章百日”活动，组织操作队所有驾驶员学习《中华人民共和国道路交通安全法》，省电力公司《“交通安全反违章百日”活动实施方案》。《交通安全、车辆管理规定》等交通安全法律法规及交通安全规章制度，真正做到知法、懂法和遵纪守法，不违法、不违章。
二、下周安全工作要求
1. 对各变电站进行防汛检查，检查站内电缆沟积水情况，重点检查变电站排水管道是否通畅，安排值班运行人员疏通变电站下水道，对变电站潜水泵抽水进行试验，确保变电站排水管道通畅。检查变电站各端子箱、汇控柜、电源箱、设备机构箱密封是否良好，房屋门窗无渗漏雨，站内防汛物资齐全完好，数量符合规定要求。
2. 继续开展安全生产月活动，组织操作队人员观看全国“安全生产月”主题宣教片，以安全文化进家庭活动为载体有效开展安全生产月活动。
3. 220kV马台变电站送电后，对设备进行跟踪巡视，组织操作队人员尽快熟悉新配安全工器具的使用和维护工作。
4. 完善消防应急预案编制，开展消防演练，加强值班运行人员应急能力培训和实战演练</td></tr>
<tr><td colspan="7">缺席人员补课：</td></tr>
<tr><td colspan="5">车间安全管理人员审阅：安全活动按照规定开展，操作队全部人员参加</td><td>签名：何××</td><td>2013年07月15日</td></tr>
<tr><td colspan="5">公司安全管理人员审阅：安全活动内容符合公司安全工作要求符合变电站现场实际</td><td>签名：韩××</td><td>2013年08月12日</td></tr>
</table>

十一、运行分析记录

（一）运行分析记录模板

运行分析记录模板如下：

运 行 分 析 记 录

分析时间	年 月 日 时 分～ 时 分	主持人		分析性质	
参加人员					
运行分析内容					
采取措施					

（二）运行分析记录填写说明

运行分析记录填写说明如下：

（1）运行分析的分类：变电站运行分析分为专题分析、综合分析和月度分析三大类。根据三大类填写“分析性质”栏，“分析时间”栏填写年、月、日、时、分，填写分析开始时间和分析结束时间。

（2）综合分析由操作队队长（或变电站站长）组织进行，主持人填写操作队队长（或变电站站长）姓名，每季至少一次，参加人员为全部运行人员，题目由操作队队长（或变电站站长）预先选好交值班人员提前准备。

（3）月度分析由技术员组织进行，主持人填写技术员姓名，每月一次，参加人员为全部运行人员，题目由技术员预先选好交值班人员提前准备。

（4）专题分析由值班负责人组织进行，主持人填写值班负责人姓名，参加人员为当值运行人员，根据当值可能出现的运行情况组织当值运行人员进行专题分析。

（5）运行分析的内容：电网及变电设备的事故分析，电网及变电设备经济运行的分析，变电站运行方式的分析，变电站工作票、操作票合格率的分析、变电站电气设备异常、危急缺陷、严重缺陷的分析，变电设备完好率、设备可用率、继电保护及自动装置正确动作率的分析，变电设备试验数据、仪表指示情况的分析，变电设备的耗能指标、母线电量不平衡率、电压质量的分析，气候变化对变电设备影响的分析，变电站文明生产及人员培训情况的分析，变电站记录和资料管理的分析，夏季“四防”检查、冬季“四防”检查分析，变电运行值班人员执行规章制度情况的分析。

（6）根据变电站可能出现的问题，操作队队长或变电站站长可适当增加运行分析次数，月度分析和专题分析的总次数应达到每值每月一期的要求。

（7）根据变电站安全、经济运行管理工作中的情况，找出影响变电站安全运行的因素和存在的问题，针对薄弱环节，提出实现变电站安全经济运行的措施，分析后要记录分析时间、分析题目、分析内容、存在问题和采取措施。对分析出的问题及时向上级汇报，使问题尽快解决。

（8）运行分析记录要用钢笔或签字笔填写，字迹工整，清楚正确。不准在记录上乱涂、乱画，不准撕页。

（三）运行分析记录填写实例

【实例 1】

运 行 分 析 记 录

分析时间	2012年3月2日13时30分～17时30分	主持人	吕××	分析性质	专题分析
参加人员	赵××、李××、刘××、肖××、韩××、张××、钱××、常××，路××、杨××				
分析题目：操作票出现漏项，导致误操作事故发生的分析					
分析内容 （1）××变电站10kV大工线因高压室墙外出线避雷器做试验，在大工线穿墙套管室外引线上装设9号地线。工作结束后，值班运行人员填写操作票，但操作票漏掉了“拆除大工线出线套管墙外侧9号地线”。在没有经过操作票审核、模拟操作的情况下就进入了实际操作。按照操作票操作顺序执行到操作人、监护人在检查大工线送电范围内确无接地短路时，只检查10kV高压室内大工线未发现有接地线，便误认为接地线已经被拆除。随即合上两侧隔离开关，当合闸断路器送电时，造成带接地线合闸送电的误操作事故。 （2）造成这次带地线合闸误操作事故的主要原因是操作人员填写操作票后自己没有进行认真审核，操作监护人、值班负责人也没有认真审核错误的操作票，就下令操作，操作前也不进行模拟操作，操作中“检查大工线送电范围内确无接地短路”没有对送电设备进行全面检查，只检查10kV高压室内设备。操作中不认真执行监护复诵制，变电站10kV高压室墙外接地线接地端子也未装设五防闭锁程序，是造成误操作事故的主要原因					

续表

采取措施
(1) 操作人填写操作票后要进行审查，经检查确无问题后由操作人在操作票备注栏填写自己的姓名并交给监护人，监护人对操作票进行再次审查，经审查确无问题由监护人在操作票备注栏填写自己的姓名并交给值班负责人，值班负责人再次审核操作票认为确无问题后，在操作票备注栏填写自己的姓名后，将操作票放在专用夹内，以备操作。 (2) 对变电站防止误操作技术措施存在的缺陷进行统计，将变电站 10kV 高压室墙外接地线接地端子装设防误闭锁程序，与断路器和隔离开关形成防误闭锁。 (3) 在季节性大停电之前由站长组织变电站值班运行人员进行《电力安全工作规程》和《变电站现场运行规程》的学习和考试，不及格者禁止上岗。 (4) 在倒闸操作票中加入"模拟操作"栏，每进行一项模拟操作也要打"√"，从而杜绝实际操作前不进行模拟操作的违章现象。 (5) 由变电站安全员、培训员对运行值班人员进行变电站典型倒闸操作票的培训，进一步熟悉运行设备、熟悉运行方式，熟练掌握填写倒闸操作票的技巧

【实例 2】

运行分析记录

分析时间	2012 年 4 月 15 日 13 时 30 分～17 时 00 分	主持人	吕××	分析性质	专题分析
参加人员	赵××、李××、刘××、肖××、韩××、张××、钱××、常××，路××、杨××				
分析题目：220kV××变电站运行值班人员随意使用解锁钥匙造成误操作事故					
分析内容：操作人、监护人在进行 110kV 新汇线线路停电操作时，当操作人拉开 110kV 新汇线 12 断路器，检查 12 断路器三相确已拉开后，在拉开 12-3 隔离开关时，因为防误闭锁装置存在缺陷打不开，操作人就单人去控制室拿解锁钥匙，操作人在没有向当值值班负责人汇报的情况下，私自将解锁钥匙取回，此时，监护人已经不在 12-3 隔离开关操作位置前，而是走到与 110kV 新汇线相邻的新电线 11-3 隔离开关操作位置前，操作人手持解锁钥匙直奔监护人所在的位置，两人既没有唱票，也没有核对操作设备的具体位置，都误认为要操作的设备就是 12-3 隔离开关。 操作人用解锁钥匙将 11-3 隔离开关闭锁打开后，在拉开 11-3 隔离开关时，造成带负荷拉隔离开关的误操作事故。造成事故的主要原因是变电站防误闭锁装置存在缺陷没有及时处理，变电站防误闭锁装置解锁钥匙管理混乱，操作人使用解锁钥匙不经过任何手续，间断操作后重新操作没有严格履行唱票、复诵制					

续表

采取措施 （1）变电运行值班人员在倒闸操作过程中需要使用解锁钥匙解除闭锁装置时，应向当值值班负责人汇报，并向变电运行单位生产管理人员汇报。经变电运行单位生产管理人员同意后，由值班负责人开封，将所需解锁钥匙取出，在第二监护人的监护下到被操作设备位置。使用解锁钥匙开锁前，操作人、监护人、第二监护人面向被操作设备的名称、标示牌，由监护人按照操作票顺序找到未打“√”项高声唱票，操作人高声复诵无误后，监护人发出“对，执行”操作口令，操作人方可用解锁钥匙开锁。 （2）在电气设备验收（或检修）期间需要使用解锁钥匙时，工作许可人应持工作票向值班负责人汇报“××工作票上××设备验收（或检修）确需使用解锁钥匙”，经值班负责人复核同意后取出解锁钥匙。运行值班人员在工作许可人的监护下会同工作负责人使用解锁钥匙开启闭锁装置。使用完毕后工作许可人应立即将解锁钥匙交值班负责人保管，并将情况记录在解锁钥匙使用记录中。 （3）解锁钥匙使用完毕后，由值班负责人保存解锁钥匙，直到变电运行单位生产管理人员重新将解锁钥匙装封为止，并将使用情况记录在解锁钥匙使用记录中。 （4）解锁钥匙或解锁工具应放置在专用钥匙箱内，箱内应标明解锁钥匙对应的设备名称、编号，两种及以上的解锁钥匙应分类放置。 （5）解锁钥匙箱应使用封条粘贴封存，封存应牢固。打开钥匙箱时必须破坏封条。封条由变电运行单位生产管理人员统一制作、发放、登记，并统一编号，封条上应有变电运行单位的公章及贴封条的日期，应将贴封条情况记录在解锁钥匙使用记录中

【实例 3】

运 行 分 析 记 录

分析时间	2012 年 5 月 15 日 13 时 30 分～17 时 00 分	主持人	吕××	分析性质	专题分析
参加人员	赵××、李××、刘××、肖××、韩××、张××、钱××、常××，路××、杨××				
分析题目：××变电站变压器套管渗油缺陷					
分析内容：220kV××变电站 1 号变压器 10kV 中相套管上部渗油严重，10kV 中相套管油位计指示降低，变压器油已经渗到变压器本体上，且变压器储油池内鹅卵石上有油迹。由于变压器套管渗油的危害性很大，变压器套管沾满油污后，就容易沾上尘土和其他杂物，特别是在小雨天气或是大雾天气很容易发生绝缘子闪络，造成设备跳闸，引起事故。如果不及时处理，套管渗油变为漏油，套管油位计指示迅速降低，使套管内部绝缘油减少，绝缘水平降低，易造成事故发生。当发现这一缺陷后，变电站运行值班人员李××进行了及时汇报并做好了相关记录，督促检修单位进行了停电处理，经验收合格后，对 1 号变压器进行送电带负荷且运行正常，确保了节日期间的安全供电					
采取措施 （1）当运行值班人员发现危急、严重缺陷后要尽快汇报调度部门和运行、检修单位，并进行跟踪测试，加强巡视次数，并做好记录； （2）运行值班人员要向调度汇报尽量把带危急、严重缺陷的运行设备负荷调出或压低负荷； （3）运行值班人员及时汇报相关检修单位并督促处理					

【实例 4】

运 行 分 析 记 录

<table>
<tr><td>分析时间</td><td>2012 年 6 月 15 日 8 时 30 分～11 时 00 分</td><td>主持人</td><td>吕××</td><td>分析性质</td><td>专题分析</td></tr>
<tr><td>参加人员</td><td colspan="5">赵××、李××、刘××、肖××、韩××、张××、钱××、常××，路××、杨××</td></tr>
<tr><td colspan="6">分析题目：巡视设备不到位，缺陷没有及时发现造成事故</td></tr>
<tr><td colspan="6">分析内容：220kV××变电站 110kV××断路器 A 相母线侧线夹接头接触不良，运行中严重过热，变电站运行值班人员巡视设备不到位，没有及时发现线夹接头严重过热缺陷，导致引线从接头上侧烧断，断线时产生拉弧，造成断路器油标烧毁、溢油燃烧。此时由于天气大雾，烟雾上升，造成断路器上部对拉线短路事故。主要原因是检修人员检修工艺水平不高，工作质量差和变电站运行值班人员巡视设备不到位，没有及时发现缺陷并进行停电处理</td></tr>
<tr><td colspan="6">采取措施
（1）增加对变电站电气设备的巡视次数，特别是对设备基础状况不良、负荷较大的设备应增加巡视次数。
（2）组织变电站运行值班人员对红外线测温仪使用技术进行学习和实际操作演习，运行值班人员应能使用红外线测温仪诊断电气设备缺陷，进一步提高设备巡视质量。
（3）运行不可靠或存在重大缺陷的设备要及时汇报调度值班员并督促检修人员立即处理。
（4）由于季节环境温度升高，变电站运行值班人员要密切监视过负荷线路或过负荷的电气设备，发现问题应及时汇报调度值班员。
（5）组织变电站运行值班人员对注油电气设备的油位进行全面认真检查，发现油位异常升高的应及时汇报调度值班员，加强巡视次数，做好记录。
（6）组织变电站运行值班人员对变电站一次设备各接头进行一次红外线测温，对发现的异常应认真分析，做好汇报，通知检修单位及时进站处理</td></tr>
</table>

【实例 5】

运 行 分 析 记 录

<table>
<tr><td>分析时间</td><td>2012 年 7 月 10 日 8 时 30 分～11 时 00 分</td><td>主持人</td><td>吕××</td><td>分析性质</td><td>专题分析</td></tr>
<tr><td>参加人员</td><td colspan="5">赵××、李××、刘××、肖××、韩××、张××、钱××、常××，路××、杨××</td></tr>
<tr><td colspan="6">分析题目：220kV 大桥变电站站用电率的分析</td></tr>
<tr><td colspan="6">分析内容：变电站内主变压器冷却装置负荷共计 7kW，年用电量 2.8 万 kW・h，占变电站总用电量的 38%，年投运率 40%。变电站内降温通风设备负荷共计 12kW，年用电量 2.1 万 kW・h，占变电站总用电量的 32%，年投运率 20%。直流装置、断路器加热驱潮、临时用电、生活用电、水泵用电、检修等其他负荷占总用电量的 30%。由此可见，变电站站用电 70%的电量用于主变冷却装置、夏季高压设备降温通风。加之变电站站用变压器非节能型变压器、损耗大，所以变损很高</td></tr>
</table>

续表

采取措施 （1）抓好变电站站用负荷用电量指标的管理，将站用电量纳入变电站经济责任制进行考核，将指标分解到每个值、每个运行值班人员。按月进行考核，充分调动每个人员降损节能的积极性。 （2）建议淘汰 SJ、SJ2 型属于高损耗的站用变压器。 （3）当 220kV 变电站主变压器负荷低于额定容量的 60%时，由运行值班人员减少主变压器冷却装置正常运行组数，主变压器负荷在 60%～70%之间时，投入主变压器冷却装置正常运行组数。 （4）加强变电站办公生活用电管理。办公生活用电量虽然所占比例不大，但随意性大，应加强对办公生活用电的管理。对于站所合一的生活用电，包括电取暖设备要单独装表计量，每月对用电情况进行统计并提出考核意见。在变电站内做到人走灯灭，人走风扇、空调停。 （5）由于冷却装置用电量所占比重较大，但 220kV 变电站中冷却装置的风扇与潜油泵只能同时运行，无法单独投入而达不到节电效果。因此，向上级主管部门建议 220kV 变电站主变压器在设备选型时，冷却装置能做到潜油泵与风扇的分别控制，自动投停，通过控制潜油泵与风扇的投入运行时间来节约用电量

【实例 6】

运行分析记录

分析时间	2012 年 4 月 10 日 8 时 30 分～11 时 00 分	主持人	吕××	分析性质	专题分析
参加人员	赵××、李××、刘××、肖××、韩××、张××、钱××、常××，路××、杨××				
分析题目：大风、扬尘天气对变电设备影响的分析					
分析内容： （1）近期大风、扬尘、沙尘暴天气较多，由于变电站内房屋门窗关闭不严造成消防亭门玻璃破碎。安全用具室、值班室、站用变压器室部分窗户玻璃破碎。因为断路器端子箱门没有关牢或闭锁把手损坏致使断路器端子箱门被大风吹开。 （2）变电站围墙外周围均是塑料大棚、地膜及塑料袋、锡箔纸等垃圾物品，大风扬尘天气极易被刮起落到变电设备上，造成变电设备事故。 （3）变电站 220kV 母线为硬管母线，母线隔离开关为 6 型剪刀式隔离开关，且母线焊接点多，容易造成脱焊。硬管母线支点多，因受大风扰动，会产生横向摆动，导致硬管母线支持瓷柱及隔离开关瓷柱产生横向应力，造成固定螺丝脱落或瓷柱断裂，酿成变电设备事故。 （4）人员安全意识不强，受安全思想技术教育少，加上精力大部分投入到晋岗考试中，还有季节性的疲乏困倦，容易形成麻痹思想和意识，工作中容易违章造成事故					
采取措施 （1）要对变电站内高压室、安全用具室、值班室、办公室、站用变压器室、蓄电池室等房屋门窗进行全面检查，门窗变形、门窗闭锁销损坏的要进行统计，门窗玻璃破碎的也要进行统计，根据统计情况向相关单位汇报，督促及时处理。 （2）安排运行值班人员对断路器端子箱门、机构箱门、TA 端子箱门、变压器冷却装置控制箱门进行全面检查，端子箱门、机构箱门关闭不严或闭锁把手损坏的要进行统计，根据统计情况向相关单位汇报，督促及时处理，已经损坏的箱门应采取临时措施使箱门临时处于关闭状态。					

续表

(3) 根据天气变化情况，每天安排运行值班人员至少对变电站站内室外设备区和变电站周围进行巡视检查，遇有大风扬尘等恶劣天气必须增加巡视次数，安排运行值班人员及时回收变电站站内塑料布、塑料袋、锡箔纸等易被大风刮起的垃圾。对于变电站围墙外的塑料大棚、地膜，要做到重点防范和巡视，安全员要与大棚户提出看管好自己塑料大棚的具体要求，并将事故后果与大棚户交代清楚，防止大棚塑料布刮到变电站设备及附近线路上造成事故。 (4) 对于硬管母线及室外220kV母线6型隔离开关，各值每天交班巡视检查设备时，必须用望远镜近距离细心巡视检查，重点巡视母线各焊接点、接头、各瓷柱运行情况。发现有裂纹、断裂、脱落现象时，应立即汇报运行值班负责人和站长，确定后再逐级汇报调度和相关单位并督促处理

【实例 7】

运 行 分 析 记 录

分析时间	2013年4月15日8时30分～11时00分	主持人	吕××	分析性质	综合分析
参加人员	赵××、李××、刘××、肖××、韩××、张××、钱××、常××，路××、杨××				
分析内容 1.“两票”分析：第一季度操作队共操作1723次，办理第一种工作票9张，办理第二种工作票51张，使用应急抢修单2份。“两票”合格率均为100%。 2. 变电站设备巡视分析：为防止巡视不到位造成的事故，要求运行值班人员加强巡视，特别遇有恶劣天气要做好巡视设备的工作安排，并采取防范措施。第一季度设备正常巡视，完成特巡工作。 3. 变电站设备维护分析：4月份天气逐渐变暖，要求运行值班人员要加强对注油设备的巡视，注意观察设备油位及渗漏情况，注油设备随着温度的升高很容易渗漏，应及时发现缺陷，及时汇报处理。春季大风天气增多，负荷上升很快，巡视时对变电站周围有容易刮到变电站内的物体进行处理，防止刮到设备上。对于大负荷线路和负荷增长快的线路、变压器应加强监视和测温，防止变压器过负荷跳闸；对变压器通风情况进行检查，发现问题要及时进行处理，保持变压器通风正常运转。 4. 缺陷分析：第一季度操作队共发现危急缺陷1处，严重缺陷3处，均已处理，发现一般缺陷36处，处理6处。 5. 设备运行情况分析：220kV××变电站110kV新汇线12断路器三相油变黑，35kV金城线73断路器C相套管渗油，35kV盛华线77断路器A相套管渗油，35kV湖田线75断路器C相套管渗油。变电站室外110kV、220kV变电设备部分端子箱外壳锈蚀严重，随着雨季到来，雨水将造成直流设备接地和辅助触点短路，容易造成110kV、220kV母差保护误动作，以上情况已按照缺陷管理进行汇报和登记，通知检修单位尽快处理。 6. 计划工作完成情况分析：①对所辖各变电站每一台设备端子箱、断路器机构箱都进行了全面检查和登记，对端子箱锈蚀及端子排锈蚀严重的按照一般缺陷进行登记和处理。②对各变电站基础设施进行了维修。③开展了春季安全培训工作。对新上岗值班员进行了相关规程上岗培训，组织上岗值班员进行了考试，全部合格。完成了春季安全培训计划，开展了专项安全活动，进行了集中安全培训考试。④利用节日特巡期间，对所辖各变电站电缆进行了专项安全检查，对存在问题进行了汇总上报。⑤组织操作队变电运行人员对变电站设备定期轮换制度进行学习讨论，按时完成所辖各变电站设备定期轮换工作					

续表

采取措施 （1）由于城区变电站室外设备端子箱、端子排锈蚀、氧化严重，操作队应每日安排变电运行人员持巡视卡对城区变电站室外端子箱进行巡视检查，对注油设备油位及渗漏油情况全面巡视检查。 （2）每周组织操作队变电运行人员对变电设备接头测温检查一次，并将测温情况进行分析，对变电设备有异常温度的要做好记录，通知检修单位尽快处理。 （3）组织变电运行人员对变电设备的加热装置投、退情况进行检查统计，除部分变电设备要求有除湿作用的加热器外，其他变电设备的加热装置要根据天气情况进行手动退出。 （4）下周组织操作队变电运行人员对变电站防小动物措施进行检查，对电缆孔洞没有封堵或封堵不严的应及时进行封堵，门窗不严密的要及时进行处理。 （5）下周针对春检和事故频等情况，组织操作队变电运行人员有针对性的进行事故预想活动。根据春检计划安排，提前做好春检前期准备工作，做好工作票审核、三大措施、风险防控和危险点分析等工作。 （6）对所辖各变电站现场运行规程、事故处理预案、典型操作票进行审核、补充和修编。 （7）根据变电站工作计划安排，做好所辖各变电站设备正常巡视、维护工作和设备特巡测温工作，制定所辖各变电站设备定期轮换计划，按时完成所辖各变电站设备定期轮换工作

【实例8】

运行分析记录

分析时间	2012年10月15日 8时30分～11时00分	主持人	吕××	分析性质	专题分析
参加人员	赵××、李××、刘××、肖××、韩××、张××、钱××、常××，路××、杨××				
分析内容 220kV××变电站母线差动保护继电器存在缺陷造成母线差动保护拒动。 220kV××变电站变电运行值班人员按调度命令进行正常的220kV倒母线操作，在操作过程中母线隔离开关支柱绝缘子突然断裂，发生母线事故。由于母线差动保护继电器存在缺陷造成母线差动保护拒动，使变电站全站停电造成此次事故的原因：一是母线隔离开关支柱绝缘子质量存在问题；二是母差保护切换继电器存在缺陷，造成母线差动保护拒动					
采取措施 （1）由检修单位负责对没有增加或没有标明手动互联连接片的母线差动保护进行完善。 （2）在《变电站典型操作票》中规定变电运行值班人员在母线倒闸操作时投入手动互联连接片，倒闸操作完毕后退出手动互联连接片。 （3）变电运行值班人员在母线倒闸操作过程中，投入手动互联连接片时必须检查相应指示灯亮。 （4）完善对检修母线隔离开关的验收标准，对母线隔离开关验收中发现的任何缺陷都应给检修单位提出并予以消除。 （5）组织变电运行值班人员开展对母线差动保护原理、结构、运行操作要点的学习					

【实例9】

运行分析记录

分析时间	2013年10月15日8时30分~11时00分	主持人	吕××	分析性质	专题分析
参加人员	赵××、李××、刘××、肖××、韩××、张××、钱××、常××，路××、杨××				
分析内容 （1）110kV××变电站2号变压器94断路器为小车式断路器柜。94断路器柜与其丙隔离开关柜设有联动闭锁装置，当闭锁解除的情况下，闭锁装置联动的两对辅助触点接通，其中一对辅助触点接通断路器柜上“解除闭锁监视灯”，白灯亮，其中另一对辅助触点接通94断路器跳闸回路，不允许94断路器合闸，主要是为了防止丙隔离开关车带负荷拉、合。当94断路器恢复备用时，丙隔离开关应在工作位置，闭锁装置应在投入位置，此时丙隔离开关柜内闭锁装置联动的两对辅助触点均断开，白灯灭，同时切断闭锁联动跳94断路器跳闸回路，94断路器具备合闸条件。 （2）造成该事故的主要原因是2号变压器停电检修完毕，94断路器恢复备用时运行值班员×××、××投入闭锁装置不到位。没有按照正确的操作方法用摇把套入闭锁装置转轴向右旋转90°，闭锁住小车式丙隔离开关，此时跳94断路器辅助触点断开，如果轴转向右旋转不到位，则其联动的辅助触点有可能处于开、闭临界位置，这种情况虽然能够合上94断路器，但遇到震动即可跳闸，94断路器就是在这种情况下跳闸的。 （3）变电站运行值班人员对94断路器闭锁装置的重要性没有足够的认识，操作闭锁不按照操作内容列入操作票。事故前，运行值班人员×××巡视设备中发现闭锁白灯亮，向站长韦××汇报，但没有引起重视，也没有进行处理，也是造成此次事故的一个重要原因					
采取措施 （1）对变电站内采用的新设备在投入运行前，建议公司运行检修部门组织设计、运行、检修人员对新设备的操作要求、试验要求、运行规定、工作原理进行学习，使相关人员全面掌握新设备的检修、运行规定。 （2）在进行小车式隔离开关、小车式断路器操作时，要将“投入闭锁装置”的内容填写在操作票中。操作人在操作时要将摇把套入闭锁装置转轴向右旋转90°，闭锁住小车式隔离开关。当投入闭锁装置后，操作人、监护人要检查“解除闭锁监视灯”灭，此项内容也应填写在操作票中					

【实例10】

运行分析记录

分析时间	2012年11月15日8时30分~11时00分	主持人	吕××	分析性质	专题分析
参加人员	赵××、李××、刘××、肖××、韩××、张××、钱××、常××，路××、杨××				
分析内容 （1）220kV吕原变电站110kV胜利线12-3与12-4隔离开关间门型架构爬梯上无“禁止攀登，高压危险！”安全标示牌。					

续表

（2）110kV金宏线12-1隔离开关、12-2隔离开关、12-3隔离开关、12-4隔离开关标示牌严重退色。 （3）110kV林庆线15-1隔离开关、15-2隔离开关标示牌安装螺丝生锈。 （4）220kV吕原变电站10kV电缆出线1号杆设备标示不清楚。10kV东明线电缆出线1号杆无标示牌。10kV李水线电缆出线1号杆标示牌字迹已经退色看不清楚，造成工作人员无法工作。 （5）检查220kV吕原变电站安全工器具室内安全标示牌配置不够，"禁止合闸，有人工作！"应配置15块，检查发现只有12块。"禁止分闸！"应配置15块，检查发现没有，原因是没有按照新标准进行配置。"禁止攀登，高压危险！"应配置15块，检查发现只有14块完整能用，有1块已经损坏不能使用。"止步，高压危险！"应配置10块，检查发现只有6块完整能用，其余4块已经损坏不能使用
采取措施 （1）安排运行值班人员张××，齐××立即在110kV胜利线12-3与12-4隔离开关间门型架构爬梯上装设"禁止攀登，高压危险！"安全标示牌。 （2）安排运行值班人员李××、王××对110kV金宏线12-1隔离开关、12-2隔离开关、12-3隔离开关、12-4隔离开关标示牌，对10kV李水线电缆出线1号杆标示牌，10kV东明线电缆出线1号杆，采用临时措施将设备名称编号标识清楚，然后将更换隔离开关标示牌的名称、颜色、尺寸统计上报变电运行工区进行定做。由运行值班人员李××督促新标示牌到站安装时间，待新标示牌到站后，由运行值班人员李××，王××进行更换安装。 （3）安排运行值班人员李××、王××对110kV林庆线15-1隔离开关、15-2隔离开关标示牌生锈的螺丝进行更换。 （4）安排变电站安全员吴××统计缺少的安全标示牌数量，上报变电运行工区并进行领取，按标准要求配齐安全标示牌

【实例11】

运 行 分 析 记 录

分析时间	2012年12月15日8时30分～11时00分	主持人	吕××	分析性质	专题分析
参加人员	赵××、李××、刘××、肖××、韩××、张××、钱××、常××，路××、杨××				
分析内容：无人值班变电站守卫人员安全责任 （1）变电站守卫人员的防盗保卫工作； （2）变电站守卫人员的值班纪律； （3）变电站守卫人员的工作范围； （4）变电站守卫人员清扫卫生时的注意事项； （5）变电站守卫人员《安全协议》的签订					
采取措施 （1）守卫人员要认真履行岗位职责，清楚自己的工作范围和活动区域。守卫人员在无人值班变电站期间不得擅自离岗，有急事确要离开无人值班变电站前应向集控站负责人请假，允许后方可离开无人					

续表

值班变电站。守卫人员应做好变电站的防盗保卫工作，守卫人员如果发现变电站内的电气设备有异常时，如设备有渗漏油、设备接头过热发红等，应及时向集控站运行值班人员汇报并做好记录。守卫人员应做好无人值班变电站人员进、出登记记录，做好无人值班变电站守卫人员间的交接班记录。 （2）守卫人员进入无人值班变电站电气设备区必须戴安全帽，不得穿拖鞋、短裤、背心，电气设备区内严禁吸烟。守卫人员遇有大雾、雷雨、冰雹等恶劣天气，不得进入电气设备区内，严禁靠近避雷针、避雷器。守卫人员在带电设备周围严禁使用钢卷尺、皮卷尺和线尺（夹有金属丝者）进行测量工作。 （3）守卫人员所用的一切工器具只允许平放握在手中，严禁肩扛立起。搬运长物应放倒水平抬运，不允许超过肩部。清扫室内卫生，严禁人员越过盘前警戒线，并不得触及盘体，严禁移动或开启各类设备遮栏。守卫人员在控制室、保护室内工作时，严禁使用移动式通信工具，出、入各控制室、保护室、高压室等房间应随手关门。守卫人员在清扫卫生和站内绿化工作中如有疑问应立即停止工作，并立即向集控站运行值班人员询问清楚后方可继续工作。 （4）守卫人员严禁在变电站内进行电气设备的倒闸操作。守卫人员严禁在无人值班变电站内饮酒、会客。守卫人员严禁带领与工作无关的任何人进入工作现场参观或从事其他事情。守卫人员严禁在无人值班变电站内焚烧垃圾、杂草。守卫人员在守卫期间严禁触动任何电气设备，并与电气设备保持足够的安全距离。守卫人员严禁私自乱接、乱拉电源，如需要连接电源时，应由集控站运行人员负责安装接电。 （5）守卫人员在使用低压电器设备时必须可靠接地，必须在断开电源的情况下触及电器设备并采取必要的安全措施，防止守卫人员低压触电。守卫人员在无人值班变电站内用水浇地时水柱高度离地面不得超过 1m，浇地时必须将水门关好后再移动水管，开水门前必须检查水管是否有折叠现象，防止水管压力过高水柱打到带电设备上造成事故。守卫人员在使用割草机时，必须由两人进行，应穿绝缘靴，戴绝缘手套，且由操作队运行值班人员负责接临时电源，割草机外壳必须可靠接地，割草前必须检查草地中是否有地桩、铁丝等杂物。防止割草机碰到硬物飞起伤人。 （6）操作队负责所辖无人值班变电站守卫人员的安全管理、安全教育和用电管理，要针对具体的工作制定相应的安全措施，对所辖无人值班变电站守卫人员进行经常性的安全教育，及时交待安全注意事项。每年组织对无人值班变电站守卫人员进行《电力安全工作规程》的学习，考试并能达到要求。操作队必须与所辖无人值班变电站守卫人员签订《安全协议》，《安全协议》应一式两份，变电运行车间一份，无人值班变电站守卫人员一份

【实例 12】

运行分析记录

分析时间	2013 年 7 月 15 日 8 时 30 分～11 时 00 分	主持人	吕××	分析性质	月度分析
参加人员	赵××、李××、刘××、肖××、韩××、张××、钱××、常××，路××、杨××				
运行分析内容 （1）完成月度培训工作计划。 （2）变电站现场停电工作任务。 （3）电网事故预案的预想。 （4）设备巡视情况及设备缺陷管理。					

续表

(5) 站内闭锁装置检查良好，解锁钥匙按规定存放，本月操作无使用解锁情况。 (6) 检查变电站电缆沟孔洞封堵情况：张庄变电站电缆沟至断路器室孔洞封堵不严，已处理，其他变电站正常，防小动物措施完备，高压设备室防鼠药齐全合格。站内没有发现外力破坏，没有发现鸟窝鸟巢情况。 (7) 安全工器具齐全良好，没有超试验周期，消防器材维护良好，没有超试验周期。 (8) 对本月变电运行人员值班纪律进行抽查，发现个别变电运行人员有迟到、脱岗现象。 (9) 本值共操作 123 次，办理第一种工作票 2 张，办理第二种工作票 11 张，“两票”合格率均为 100%。 (10) 本值共发现一般缺陷 9 处，处理 1 处。 (11) 完成变电站设备正常巡视任务
采取措施 (1) 加强电网知识和调度规程的学习，掌握和理解电网事故预案处理过程中的步骤和方法。合理调度、配备事故抢修力量，完善现场事故处理预案，明确事故处理现场总负责人，认真执行重大事项汇报制度。 (2) 抓好变电站停电现场的安全工作，合理安排变电运行值班人员的工作量，确定变电站停电现场总负责人，做好春季停电的各项准备工作，对安全工器具、接地线、接地插孔、闭锁等进行维护，确保春季停电顺利进行。要坚持以往行之有效的各项措施，大停电制定大停电措施计划，小停电制定特殊注意事项，各级人员要严格履行岗位职责，严格按检修标准验收，严格按规定到位监督，保证各项措施落实到位。对待各种操作要做到精心准备、精心操作，要全过程对照模拟盘进行模拟演习，有疑问时应询问清楚，确保电网、设备安全稳定运行。 (3) 做好防暑降温工作，保证每一位变电运行值班人员以最好的状态投入到现场工作中。 (4) 提高设备巡视质量，增强变电运行值班人员的安全思想意识。密切监视过负荷线路，及时上报运行情况。做好高温天气的巡视和测温工作杜绝应该发现而没发现的缺陷。对运行不可靠或存在危急、严重缺陷的设备要及时督促检修人员尽快处理。 (5) 做好迎峰度夏期间雷暴日、洪水、气温高、负荷大的特点，要求变电运行值班人员重点关注单电源变电站的设备运行状况，做好设备引线弛度，防水情况、注油设备的油位，排水口畅通情况的检查，特别要做好设备端子箱、机构箱的晾晒与防潮工作。 (6) 严肃变电运行值班人员的值班纪律。操作队值班、事故梯队人员，必须严守岗位，严禁喝酒，保持通信畅通，随叫随到，确保第一时间赶赴事故现场。 (7) 要做好无人值班变电站的防盗工作，对可能失窃的部位，要做好加锁工作。对变电站事故备品进行检查，确保数量充足、好用。开展消防知识培训，组织变电运行值班人员进行消防演习

第四节　设备巡视管理

一、变电站电气设备巡视检查的一般规定

（一）变电站电气设备巡视检查的基本要求

(1) 对变电站电气设备的运行巡视应分为正常巡视检查、特殊性巡视检查、

夜间巡视检查、会诊性巡视检查、监督性巡视检查。

（2）经本单位批准允许单独巡视高压设备的人员巡视高压设备时，不得进行其他工作，不得移开或越过遮栏。新进入变电站人员和实习生不得单独巡视变电站电气设备。

（3）高压室的钥匙至少应有三把，由运行值班人员负责保管，按值移交。一把专供紧急时使用，一把专供运行值班人员使用，其他可以借给经本单位批准的巡视高压设备人员和经批准的检修、施工队伍的工作负责人使用，但应登记签名，巡视或当日工作结束后将钥匙交还。

（4）雷雨天气，需要巡视室外高压设备时，应穿绝缘靴，并不得靠近避雷器和避雷针。高压设备发生接地时，室内不得接近故障点 4m 以内，室外不得接近故障点 8m 以内。进入上述范围人员必须穿绝缘靴，接触设备的外壳和构架时，应戴绝缘手套。

（5）巡视电气设备需要进出高压室、配电室、电容器室、蓄电池室、控制室时必须随手关门。

（6）如果遇到火灾、地震、台风、洪水等灾害发生时，需要对设备进行巡视时，应得到设备运行管理单位有关领导的批准，巡视人员应与派出部门之间保持通信联络。

（7）变电站运行值班人员在巡视设备时如果发现电气设备存在缺陷或异常时，应立即汇报运行值班负责人，并由运行值班负责人做好记录，按缺陷管理程序汇报调度和相关部门、单位。

（8）对于设备的缺陷或异常未消除前，运行值班人员应采取相应的跟踪措施。缺陷或异常发展较为严重时应立即汇报调度值班员及上级主管部门。

（9）变电站运行值班人员应将巡视时间、巡视人、巡视类别、巡视内容及发现的问题记入设备巡视卡和《设备巡视记录簿》中。

（二）变电站电气设备的巡视检查的方法

（1）变电站运行值班人员在巡视检查设备时，可以通过目测检查设备的各个部位，来发现设备外观的异常变化，从而发现设备缺陷。

（2）变电站运行值班人员在巡视检查设备时，可以通过耳听判断法，找出设备有无异常音响，来判断设备有无缺陷。

（3）变电站运行值班人员在巡视检查设备时，可以通过鼻嗅判断法，辨别出设备内部故障造成绝缘材料过热发出的特出异味。

（4）变电站运行值班人员在巡视检查设备时，可以用手触试设备非带电部分（如变压器的外壳等），以判断设备的温度是否有异常升高。

(5) 变电站运行值班人员在巡视检查设备时，可以使用红外测温仪，利用试温蜡片等测温方法发现设备过热缺陷。

(6) 通过计算机自动巡检来实现对变电站电气设备的在线检测、目前在变电站中已采用避雷器在线检测、变压器铁芯在线检测、电流互感器在线检测、电力电容器在线检测、断路器等电气设备绝缘在线检测。

(7) 在无人值班变电站中可以使用红外成像仪成像，使运行值班人员能随时检测到有关设备运行情况。也可以采用在主要设备附近安装摄像机，经远动装置把信号传到中心站，达到对无人值班变电站远方巡视的目的。

二、变电站电气设备正常巡视检查

变电站电气设备正常运行且无异常情况下，按照《变电站设备巡视管理制度》的要求，对设备进行正常巡视，正常巡视的内容有：

(1) 检查电气设备的油温、油色和油位正常；

(2) 检查电气设备的各部位无渗油、漏油现象；

(3) 检查电气设备的音响正常；

(4) 检查电气设备的套管瓷质部分应清洁无裂纹，无严重油污，无破碎，无放电现象和放电痕迹；

(5) 检查电气设备的各接头应紧固不发热；

(6) 检查电气设备的吸湿器完好，吸附剂干燥无潮解；

(7) 检查压力设备的压力应正常，防爆阀应正常，防爆膜应完整无裂纹、无存油，释放器无动作信号发出；

(8) 检查电气设备的基础架构应无下沉、断裂、变形现象，永久性接地线无松动，无断裂、无锈蚀且接地良好；

(9) 检查电气设备机构箱、控制箱和二次端子箱门应开启灵活、关闭严密，无锈蚀；

(10) 检查继电保护和自动装置运行正常，检查二次回路正常，无短路、开路现象，连接片位置正确，接头螺栓无松动，二次电缆无腐蚀和损伤，各表计指示正常；

(11) 检查变电站所有建筑物无缺陷，门窗应关闭严密，照明灯指示正常，事故照明指示正常；

(12) 检查电气设备的五防闭锁装置和固定遮栏、临时遮栏，设备的名称标志、表示牌应醒目齐全；

(13) 备用电气设备应始终保持在可用状态，巡视设备时应同运行设备一同检查；

(14) 巡视电气设备时应按照变电站设备巡视路线和设备巡视项目对所有设

备进行认真巡视；

(15) 运行值班人员应将正常巡视的内容及发现的问题记入设备巡视卡、《设备缺陷记录簿》和《值班运行记录簿》中。

三、变电站电气设备特殊性巡视检查

(1) 新投入和检修后投入运行的电气设备要进行特殊性巡视检查；

(2) 大风时应检查引线是否摆动是否过大，有无可能造成对地或相间距离不够而放电。地面是否有杂物可能刮起，端子箱门是否刮开。控制室、高压室门窗是否关闭严密；

(3) 雷雨冰雹后，应检查设备有无放电现象和放电痕迹，瓷质部分有无破碎，设备基础无下沉，雷电计数器动作情况；

(4) 浓雾毛雨时，检查电气设备有无放电现象和放电痕迹，设备接头无蒸气。对于污秽地区，重点检查设备瓷质绝缘部分的污秽程度，必要时关灯检查；

(5) 下雨天气，应检查高压设备室内、控制室内有无漏雨，渗水情况，各部穿墙套管有无闪络迹象，电缆沟排水畅通无积水；

(6) 下雪天气，检查电气设备接头熔化情况，及时清扫道路积雪；

(7) 冬季主要检查防小动物进入室内的措施有无问题，电缆沟的封堵是否严密，高压室的鼠药是否放置；

(8) 严寒季节时，应检查注油设备油位是否过低，引线是否过紧，各电气设备有无异状，冻结现象，绝缘子有无结冰，管道有无冻裂现象；

(9) 电气电气设备过负荷时，运行值班人员应增加巡视检查次数，并试验接头有无发热现象，试温蜡片有无熔化；

(10) 高温季节应对高负荷线路及电气设备进行抽查测温，要重点检查充油设备油面是否过高，油温是否超过规定。重点检查变压器的冷却装置运行正常，检查断路器室、电容器室、电抗器室、蓄电池室排风机运转正常；

(11) 高峰负荷期间重点检查变压器、线路等电气设备的负荷是否超过额定值，检查过负荷设备有无严重过热现象，变压器严重过负荷时，运行值班人员应每小时检查1次油温，开启变压器备用冷却装置；电气设备异常运行、设备存在重大缺陷时以及法定节假日或者有重要任务时应重点监视易受影响的电气设备，运行值班人员应增加对设备的巡视次数，直至异常及缺陷消除。

四、电气设备运行巡视检查项目

(一) 变压器运行巡视检查项目

1. 变压器本体巡视检查项目

(1) 检查变压器的油温和温度计应正常，变压器的上层油温一般应在85℃以下，但由于每台变压器的负荷轻重及冷却条件不同，所以油温也不相同，变压器的上层油温应根据变压器现场运行规定具体确定。检查变压器应无异味且负荷正常。

（2）检查变压器的油色、油位正常，储油柜的油位高低应与室外温度相对应，变压器无油漆脱落，各部位无渗油、漏油现象，如果储油柜的油位过高，可能是由于变压器的冷却装置运行不正常或变压器内部故障等原因造成油温升高引起油位过高，如果是储油柜的油位过低，应检查变压器各密封处是否有严重漏油现象，变压器油门是否关紧。检查变压器储油柜内的油色是否为透明微带黄色，如果呈红棕色，可能是油位计本身脏污所造成，也可能是变压器油运行时间过长造成。检查变压器各阀门的开闭位置正确。

（3）检查套管油位应正常，套管瓷质部分应清洁无裂纹、无严重油污、无破碎、放电现象和放电痕迹。

（4）检查变压器的音响正常，变压器正常运行时，一般有均匀的“嗡嗡”声，如果变压器内部有“劈啪”放电声，则可能是绕组绝缘发生击穿，如果变压器内部电磁声不均匀，则可能是铁芯穿心螺丝或螺母有松动现象。

（5）检查变压器的基础架构应无下沉、断裂、变形现象，卵石应清洁，下油道应畅通无阻，中性点接地开关位置正确且闭锁良好。

（6）检查变压器的永久性接地线无松动，断裂、锈蚀且接地良好，接地电阻合格，铁芯接地、中性点接地、电容套管接地端接地应良好。

（7）检查各控制箱和二次端子箱门应开启灵活、关闭严密。

（8）检查变压器的各接头应紧固不发热，与变压器连接的母线应无发热迹象，变色试温蜡片应无熔化现象，与变压器连接的引线不应过松过紧。

（9）检查变压器的吸湿器完好，吸附剂干燥无潮解、没有变色。

（10）检查变压器防爆阀应正常，防爆膜应完整无裂纹、无存油，释放器无动作信号发出。

（11）检查变压器的气体继电器应充满油，内部无气体，阀门应开启，防雨罩应完好。

（12）检查干式变压器的外部表面应无积污。压力释放器、安全气道及防爆膜应完好无损。

2. 变压器的冷却装置巡视检查项目

检查变压器的冷却装置油泵、风扇运行正常，油泵、风扇运行正常无异音，各散热器阀门应开启。油流继电器工作正常。检查变压器冷却装置控制箱门应开启灵活、关闭严密，控制箱内各信号灯指示正确，各风扇电机控制电源开关位置正确。控制箱内各电器设备运行正常，无异音无过热现象。强迫油循环风冷却装置的低压电源自、互投传动试验应正常。

3. 变压器的有载调压装置巡视检查项目

检查变压器的有载调压装置分头位置指示器应正确，就地和远方操作计数器分接位置指示一致。有载调压动力箱门应开启灵活、关闭严密，防潮、防尘、防小动物密封良好，箱内应清洁，润滑油位正常，控制器电源指示灯显示正常。分接开关储油柜的油位、油色、吸湿器及其硅胶应正常。分接开关及其各部位应无渗漏油。分接开关操作机构箱的加热器应完好。有载调压装置的操作电源和电动操作机构应正常，并按要求实现分接开关的自动切换。变压器的有载调压气体继电器应充满油，内部无气体，阀门应开启，防雨罩应完好。

（二）GIS设备运行巡视检查项目

（1）检查GIS设备附近无异常声音，无异味，无漏气（SF_6气体、压缩空气）、漏油（液压油、电缆油）现象；

（2）检查SF_6气体无泄露，所有阀门的开、闭位置应正常，避雷器的指示值正确；

（3）检查断路器、隔离开关、接地隔离开关的位置指示正确，并与当时实际运行情况相符；

（4）检查断路器、隔离开关、接地隔离开关的闭锁位置应正确，带电显示器指示正确；

（5）检查现场控制盘上各种信号指示灯指示正确、控制开关的位置应正确；

（6）检查断路器气室、隔离开关气室、母线气室、电压互感器等气室的压力表指针是否在正常范围内；

（7）检查各接头应紧固不发热、示温蜡片不熔化，变色漆不变色；

（8）检查瓷质部分无裂纹、破碎，放电现象和放电痕迹；

（9）检查接地体或支架是否有锈蚀或损伤情况，所有金属支架和保护罩有无油漆脱落现象。接地端子没有发热现象，金属外壳的温度是否超过规定值；

（10）检查可见的绝缘元件有无老化裂纹现象；

（11）检查弹簧操作机构指示器应在“弹簧已储能”位置；

（12）检查各类箱门开启灵活、关闭严密，二次端子无发热现象，溶丝、熔断器的指示应正常；

（13）检查控制柜内加热器的交流电源开关应按照规定投入或切除；

（14）检查压力释放装置防护罩无异常，其释放出口无障碍物；

（15）检查GIS设备外观应清洁、整齐、标志完善、无油漆剥落现象；

(16) 检查 GIS 设备室应保持清洁，所有照明、通风设备、防火器具应完好；

(17) 检查 GIS 设备室内温度正常，无放电声。

(三) 断路器的运行巡视检查项目

1. 油断路器巡视检查项目

检查油断路器本体套管的油位在正常范围内，油色透明无碳黑悬浮物。油断路器无渗、漏油痕迹，放油阀关闭紧密。套管、瓷瓶无裂纹，无放电声和电晕。油断路器的分、合位置指示正确，并与当时实际运行情况相符。各接头应紧固不发热、示温蜡片不熔化，变色漆不变色。引线的连接部位接触良好，无过热。排气装置应牢固完好，排气管及隔栅应完整，断路器永久性接地应紧固无松动、无断裂、无锈蚀。吸潮剂不潮解，防雨帽无鸟窝，雨天应重点检查断路器无进水。油断路器故障掉闸达到规定次数应停用线路重合闸，申报检修。室内断路器周围的照明和固定围栏应良好。二次回路的导线和端子排应完好。

2. 真空断路器巡视检查项目

应检查断路器瓷质部分无裂纹、破碎、放电现象和放电痕迹，内部有无异音。引线的连接部位接触良好，无过热，试温蜡片不熔化，变色漆不变色。断路器分、合位置指示正确符合现场实际运行情况，真空灭弧室无异常。断路器永久性接地应紧固无松动、无断裂、无锈蚀。室内断路器周围的照明和固定围栏应良好。二次回路的导线和端子排应完好。

3. SF_6断路器巡视检查项目

SF_6断路器各部分及管器无异声（漏气、振动声）及异味管器夹头正常。SF_6断路器气体压力密度指示正常。定时记录 SF_6断路器的气体压力和温度。套管无裂纹，无放电声和电晕。断路器的分、合位置指示正确，并与当时实际运行情况相符。引线的连接部位接触良好，无过热。SF_6断路器永久性接地应紧固无松动、无断裂、无锈蚀。室内 SF_6断路器周围的照明和固定围栏应良好。二次回路的导线和端子排应完好。

4. 手车断路器正常巡视检查项目

手车断路器柜内无放电现象。弹簧机构合、分操作后能自动进行储能。断路器分、合指示正确，继电器监视装置指示正确。手车断路器柜上保护继电器指示数据正确，二次插头完好，插接牢固，微机指示数据正确。各手车断路器位置正确，柜门关闭严密。设备各触头接触良好，无过热现象，各处部件无锈蚀。手车断路器闭锁良好，带电显示器指示正确。

5. 液压操作机构巡视检查项目

液压操作机构箱门平整、开启灵活、关闭严密，外壳接地牢固，基础应完好。油箱油位正常，无渗漏，液压操作机构中高压油的油位在允许范围内。油泵启动正常，油泵电机电源正常。贮压箱应封闭严密无裂纹、划伤现象。机构箱内无异味，加热器完好并按照规定正常投入和退出。操作机构应清洁完整，连杆、拉杆、弹簧应完整无损，销子无脱落。

6. 弹簧操作机构巡视检查项目

检查机构箱门平整、开启灵活、关闭严密，外壳接地牢固，基础应完好，防凝露加热器应完好。弹簧机构储能电动机、行程开关无卡住和变形，分、合闸线圈无冒烟异味。断路器在运行状态，储能电动机的电源闸刀或熔丝应在闭合位置。操作机构应清洁完整，连杆、拉杆、弹簧应完整无损，销子无脱落。断路器在分闸备用状态时，分闸连杆应复归，分闸锁扣应到位，合闸弹簧应储能。

7. 电磁操动机构巡视检查项目

机构箱门平整、开启灵活、关闭严密，外壳接地牢固，基础应完好。断路器分、合闸线圈及合闸接触器线圈无冒烟异味，直流电源回路接线端子排无松脱、无铜绿或锈蚀现象。加热器完好并按照规定正常投入和退出。操作机构应清洁完整，连杆、拉杆、弹簧应完整无损，销子无脱落。

（四）隔离开关运行巡视检查项目

（1）检查隔离开关的瓷质部分清洁完整，无裂纹、无破碎、无放电现象和放电痕迹。

（2）检查隔离开关的开、合位置应与模拟屏运行方式结线相一致，隔离开关的辅助接点位置正确。

（3）检查隔离开关的闭锁装置完好，在隔离开关拉开后，应检查电磁锁或机械闭锁的销子确已到位，操作把手确已锁牢，程序锁的操作顺序应正确。

（4）检查隔离开关拉开后断口空间距离应符合标准规定。

（5）检查隔离开关操作连杆及机械传动部分无锈蚀、无损伤，各机件应紧固无松动，无脱落现象。有软连接的隔离开关不应有折损，断股现象，各处弹簧不疲劳、不锈蚀、不断裂。

（6）检查隔离开关的各接头接触应良好，无过热现象，试温蜡片不熔化。隔离开关与母线或断路器连接的引线部分应牢固、无松股、断股，无脱落或断线现象。

（7）检查 GW2 型隔离开关刀片和刀嘴的消弧角无烧伤、无变形、无锈蚀现象，触头接触紧密、良好，消弧角无过热、发红现象。如果触头接触不良会造成较大的电流通过消弧角，引起两个消弧角发热，发红，当夜间巡视检查时，会看到像小火球一样的亮点，严重时会焊接在一起，使隔离开关无法拉开。

（8）检查隔离开关刀片和刀嘴无污秽，无烧伤痕迹。隔离开关各机械转轴、齿轮、框架、拐臂、销子等零部件应无开焊、无变形，无卡涩，无松脱、无倾斜现象。

（9）检查隔离开关的底座应安装牢固且底座与操作机构永久性接地线良好。

（10）检查隔离开关的基础应良好，无损伤、下沉和倾斜。

（11）检查隔离开关的电动操动机构箱密封良好不漏水、不进潮。

（12）检查接地开关应接地良好，闭锁装置完好。

（五）载流导体、穿墙套管及绝缘子的运行巡视检查项目

1. 载流导体的运行巡视检查项目

应检查引线风偏不过大，导线无松股、断股、烧伤，汇流排无严重振动及断裂无脱落。各部铁件，悬重球头无锈蚀，弹簧开口且应完整无脱落。在巡视变电站内的母线、引线与电气设备的接头、电气设备的触点等是否过热，应检查接头上所贴的试温蜡片是否齐全，如果发现接头上所贴的试温蜡片没有了，应检查是熔化掉了还是没贴牢自动掉落。还应认真检查试温蜡片的棱角有无变化，如果试温蜡片棱角完好无损，则说明接头无过热现象。如果试温蜡片移位则说明接头已热现象，如果试温蜡片下坠说明接头过热造成试温蜡片已接近融化点，如果试温蜡片表面发亮则说明接头有过热的预兆，运行值班人员应加强监视。在巡视变电站内设备时应根据试温蜡片的颜色来判断接头的温度，黄色为60℃，绿色为70℃，红色为80℃。运行值班人员应根据不同金属材料的接头，粘贴上不同颜色的试温蜡片。当发现试温蜡片熔化时，运行值班人员应及时向调度值班员申请减小设备负荷直至停电处理。

2. 绝缘子及穿墙套管的运行巡视检查项目

（1）检查绝缘子应清洁完整，无裂纹、无破碎、无放电现象和放电痕迹。

（2）检查金具应无生锈、不损坏、不缺少开口销和弹簧销。

（3）检查支持绝缘子铁脚螺丝无丢失。

（4）阴雨、大雾天气，应检查绝缘子无裂纹、无电晕且无放电现象。对于不明显的裂纹可在小毛毛雨和溶雪后检查，当水珠浮在裂纹上，因毛细管作用，水就会沿着裂纹的途径伸展，这样浮在裂纹上的灰尘就会被水湿透，此时在绝缘子表面上就会显示出裂纹的原形。

（5）雷雨后，检查绝缘子有无裂纹，闪络痕迹。

（6）冰雹后，检查绝缘子有无破损。

(7) 母线绝缘子应完整无破裂，无放电现象和放电痕迹，应符合规程要求。

(8) 合成绝缘子套管无破损、无放电声。

(9) 注油式穿墙套管油位正常，无渗漏油现象，瓷质部分完整无破裂，无放电现象和放电痕迹。

(六) 防雷装置的运行巡视检查项目

1. 防雷装置的正常巡视检查项目

(1) 检查避雷器的瓷质部分完整无破损，无裂纹，无放电痕迹和闪络痕迹；

(2) 检查避雷器的放电计数器是否动作，应将放电计数器动作情况及时做好记录，检查放电计数器应完好，内部不进潮，检查避雷器引线压接良好；

(3) 检查避雷器内部无响声；

(4) 检查避雷器、避雷针底座牢固，无锈烂且接地良好，基础无下沉；

(5) 检查避雷器引线完整且无松股、断股现象，引线接头应牢固，导线不过紧、不过松且无锈蚀，无烧伤痕迹；

(6) 应检查接地线与设备的金属外壳，接地线与接地网的连接处接触良好，接地线无损伤、断裂锈蚀现象；

(7) 明敷的接地线表面所涂的标志漆应完好。对于各种防雷装置的接地线每年在雷雨季节前应全面检查一次。

2. 防雷装置的特殊巡视检查项目

(1) 雷雨时运行值班人员不得接近防雷设备；

(2) 雷雨后要检查放电计数器的动作情况，检查避雷器表面有无闪络，做好记录；

(3) 大风天气要检查避雷器、避雷针上有无悬挂物；

(4) 大雾天气应检查避雷器的瓷质部分有无放电现象；

(5) 冰雹过后应检查避雷器的瓷质部分有无破损，计数器是否被砸坏。

(七) 电压互感器的运行巡视检查项目

(1) 检查电压互感器内部无异音、无放电声及剧烈振动声；

(2) 当外部线路发生接地故障时，应检查电压互感器内部声响和有无焦臭味。瓷质部分应清洁完整无裂纹、破碎，放电现象和放电闪络痕迹；

(3) 检查电压互感器油位、油色应正常，无渗漏油现象，防爆膜无破裂，膨胀器应正常；

(4) 检查电压互感器呼吸器内部吸潮剂无受潮变色，如果硅胶由原来的蓝色变为粉红色，则说明硅胶已受潮，应尽快调换；

(5) 检查电压互感器二次回路电缆及导线不应腐蚀及损伤，电压互感器端子箱应完好且关闭严密，电压互感器端子箱内熔断器及自动开关等二次元件应正常；

（6）检查电压互感器高低压熔丝及二次快分开关应接触良好，无断路、无短路、无异音；

（7）检查电压互感器的一次设备各接头应不发热，电压互感器一次设备各部位接地良好，各部连接应牢固，无锈蚀、无松动现象；

（8）检查电压互感器电压表三相电压指示应正确，无异常信号发出，常见的故障有：35kV系统单相接地时，全接地相电压为0V，其他两相指示为线电压，开口三角电压为100V。35kV系统单相经高电阻接地时，接地相电压低于相电压，其他两相电压高于相电压但低于线电压，开口三角电压不到100V。高压熔丝熔断，熔断相所接的电压表指示要降低，未熔断相的电压表指示为相电压。

（八）电流互感器的运行巡视检查项目

（1）检查电流互感器内部声响正常，正常运行中的电流互感器声音极小且均匀或没有声音，若电流互感器发出“嗡嗡”声较大可能是铁芯穿心螺丝没有夹紧，硅钢片松弛造成，还有原因是一次负载突然增大或电流互感器过负荷造成。如果是二次回路开路，电流互感器的“嗡嗡”声将很大。如果电流互感器内部发出较大的“噼啪”放电声，可能是电流互感器内部线圈故障；

（2）检查电流互感器瓷质部分应清洁完整无积灰、无裂纹、无破碎、无电晕，无放电现象和放电痕迹；

（3）干式（树脂）电流互感器外壳应无裂纹，无炭化和发热熔化现象，无异常振动、无异常气味、无烧痕和冒烟现象，接头无过热；

（4）检查充油电流互感器的油位、油色应正常，无渗漏油现象，呼吸器完整，内部吸潮剂不潮解，检查充油电流互感器无焦臭味；

（5）检查电流互感器无过负荷，电流互感器的一次引线接头无过热现象，基础应牢固，外壳接地应良好；

（6）应检查电流互感器二次回路正常，无开路现象，连接片位置正确，接头螺栓无松动现象，二次电缆无腐蚀和损伤现象，电流表三相指示正常；

（7）电流互感器二次回路开路时会出现接线端子排有打火、烧伤或烧焦现象。电流表或功率表指示为零，电能表不转动而伴有“嗡嗡”声。

（九）电抗器及电力电容器的运行巡视检查项目

1. 电抗器的正常巡视检查项目

（1）检查本体无裂纹扭曲放电现象及放电痕迹，本体无倾斜现象；

（2）检查接头压接牢固无发热现象，线圈无变形，声音正常，各部固定螺丝无松动；

（3）检查电抗器套管绝缘子应清洁，无破损、闪络痕迹；

（4）检查电抗器外壳接地应良好；

（5）检查电抗器周围无杂物，电抗器室门窗应关闭严密；

（6）检查永久性接地无松动锈蚀现象，检查本体温度应正常；

（7）检查本体、散热器无渗漏油现象；

（8）检查电抗器的通道应清洁，无杂物。

2. 电力电容器的运行巡视检查项目

（1）检查电力电容器的外壳无渗漏油，喷油，无变形，膨胀现象，附属设备应清洁完好；

（2）检查电力电容器内部无异音，熔丝没有熔断；

（3）检查试温蜡片不溶化。各处接点无过热及小火花放电现象；

（4）检查电力电容器瓷质部分清洁完整无积灰、无裂纹、无破碎、无电晕，无放电现象和放电痕迹；

（5）检查电力电容器各引线连接无松动、脱落或断线；

（6）检查与电力电容器的外壳接地线连接良好无锈蚀，检查与之相关的放电TV、避雷器、接地开关等设施接地完好；

（7）检查电力电容器三相投入运行只数应相同。电流表三相指示应基本正常，放电TV无渗漏油，瓷质部分完整清洁无破损，无闪络放电痕迹，放电指示灯在熄灭状态；

（8）检查电力电容器室门窗应完整，关闭应严密，检查电力电容器装置室内通风装置良好；

（9）检查电力电容器组各保护投运正常。

（十）阻波器及耦合电容器的运行巡视检查项目

1. 阻波器的运行巡视检查项目

（1）检查阻波器连接导线有无断股，接头是否发热，螺丝是否松动；

（2）检查阻波器安装应牢固，不准摆动；

（3）检查阻波器上部与导线间的绝缘子应清洁，销子、螺丝应紧固；

（4）检查阻波器上不应有异物，构架应牢固；

（5）支持绝缘子应牢固、清洁、无裂纹、无闪络痕迹及破损，底架接地应良好。

2. 耦合电容器的运行巡视检查项目

(1) 检查耦合电容器瓷质部分清洁完整、无裂纹、无破碎、无电晕，无放电现象和放电痕迹；

(2) 检查耦合电容器的引线连接应牢固、无松股，断股，无断线；

(3) 检查耦合电容器的接地良好无锈蚀，接地开关应完好，位置应正确；

(4) 检查耦合电容器无渗漏油，无异音。

(十一) 电力电缆的运行巡视检查项目

(1) 检查电力电缆保护皮层无腐蚀，无锈蚀，无漏油，无漏胶现象，无过热，无机械损伤现象，金属屏蔽皮接地良好；

(2) 对于户外与电力电缆和终端头应检查终端头压线处接触良好完整无损，引出线的接点无发热变色，电缆铅包无龟裂漏油；

(3) 电力电缆头无损伤破裂，无放电现象和放电痕迹；

(4) 电力电缆中端绝缘子应完整清洁，无裂纹和闪络痕迹，支架牢固，无松动锈烂且接地良好；

(5) 检查电力电缆无异味；

(6) 检查充油试电力电缆油压正常；

(7) 根据负荷、温度、电力电缆截面判断电力电缆是否过负荷；

(8) 检查电力电缆隧道和电缆沟内的支架应牢固，无松动锈烂且接地良好；

(9) 电力电缆外皮接地应良好，对于敷设在地下的电缆应检查路面是否正常有无挖掘痕迹，路线标桩完整无缺，电力电缆相位标志应清晰；

(10) 站内电缆沟、电缆井、电缆架及电缆线路段的巡视，至少每 3 个月一次；

(11) 电力电缆终端头根据现场运行情况每 1～3 年停电检查一次。

(十二) 母线的运行巡视检查项目

1. 硬母线的运行巡视检查项目

(1) 检查硬母线表面的相色漆应清晰，无起层脱落变色现象，各部位试温蜡片无熔化；

(2) 检查硬母线的伸缩节完好，无断裂过热现象；

(3) 运行中的硬母线不过负荷，无较大的振动声；

(4) 硬母线的支持绝缘子应清洁，无裂纹、放电声和放电合计痕迹；

(5) 硬母线的各连接部分的螺丝应紧固，接触良好，无松动、振动过热现象。

2. 软母线的运行巡视检查项目

（1）检查软母线的表面应光滑整洁，连接部位应牢固，无松股，无断股，无断线，无裂纹，无麻面，无毛刺；

（2）颜色应正常，无发热、无变色、无变红，无锈蚀，无磨损，无变形，无损伤和闪络烧伤；

（3）检查软母线在运行中应无严重放电声，母线上无杂物悬挂；

（4）绝缘子连接金具应完整良好，无磨损，无锈蚀，无断裂。

3. 母线各部位过热的巡视检查

（1）通过检查试温蜡片来判断母线各部位是否过热；

（2）通过检查相色漆的变化情况来判断母线各部位是否过热；

（3）雨后检查局部干燥和蒸汽情况来判断母线各部位是否过热；

（4）导线接头变色与相邻设备比较来判断母线各部位是否过热；

（5）通过检查霜雪熔化情况来判断母线各部位是否过热；

（6）用绝缘杆带电测试母线各部位是否过热；

（7）用测温仪带电测量温度。

（十三）站用变配装置的运行巡视检查项目

（1）站用变音响应正常，油色、油位应正常。

（2）磁质部分无破碎，裂纹及放电现象。

（3）检查呼吸器吸潮剂无潮解。

（4）各散热管及主体无渗漏油。

（5）一、二次引线联接良好，压接紧固无发热，试温蜡片不熔化。

（6）二次电缆头无渗油，外皮温度正常。

（7）外壳接地良好，基础架构良好。

（8）配电盘上各表计指示正确，各路出线接头无过热，保险无熔断。各盘接地可靠良好。

（十四）建筑物的运行巡视检查项目

（1）检查变电站大门及护网是否完好，检查变电站围墙无裂缝，无塌陷，无倾斜，检查变电站围墙外无杂草、无易被大风刮起的杂物堆积；

（2）检查变电站所有建筑的门窗完好，无损坏，无漏雨且关闭严密，门锁好用；

（3）检查变电站所有建筑的百叶窗无进水，无雪花飘入，地面及墙面无积水；

（4）检查电缆盖板是否齐全完好，检查变电站各通道应无车辆、设备和物体堵塞；

(5) 检查变电站所有建筑房顶无渗雨、漏雨现象；

(6) 检查变电站下水道畅通无堵塞；

(7) 检查房屋及设备的基础无裂纹，无下沉现象。

(十五) 直流系统的运行巡视检查项目

(1) 检查蓄电池室内应清洁，无强酸气味。室内温度正常，通风照明良好；

(2) 检查蓄电池本身密封良好，浮充电状态下蓄电池本身的温度与环境温度相符，防酸隔爆式蓄电池的呼吸帽应清洁，无堵塞现象；

(3) 检查蓄电池缸不倾斜，表面清洁，无裂纹，蓄电池液面应正常，导线连接处不锈蚀，蓄电池各接头压接良好，无白碱现象，凡士林涂层完好；

(4) 检查直流正母线和负母线的对地绝缘值，运行中的直流母线对地绝缘值应不小于 10MΩ；

(5) 运行值班人员要测量蓄电池组电压、温度、密度应正常，每瓶电池电压一般在 2.1V～2.2V，密度应为 1.2～1.21 (15℃)；

(6) 运行值班人员要检查测量直流母线电压正常，直流母线电压值一般控制在 220V±2%范围内；

(7) 运行值班人员还要对直流电源装置的交流输入电压值、冲电装置输出的电压值和电流值、硅整流器浮充电流值；

(8) 检查硅整流器的音响正常，硅整流器的整流逆变方式正确，交、直流两侧保险无熔断信号指示正确，逆变装置由直流主供交流备用，逆变电压，电流、频率指示正确；

(9) 检查直流电源装置上各种信号灯指示正确，声响报警装置运行正常。直流控制电源及直流熔断器应运行正常，断路器直流电源分合闸指示灯指示正确。

第五节　进网作业电工登记

用电检查人员负责进网作业电工的基本信息、资格考核的登记工作。进网作业电工基本资料包括：姓名、性别、民族、出生年月、联系地址、联系电话、取证日期、证件编号等信息。用电检查人员定期维护进网作业电工资料，检查进网作业电工资质使用和工作安全等情况。进网作业电工基本信息表如表 4-1 所示。

表 4-1　　进网作业电工基本信息表

填报单位：****

序号	姓名	性别	证件编号	取证日期	职称	文化程度	从事用电工作年限	出生年月	联系电话	联系地址
1	王**	男	**05001	2000.9	助工	大专	14	1979.8.2	139 ********	**********
2	逯**	男	**05002	2007.9	助工	大专	8	1987.4.12	139 ********	**********
3	赵**	男	**05003	1990.9	助工	高中	30	1964.2.21	139 ********	**********
4	张**	男	**05004	1990.9	助经	高中	29	1970.9.11	139 ********	**********
5	徐**	男	**05005	1990.9	工程师	高中	29	1968.12.30	139 ********	**********
6	毕**	男	**05006	1994.9	工程师	大专	21	1977.8.5	150 ********	**********
7	孙**	女	**05007	1996.9	助工	大专	19	1980.7.15	150 ********	**********
8	王**	男	**05008	1988.9	工程师	高中	21	1971.12.9	150 ********	**********
9	付**	男	**05009	1998.9	助工	大专	16	1983.8.19	150 ********	**********
10	王**	男	**05010	2003.9	助工	高中	12	1970.10.16	150 ********	**********
11	任**	女	**05011	1990.9	助工	高中	20	1971.8.30	150 ********	**********
12	田**	男	**05012	2009.9	助工	大专	6	1985.6.3	150 ********	**********
13	张**	男	**05013	2010.9	助工	大专	5	1979.5.22	134 ********	**********
14	孙**	男	**05014	1998.9	助工	大专	16	1973.8.19	134 ********	**********
15	张**	女	**05015	1982.9	助工	大专	23	1971.4.12	134 ********	**********

续表

序号	姓名	性别	证件编号	取证日期	职称	文化程度	从事用电工作年限	出生年月	联系电话	联系地址
16	李**	男	**05016	1998.9	助工	大专	17	1971.7.30	134********	***********
17	孟**	男	**05017	2002.9	助工	大专	12	1979.8.30	134********	***********
18	王**	男	**05018	1988.9	工程师	大专	20	1968.9.2	133********	***********
19	聂**	男	**05019	1988.9	助会	大专	27	1965.3.15	133********	***********
20	李**	男	**05020	2000.9	技术员	高中	16	1983.9.14	133********	***********
21	徐**	男	**05021	2010.9	助工	大专	5	1991.8.27	133********	***********
22	边**	男	**05022	1998.9	助工	大专	16	1984.6.13	138********	***********
23	许**	男	**05023	1990.9	助工	大专	25	1968.8.19	138********	***********
24	徐**	男	**05024	2007.9	技术员	中专	8	1981.4.2	138********	***********
25	陈**	女	**05025	2009.9	助工	大专	6	1988.8.26	138********	***********
26	田**	男	**05026	2008.9	技术员	大专	7	1990.4.21	138********	***********
27	宋**	男	**05027	2006.9	技术员	大专	9	1987.8.13	151********	***********
28	张**	男	**05028	1995.9	助工	大专	20	1979.1.12	151********	***********
29	刘**	女	**05029	2004.9	技术员	大专	11	1981.8.29	151********	***********
30	王**	男	**05030	2006.9	技术员	高中	9	1988.7.21	151********	***********

第五章 安全用电

第一节 重要保电工作

一、重要保电工作

用电检查单位为满足本地区重大事件、重要政治任务、重大社会活动、重要会议、重要节日等持续供电的需要，保证电网及客户受电设备在持续供电期间不发生因电力生产事故、设备缺陷事故造成供电中断，采取的安全管理措施及执行措施。

二、保电工作等级

政治保电工作分为一级保电工作和二级保电工作。

1. 一级保电工作

(1) 具有重大影响的国际性会议召开或国际性重要活动期间的保电工作；

(2) 国家级和省级重要政治、经济、文化活动等期间的保电工作；

(3) 其他由国家级和省级政府认定的保电工作。

2. 二级保电工作

(1) 地市级政府重要政治、经济、文化活动等期间的保电工作；

(2) 国家法定节假日（春节、国庆节、五一劳动节、元旦）期间保电工作；

(3) 其他由地市级政府或上级部门认定的保电工作。

三、保电工作方案

用电检查班负责归口受理保电工作的申请，确定保电类型及等级。用电检查班接到保电工作申请后负责编写客户端保电方案，电网保电方案由运维检修单位负责编写，电网保电方案和客户端保电方案编写完成后进行统一汇总，报上级领导审核批准执行，用电检查班将保电工作方案通知客户，并签订保电责任书。

1. 一级保电方案的主要内容

(1) 明确保电目标；

(2) 明确保电要求；

（3）明确保电任务；

（4）明确保电的组织机构及责任制；

（5）明确重要和一般地区、场所保电的时段和级别；

（6）保电客户基本状况；

（7）供电电源状况；

（8）保电客户主要电气设备参数；

（9）客户端保电安全、技术措施；

（10）保电客户值班人员、抢修力量安排等；

（11）电网保电预案；

（12）客户端保电预案等。

2. 二级保电方案的主要内容

（1）明确电网保电工作方案；

（2）明确值班工作安排；

（3）明确抢修工作安排；

（4）明确客户侧保电工作要求等。

四、保电检查内容

用电检查人员对保电范围内客户电气设备运行情况及管理情况进行用电安全检查，保电检查的主要内容：

（1）检查保电客户受电电源配置情况是否符合要求；

（2）检查保电客户重要场所（负荷）是否配备两回及以上线路供电，自动切换装置是否良好；

（3）检查保电客户的重要负荷是否配备应急电源，自备电源运行情况是否良好；

（4）检查保电客户主要电气设备运行情况是否良好，是否对变配电设备按期进行修试和维护；

（5）检查保电客户对发现的设备缺陷是否及时整改处理；

（6）检查保电客户是否配备足够值班人员，值班人员是否持有电工进网作业许可证；

（7）检查保电客户在重要活动期间，保电单位领导是否参加值班；

（8）检查保电客户变电站、配电室运行规程、操作规程、安全工作规程等管理制度规程是否齐全、正确、完善；

（9）检查值班员是否熟悉变电运行、倒闸操作、工作票、设备巡视、设备定期试验轮换规程、事故处理规定等，是否能严格遵照执行；

(10) 检查保电客户是否制定事故应急预案，保电人员是否熟悉事故应急预案内容。

五、保电工作要求

(1) 用电检查人员应提前对被保电单位进行用电检查，如果发现设备隐患及缺陷，用电检查人员必须开具用电检查结果通知书，督促被保电单位整改、消缺。用电检查人员将保电客户存在的严重隐患及缺陷情况报活动主办单位及主管部门备案。

(2) 一级保电期间，根据保电预案要求，用电检查人员应协助被保电单位现场值班，指导客户实施保电措施。

(3) 用电检查人员应做好保电工作总结，一级保电工作总结应于保电结束后10个工作日内完成保电工作总结，并报送上级单位。

(4) 用电检查人员应做好保电资料整理归档工作。

六、实例

(一) 供电线路停电故障应急预案

1. 故障原因

10kV 石桥线×月×日××保护动作线路跳闸，经巡视发现 T04 号—2 号环网柜电缆被挖断。

2. 运行方式

10kV 石桥线和 10kV 新华线为被保电单位主供电源，10kV 周家线为备供电源。10kV 石桥线 T04 号—2 环网柜间电缆被挖断后，被保电单位的开闭所 10kV 周家线自投成功，10kV 石桥线为保电线路，急需抢修恢复供电。

3. 事故应急处理

(1) 值班调度员在接到事故演习开始指令后，立即调整电网运行方式。

(2) 值班调度员向变电值班员和配电值班员发布事故巡视设备指令。

(3) 变电值班员接到调度值班员的事故巡视指令后，认真、详细地做好记录，包括线路名称、跳闸时间、保护动作情况等。

(4) 配电单位组织人员进行事故巡线。

(5) 巡线人员在现场发现故障点后，通知线路保电负责人组织故障处理，巡视人员对事故现场进行保护。

(6) 线路保电负责人根据事故情况，启动《配电线路反事故演习预案》，配电单位工作许可人直接向调度值班员提出抢修停电要求，履行许可手续。

(7) 线路保电负责人立即通知保电抢修组负责人到现场，进行现场勘查并组织抢修分工，安排好抢修车辆，确定现场抢修工作负责人。

(8) 工作负责人接到现场抢修任务后，立即召集参加抢修的班组和人员，进行具体工作任务的布置和分工，填写事故抢修单，交代安全措施，对抢修所用的电缆附件、电缆等材料及接地线、验电器等工具进行充分准备，以最快的速度赶到事故现场，做好抢修前的准备工作。

(9) 配电单位工作许可人，在接到值班调度员的许可开始抢修的工作指令后，向抢修工作负责人下达开始抢修的工作指令，抢修人员进行验电、悬挂接地线、完成抢修现场装设抢修围栏等工作，做好安全措施后开始进行抢修工作。

(10) 抢修人员在10kV石桥线T04号—2环网柜间做中间头。

(11) 加强对供电的另外两条线路10kV周家线和10kV新华线进行特巡、测温测负荷，确保对被保电单位的正常供电。

(12) 抢修工作结束后，组织验收，合格后，由抢修工作负责人下达拆除现场安全措施的指令，抢修人员撤出现场，抢修工作负责人向配电单位工作许可人汇报，线路可以恢复送电。工作许可人向调度值班员汇报，线路可以恢复送电。

(13) 抢修完毕后，配电单位组织有关人员对事故原因进行分析总结，制定防范措施，防止类似事故的再次发生。

(二) 配电变压器失电故障应急预案

1. 故障原因

10kV宏达线21号杆线路发生雷击断线，10kV宏达线跳闸停电。

2. 运行方式

10kV宏达线带10kV 1号变压器和10kV 2号变压器负荷，10kV 1号变压器带0.4kV 1母线负荷，10kV 2号变压器带0.4kV 2母线负荷，0.4kV分断联络开关断开，0.4kV联络开关备自投装置投入运行。

3. 事故应急处理

(1) 手动控制断开1号变压器低压进线柜总开关，取下闭锁钥匙。

(2) 手动控制断开2号变压器低压进线柜总开关，取下闭锁钥匙。

(3) 发电车做好发电准备。

(4) 根据发电车的容量，将0.4kV 2母线普通负荷的低压抽屉柜开关全部断开，只保留其重要负荷开关在合闸位置。

(5) 将发电车接入11P开关进行合闸，为0.4kV 2母线重要负荷供电。

(6) 根据发电车的容量，将0.4kV 1母线普通负荷的低压抽屉柜开关全部断开，只保留其重要负荷开关在合闸位置。

(7) 将闭锁钥匙插入联络开关，手动控制合上0.4kV分断联络开关，由发电车带0.4kV 1、2母线重要负荷。

(8) 当10kV宏达线事故抢修结束，10kV1号变压器和10kV2号变压器负荷恢复正常供电后，抢修人员手动控制断开发电车接入的11P开关。

(9) 抢修人员手动控制断开0.4kV分断联络开关断开。

(10) 手动控制合上1号变压器低压进线柜总开关，由1号变压器带0.4kV1母线负荷。

(11) 手动控制合上2号变压器低压进线柜总开关，由1号变压器带0.4kV2母线负荷。

(12) 将0.4kV2母线普通负荷的低压抽屉柜开关全部合上。

(13) 将0.4kV1母线普通负荷的低压抽屉柜开关全部合上。

(14) 0.4kV联络开关备自投装置投入运行。

开关站内10kV1号变压器失电，1号变压器、2号变压器0.4kV联络开关备自投装置启动（1.5s），自动断开失电变0.4kV侧开关，自动合上0.4kV联络开关。由另一台变带开关站0.4kV全部负荷，开关站内部无需操作。

第二节　电气设备消防管理

一、变电站防火的一般规定

变电设备场所应配有必要的消防设施，并根据需要，配备合格的呼吸保护器。现场消防设施不得移作他用。变电站重点防火部位（是指火灾危险性大，发生火灾损失大，伤亡大、影响大的部位和场所。一般指燃料油罐区，控制室、通信机房、计算机室、变压器、电缆间及隧道、蓄电池室，有效的易燃易爆物品场所）应装设“禁止吸烟”的明显标志，其他生产现场不准流动吸烟，吸烟应有指定地点。在室外变电设备现场的消防砂箱、消防桶、消防铲、消防斧应涂红色标志，消防桶应盛满细沙。高压设备室、控制室、电缆室、蓄电池室门应设计为向外开启，室门锁好后应能从室内打开，室内应通风良好。工作间断或结束时应清理和检查现场，消除火险隐患。现场需使用电炉子必须经上级主管部门批准。变电站现场严禁存放易燃易爆物品。变电站现场应备有带盖铁箱，以便放置擦拭材料，用过后的擦拭材料，应另放在废棉纱箱内，并定期清除，严禁乱扔擦拭材料。在主控制室内应设置明显的火警电话号码和公司的保卫电话号码。变电运行人员发现火灾后，应立即将有关变电设备电源切断，并采取紧急隔离措施限制火势蔓延，并将火灾地点、火势情况、燃烧物及报警人姓名和变电站电话号码等情况通知调度值班人员、消防队和有关部门领导。变电设备着火时，只允许熟悉变电设备的人员带领进行灭火。消防队来到火灾现场前，临时指挥灭火人，应戴有明显标志。公司领导，防火责任人，保卫部，安质部负责人，在接到火灾报警后，应立即奔赴火灾现场组织灭火并做好火场的保卫工作。消防队到达火场时，临时灭火指挥人，应立即与消防队负责人取得联系，并交待失火设备现状和运行设备情况，协助消防队负责人指挥灭火。电力生产设备火灾扑灭后，必须保持火灾现场。

二、变电站消防器材使用

1. 二氧化碳灭火器的使用

二氧化碳灭火器主要适用于扑救贵重设备、档案资料、仪器仪表、600V以下的电器及油脂等设备发生的火灾。使用鸭嘴式二氧化碳灭火器时，变电运行人员一手拿喷筒对准火源，一手握紧鸭舌，气体即可喷出。使用手轮式二氧化碳灭火器时，一手拿喷筒对准燃烧物，一手拧开梅花轮，气体即可喷出。二氧化碳是电的不良导体，但超过600V时，必须先停电后灭火。使用二氧化碳灭火器时，不要用手摸金属导管，也不要把喷筒对着人，以防冻伤，变电运行人员在使用时还应注意风向，逆风喷射会影响灭火效果。

2. 干粉灭火器的使用

干粉灭火器分为手提式和推车式两种。干粉灭火器主要适用于扑救油类产品、可燃气体和电器设备的初起火灾。变电运行人员使用干粉灭火器时，应先打开保险销，把喷管喷口对准火源，另一手紧握导杆提环，将顶针压下，干粉即喷出灭火。

三、变电站消防器材维护

（1）变电站的消防专责人应由变电运行人员担任，具体负责消防器材的统一管理、试验和维护工作。每年2月份、10月份变电运行人员对消防器材进行系统检查并对照《电力设备典型消防规程》的配置要求进行统计，由变电运行人员填写消防器材检查记录、消防器材登记表，将缺少消防器材的统计表上报运行车间。

（2）变电站的消防器材，消防设施由变电运行人员每月进行一次检查、维护和清扫，并做好记录，发现问题及时上报运行车间。消防沙箱内的沙子应保持充足和干燥，每月检查一次，发现受潮结块应立即进行晾晒。

（3）变电运行人员应将消防器材的名称、规格、放置地点、数量以变电站为单位填入消防器材登记记录簿中。变电运行人员应熟悉变电站各部位配置的各种消防器材的性能、适用范围，并掌握其使用方法。

（4）消防器材按规定存放在固定地点，实行定置管理，现场要有定置图及定置标签，标志齐全、醒目且有各变电站的消防器材平面布置图，消防器材上均应粘贴合格标签。

(5) 变电运行人员要定期检查消防器材压力表，发现低于使用压力的9/10时，要重新充气。变电运行人员还要定期检查灭火器的质量，当低于规定质量的9/10时，应重新灌药。

(6) 干粉灭火器应保持干燥、密封，以防止干粉结块。同时要防止日光暴晒，以防二氧化碳受热膨胀而发生漏气现象，干粉灭火器的有效期一般为4～5年。

(7) 变电运行人员应定期检查二氧化碳气量是否充足。对于二氧化碳灭火器一般要求每季检查一次，并定期检查钢瓶内的二氧化碳重量，如果二氧化碳重量比额定重量减少1/10时，应进行灌装。二氧化碳灭火器不耐高温，存放地点的温度不得超过42℃，使用期不超过8年。

(8) 对于自动消防设施的管理，变电运行人员应负责自动消防设施的正常巡视检查、异常汇报工作。当有火灾险情时，应正确开启灭火系统。变电运行人员巡视设备时，如果发现消防装置出现异常时，应立即汇报保卫部门。变电运行人员应每月对自动消防设施清扫维护一次，保持设备外观清洁。变电运行人员应每年2月份、10月份进行一次压力检查，检查系统部件有无错位及松动。

(9) 每两年由消防专业人员对自动消防设施的各阀门进行一次维护检查，消除脏物，更换老化的密封件。变电运行人员应熟悉所辖变电站内自动消防设施的防护区及自动消防设施的管理和操作规定。在自动消防设施的日常使用时，电磁启动器上的安全销应固定完好严禁拔下。严禁触动自动消防设施的启动按钮，在此按钮上要粘贴“严禁触动”的明显标志。

四、变电设备防火要求

1. 酸性蓄电池防火

(1) 蓄电池应安装在单独的室内，蓄电池室门应向外开，蓄电池柜门也应向外开。蓄电池室可设整个管路焊接的暖气装置，严禁采用明火取暖。蓄电池室门上悬挂“严禁烟火”警示牌。

(2) 蓄电池室必须安装通风装置，通风道应单独设置不得与其他通道混用。如充电刚完毕，则应继续开启排风机，抽出室内不良气体。

(3) 当蓄电池室受到外界火势威胁时，要立即停止充电。蓄电池室通风装置的变电设备或蓄电池室的空气入口处附近发生火灾时，应立即切断该设备的电源。蓄电池室发生火灾时，应立即停止充电，并采用二氧化碳灭火器、干粉灭火器扑灭。

(4) 开启式蓄电池室用耐火二级、乙类生产建筑与相邻房间隔断，防酸隔爆型蓄电池室用耐火二级、丙类生产建筑与相邻房间隔断。

（5）蓄电池室可装设整个管路焊接的暖气装置，严禁采用明火取暖。蓄电池室要使用防爆型照明和防爆型排风机，开关、熔断器、插座等应装在蓄电池室的外面。蓄电池室的照明线要采用耐酸导线，并用暗线敷设。

（6）凡是进出蓄电池室的电缆、电线，在穿墙处应用耐酸瓷管或聚氯乙烯硬管穿线，并在其进出口端用耐酸材料将管口封堵。

2. 电力电缆防火

（1）对于穿越墙壁、楼板和电缆沟道而进入控制室、电缆夹层、控制柜、计量盘、保护盘等处的电缆孔、洞、竖井的电缆入口处必须用防火堵料严密封堵。靠近充油设备的电缆沟盖板应封堵，电缆沟内应设有防火延燃措施。

（2）控制室、配电室、电容器室、蓄电池室、断路器室、站内主变压器的控制箱、端子箱、断路器机构箱等有电缆进出的孔洞和所有进出线的孔洞都必须用防火堵料严密封堵。

（3）变电站电缆夹层、竖井、电缆沟内应保持整洁、畅通，严禁堆放杂物、垃圾，电缆沟严禁积油，电缆沟、电缆廊道每隔 60m 应加设防火隔段。

（4）在施工中动力电缆不得与控制电缆混放，电缆分布应均匀，不得堆积乱放。施工中动力电缆与控制电缆之间应设置层间耐火隔板。

（5）如果多个电缆头并排安装，应在各电缆头之间加设隔板或填充阻燃材料。电缆中间接头盒的两侧及其邻近区域，必须增加防火包带等阻燃措施。

（6）电力电缆及控制电缆要避免接近热源。如需在已完成电缆防火措施的电缆层上重新敷设电缆时，应及时补做相应的防火措施。

3. 电力变压器、油浸电抗器及注油设备防火

（1）变压器容量在 120MVA 及以上时，宜设固定水喷雾灭火装置，缺水地区的变电站及一般变电站宜用固定的二氧化碳或排油充氮灭火装置。水喷雾灭火装置应定期进行试验，使装置处于良好状态。

（2）油量为 2500kg 及以上的室外变压器，当两台变压器之间无防火墙时，则防火距离不应小于表 5-1 规定。

表 5-1　两台变压器间无防火墙时的防火距离

序号	两台变压器电压等级	两台变压器之间距离
1	35kV 及以下	5m
2	63kV	6m
3	110kV	8m
4	220kV～500kV	10m

（3）油量在2500kg及以上的变压器与油量在600kg及以上的充油变电设备之间的防火距离不应小于5m。

（4）若防火距离不能满足表5-1距离时，应设置防火隔墙，防火隔墙高度宜高于变压器油枕顶端0.3m，宽度大于储油坑两侧各0.6m。防火隔墙高度与宽度，应考虑变压器火灾时对周围建筑物损坏的影响。

（5）变压器散热器与防火隔墙之间必须有足够的散热空间，一般不小于1m，防火隔墙应达到国家一级耐火等级。

（6）室外单台油量在1000kg以上的变压器及其他注油变电设备，应设置储油坑及排油设施，室内单台注油设备总油量在100kg以上的变压器及其他注油变电设备，应在距散热器或外壳1m周围砌防火堤（堰），以防止油品外溢。

（7）储油坑容积应按容纳100%设备油量或20%设备油量确定。当按20%设备油量设置储油坑，坑底应设有排油管，将事故油排入事故储油坑内，事故时应能迅速将油排出，管口应加装铁栅滤网，储油坑内应设有净距不大于40mm的栅格，栅格上部铺设卵石，其厚度不小于250mm，卵石粒径应为50～80mm。

（8）当设置总事故油坑时，其容积按最大充油变电设备的全部油量确定。当装设固定水喷雾灭火装置时，总事故油坑的容积还应考虑水喷雾水量而留有一定裕度。变电运行人员应定期检查和清理储油坑卵石层，防止被淤泥、灰渣及积土堵塞。

4. 其他变电设备防火

（1）变电站电力电容器安装在室内，其电容器总油量超过100kg时，应有贮油设施或挡油栏。电力电容器室的建筑物应达到耐火二级丙类生产标准。电力电容器的防火门应向外开。室外布置的电力电容器与高压变电设备应保持5m及以上的距离，防止扩大事故。

（2）变电站电力电容器安装在室内时，电容器的基坑地面宜采用水泥砂浆抹面并压光，在其上面铺以100mm厚的细砂。如室外布置，则基坑宜采用水泥砂浆抹面，在挡油设施内铺以卵石（或碎石）。

第三节　反　违　章

一、违章概念

违章是指在电力生产活动过程中，违反国家和行业安全生产法律法规、规程标准，违反电力安全生产规章制度、反事故措施、安全管理要求等，可能对人身、电网和设备构成危害并引发事故的不安全行为、不安全状态和不安全因素。

二、违章分类

作业性违章、装置性违章、管理性违章和指挥性违章。

三、反违章工作内容

违章是导致事故的根源，违章不除，事故难免，管理人员发现违章不处理、不制止，违章长期存在得不到解决，事故隐患就会长期存在，因此电力客户要引起高度重视，充分调动单位员工的积极性和主动性，落实每位员工查禁违章的责任和义务，开展每位员工岗位安全风险评估，建立和完善违章考核机制，教育员工遵章守纪，增强员工主动安全意识，提高每位员工自身安全能力，形成人人参与反违章的良好局面。电力客户的安监部门每月要统计汇总查禁违章月报表，按照违章性质、违章类别、查处时间、违章人、发现人姓名、职务、违章情况分别进行统计，各单位要成立反违章管理领导小组、工作小组，结合季节性重点工作和安全大检查等内容，组织对基层单位进行反违章工作现场检查。对于各类违章都要按照查处一起，处理一起，对违章现象要及时曝光，严肃对违章人员的处罚，对违章现象要及时整改，并验收合格。违章发生后要查找违章的原因、性质、过程和防范措施，做到原因分析清楚，责任落实到人，整改措施到位。电力客户要制定反违章考核细则，细则中要明确无违章作业现场和反违章工作先进个人的管理办法和评选要求，组织无违章作业现场的认定，每年进行反违章工作先进个人评选，对认定的无违章作业现场和评选出的反违章工作先进个人，各单位要给予奖励。对于查出的违章，除考核违章责任人外，还要联责考核违章所在单位、部门负管理责任的领导和管理人员。电力客户要建立违章曝光机制，在单位宣传栏设立专栏，曝光违章行为，宣传反违章工作，做好反违章经验交流，营造反违章舆论监督氛围。

四、生产现场严重违章示例

（1）工作人员进入工作现场没有戴安全帽。

（2）工作人员登高作业没有系安全带。

（3）变电站倒闸操作不用操作票。

（4）变电站倒闸操作不执行监护制度。

（5）除危及人身、电网和设备安全等紧急情况以外，变电站运行值班人员随意解除闭锁操作时，防误闭锁专责人未到现场监督操作。

（6）除危及人身、电网和设备安全等紧急情况以外，检修试验人员随意解除闭锁操作时，防误闭锁专责人未到现场监督操作。

（7）无票作业。

（8）不按规定办理和执行工作票。

(9) 不按规定办理和执行动火票。

(10) 检修人员在未办理完工作许可手续前就开始工作。

(11) 新增工作人员未进行安全交底、履行签字手续即开始工作。

(12) 工作人员擅自变更安全措施，移动各类警示牌、遮拦和围栏。

(13) 不装设接地线，就在电气设备上工作。

(14) 在电气设备上工作，装设接地线前不验电。

(15) 线路停电检修，未在工作地段两端装设接地线就开始工作。

(16) 线路停电检修，工作人员擅自拆除接地线、变更接地线所在位置。

(17) 登杆前不核对线路杆塔名称、杆号、色标。

(18) 在相互靠近平行线路杆塔上工作、带电作业，未设专职监护人。

(19) 在相互靠近交叉线路杆塔上工作、带电作业，未设专职监护人。

(20) 在同杆多回杆塔上工作、带电作业，未设专职监护人。

第四节 事故处理及调查

一、事故及异常处理的任务

尽快限制事故的发展，消除事故的根源并解除事故对人身和设备的威胁，用一切可能的办法保持设备的继续运行，尽快对已停电用户恢复供电，调整系统运行方式，使其恢复正常运行。

二、事故及异常处理中对运行值班人员的要求

(1) 各级当值调度值班员是事故处理的指挥者，变电站当值值班负责人是变电站设备异常及事故处理的总负责人，运行值班人员应坚守岗位、各负其责，严格服从当值值班负责人的统一指挥和工作安排，发现异常情况应仔细查找并及时向当值值班负责人汇报。

(2) 对于交接班过程中发生的设备事故异常，应由交班人员负责处理事故及异常，接班人员在交班负责人的指挥下协助处理事故及异常。

(3) 事故处理时运行值班人员要头脑清醒，判断事故要准确，处理事故要果断，处理过程要记录清楚，要迅速解除故障设备对人身和正常运行设备的威胁，必要时可停止故障设备的运行，设法保持未受损害设备的正常运行。

(4) 对于无人值班变电站，当发生设备异常及事故时，运行值班人员到达变电站后应先打开计算机，观察运行方式有何变化及潮流分布情况，然后根据打印记录，保护及微机遥信的故障指示，设备故障的象征及环境气象条件，判明故障的性质、范围及确切地点。立即投入备用设备，尽快恢复对已停电用户的供电。

（5）对于无人值班变电站，当发生的事故及异常，运行值班人员应根据调度值班员的通知要求，带好操作记录及操作票，记下调度值班员通知的时间及内容，迅速赶到事故现场。

（6）当发现运行值班人员在处理事故时处理错误或误判断，站长有权解除或终止运行值班人员的错误操作，并可代为处理。无论发生怎样的事故异常，现场运行值班人员均应立即向调度值班员汇报，必须主动将事故及异常处理的每一阶段迅速而正确的汇报给调度及上级主管部门，应在调度值班员的统一指挥下进行处理。

（7）事故处理时，非事故单位或其他非事故处理人员应立即离开主控室和事故现场，并不得占用通信电话。当遇到变电站通信失灵，运行值班人员采用一切手段与调度无法取得联系时，运行值班人员应严格按照调度规程规定执行，并尽快恢复保安用电和一类用户的供电，同时运行值班人员仍需采用其他方法继续与调度取得联系。

（8）运行值班人员不能自行处理损坏的设备时，应保护好事故现场，做好故障设备抢修的安全措施，汇报调度，通知检修单位前来处理。运行值班人员是事故处理的主要负责人，事故处理时，运行值班人员对事故处理的正确性与迅速性负完全责任。

（9）对于下列操作，在任何情况下，均可不待调度值班员的命令，由运行值班人员径自执行：

1）将直接对人员生命有威胁的设备停电；

2）将已损坏的设备隔离；

3）运行中的设备有可能受到损害威胁时，应迅速隔离；

4）当母线电压消失时，应拉开连接在该母线上的所有断路器；

5）当变电站站用电全停或部分停电时，尽快恢复其电源；

6）当出现断路器误碰跳闸（系统联络线断路器除外）时，可将断路器立即合上，然后向调度汇报；

7）当确认电网频率、电压等参数达到自动装置整定动作值而断路器未动作时，应立即手动断开应跳的断路器；

8）电压互感器二次空气开关跳闸或熔断器熔断时，可将受影响的保护或自动装置停用，以便更换熔断器或试送空气开关恢复电压互感器二次交流电压。

不待调度值班员命令而进行的各项操作，仍要尽快汇报调度值班员。

三、事故及异常处理的顺序

（1）变电站设备发生事故及异常后，运行值班人员应将发出信号、表计指示、保护及自动装置动作情况及处理过程做详细记录，根据表计指示、信号显示、继电保护和自动装置动作情况进行初步分析判断。仔细检查一次设备、二次设备异常及动作情况，进一步分析、准确判断异常及事故的性质和范围，采取必要的应急措施，投入备用电源或设备，对允许强送电的设备进行送电，停用可能误动的保护、自动装置等，将异常及事故的情况迅速汇报给调度。

(2) 异常及事故对人身和设备有严重威胁时，应立即设法切除，必要时停止设备的运行。如果对人身和设备没有威胁，应迅速隔离故障，尽力设法保持和恢复设备的正常运行。对未直接受到影响的系统和设备，应尽量保持设备的继续运行。

(3) 如果运行人员不能查找出异常和事故设备的原因，应将异常及事故设备的主要情况汇报给调度、检修或有关技术部门。运行值班人员应根据调度命令将故障设备停电，应好工作现场的安全措施。

(4) 除必要的应急处理外，异常及事故处理的全过程应在调度的统一指挥下进行，变电站《现场运行规程》上有特殊规定的应按规程要求执行。

四、事故及异常处理的注意事项

(1) 运行值班人员在处理事故时，应沉着、冷静、果断、有序地将事故现象、断路器动作、表计指示、信号报警、保护及自动装置动作情况、处理过程做好记录。事故处理过程中的操作和处理情况，应按变电站设备管辖范围分别向调度值班员、变电运行车间及公司相关部门，汇报的内容为：发生事故及异常的时间，掉闸断路器的名称编号，动作的继电保护和自动装置情况，一次、二次设备的运行情况，发生事故时的气象环境情况，引起事故的可能原因，处理经过和尚存问题等。

(2) 根据继电保护和自动装置动作后发出的信号对事故进行初步判断，运行值班人员应迅速检查变电站站内一、二次设备，准确判断出事故的范围和性质。

(3) 为准确分析故障原因，在不影响事故处理且不影响停送电的情况下，应尽可能保留事故现场和故障设备的原状，以便于故障的查找。同时应了解全站保护的相互配合和保护范围，以便于事故的准确分析和判断。

(4) 事故处理过程中的操作可以不使用操作票，但应凭操作记录进行，恢复送电操作应填写使用操作票，事故处理后，必须整理出详细事故处理记录。

(5) 电力线路故障后试送前应停用线路重合闸，复归线路全部保护信号后再进行试送。电力线路带电作业前停用重合闸装置，当电力线路故障跳闸后不得试送。对于联络线必须经过并列装置合闸，确认线路无电时，方可将同期解除后合闸，防止系统解列或非同期并列。用断路器控制开关进行操作合闸时，若合闸不成功，要注意在合闸过程中表计的指示情况，防止多次合闸引起故障反复接入系统，导致事故的扩大。

（6）对于无人值班变电站，当发生事故及异常时，原则上不允许操作队值班人员就地复归信号，应由调度值班员进行，遇到特殊情况时，应按调度值班员命令执行。继电保护及自动装置动作及信号异常时，应做好记录，由检修单位人员现场复归。

（7）事故跳闸时，运行值班人员应注意负荷转移后，线路、变压器的负荷承受能力，防止因事故跳闸致使负荷转移造成其他设备负荷增大，出现过负荷。事故处理时要考虑运行方式变化对变电站继电保护和自动装置的投、停要求，尽快适应新运行方式的变化。

（8）恢复送电应根据调度命令执行，运行值班人员在恢复送电时要分清故障设备的影响范围，对于无故障的设备应尽快恢复送电。对故障设备，应先隔离故障，然后恢复送电，严防故障处理过程中发生误操作事故，造成故障的进一步扩大和蔓延。

五、电力客户用电事故内容

（1）人身触电死亡；

（2）越级跳闸导致电力系统停电；

（3）专线跳闸；

（4）全厂停电；

（5）电气火灾；

（6）重要或大型电气设备损坏；

（7）停电期间向电力系统倒送电。

六、事故调查工作内容

用电检查员参与事故调查，协助用电客户对事故进行调查分析，找出事故发生的原因，事故调查工作的内容：

（1）检查事故现场的保护动作指示情况；

（2）检查事故设备的损坏部位和损坏程度；

（3）查阅事故前后的相关资料，如事故发生时的天气、温度、运行方式的继电保护的投入及动作情况。用电负荷、电压、频率、故障录波器的波形图、现场值班记录及其他相关记录；

（4）协助用电客户现场分析找出事故原因，填写事故调查报告；

（5）如果发生人身触电死亡事故和电气火灾事故，应配合劳动部门和公安机关共同调查处理；

（6）对客户事故情况进行登记，包括事故发生时间、性质、地点、事故原因、事故种类、事故类型、责任事故等级、造成的经济损失或影响等，同时记录事故信息来源及有关人员姓名、联系方式等：

1）事故原因包括：外力破坏、设备损坏、人为原因等。

2）事故种类包括：经济损失、人员伤亡、影响电网。

3）事故类型包括：人身触电死亡、导致电力系统停电、专线跳闸或全厂停电、电气火灾、重要或大型电气设备损坏、生产设备损坏等。

4）责任事故等级包括：一般责任事故，较严重责任事故，严重责任事故，重大责任事故。

七、事故调查程序

用电检查人员参与事故调查，协助电力客户对事故进行调查分析，找出事故发生的原因；事故调查的程序如下：

1. 保护事故现场

事故发生后，事故发生单位必须迅速抢救伤员并派专人严格保护事故现场。未经调查和记录的事故现场，不得任意变动。事故发生后，事故发生单位的安监部门（事故调查组）应立即对事故现场和损坏的设备进行照相、录像、绘制草图、收集资料。因紧急抢修、防止事故扩大以及疏导交通等，需要变动现场，必须经单位有关领导和安监部门（事故调查组）同意，并做出标志、绘制现场简图、进行现场照像、写出书面记录，保存必要的痕迹、物证。

2. 收集原始资料

事故发生后，事故发生单位的安监部门（事故调查组）应立即组织当值值班人员、现场作业人员和其他有关人员在离开事故现场前，分别如实提供现场情况并写出事故的原始材料。收集的原始资料应包括：有关运行、操作、检修、试验、验收的记录文件，系统配置和日志文件，以及事故发生时的录音、故障录波图、计算机打印记录、现场影像资料、处理过程记录等。安监部门（事故调查组）要及时收集有关资料，并妥善保管。事故调查组有权向事故发生单位、有关部门及有关人员了解事故的相关情况并索取有关资料，任何单位和个人不得拒绝。

3. 调查事故情况

（1）人身事故应查明伤亡人员和有关人员的单位、姓名、性别、年龄、文化程度、工种、技术等级。查明事故发生前伤亡人员和相关人员的技术水平、安全教育记录、特殊工种持证情况和健康状况，过去的事故记录、违章违纪情况等。查明事故发生前工作内容、开始时间、许可工作情况、作业程序、作业时的行为及位置，事故发生的经过、现场救护情况等。查明事故场所周围的环境情况（包括照明、湿度、温度、通风、声响、色彩度、道路、工作面状况以及工作环境中有毒、有害物质和易燃、易爆物取样分析记录）、安全防护设施和个人防护用品的使用情况（了解其有效性、质量及使用时是否符合规定）。

（2）电网、设备事故应查明事故发生的时间、地点、气象情况，以及事故发生前系统和设备的运行情况。查明事故发生经过、扩大及处理情况。查明与事故有关的仪表、自动装置、断路器、保护、故障录波器、调整装置、遥测、遥信、遥控、录音装置和计算机等记录和动作情况。查明事故造成的损失，包括波及范围、减供负荷、损失电量、停电客户性质，以及事故造成的设备损坏程度、经济损失等。调查设备资料（包括订货合同、大小修记录等）情况以及规划、设计、选型、制造、加工、采购、施工安装、调试、运行、检修等质量方面存在的问题。

（3）事故调查还应了解现场规章制度是否健全，规章制度本身及其执行中暴露的问题；了解事故单位管理、安全生产责任制和技术培训等方面存在的问题；了解全过程管理的各个环节是否存在漏洞。

4. 分析原因责任

事故调查组在事故调查的基础上，分析并明确事故发生、扩大的直接原因和间接原因。必要时，事故调查组可委托专业技术部门进行相关计算、试验、分析。事故调查组在确认事实的基础上，分析人员是否违章、过失、违反劳动纪律、失职、渎职；安全措施是否得当；事故处理是否正确等。根据事故调查的事实，通过对直接原因和间接原因的分析，确定事故的直接责任者和领导责任者；根据其在事故发生过程中的作用，确定事故发生的主要责任者、同等责任者、次要责任者、事故扩大的责任者；根据事故调查结果，确定相关单位承担主要责任、同等责任、次要责任或无责任。

5. 制定防范措施

事故调查组应根据事故发生、扩大的原因和责任分析，提出防止同类事故发生、扩大的组织措施和技术措施。

6. 处理意见

事故调查组在事故责任确定后，要根据有关规定提出对事故责任人员的处理意见。对下列情况应从严处理：

（1）违章指挥、违章作业、违反劳动纪律造成事故发生的；

（2）事故发生后迟报、漏报、瞒报、谎报或在调查中弄虚作假、隐瞒真相的；

（3）阻挠或无正当理由拒绝事故调查或提供有关情况和资料的。

7. 事故调查报告

用电检查班接受电力客户用电事故报告。供电公司督促客户在7天内提交事故报告。供电公司组织审查客户用电事故分析报告，督促客户做好事故处理，落实好各项防范措施。

八、变压器事故及异常处理实例

（一）变压器过负荷

1. 象征

变压器微机保护显示“过负荷”信号。

2. 可能原因

（1）变压器实际运行负荷超过规定值；

（2）变压器微机保护装置故障误发信号。

3. 处理步骤

（1）检查变压器三侧电流指示情况，如果电流指示为过负荷，变电运行人员应汇报调度值班员，对变压器实行限压负荷。

（2）现场检查变压器温度，如果不超过80℃，变电运行人员应全过程监视变压器过负荷运行时间，如果出现异常，变电运行人员应立即汇报调度值班员。

（3）如果变压器负荷及温度正常，应检查变压器微机保护是否误发信，应按“复归按钮”复归信号，如不能复归信号应汇报调度值班员通知保护班处理。

（4）变压器过负荷期间，变电运行人员应应加强对变压器的监视，观察负荷变化情况，增加巡视检查次数，检查变压器油色、油位、温度变化情况，检查变压器各引线接头有无发热，做好各种记录。

（5）将变压器过负荷情况记入事故及异常记录簿中，并记入变压器台账内。

（二）变压器异常运行

1. 象征

变压器发出的声音出现异常；变压器温度比正常温度高10℃且上升很快，变压器油位指示异常，变压器油色不正常，变压器套管有轻微裂纹且有放电痕迹，变压器瓦斯继电器进水等。

2. 处理步骤

（1）变压器在运行中出现上述情况，变电运行人员应现场查明原因。

（2）做好记录，将情况汇报调度值班员、有关单位和部门。

（3）如果变压器异常现象继续发展可能导致事故的，直接威胁变压器安全运行时，应根据调度值班员指令将负荷调至另一台变压器供电，将异常变压器停电。

(4) 对于变压器停电才能消除的设备异常，应根据调度值班员指令将负荷调至另一台变压器供电，将异常变压器停电。

(5) 发现变压器瓦斯继电器进水并确定后，变电运行人员应汇报调度值班员，将变压器瓦斯保护跳闸改接为瓦斯保护信号。

（三）变压器瓦斯保护发信

1. 象征

变压器控制保护屏“瓦斯保护信号”液晶显示“QWS”报文。控制室非电量保护屏变压器本体轻瓦斯红灯亮。计算机显示“瓦斯保护信号”。瓦斯继电器小窗内有气体。

2. 可能原因

(1) 变压器内部故障，产生少量气体。当发生穿越性故障时会引起变压器内部产生少量气体；

(2) 由于环境温度下降或漏油致使变压器油面缓缓低落；

(3) 由于对变压器加油、滤油致使空气进入变压器内，变压器冷却装置渗漏油，致使空气进入变压器内；

(4) 变压器瓦斯信号回路误动作。

3. 处理步骤

(1) 监视变压器电流、电压、声响等变化情况，统计变压器轻瓦斯动作的时间间隔，检查变压器油温、油色、油位，检查变压器瓦斯继电器窗口有无气体，此时变压器重瓦斯不得退出运行。

(2) 做好记录，将情况汇报调度值班员、有关单位和部门。

(3) 对变压器进行全面检查无发现任何异常，确定是二次回路问题造成变压器瓦斯信号误动作，应汇报调度值班员做好措施等待检修人员处理。如果是瓦斯断电器端子箱进水潮湿造成，应通知检修人员前来处理。

(4) 检查发现变压器漏油或天气变冷造成油位计看不见油位，应通知检修人员对变压器进行加油处理。

(5) 经检查发现瓦斯继电器内有气体应汇报调度值班员，对变压器进行取气检查。在取气时，将变压器瓦斯跳闸改接于信号，取气后立即接入跳闸。取气样时，先在气体继电器嘴上套一段乳胶管，乳胶管的另一头扎上弹簧夹（或止血钳），打开放气管及弹簧夹，使一定量的气体置换胶管内的空气，然后关闭弹簧夹，将注射器的针头刺入乳胶管，抽出少量气体后，拔出针头排空，此步骤应重复两次。再插入乳胶管取 10～20mL 气体，拔下针头，用小胶头密封。取气时，应注意不要让油进入注射器，气体应避光保存，以免气体在光的作用下发生变化，在运输过程中，应防止注射器破碎。在现场鉴定时，不能在瓦斯继电器放气阀处点火，故障性质按表5-2进行故障分析判断。判别若为无色无味、不燃的气体，说明油内有空气，应立即开启瓦斯继电器顶盖阀门排出空气。若收集到的是可燃气体，则说明变压器内部有故障，应立即汇报调度值班员，采取必要的措施。有关单位对变压器油样做色谱分析。

表5-2　气体颜色与故障性质

气体颜色	故障性质
无色无味不燃	变压器进入空气
微黄色不燃	木质绝缘损坏
浅灰色带强烈臭味可燃	纸或纸板故障
灰色和黑色易燃	绝缘油故障

（四）变压器纵差保护动作

1. 象征

变电站监控机事故报警信息显示“1号变差动保护动作”，“10kV电容器Ⅰ、2低压保护动作”，“220kV故障录波器动作”、“110kV故障录波器动作”，“10kV母线失电”。变压器三侧断路器跳闸，监控机显示变压器三侧电压、电流、有功、无功均指示为零，10kV 1母线各线路失压告警，10kV 1、2号电容器低电压保护动作跳闸10kV 1、2号电容器断路器，故障录波器动作并打印。

2. 可能原因

(1) 变压器内部故障；

(2) 变压器差动保护范围内设备故障；

(3) 变压器二次回路故障误发信。

3. 处理步骤

(1) 详细记录到站时间、保护动作、故障启动时间，打印保护及监控机报文情况，故障录波器动作情况，检查直流系统运行及站用电自投情况，汇报调度值班员。

(2) 检查变压器负荷、温度指示情况，检查变压器保护屏保护动作情况及潮流分布情况，事故打印情况。确认无误后复归保护信号。检查跳闸断路器动作情况，拉开10kV 1母线上未跳闸断路器。

(3) 对变压器差动保护三侧TA保护范围内设备进行检查，包括变压器三侧套管、引线、绝缘子、避雷器等，当发现明显故障点时，应立即汇报调度值班员，未查明原因前不得强行送电。

（4）检查断路器跳闸位置及220kV、110kV、10kV母线电压情况。检查变压器保护二次回路有无故障，有无短路、断线、工作人员误碰。

（5）将10kV 1母线所带负荷转由正常运行变压器供电，将跳闸变压器转入冷备用操作，将跳闸变压器三侧接地，设置安全措施进行抢修。

（6）事故检修结束后，根据调度值班员指令，检查停电变压器送电范围内确无接地短路，对停电变压器进行恢复送电操作，恢复直流系统及10kV站用电正常运行方式。

（7）做好各种记录，与监控中心核对运行方式。

（五）变压器瓦斯保护动作

1. 象征

变电站现场监控机事故报警信息显示"变压器重瓦斯保护动作"、"10kV电容器低压保护动作"、"220kV故障录波器动作"、"110kV故障录波器动作"。"10kV母线失电"。变压器三侧断路器跳闸，监控机显示变压器三侧电压、电流、有功、无功均指示为零，10kV 1母线各线路失压告警，10kV 1、2号电容器低电压保护动作跳闸10kV 1、2号电容器断路器，故障录波器动作并打印。

2. 可能原因

（1）变压器内部故障；

（2）由于环境温度下降或漏油致使变压器油面缓缓低落；

（3）变压器瓦斯保护回路误动作。

3. 处理步骤

（1）变电运行人员详细记录到站时间、保护动作、故障启动时间，打印保护及监控机报文情况，故障录波器动作情况，检查直流系统运行及站用电自投情况，汇报调度值班员。

（2）变电运行人员应检查变压器负荷、温度指示情况，检查变压器保护屏保护动作情况及潮流分布情况，事故打印情况。确认无误后复归保护信号。检查跳闸断路器动作情况，拉开10kV 1母线上未跳闸断路器。

（3）检查变压器保护二次回路有无故障，有无短路、断线、工作人员误碰等情况发生。如果是变压器保护二次回路故障造成瓦斯保护误动作，变电运行人员应立即将情况汇报调度值班员。

（4）检查直流系统运行情况及站用电自投情况。检查变压器三侧断路器跳闸位置情况，检查220kV、110kV、10kV母线电压情况。对变压器瓦斯保护动作范围内设备进行检查，当发现明显故障点时，变电运行人员应立即汇报调度值班员，如果变压器重瓦斯保护动作，在未查明原因前不得对变压器强行送电。

（5）如果确认为变压器内部故障，变电运行人员应将10kV1母线所带负荷转由正常运行变压器供电，将跳闸变压器转入冷备用操作，将跳闸变压器三侧接地，设置安全措施进行抢修。

（6）事故检修结束后，变电运行人员根据调度值班员指令，检查停电变压器送电范围内确无接地短路，对停电变压器进行恢复送电操作，恢复直流系统及10kV站用电正常运行方式。

（7）变电运行人员做好各种记录，与监控中心核对运行方式。

（六）变压器220kV放电间隙保护动作

1. 象征

变电站现场监控机事故报警信息显示“变压器220kV侧放电间隙保护动作”、“220kV故障录波器动作”、“110kV故障录波器动作”。“10kV母线失电”。变压器三侧断路器跳闸，监控机显示变压器三侧电压、电流、有功、无功均指示为零，故障录波器动作并打印。

2. 可能原因

（1）变压器及220kV母线或220kV线路发生单相接地；

（2）变压器变中性点过电压；

（3）变压器220kV侧放电间隙保护误动作。

3. 处理步骤

（1）变电运行人员详细记录到站时间、保护动作、故障启动时间，打印保护及监控机报文情况，故障录波器动作情况，检查直流系统运行及站用电自投情况，变电运行人员应汇报调度值班员。

（2）检查故障变压器及220kV母线设备有无明显接地点。检查变压器保护屏保护动作情况及潮流分布情况，事故打印情况。确认无误后复归保护信号。检查跳闸断路器动作情况。

（3）检查变压器保护二次回路有无故障，有无短路、断线、工作人员误碰等情况发生。如果是变压器保护二次回路故障造成变压器220kV侧放电间隙保护动作，变电运行人员应立即将情况汇报调度值班员。

（4）检查变压器三侧断路器跳闸位置情况，检查220kV、110kV、10kV母线电压情况。对变压器220kV侧放电间隙保护动作范围内设备进行检查，当发现明显故障点时，变电运行人员应立即汇报调度值班员，如果变压器重瓦斯保护动作，在未查明原因前不得对变压器强行送电。

（5）如果确认为变压器内部故障，变电运行人员应将跳闸变压器转入冷备用操作，将跳闸变压器三侧接地，设置安全措施进行抢修。

（6）事故检修结束后，变电运行人员根据调度值班员指令，检查停电变压器送电范围内确无接地短路，对停电变压器进行恢复送电操作。

（7）变电运行人员做好各种记录，与监控中心核对运行方式。

（七）110kV 变压器 35kV 侧过流保护动作

1. 象征

变电站现场监控机事故报警信息显示“变压器复合电压过流动作”，“变压器 35kV 过流保护动作”，35kV 母线电压失电，打印机打印事故报告。110kV 变压器 35kV 侧断路器跳闸，35kV 各出线电流、电压、功率指示为零。

2. 可能原因

（1）35kV 母线故障及母线所带设备故障；

（2）35kV 母线电压互感器；

（3）35kV 母线所带线路故障，线路保护或断路器拒动，越级跳闸；

（4）变压器 35kV 过流保护二次回路故障误动跳闸。

3. 处理步骤

（1）变电运行人员详细记录到站时间、保护动作、故障启动时间，打印保护及监控机报文情况，故障录波器动作情况，汇报调度值班员。

（2）检查变压器保护动作情况，检查 35kV 各出线保护动作情况，检查事故打印情况，确认无误后变电运行人员复归保护信号。

（3）若经检查发现 35kV 母线设备故障，变电运行人员应将 35kV 母线停电并做好安全措施进行抢修。

（4）经检查发现 35kV 贵泰线保护跳闸信号发出，而贵泰线 77 断路器未跳闸，变电运行人员应立即汇报调度值班员，迅速拉开该线路断路器，恢复变压器 35kV 断路器及未故障 35kV 线路送电，并查明断路器拒动原因，通知有关单位处理后送电。

（5）经检查 35kV 母线及 35kV 各线路设备无故障点，变电运行人员应汇报调度值班员，合上变压器 35kV 侧断路器，试送母线良好后，恢复 35kV 各路出线送电。

（6）经检查确认为变压器 35kV 过流保护误动作造成，变电运行人员应汇报调度值班员，设置安全措施进行抢修。

（7）经检查 35kV 母线及 35kV 各线路设备没有发现明显故障点，变电运行人员应汇报调度值班员，合上变压器 35kV 侧断路器，试送母线良好后，再合 35kV 各路出线，当合某一线路断路器时，变压器 35kV 侧断路器再次跳闸，应立即断开该线路断路器，对该线路停电并做好安全措施进行抢修。变电运行人员应通知检修公司前来处理，通知有关单位巡线处理线路故障。

(8) 变电运行人员做好各种记录，与监控中心核对运行方式。

(八) 110kV 变压器 10kV 侧过流保护动作

1. 象征

变电站现场监控机事故报警信息显示“变压器复合电压过流动作”，“变压器 10kV 过流保护动作”，10kV 母线电压失电，打印机打印事故报告。110kV 变压器 10kV 侧断路器跳闸，10kV 各出线电流、电压、功率指示为零。

2. 可能原因

(1) 10kV 母线故障及母线所带设备故障；

(2) 10kV 母线电压互感器；

(3) 10kV 母线所带线路故障，线路保护或断路器拒动，越级跳闸；

(4) 变压器 10kV 过流保护二次回路故障误动跳闸。

3. 处理步骤

(1) 变电运行人员详细记录到站时间、保护动作、故障启动时间，打印保护及监控机报文情况，故障录波器动作情况，变电运行人员应汇报调度值班员。

(2) 检查变压器保护动作情况，检查 10kV 各出线保护动作情况，检查事故打印情况，确认无误后变电运行人员复归保护信号。

(3) 若经检查发现 10kV 母线设备故障，变电运行人员应将 10kV 母线停电并做好安全措施进行抢修。

(4) 经检查发现 10kV 棉纺线保护跳闸信号发出，而棉纺线 61 断路器未跳闸，变电运行人员应立即汇报调度值班员，迅速拉开该线路断路器，恢复变压器 10kV 断路器及未故障 10kV 线路送电，并查明断路器拒动原因，通知有关单位处理后送电。

(5) 经检查 10kV 母线及 10kV 各线路设备无故障点，变电运行人员应汇报调度值班员，合上变压器 10kV 侧断路器，试送母线良好后，恢复 10kV 各路出线送电。

(6) 经检查确认为变压器 10kV 过流保护误动作造成，变电运行人员应汇报调度值班员，设置安全措施进行抢修。

(7) 经检查 10kV 母线及 10kV 各线路设备没有发现明显故障点，变电运行人员应汇报调度值班员，合上变压器 10kV 侧断路器，试送母线良好后，再合 10kV 各路出线，当合某一线路断路器时，变压器 10kV 侧断路器再次跳闸，应立即断开该线路断路器，对该线路停电并做好安全措施进行抢修。并通知检修公司前来处理。通知有关单位巡线处理线路故障。

(8) 变电运行人员做好各种记录，与监控中心核对运行方式。

(九) 110kV 变压器着火

1. 象征

变压器着火。

2. 可能原因

(1) 变压器内部故障;

(2) 在变压器上焊接。

3. 处理步骤

(1) 运行中的变压器着火，立即断开变压器各侧断路器及隔离开关，断开变压器各侧断路器直流操作电源，立即汇报调度值班员。

(2) 如变压器保护动作各侧断路器已跳闸断电，变电运行人员应汇报调度值班员拉开变压器各侧隔离开关。

(3) 变电运行人员立即组织人力进行灭火，灭火时使用干燥的砂子或泡沫灭火器灭火。

(4) 如火势较大，变电运行人员应迅速拨打“119”火警电话，通知消防人员协助救火。救火工作中，并向消防人员指明带电设备的位置及注意事项。

(5) 若火势威胁邻近设备的安全运行时，变电运行人员应立即将变压器电源断开，设法隔离。若变压器底部着火时，严禁放油，若油溢出顶盖着火时，打开变压器底部放油阀，将油放至低于着火处。

(6) 事故处理完毕后，变电运行人员应保护好现场，查明变压器着火原因。

(7) 变电运行人员做好各种记录，与监控中心核对运行方式。

(十) 强迫油循环风冷变压器冷却器Ⅰ工作电源故障

1. 象征

变压器冷却器控制箱内“Ⅰ工作电源故障”信号发出。

2. 可能原因

(1) 变电站站用电全停。

(2) 从变电站站用室到变压器冷却器控制箱内的 A 相或 C 相电缆断线。

(3) 变电站站用电配电屏上变压器冷却器工作电源Ⅰ开关自动跳闸。

(4) 变压器冷却器控制箱内冷却器工作电源Ⅰ发生 A 相或 C 相接头断线。

变压器冷却器工作电源Ⅰ电压监视继电器 K1 发生断线。

3. 处理步骤

(1) 检查变压器冷却器工作电源Ⅱ是否自投成功。如果自投成功应将变压器冷却器控制箱内工作主电源开关 SAM1 切至“Ⅱ工作电源”位置。

(2) 检查变压器冷却器控制箱内冷却器Ⅰ工作电源 A 相或 C 相接头是否有断线。如果有断线，应断开站用电配电屏上变压器冷却器工作电源Ⅰ开关，做好安全措施，将断线消除，尽快恢复变压器冷却器工作电源Ⅰ正常供电。

(3) 检查变压器冷却器工作电源Ⅰ电压监视继电器 K1 是否发生断线，如果发生断线，应尽快做好安全措施通知检修单位来站处理。

(4) 经检查发现从变电站站用室到变压器冷却器控制箱内的 A 相或 C 相电缆断线，应尽快做好安全措施通知检修单位来站处理。

(5) 检查变电站站用电配电屏上变压器冷却器工作电源Ⅰ开关是否自动跳闸。经查找如果是由于短路造成冷却器工作电源Ⅰ开关跳闸，应尽快做好安全措施通知检修单位来站处理。经查找回路没有发现故障，可判断为冷却器工作电源Ⅰ开关误跳闸，应立即将站用电配电屏上变压器冷却器工作电源Ⅰ开关合闸送电。

(十一) 强迫油循环风冷变压器全停

1. 象征

变压器冷却器控制箱内“冷却器全停”信号发出。

2. 可能原因

(1) 变电站站用电全停。

(2) 变压器冷却器工作电源Ⅰ、工作电源Ⅱ同时发生故障。

(3) 继电器 K1、K2 同时发生线圈断线。

(4) 继电器 KMM1、KMM2 同时发生线圈断线。

3. 处理步骤

(1) 汇报调度。

(2) 如果为站用电Ⅰ段母线故障无电造成冷却器全停可将主变冷却器电源刀开关切于另一条无故障站用电母线上，尽快恢复对变压器冷却器的送电。

(3) 如果站用电运行正常，应到变压器冷却控制箱进行检查变压器冷却器工作电源Ⅰ、工作电源Ⅱ是否有明显故障，如果工作电源Ⅰ、工作电源Ⅱ确实存在故障，应安排人员监视变压器上层油温，通知检修单位来站处理。

(4) 如果变压器冷却器工作电源Ⅰ、工作电源Ⅱ没有故障，经检查为继电器 KMM1、KMM2 或继电器 K1、K2 同时发生线圈断线故障，应安排人员监视变压器上层油温，通知检修单位来站处理。

(十二) 强迫油循环风冷变压器辅助冷却器投入

1. 象征

变压器冷却器控制箱内“冷却器全停”信号发出。

2. 可能原因

（1）变压器油箱上层油温过高。

（2）变压器负荷电流过大。

（3）变压器油箱上层油温监视信号温度计接点误接触。

（4）变压器负荷电流继电器误动作。

3. 处理步骤

（1）当变压器油箱上层油温过高时，应立即汇报调度，组织运行人员密切监视变压器油箱上层油温指示情况。

（2）当变压器负荷电流过大时，应立即汇报调度，由调度值班人员通过改变运行方式将变压器部分负荷调出，消除变压器过负荷现象。

（3）当变压器油箱上层油温监视信号温度计接点误接触或变压器负荷电流继电器误动作造成误发信时，应通知检修单位来站处理。

（十三）强迫油循环风冷变压器备用冷却器投入

1. 象征

变压器冷却器控制箱内“备用冷却器投入”信号发出。

2. 可能原因

（1）变压器运行中切至“工作”位置的任意一组冷却器停运。

（2）变压器运行中切至“工作”位置的任意一组冷却器风扇或油泵发生故障。

（3）变压器运行中切至“工作”位置的任意一组冷却器风扇或油泵的热偶继电器动作断开冷却器电源回路。

（4）变压器运行中的辅助冷却器风扇或油泵发生故障。

（5）变压器运行中切至“工作”位置的任意一组冷却器油流继电器误动作。

（6）变压器运行中切至“工作”位置的任意一组冷却器散热管中的油流速降低到油流继电器动作值时或变压器油不在冷却器散热管中流动。

（7）在“工作”或“辅助”位置的冷却器电源自动开关误动作断开冷却器电源。

3. 处理步骤

（1）将备用冷却器切至“工作”位置，检查在“工作”或“辅助”位置的冷却器运行情况。

（2）如果是变压器运行中切至“工作”位置的某组冷却器油流继电器误动

作，应断开这一组冷却器电源开关，通知检修单位来站处理。

(3) 如果是变压器运行中切至“工作”位置的某一组冷却器油泵或风扇发生故障，应断开这一组冷却器电源开关，通知检修单位来站处理。

(4) 如果是变压器运行中切至“工作”位置的某组冷却器散热管中的油流速降低到油流继电器动作值时，应断开这一组冷却器电源开关，通知检修单位来站会诊，如果判断为冷却器散热管出现堵塞，应对变压器进行停电处理。

(5) 如果是冷却器风扇或油泵的热偶继电器动作断开冷却器电源回路，应试送热偶继电器，如果试送不成，在未查明原因前不得将热偶继电器强送电。应通知检修单位来站处理。

九、线路事故及异常处理实例

(一) 220kV 广联线路故障，断路器跳闸，重合不成

1. 象征

变电站现场监控机事故报警信息显示“220kV 广联差动”，“220kV 广联高频距离保护动作跳闸”，“220kV 广联距离 I 段保护跳闸”，“220kV 广联重合闸动作”，“220kV 广联距离 II 段加速跳闸”，“220kV 故障录波器动作”广联线电流、电压、功率指示为零，广联线打印机打印事故报告。

2. 可能原因

(1) 220kV 广联线路发生短路故障；

(2) 220kV 广联线路发生接地故障；

(3) 220kV 广联保护误动作。

3. 处理步骤

(1) 详细记录到站时间、保护动作、故障启动时间，打印保护及监控机报文情况，故障录波器动作情况，汇报调度值班员。

(2) 检查 220kV 广联站内设备有无明显故障点。检查事故打印情况。确认无误后复归保护信号。检查 220kV 广联跳闸断路器动作情况。

(3) 检查 220kV 广联保护二次回路有无故障，有无短路、断线、工作人员误碰等情况发生。如果是 220kV 广联保护二次回路故障造成 220kV 广联保护误动作，立即将情况汇报调度值班员。

(4) 检查 220kV 广联断路器跳闸位置情况，检查 220kV 母线电压情况。对 220kV 广联站内设备进行检查，当发现明显故障点时，应立即汇报调度值班员，如果 220kV 广联保护动作，在未查明原因前不得对 220kV 广联进行强行送电。

(5) 如果确认为 220kV 广联线路故障，将 220kV 广联转入冷备用操作，将 220kV 广联接地，设置安全措施进行抢修。

(6) 事故检修结束后，根据调度值班员指令，检查 220kV 广联送电范围内确无接地短路，对 220kV 广联进行恢复送电操作。

(7) 做好各种记录，与监控中心核对运行方式。

(二) 110kV 汇商线线路故障，断路器拒动

1. 象征

变电站现场监控机事故报警信息显示“110kV 故障录波器动作”，“变压器复压闭锁方向过流 I 段保护动作”，110kV 汇商线保护“距离 I 段保护动作”，110kV 汇商线电流、电压、功率指示为零，打印机打印事故报告。110kV 汇商线断路器拒动。变压器 110kV 侧断路器跳闸，110kV 2 母线失电。110kV 2 母线三相电压为零。

2. 可能原因

(1) 110kV 汇商线线路发生短路故障；

(2) 110kV 汇商线断路器拒动。

3. 处理步骤

(1) 详细记录到站时间、保护动作、故障启动时间，打印保护及监控机报文情况，故障录波器动作情况，汇报调度值班员。

(2) 检查变压器保护动作情况，检查 110kV 汇商线保护动作情况，检查事故打印情况，检查变压器及 110kV 汇商线保护投入情况。确认无误后复归保护信号。

(3) 检查 110kV 汇商线断路器未动作情况，检查变压器 110kV 侧断路器跳闸情况，确认 110kV 2 母线失电。

(4) 对 110kV 汇商线站内设备进行检查，当发现断路器明显故障点时，应立即汇报调度值班员，在未查明原因前不得对 110kV 2 母线进行强行送电。

(5) 如果确认为 110kV 汇商线断路器拒动，将 110kV 汇商线断路器转入冷备用操作，将 110kV 汇商线断路器接地，设置安全措施进行抢修。

(6) 事故检修结束后，根据调度值班员指令，检查 110kV 汇商线送电范围内确无接地短路，对 110kV 2 母线进行恢复送电操作，对 110kV 汇商线进行恢复送电操作。

(7) 做好各种记录，与监控中心核对运行方式。

(三) 110kV 汇商线线路故障，断路器跳闸，重合不成

1. 象征

变电站现场监控机事故报警信息显示“110kV 故障录波器动作”，110kV 汇商线保护“距离Ⅲ段加速保护动作”，110kV 汇商线“重合闸动作”，110kV 汇

商线保护“距离Ⅰ段保护动作”，110kV 汇商线电流、电压、功率指示为零，打印机打印事故报告。110kV 汇商线断路器跳闸。

2. 可能原因

110kV 汇商线线路发生永久性短路故障。

3. 处理步骤

(1) 变电运行人员详细记录到站时间、保护及重合闸动作、故障启动时间，打印保护及监控机报文情况，故障录波器动作情况，变电运行人员应汇报调度值班员。

(2) 变电运行人员检查 110kV 汇商线保护及重合闸动作情况，检查事故打印情况，检查 110kV 汇商线保护及重合闸投入情况。确认无误后复归保护信号。

(3) 检查 110kV 汇商线断路器跳闸情况，确认 110kV 汇商线电流、电压、功率指示为零。

(4) 对 110kV 汇商线站内设备进行检查，确定没有明显故障点时，应立即汇报调度值班员，在未查明故障原因前不得对 110kV 汇商线进行强行送电。

(5) 如果确认为 110kV 汇商线线路故障，变电运行人员根据调度值班员指令将 110kV 汇商线转入冷备用操作，将 110kV 汇商线接地，设置安全措施进行抢修。

(6) 事故检修结束后，变电运行人员根据调度值班员指令，检查 110kV 汇商线送电范围内确无接地短路，对 110kV 汇商线进行恢复送电操作。

(7) 变电运行人员做好各种记录，与监控中心核对运行方式。

十、母线事故及异常处理实例

(一) 220kV 并列运行的双母线全部断电事故

1. 象征

变电站现场监控机事故报警信息显示“220kV 母差保护动作跳 1、2 母线出口”，“220kV 母差失灵保护启动”，“220kV 故障录波器动作”，“10kV 电容器低电压保护动作”220kV 1、2 母线三相电压为零。110kV 1、2 母线三相电压为零。10kV 1、2 母线三相电压为零。220kV 母联 20 断路器拒动。1 号变压器 22 断路器跳闸。2 号变压器 24 断路器跳闸。220kV 川山线 23 断路器跳闸。220kV 申东线 25 断路器跳闸。220kV 广联线 21 断路器跳闸。220kV、110kV、10kV 各断路器表计指示为零。10kV 电容器低电压保护动作，电容器组断路器跳闸。

2. 可能原因

220kV 1 母线故障，母联 20 断路器拒动，220kV1、2 母线所连接的断路器全部跳闸，220kV 并列运行的双母线全部断电。

3. 处理步骤

（1）变电运行人员详细记录到站时间、保护动作、故障启动时间，打印保护及监控机报文情况，故障录波器动作情况，变电运行人员汇报调度值班员。

（2）变电运行人员检查直流系统、站用电系统、变压器冷却系统运行情况，检查220kV母线差动保护动作及事故打印情况，检查变压器保护动作情况，保护投入情况。变电运行人员确认无误后复归保护信号。变电运行人员根据调度值班员指令用110kV汇南线在110kV 1母线临时带全站负荷。

（3）变电运行人员检查220kV母联20断路器位置。1号变压器22断路器位置。2号变压器24断路器位置。220kV川山线23断路器位置。220kV申东线25断路器位置。220kV广联线21断路器位置。检查220kV 1、2母线及220kV母差保护范围内设备有误故障。

（4）经变电运行人员检查确定为220kV 1母线所属设备故障，220kV 1母线差动保护动作，220kV母联20断路器拒动造成220kV 1、2母线全部失电。变电运行人员根据调度值班员指令拉开变电站其他未跳闸断路器。

（5）变电运行人员根据调度值班员指令拉开220kV母联20断路器两侧隔离开关，拉开220kV 1母线上连接单元的隔离开关，经检查确定220kV 2母线无故障点，合上220kV 2母线上连接单元的所有隔离开关，将1号变压器22断路器、2号变压器24断路器、220kV川山线23断路器、220kV申东线25断路器、220kV广联线21断路器在220kV 2母线合闸送电。

（6）变电运行人员将低频低压减载装置电压切换断路器切至220kV 2母线运行，合上1号变压器三侧断路器，2号变压器三侧断路器，恢复110kV、10kV系统运行。恢复10kV站用电正常方式。

（7）变电运行人员将220kV 1母线及母联20断路器停电，合上220kV 1母线接地刀闸，合上220kV母联20断路器两侧接地刀闸，将220kV 1母线及220kV母联20断路器由停电转检修，做好安全措施进行抢修。

（8）事故检修结束后，变电运行人员拆除临时安全措施，恢复常设安全措施，根据调度值班员指令，投入220kV母联充母线保护，将220kV 1母线送电，投入220kV双母线差动保护，恢复220kV双母线正常运行方式。

（9）变电运行人员做好各种记录，与监控中心核对运行方式。

（二）110kV 2母线故障，110kV母线差动保护动作

1. 象征

变电站现场监控机事故报警信息显示“110kV母线差动保护动作跳110kV 2母线出口”，“110kV故障录波器动作”，110kV 2母线三相电压为零。110kV 2

母线上所连接的断路器跳闸。110kV 母联 10 断路器跳闸。110kV 2 母线上所连接的各断路器电流功率指示为零。

2. 可能原因

(1) 110kV 2 母线发生短路故障。

(2) 110kV 2 母线发生接地故障。

3. 处理步骤

(1) 变电运行人员详细记录到站时间、保护动作、故障启动时间，打印保护及监控机报文情况，故障录波器动作情况，变电运行人员应汇报调度值班员。

(2) 变电运行人员检查母线差动保护动作情况，检查 110kV 母线差动保护范围内设备动作情况和设备故障情况，检查事故打印情况，确认无误后变电运行人员复归保护信号。

(3) 变电运行人员检查发现 110kV 2 母线设备故障，变电运行人员应汇报调度值班员并根据调度值班员指令，投入 110kV 母线差动保护单母线运行连接片，将 110kV 母线差动保护电压开关切至 1 母线位置。拉开 110kV 母联 10 断路器两侧隔离开关，拉开 110kV 2 母线上所连接的断路器及隔离开关，将 110kV 2 母线上所连接的线路在 110kV 1 母线送电。

(4) 变电运行人员应将 110kV 2 母线停电并做好安全措施进行抢修。

(5) 事故检修结束后，变电运行人员根据调度值班员指令，恢复 110kV 2 母线正常运行方式，变电运行人员应全面检查 110kV 2 母线设备无故障点，合上 110kV 母联 10 断路器，充电 110kV 2 母线良好后，恢复 110kV 1、2 母线正常运行方式。

(6) 变电运行人员做好各种记录，与监控中心核对运行方式。

(三) 10kV 1 母线设备故障

1. 象征

变电站现场监控机事故报警信息显示 1 号变压器“10kV 侧后备跳 10kV 侧”，1 号变压器“10kV 方向复合电压过流 1 段保护动作”，“10kV 1、2 号电容器低电压保护动作”，10kV 1 母线三相电压指示为零，10kV 2 母线三相电压指示为零，1 号变压器 10kV 侧断路器跳闸。10kV 1、2 号电容器断路器跳闸，10kV 1、2 号站用电失电，10kV 1、2 母线所连接线路断路器均未跳闸，但 10kV 1、2 母线所连接线路的各断路器电流、功率指示为零。

2. 可能原因

(1) 10kV 1 母线发生短路故障。

(2) 1 号变压器 10kV 侧外部设备发生短路故障。

3. 处理步骤

（1）变电运行人员详细记录到站时间、保护动作、故障启动时间，打印保护及监控机报文情况，故障录波器动作情况，变电运行人员应汇报调度值班员。

（2）变电运行人员检查母线差动保护动作情况，检查110kV母线差动保护范围内设备动作情况和设备故障情况，检查事故打印情况，确认无误后变电运行人员复归保护信号。

（3）变电运行人员检查发现110kV 2母线设备故障，变电运行人员应汇报调度值班员并根据调度值班员指令，投入110kV母线差动保护单母线运行连接片，将110kV母线差动保护电压断路器切至1母线位置。拉开110kV母联10断路器两侧隔离断路器，拉开110kV 2母线上所连接的断路器及隔离断路器，将110kV2母线上所连接的线路在110kV 1母线送电。

（4）变电运行人员应将110kV 2母线停电并做好安全措施进行抢修。

（5）事故检修结束后，变电运行人员根据调度值班员指令，恢复110kV 2母线正常运行方式，变电运行人员应全面检查110kV 2母线设备无故障点，合上110kV母联10断路器，充电110kV 2母线良好后，恢复110kV 1、2母线正常运行方式。

（6）变电运行人员做好各种记录，与监控中心核对运行方式。

（四）10kV 2母线A相系统接地

1. 象征

变电站现场监控机显示10kV 2母线A相系统接地。现场监控机显示10kV 2母线A相电压降低或接近于零，B、C相升高，并有零序电压产生，小电流接地监测装置显示母线过压数值，并显示接地线线路编号。10kV 2母线所有微机保护均报警“TV断线信号”发出。10kV 2母线消谐装置动作。

2. 可能原因

（1）10kV 2母线A相接地。

（2）10kV 2母线所属设备发生A相接地。

（3）10kV 2母线上所接线路发生A相接地。

3. 处理步骤

（1）变电运行人员详细记录到站时间、故障启动时间，打印保护及监控机报文情况，变电运行人员应汇报调度值班员。

（2）变电运行人员查看并记录保护告警情况，10kV 2母线电压指示情况，检查打印情况，确认无误后变电运行人员复归信号。

（3）变电运行人员巡视检查站内设备，进入10kV高压室在靠近带电设备时变电运行人员应穿绝缘靴，检查高压设备有无明显异音现象，变电运行人员应将检查结果汇报调度值班员。

（4）如果10kV 2母线及所属设备没有发生A相接地，根据调度许可拉开10kV电容器及站用变压器断路器，发现接地应及时汇报调度。

（5）如果10kV 2母线及所属设备没有发生A相接地，10kV电容器及站用变压器也没有发生A相接地，则确定为10kV线路发生接地，根据调度指令按事故拉路顺序遥控选择10kV线路进行远方遥控操作，也可以根据调度指令由变电运行人员现场选择10kV线路，发现接地线路及时汇报调度值班员。

（6）如果1号变压器10kV侧桥母线有接地，变电运行人员应根据调度指令，检查10kV分段90断路器保护确已投入，合上10kV分段90断路器，拉开1号变压器10kV侧断路器，变电运行人员应将1号变压器10kV侧桥母线停电并做好安全措施进行抢修。

（7）事故检修结束后，变电运行人员根据调度值班员指令，恢复110kV 2母线正常运行方式，变电运行人员应全面检查10kV 2母线及1号变压器10kV侧桥母线设备无故障点，合上1号变压器10kV侧断路器，恢复1号变压器正常运行方式。

（8）变电运行人员做好各种记录，与监控中心核对运行方式。

十一、断路器事故及异常处理实例

（一）断路器液压机构油泵电动机运转

1. 象征

断路器发出“油泵电动机运转”信号，断路器三相液压机构中任意一相液压机构油泵电动机运转。

2. 可能原因

（1）断路器三相液压机构中任意一相液压机构的油压力降至规定值时，微动开关KP2U闭合，直流电动机动作继电器KM励磁动作，其触点KM闭合，油泵电动机启动打压，同时发出此信号。

（2）断路器三相液压机构中任意一相液压机构的高压油路渗漏油造成压力降低。

（3）断路器三相液压机构中任意一相液压机构的油泵电动机启动后，直流电动机动作继电器KM触点烧住，不返回，造成油泵电动机长期运转。

（4）断路器三相液压机构中任意一相液压机构的微动开关KP2U接通后不返回。造成油泵电动机长期运转。

（5）气温下降也会引起液压机构的油压力降低，当降至规定值时，油泵电动机启动打压。发出此信号。

3. 处理步骤

(1) 分、合断路器时，短时间发“油泵电动机运转”信号，瞬间消失，为正常。

(2) 如果油泵电动机长期运转，变电运行人员应到断路器液压机构现场检查，经检查发现液压机构箱中底部有油迹，说明液压机构高压油路中有外泄现象，禁止打压，变电运行人员应立即拉开油泵电动机电源刀开关，汇报调度，通知检修单位来站待停电后进行处理。

(3) 如果油泵电动机长期运转，变电运行人员应到断路器液压机构现场检查，经检查没有发现液压机构箱中底部有油迹，说明液压机构高压油路中有内泄现象，变电运行人员应立即拉开油泵电动机电源刀开关，汇报调度，通知检修单位来站处理。

(4) 如果油泵电动机长期运转，变电运行人员应到断路器液压机构现场检查，检查直流电动机动作继电器 KM 触点是否烧住，不返回；检查液压机构的微动开关 KP2U 接通后不返回。如果是以上情况，变电运行人员应立即拉开油泵电动机电源刀开关，汇报调度，通知检修单位来站处理。

(5) “油泵电动机运转”信号发出后，变电运行人员应到断路器液压机构现场检查，若发现油泵电动机不运转，则证明是误发信，汇报调度，通知检修单位来站处理。

(6) 如果是气温下降造成“油泵电动机运转”信号发出，变电运行人员待油压恢复正常后，信号消失，做好记录。

(二) 断路器液压机构出现压力异常

1. 象征

断路器液压机构油压力异常升高，电接点压力表触点 SP21 闭合，压力监视继电器 KVP 动作，其触点闭合，发出“压力异常”信号。液压机构油压力异常降低，电触点压力表触点 SP11 闭合，压力监视继电器 KVP 动作，其触点闭合，发出“压力异常”信号。

2. 可能原因

(1) 断路器液压机构油压力异常升高，高压油进入氮气腔，使压力逐渐增高发出“压力异常”信号。

(2) 断路器液压机构油压力异常降低，由于氮气泄露，造成压力逐渐降低而发出“压力异常”信号。

(3) 断路器液压机构油压力异常降低后，油泵电机及其电源回路有故障不能正确起动，使油压异常降低。

(4) 断路器液压机构高压放油阀没关严。液压机构油泵电动机直流电源熔断器 1FU 或 2FU 熔断。

(5) 断路器液压机构油泵电动机直流电源刀开关 QK 忘记合闸在断开位置或接触不良。

3. 处理步骤

(1)“压力异常”信号发出后，变电运行人员应首先检查电接点压力表指示情况，以确定是压力异常升高还是压力异常降低。

(2) 若断路器液压机构油压力异常升高，应检查贮压筒行程杆位置是否停留在油泵停止位置，若是，即判断为高压油进入氮气腔，应汇报调度，通知检修单位来站解体更换储压筒密封圈。

(3) 若断路器液压机构油压力异常降低，变电运行人员应高压放油阀是否关严使高压油流回到油箱。如果高压放油阀已经关严，变电运行人员还应检查贮压筒活塞杆是否处在油泵停止位置，若是，即判断为氮气泄漏造成，应汇报调度，通知检修单位来站用肥皂水检查出漏点进行补焊。

(4) 若断路器液压机构油压力异常降低，油泵电动机启动触点接通，但油泵电机不起动打压，则说明油泵电动机有故障。

(5) 如果经检查发现液压机构油泵电动机直流电源熔断器 1FU 或 2FU 熔断，造成油泵电动机运转无法运转，应拉开油泵电动机直流电源刀开关 QK，更换同类型液压机构油泵电动机直流电源熔断器。再合上直流电源刀开关 QK，油泵电动机运转正常，液压机构油压恢复正常。油泵电动机停止运转。

(6) 如果经检查发现油泵电动机直流电源刀开关 QK 忘记合闸在断开位置，应立即合上油泵电动机直流电源刀开关 QK，油泵电动机运转正常，液压机构油压恢复正常。油泵电动机停止运转。

(三) 断路器液压机构出现合闸闭锁

1. 象征

断路器液压机构油压力异常降低，达到规定值时，合闸闭锁微动开关 KP3 动作打开，合闸闭锁继电器 KL3 失磁，其常闭接点闭合，发出“合闸闭锁”信号，同时闭锁断路器合闸控制回路。使断路器不能合闸。

2. 可能原因

(1) 断路器液压机构油压降低到油泵电动机启动规定值，由于液压机构油泵电动机及直流电源回路出现故障，油泵电动机直流电源熔断器 1FU 或 2FU 熔断。致使油泵电动机没有启动打压，造成压力降低，发出“合闸闭锁”信号。

（2）断路器液压机构高压油内部泄漏或液压机构外部高压管路连接处渗漏油。造成压力逐渐降低而发出“合闸闭锁”信号。

（3）断路器液压机构油压力降低到油泵电动机启动打压，待油压正常后，由于合闸闭锁微动开关 KP3 打开后出现故障不能返回，造成“合闸闭锁”信号一直发出。

（4）断路器液压机构高压放油阀没关严，使断路器液压机构油油压一直降低，油泵电动机一直启动打压，造成“合闸闭锁”信号一直发出。

（5）断路器液压机构油压正常，误发信。

3. 处理步骤

（1）变电运行人员应到断路器液压机构现场检查，经检查发现液压机构箱中底部有油迹，说明液压机构高压油路中有外泄现象，禁止打压，变电运行人员应立即拉开油泵电动机电源刀开关 QK，汇报调度，通知检修单位来站进行处理。

（2）变电运行人员经检查发现高压放油阀没关严，应关严高压放油阀并启动油泵电动机运转，建立油压至正常值，“合闸闭锁”信号消失。

（3）变电运行人员经检查发现断路器液压机构油压力降低到油泵电动机启动打压，待油压正常后，合闸闭锁微动开关 KP3 打开后出现故障不能返回，造成信号发出。应汇报调度，通知检修单位来站进行处理。

（4）经检查发现油泵电动机回路不启动，造成油压降低后，发出此信号，应检查油泵电动机回路的故障点，检查油泵电动机直流电源熔断器 1FU 或 2FU 熔断，应立即更换。待故障点消除后，合上油泵电动机直流电源刀开关 QK，使油泵电动机运转打压直至建立正常油压为止。

（5）经检查发现合闸闭锁继电器 KL3 损坏，造成信号发出。变电运行人员应汇报调度，通知检修单位来站进行处理。

（6）变电运行人员经检查没有发现液压机构外部异常且能听到液压机构内部有放油的声音，变电运行人员应立即拉开油泵电动机电源刀开关 QK，汇报调度，通知检修单位来站进行处理。

（四）SF_6 断路器气压降低第一警报值动作

1. 象征

当 SF_6 断路器三相中任意一相发生气体泄漏时，漏气极的密度继电器 KD1（或 KD3、KD2）动作闭合，“SF_6 气压降低第一警报值动作”信号。

2. 可能原因

（1）SF_6 气体压力表接头处密封垫损坏。

（2）管接头处、自封阀处固定不紧或有杂物。

（3）由于胶垫老化或位置不正，造成瓷套的胶垫连接处密封不严，出现气体泄漏。

（4）瓷套与法兰胶合处胶合不良。

（5）滑动密封处密封圈损坏，出现密封不严造成气体泄漏。

（6）“SF_6气压降低第一警报值动作”误发信。

3. 处理步骤

（1）SF_6断路器发出“SF_6气压降低第一警报值动作”信号后，变电运行人员必须佩戴隔离式防毒面具到现场检查SF_6断路器的压力表的指示值在逐渐下降，则说明SF_6气体泄露，进入SF_6设备配电装置室前，应开启所以排风机进行排风，只有进行充分的自然排风后，变电运行人员方可进入SF_6设备配电装置室。

（2）变电运行人员将检查情况汇报调度。根据调度指令在SF_6气体未泄漏至0.3MPa之前将SF_6断路器停运。若无法将SF_6断路器停运，可将线路或变压器SF_6断路器用母联断路器与故障断路器串联运行然后用母联SF_6断路器断开负荷解除SF_6气体泄漏断路器的运行。如果是110kV、220kV母联断路器发生SF_6气体泄漏时，可将一条母线负荷调至另一条母线运行，待母联断路器无电流流过后，用隔离开关操作断开SF_6气体泄漏断路器，使其退出运行。

（3）如果SF_6气压泄漏较慢，可采用旁路SF_6断路器代路的方法解除本SF_6断路器运行。

（4）变电运行人员在对SF_6断路器停电后，应迅速通知检修单位来站对SF_6气体泄漏的断路器进行现场补气，并处理漏气故障，以解除报警信号。

（5）当“SF_6气压降低第一警报值动作”信号发出而“SF_6气压低闭锁跳、合闸”信号未发出时，说明SF_6气体压力还未降到闭锁跳、合闸压力值，此时如果是系统原因，SF_6断路器不能停电，可在保证安全的情况下（如开启排风扇进行充分的自然排风），由检修单位用合格的SF_6气体做补气处理。

（五）断路器合闸回路断线

1. 象征

当断路器合闸回路发生断线或断路器合闸回路电源熔断器1FU、2FU熔断时，断路器合闸电源监视继电器KVS失磁，其动断触点闭合，发出“合闸回路断线”信号。

2. 可能原因

（1）断路器合闸回路断线。

（2）断路器合闸母线失电。

（3）断路器合闸回路电源熔断器 1FU、2FU 熔断或接触不良。

（4）断路器合闸电源监视继电器 KVS 线圈断线或误动作。

3. 处理步骤

（1）首先检查断路器合闸回路电源熔断器 1FU、2FU 是否熔断，若熔断器有熔断现象，应更换同类型的熔断器。如果没有熔断应检查熔断器 1FU、2FU 是否接触不良，如果接触不良，应记录缺陷记录，通知检修单位来站处理。

（2）如果合闸回路熔断器无异常，可从合闸回路电源侧逐级开始查找回路有无断线等异常。如果合闸回路有断线，应立即取下断路器合闸回路电源熔断器 1FU、2FU，并通知检修单位来站处理。

（3）经检查如果是合闸母线无电，应检查合闸电源总熔断器是否熔断。合闸电源刀开关是否没有合闸或刀开关接触不良，一旦找出原因，应立即处理，将合闸母线送电。

（4）经检查如果是断路器合闸电源监视继电器 KVS 线圈断线或损坏，变电运行人员应汇报调度，通知检修单位来站处理。

十二、隔离开关事故及异常处理实例

隔离开关接触部分发热。

1. 象征

隔离开关接触部分发热且试温蜡片熔化，接头冒烟或发红。

2. 可能原因

（1）隔离开关接触部分接触不良；

（2）隔离开关接触部分生锈；

（3）隔离开关连接部分压接松动；

（4）隔离开关检修工艺不良导致接触部分发热。

3. 处理步骤

（1）隔离开关接触部分发热，变电运行人员应加强运行监视，立即汇报调度值班员，采取限负荷措施或对隔离开关进行停电处理。

（2）隔离开关操作时，如果发现拒动，应按下述处理步骤进行处理。

1）机械操作的隔离开关拒合或拒分，应首先检查机械闭锁是否解除，检查传动机构是否有卡塞的地方，闸口是否锈死或烧伤结，可轻轻晃动操作把手进行检查，未查明原因不得强行操作。

2）合隔离开关、因三相不同期合不正，可拉开重合，也可用绝缘杆将其拔正，无效时应汇报调度及修验场，不准用该隔离开关送电。

3）电动隔离开关拒动时，应首先判明是机械传动部分故障还是电动回路故障，若机械传动部分故障，应按第一条进行手动机械分合检查，若电动回路故障，应首先检查各电气闭锁回路是否已解除，操作回路电源三相电压正常，上述检查均正常后，可用手动机械操作拉、合隔离开关，当发现有电气闭锁未解除时，未查明原因前不得强行解除闭锁操作。

(3) 变电运行人员操作中发现支持瓷柱断裂，隔离开关一相或几相接触不上，应汇报调度值班员，通知检修单位进行处理，如果只是传动部分缺陷，导电部分良好，可待下次隔离开关停电时处理。

十三、互感器事故及异常处理实例

(一) 35kV 1母线电压互感器二次熔断器熔断

1. 象征

35kV 1母线电压互感器二次熔断器A相熔断，熔断相电压降低或为零，其他两相电压正常。变电站现场监控机报警信息显示“35kV 1母线电压互感器断线”。

2. 可能原因

35kV 1母线电压互感器二次回路有故障，造成35kV 31TV二次熔断器熔断。

3. 处理步骤

(1) 检查35kV 1母线A相电压指示降低。检查35kV 1母线B相电压指示正常。检查35kV 1母线C相电压指示正常。检查显示“35kV 1母线电压互感器断线”。检查35kV 31TV二次熔断器A相熔断。

(2) 记录时间，变电运行人员将异常向调度值班人员汇报。根据调度值班人员指令，停用35kV 31TV所带复压过流保护及电力电容器低电压保护。更换35kV 31TV二次回路A相同类型熔断器试送。

(3) 检查35kV 31TV二次回路A相熔断器再次熔断。取下35kV 31TV二次回路A相熔断器。取下35kV 31TV二次回路B相熔断器。取下35kV 31TV二次回路C相熔断器。

(4) 将35kV 31TV二次负荷倒至35kV 32TV。投入35kV 31TV所带复压过流保护及电力电容器低电压保护。拉开35kV 31TV-1隔离开关。

(5) 检查31TV-1隔离开关三相确已拉开，在35kV 1母线电压互感器二次熔断器负荷侧装设××接地线。

(6) 对35kV 1母线电压互感器二次回路摇测绝缘进行鉴定，确定电压互感器二次回路有故障。检查发现35kV 1母线电压互感器二次回路有故障。变电运行人员将事故处理经过向当值调度值班人员汇报。

(7) 变电运行人员通知检修单位来站进行 35kV 1 母线电压互感器二次回路故障的处理。

(8) 变电运行人员做好各种记录，与监控中心核对运行方式。

(二) 220kV 1 母线 1TV21P 气室漏气

1. 象征

变电站现场监控机报警信息显示“220kV 1 母线 1TV21P 气室漏气”信号。

2. 可能原因

(1) 21P 气室漏气；

(2) 误发信。

3. 处理步骤

(1) 变电运行人员详细记录到站时间、异常启动时间，打印保护及监控机报文情况，变电运行人员应汇报调度值班员。

(2) 现场查看 220kV 1 母线 1TV21P 气室漏气情况，发现 220kV 1 母线 1TV21P 气室漏气 SF_6 气体压力降低至 0.30MPa 以下，低于 0.30MPa 时，发“SF_6气体压力低”报警。立即将情况汇报调度值班员。

(3) 根据调度指令投入 220kV 单母差保护，拉开 220kV 母联 20 断路器控制电源开关，将 220kV 1 母线设备调至 2 母线运行，合上 220kV 母联 20 断路器控制电源开关，拉开 220kV 母联 20 断路器，拉开 220kV 母联 20 断路器两侧隔离开关，将 220kV 1 母线 1TV21P 故障点隔离。

(4) 设置安全措施。做好 220kV 1 母线 1TV21P 气室漏气安全措施通知检修单位准备抢修。

(5) 事故检修结束后，根据调度指令投入 220kV 母线充电保护，用 220kV 母联 20 断路器对 220kV 1 母线进行充电，充电无问题后停用 220kV 母线充电保护，恢复 220kV 系统正常运行方式，投入 220kV 双母差保护，检查母差保护运行正常。

(6) 变电运行人员做好各种记录，与监控中心核对运行方式。

(三) 电流互感器二次开路

1. 象征

电流互感器所接电流表指示为零，电流互感器所接功率表指示不正确，电流互感器二次开路处有火花放电声，电流互感器所接内部有异音。相关电力线路发“交流电流断线”信号。

2. 可能原因

(1) 人员误碰。

（2）电流互感器二次回路端子接触不良。

（3）电流互感器二次回路断线。

（4）电流互感器二次回路连接片压接不良。

3. 处理步骤

（1）变电运行人员汇报调度，根据调度值班员指令调电减少电流互感器电流，停用有关差动保护，必要时进行停电处理。

（2）不能停电时，停用可能误动的保护，带好安全用具，查找故障点，用专用短路线从有关负荷侧逐级短路检查。

（3）查出后将电流互感器二次回路开路点压接好。

（4）恢复电流互感器的正常运行。

十四、电容器事故及异常处理实例

（一）1号电容器发生相间短路故障

1. 象征

变电站现场监控机报警信息显示“1号电容器过流保护”信号，1号电容器三相电流表指示为零，1号电容器62断路器跳闸。

2. 可能原因

1号电容器发生相间短路故障造成1号电容器过流保护动作跳开1号电容器62断路器。

3. 处理步骤

（1）检查1号电容器62断路器跳闸，检查1号电容器电流表指示为零。检查1号电容器62断路器三相确已拉开，检查1号电容器发现第6只电容器鼓肚爆炸。

做好记录，变电运行人员向当值调度值班人员汇报事故发生的经过和象征。

（2）拉开1号电容器62-3隔离开关，检查1号电容器62-3隔离开关三相确已拉开，拉开1号电容器62-1隔离开关。检查1号电容器62-1隔离开关三相确已拉开，在1号电容器62-3隔离开关电容器侧验电确无电压，在1号电容器62-3隔离开关电容器侧装设××号接地线。

（3）取下1号电容器62断路器合闸熔断器。取下1号电容器62断路器控制熔断器。检查1号电容器放电TV二次指示灯灭，在1号电容器进线电缆头侧验电确无电压，合上1号电容器62-D接地开关。

（4）变电运行人员将事故处理经过向当值调度值班人员汇报。变电运行人员通知有关部门进行1号电容器的故障消除。变电运行人员填写相关运行记录。

（二）1号电容器过压保护动作

1. 象征

变电站现场监控机报警信息显示“1号电容器过压保护”信号，1号电容器三相电流表指示为零，1号电容器62断路器跳闸。

2. 可能原因

10kV1母线电压升高导致1号电容器过压保护动作跳开1号电容器62断路器。

3. 处理步骤

（1）检查1号电容器62断路器跳闸。检查1号电容器电流表指示为零。检查1号电容器过压保护信号发出。检查1号电容器62断路器三相确已拉开。检查10kV 1母线电压升高。

（2）做好记录，变电运行人员向当值调度值班人员汇报事故发生的经过和象征。

（3）待10kV 1母线电压正常后，合上1号电容器62断路器。检查1号电容器62断路器三相确已和好。

（4）变电运行人员将事故处理经过向当值调度值班人员汇报。

（5）变电运行人员做好各种记录，与监控中心核对运行方式。

（三）1号电容器低压保护动作

1. 象征

变电站现场监控机报警信息显示“1号电容器低压保护”信号，1号电容器三相电流表指示为零，1号电容器62断路器跳闸。

2. 可能原因

10kV 1母线电压突然下降导致1号电容器低压保护动作跳开1号电容器62断路器。

3. 处理步骤

（1）检查1号电容器62断路器跳闸。检查1号电容器电流表指示为零。检查1号电容器62断路器三相确已拉开。检查10kV 1母线电压指示为零。检查1号电容器及所属设备没有发现明显故障点。

（2）做好记录，变电运行人员向当值调度值班人员汇报事故发生的经过和象征。

（3）待10kV 1母线电压恢复正常后，合上1号电容器62断路器。检查1号电容器62断路器三相确已和好。变电运行人员将事故处理经过向当值调度值班人员汇报。

(5) 变电运行人员做好各种记录，与监控中心核对运行方式。

(四) 1 号电容器不平衡保护动作

1. 象征

变电站现场监控机报警信息显示“1 号电容器不平衡保护保护”信号，1 号电容器三相电流表指示为零，1 号电容器 62 断路器跳闸。

2. 可能原因

1 号电容器 A 相第 3 只电容器、第 9 只电容器、第 12 只电容器内部有故障导致熔丝熔断，电容器不平衡保护动作跳开 1 号电容器 62 断路器。

3. 处理步骤

(1) 检查 1 号电容器 62 断路器跳闸。检查 1 号电容器电流指示为零。检查 1 号电容器不平衡保护信号发出。

(2) 检查 1 号电容器 62 断路器三相确已拉开。检查 1 号电容器及所属设备发现 A 相第 3 只电容器、第 9 只电容器、第 12 只电容器熔丝均熔断，三只熔断器均跌落。

(3) 做好记录，变电运行人员向当值调度值班人员汇报事故发生的经过和象征。

(4) 拉开 1 号电容器 62-3 隔离开关。检查 1 号电容器 62-3 隔离开关三相确已拉开，拉开 1 号电容器 62-1 隔离开关，检查 1 号电容器 62-1 隔离开关三相确已拉开，检查 1 号电容器放电 TV 二次指示灯灭。

(5) 在 1 号电容器进线电缆头侧验电确无电压，合上 1 号电容器 62-D 接地开关。检查 1 号电容器 62-D 接地开关三相确已合好。

(6) 拆除 1 号电容器 A 相第 3 只电容器、第 9 只电容器、第 12 只电容器。拆除 1 号电容器同一星形的 B、C 两相对应于 A 相拆除的单只电容器。全面检查 1 号电容器及所属设备确无问题。

(7) 拉开 1 号电容器 62-D 接地开关。检查 1 号电容器 62-D 接地开关三相确已拉开。检查 1 号电容器 62 断路器三相确已拉开。合上 1 号电容器 62-1 隔离开关。检查 1 号电容器 62-1 隔离开关三相确已合好。合上 1 号电容器 62-3 隔离开关。检查 1 号电容器 62-3 隔离开关三相确已合好。合上 1 号电容器 62 断路器。检查 1 号电容器 62 断路器三相确已合好。

(8) 检查 1 号电容器 A 相电流表指示正常。检查 1 号电容器 B 相电流表指示正常。检查 1 号电容器 C 相电流表指示正常。变电运行人员将事故处理经过向当值调度值班人员汇报。

(9) 变电运行人员通知检修单位记录 1 号电容器存在的 A 相第 3 只电容器、

第9只电容器、第12只电容器内部有故障的缺陷，尽快处理。

(10) 变电运行人员做好各种记录，与监控中心核对运行方式。

十五、直流系统事故及异常处理实例

全站直流电源消失。

1. 象征

“直流电源消失”、“控制回路断线”、“保护直流电源消失”信号发出，全站直流电源消失。

2. 可能原因

控制室内充电屏“直流进线开关”烧坏，造成直流回路断线，使蓄电池无法正常供电。

3. 处理步骤

(1) 变电运行人员检查控制室内直流屏、充电屏，发现充电屏“直流进线开关”烧坏。变电运行人员做好记录，立即向当值调度值班人员汇报异常情况和象征。

变电运行人员通知检修单位来站进行处理。

(2) 变电运行人员根据调度指令，停用变电站220kV全部线路保护电源开关及保护出口连接片。停用变电站110kV全部线路保护电源开关及保护出口连接片。停用变电站35kV全部线路保护电源开关及保护出口连接片。停用变电站35kV电力电容器保护电源开关及保护出口连接片。停用变电站220kV母线差动路保护电源开关及保护出口连接片。停用变电站110kV母线差动路保护电源开关及保护出口连接片。停用变电站1号变压器三侧保护电源开关及保护出口连接片。停用变电站2号变压器三侧保护电源开关及保护出口连接片。停用变电站220kV故障录波器电源开关。停用变电站110kV故障录波器电源开关。

(3) 变电运行人员做好充电屏处理故障的安全措施。检修单位更换充电屏“直流进线开关”后，全站直流电源恢复正常。

(4) 变电运行人员根据调度指令，投入变电站220kV全部线路保护电源开关及保护出口连接片。检查220kV全部线路保护运行正常。投入变电站110kV全部线路保护电源开关及保护出口连接片。检查110kV全部线路保护运行正常。投入变电站220kV母线差动路保护电源开关及保护出口连接片。检查220kV母线差动路保护运行正常。投入变电站110kV母线差动路保护电源开关及保护出口连接片。

检查110kV母线差动路保护运行正常。投入变电站35kV全部线路保护电源开关及保护出口连接片。检查35kV全部线路保护运行正常。投入变电站

35kV电力电容器保护电源开关及保护出口连接片。检查35kV电力电容器保护运行正常。投入变电站1号变压器三侧保护电源开关及保护出口连接片。检查1号变压器三侧保护运行正常。投入变电站2号变压器三侧保护电源开关及保护出口连接片。检查2号变压器三侧保护运行正常。投入变电站220kV故障录波器电源开关。检查220kV故障录波器运行正常。投入变电站110kV故障录波器电源开关。检查110kV故障录波器运行正常。

（5）变电运行人员做好各种记录，与监控中心核对运行方式。

第五节　安全工器具管理

一、安全帽

（一）安全帽应具备的标志

安全帽应具备的标志有以下七项内容：

（1）安全帽生产许可证编号；

（2）安全帽生产检验证；

（3）安全帽生产合格证；

（4）安全帽制造厂名称；

（5）安全帽制造的商标；

（6）安全帽制造的型号；

（7）安全帽制造的年、月时间。

班组每月对安全帽进行外观检查一次，班组员工应检查所使用的每顶安全帽是否具有以上七项永久性标志，如果经检查缺少一项或缺少多项永久性标志，班组员工应拒绝使用此类安全帽。

（二）安全帽的配置

根据管辖设备的多少，安全帽的配置数量也有所不同。

（1）220kV变电站至少配置安全帽4顶；

（2）110kV变电站至少配置安全帽3顶；

（3）35kV变电站至少配置安全帽2顶；

（4）开关站至少配置安全帽2顶；

（5）10kV配电室至少配置安全帽2顶。

班组员工要定期检查自己所分管设备的安全场所配置的安全帽是否按标准配齐、配足，如果配备不齐全应汇报主管部门进行补充，直至按标准配齐。

（三）安全帽的使用

1. 使用周期

（1）植物枝条编织帽使用期从产品制造完成之日起计算不超过2年。

（2）塑料帽使用期从产品制造完成之日起计算不超过2.5年。

（3）纸胶帽使用期从产品制造完成之日起计算不超过2.5年。

（4）玻璃钢（维纶钢）橡胶帽使用期从产品制造完成之日起计算不超过3.5年。

2. 使用范围

安全帽必须按规定颜色使用：

（1）管理人员使用红色；

（2）检修人员使用蓝色；

（3）运行人员使用黄色；

（4）参观人员使用白色。

3. 使用要求

车间安全员按照安全帽的试验周期规定，安排班组员工到指定部门进行安全帽的试验：

（1）安全帽经试验合格后，必须及时贴上“试验合格证”标签。

（2）安全帽要有试验报告，一份交使用单位存档，一份由试验单位存档，试验报告保存两个试验周期。

（3）使用中或新购置的安全帽必须试验合格。

（4）未经试验及超试验周期的安全帽禁止使用。

（5）安全帽使用前应检查是否有裂纹、损坏。

（6）安全帽使用前，应检查帽壳、帽衬、帽箍、顶衬、下颏带等附件完好无损，帽壳与顶衬缓冲空间在25～50mm。

（7）安全帽使用时，班组员工应将下颏带系好，防止工作中前倾后仰或其他原因造成滑落。

（四）安全帽的试验

1. 遇有下列情况时进行试验

（1）新购置的安全帽出厂试验由厂家进行试验。

（2）使用中的安全帽到达试验周期应进行试验。

（3）出现质量问题安全帽应进行试验。

（4）发现安全帽存在缺陷应进行试验。

（5）对耐穿刺性能发生疑问的安全帽应进行试验。

（6）对冲击性能发生疑问的安全帽应进行试验。

2. 试验内容

(1) 冲击性能试验：冲击力小于4900N。

(2) 耐穿刺性能试验：钢锥不接触头模表面。

(五) 安全帽的管理

(1) 安全帽必须有本单位统一规定的设备名称、编号。

(2) 由车间安全员负责本单位安全帽的提报配置计划、领用安全帽、发放安全帽，完成安全帽的建档建卡等工作。对不合格的安全帽由车间安全员负责报废、销毁并做好记录更改，做到账、卡、物相符。

(3) 安全帽应存放在干燥通风和温度适宜的橱柜内，也可以存放在构架上，按照编号定位存放，妥善保管。安全帽实行定置管理。

(4) 班组每月对安全帽外观进行一次检查。

(5) 班组应建立安全帽管理台账、记录，做到账、卡、物相符，试验报告、检查记、安全帽试验标示齐全。

二、安全带

(一) 安全带、绳的标志

安全带应具备的标志有以下四项内容：

(1) 安全带金属配件上应打上制造厂的代号；

(2) 安全带带体上应缝上永久字样的商标；

(3) 安全带带体上应缝上永久字样的检验证；

(4) 安全带带体上应缝上永久字样的合格证。

安全带合格证上应注明：

(1) 安全带产品名称；

(2) 安全带制造厂家名称；

(3) 安全带生产日期（年、月）；

(4) 安全带的拉力试验450kgf；

(5) 安全带的冲击质量100kg；

(6) 安全带检验员姓名等内容。

班组每月对安全带、绳进行外观检查一次，班组员工应检查所使用的安全带是否具有以上四项永久性标志，如果经检查缺少一项或缺少多项永久性标志，班组员工应拒绝使用此类安全带。

(二) 安全带、绳的制作材料

安全带、绳的制作材料必须是锦纶、维纶、蚕丝料，电工围杆带可用黄牛革材料制作，金属配件可以用普通碳素钢或铝合金钢材料制作。

（三）安全带、绳的使用

1. 使用周期

安全带使用周期一般为3～5年，发现异常应提前报废。

2. 使用要求

（1）使用前应检查安全带、安全扣、安全环、安全绳是否完整，无破损，扣环牢固可靠；

（2）车间安全员按照安全带、绳的试验周期规定，安排班组员工到指定部门进行安全带、绳的试验；

（3）安全带、绳的经试验合格后，必须及时贴上“试验合格证”标签；

（4）安全带、绳要有试验报告，一份交使用单位存档，一份由试验单位存档，试验报告保存两个试验周期；

（5）使用中或新购置的安全带、绳必须试验合格；

（6）未经试验及超试验周期的安全带、绳禁止使用；

（四）安全带、绳的试验

1. 遇有下列情况时进行试验

（1）新购置的安全带、绳出厂试验由厂家进行试验。

（2）使用中的安全带、绳到达试验周期应进行试验。

（3）出现质量问题安全带、绳应进行试验。

（4）安全带的零部件经过更换后应进行试验。

（5）发现安全带、绳存在缺陷应进行试验。

（6）对安全带静拉力发生疑问的安全带应进行试验。

（7）对安全绳静拉力发生疑问的安全带应进行试验。

2. 试验周期

（1）安全带试验周期为1年。

（2）牛皮带试验周期为半年。

3. 试验项目

（1）围杆带试验静拉力2205N，载荷时间5min。

（2）围杆绳试验静拉力2205N，载荷时间5min。

（3）护腰带试验静拉力1470N，载荷时间5min。

（4）安全绳试验静拉力2205N，载荷时间5min。

（五）安全带、绳的合格标准

安全带、安全绳必须达到以下内容方为合格。

（1）组件完整、无短缺、无破损、无伤残；

（2）金属配件无裂纹，主要扣环无焊接，无锈蚀；

（3）绳索纺织带无脆裂、无断股、无扭结；

（4）挂钩的钩舌咬口平整不错位；

（5）铆钉无偏位，表面平整无毛刺；

（6）安全带保险装置完整可靠。

（六）安全带、绳的管理

（1）安全带、绳必须有本单位统一规定的设备名称、编号。

（2）由车间安全员负责本单位安全带、绳的提报配置计划、领用安全带、发放安全带，完成安全带的建档建卡等工作。对不合格的安全带、绳由车间安全员负责报废、销毁并做好记录更改，做到账、卡、物相符。

（3）安全带、绳应存放在干燥通风和温度适宜的橱柜内，按照编号定位存放，妥善保管。安全带实行定置管理。

（4）腰带和保险带、绳应有足够的机械强度，材质应有耐磨性，卡环（钩）应具有保险装置，操作应灵活。

（5）安全带、绳使用长度在3m以上的应加缓冲器。

（6）班组员工应每月对安全带、绳外观进行一次全面检查。

（7）班组应建立安全带、绳管理台账、记录，做到账、卡、物相符，试验报告、检查记、安全帽试验标示齐全。

三、接地线

（一）接地线应具备的标志

接地线应具备的标志有以下四项内容：

（1）产品许可证；

（2）出厂试验合格证；

（3）产品鉴定合格证书；

（4）使用说明书。

班组每月对接地线进行外观检查一次，班组员工应检查所使用的每组接地线是否具有以上四项永久性标志，如果经检查缺少一项或缺少多项永久性标志，班组员工应拒绝使用此类接地线。

（二）接地线制作材料

接地线应用多股软铜线，其截面应符合短路电流的要求，但不得小于25mm^2，长度应满足工作现场需要，同时应满足装设地点短路电流的要求；接地线必须有透明绝缘外护层，护层厚度大于1mm。

（三）接地线的配置

根据管辖设备的多少，接地线的配置数量也有所不同。

（1）220kV变电站：220kV接地线至少配置6组。110kV接地线至少配置8组。35kV接地线至少配置6组。

（2）110kV变电站：110kV接地线至少配置8组。35kV接地线至少配置8组。10kV接地线至少配置8组。

（3）35kV变电站：35kV接地线至少配置4组。10kV接地线至少配置6组。

（4）开关站至少配置接地线6组。

（5）10kV配电室至少配置接地线2组。

班组员工要定期检查自己所分管设备的安全场所配置的接地线是否按标准配齐、配足，如果配备不齐全应汇报主管部门进行补充，直至按标准配齐。

（四）接地线的使用

车间安全员按照接地线的试验周期规定，安排班组员工到指定部门进行接地线的试验：

（1）接地线经试验合格后，必须及时贴上“试验合格证”标签；

（2）接地线要有试验报告，一份交使用单位存档，一份由试验单位存档，试验报告保存两个试验周期；

（3）使用中或新购置的接地线必须试验合格；

（4）未经试验及超试验周期的接地线禁止使用；

（5）接地线使用前应检查接地线无毛刺、卡子无锈蚀、无损坏；

（6）接地线应设专人管理，定期检查接地线是否有断股散股，接地线夹是否松动、损坏等并有记录。

（五）接地线的试验

1. 成组直流电阻试验

在各接线鼻之间测量直流电阻，其数值要求如下：

（1）对于25mm^{2}截面的接地线，平均每米的电阻值应小于0.79mΩ；

（2）对于35mm^{2}截面的接地线，平均每米的电阻值应小于0.56mΩ；

（3）对于50mm^{2}截面的接地线，平均每米的电阻值应小于0.40mΩ；

（4）对于70mm^{2}截面的接地线，平均每米的电阻值应小于0.28mΩ；

（5）对于95mm^{2}截面的接地线，平均每米的电阻值应小于0.21mΩ；

（6）对于120mm^{2}截面的接地线，平均每米的电阻值应小于0.16mΩ；

2. 带接地操作棒的工频耐压试验

试验电压加在护环与紧固头之间，其数值要求如下：

（1）额定电压为10kV，1min的工频耐压试验为45kV；

（2）额定电压为35kV，1min的工频耐压试验为95kV；

（3）额定电压为63kV，1min的工频耐压试验为175kV；

（4）额定电压为110kV，1min的工频耐压试验为220kV；

（5）额定电压为220kV，1min的工频耐压试验为440kV。

3. 个人保安线

（1）对于$10mm^2$截面的接地线，平均每米的电阻值应小于1.98mΩ；

（2）对于$16mm^2$截面的接地线，平均每米的电阻值应小于1.24mΩ；

（3）对于$25mm^2$截面的接地线，平均每米的电阻值应小于0.79mΩ。

4. 试验周期

接地线与个人保安线的试验周期为5年。

5. 其他需进行试验的情况

遇有下列情况时进行试验：

（1）新购置的接地线出厂试验由厂家进行试验。

（2）使用中的接地线到达试验周期应进行试验。

（3）出现质量问题接地线应进行试验。

（4）接地线的零部件经过更换后应进行试验。

（5）发现接地线存在缺陷应进行试验。

（6）对绝缘性能发生疑问的接地线应进行试验。

（7）对机械性能发生疑问的接地线应进行试验。

（六）接地线的管理

（1）接地线必须有本单位统一规定的设备名称、编号。

（2）由车间安全员负责本单位接地线的提报配置计划、领用接地线、发放接地线，完成接地线的建档建卡等工作。对不合格的接地线由车间安全员负责报废、销毁并做好记录更改，做到账、卡、物相符。

（3）接地线应存放在干燥通风和温度适宜的橱柜内，存放位置编号与地线本身编号一致，盘绕长度一致，悬挂整齐，妥善保管。接地线实行定置管理。

（4）班组员工每月对接地线外观进行一次检查。定期检查接地线是否有断股散股，接地线夹是否松动、损坏等并有记录。

（5）线路应有接地和短路导线构成的成套接地线。如利用铁塔接地时，允许每相个别接地，但铁塔与接地线连接部分应清除油漆，接触良好。

（6）损坏的接地线应及时修理或更换。接地线经受短路后，根据短路电流的大小和外观检验判断是否还能使用，一般应予以报废。

（7）班组应建立接地线管理台账、记录，做到账、卡、物相符，试验报告、检查记录、接地线试验标示齐全。

（七）接地线操作要求

（1）装设接地线应由两人进行。

（2）设备检修后合闸送电前，班组员工必须检查送电范围内接地线已拆除。

（3）当班组员工验明电气设备确已无电压后，应立即将检修设备接地并三相短路。

（4）班组员工在对电缆及电容器接地前应逐相电缆及电容器将充分放电，星形接线电容器的中性点应接地、串联电容器及与整组电容器脱离的电容器应逐个多次放电，装在绝缘支架上的电容器外壳也应放电。

（5）对于可能送电至停电设备的各方面班组员工都应装设接地线，所装接地线与带电部分应考虑接地线摆动时仍符合安全距离的规定。

（6）对于因平行或邻近带电设备导致检修设备可能产生感应电压时，班组员工应加装工作接地线，也可以使用个人保安线，加装的接地线应填写在工作票上，个人保安线由班组员工自装、自拆。

（7）在变电站门型构架的线路侧进行电气设备的停电检修，如果工作地点与所装接地线的距离小于10m，工作地点虽在接地线外侧，也可以不再另外装接地线。

（8）设备检修部分若分为几个在电气上不相连接的部分［如分段母线以隔离开关（刀闸）或断路器（开关）隔开分成几段］，则各段应分别验电接地短路。降压变电站全部停电时，应将各个可能来电侧的部分接地短路，其余部分不必每段都装设接地线。

（9）接地线与检修设备之间不得连有断路器，不得连有熔断器。

（10）班组员工在配电装置上装设接地线时，接地线应装在该装置导电部分的规定地点，规定地点的油漆必须刮去，规定地点的应划有黑色标记。

（11）所有配电装置的适当地点，均应设有与接地网相连的接地端，接地电阻应合格。

（12）接地线应采用三相短路式接地线，若使用分相式接地线时，应设置三相合一的接地端。

（13）装设接地线应先接接地端，后接导体端，接地线应接触良好，连接应可靠。

（14）拆接地线应先拆导体端，后拆接地端，接地线应接触良好，连接应可靠。

（15）班组员工在装、拆接地线时均应使用绝缘棒和戴绝缘手套。人体不得碰触接地线或未接地的导线，以防止触电。带接地线拆设备接头时，应采取防止接地线脱落的措施。

（16）班组员工应禁止使用其他导线作接地线或短路线。

（17）班组员工在装、拆接地线时应使用专用的线夹固定在导体上，禁止用缠绕的方法进行接地或短路。

（18）禁止班组员工在工作期间擅自移动或拆除接地线。

（19）班组员工在高压回路上工作，必须要拆除全部或一部分接地线后始能进行工作者［如测量母线和电缆的绝缘电阻，测量线路参数，检查断路器（开关）触头是否同时接触］，如：拆除一相接地线、拆除接地线且保留短路线、将接地线全部拆除等工作应征得运行人员的许可（根据调度员指令装设的接地线，应征得调度员的许可），方可进行。工作完毕后立即恢复。

四、验电器

（一）验电器应具备的标志

验电器应具备的标志有以下四项内容：

（1）产品许可证；

（2）出厂试验合格证；

（3）产品鉴定合格证书；

（4）使用说明书。

班组每月对验电器进行外观检查一次，班组员工应检查所使用的每只验电器是否具有以上四项永久性标志，如果经检查缺少一项或缺少多项永久性标志，班组员工应拒绝使用此类验电器。

（二）验电器组成

高压验电器一般由两部分组成，绝缘部分和验电部分，绝缘部分包含手握部分，验电部又叫做验电器头。

（三）验电器的配置

根据管辖设备的多少，验电器的配置数量也有所不同。

（1）220kV变电站：220kV验电器至少配置1只。110kV验电器至少配置1只。35kV验电器至少配置1只。

（2）110kV变电站：110kV验电器至少配置1只。35kV验电器至少配置1只。10kV验电器至少配置1只。

（3）35kV变电站：35kV验电器至少配置1只。10kV验电器至少配置1只。

（4）开关站至少配置验电器1只。

（5）10kV配电室至少配置验电器1只。

班组每月对验电器进行外观检查一次，班组员工要定期检查自己所分管设备的安全场所配置的验电器是否按标准配齐、配足，如果配备不齐全应汇报主管部门进行补充，直至按标准配齐。

（四）验电器的使用

（1）车间安全员按照验电器的试验周期规定，安排班组员工到指定部门进行验电器的试验。

（2）验电器经试验合格后，必须及时贴上“试验合格证”标签。

（3）验电器要有试验报告，一份交使用单位存档，一份由试验单位存档，试验报告保存两个试验周期。

（4）使用中或新购置的验电器必须试验合格。

（5）未经试验及超试验周期的验电器禁止使用。

（6）验电器使用中要保证最短有效绝缘长度。

（五）验电器的试验

1. 启动电压试验

试验时接触电极应与试验电极相接触，启动电压值不高于额定电压的40%，不低于额定电压的15%。

2. 工频耐压试验

其数值要求如下：

（1）额定电压为10kV，试验长度0.7m，1min的工频耐压试验为45kV；

（2）额定电压为35kV，试验长度0.9m，1min的工频耐压试验为95kV；

（3）额定电压为63kV，试验长度1.0m，1min的工频耐压试验为175kV；

（4）额定电压为110kV，试验长度1.3m，1min的工频耐压试验为220kV；

（5）额定电压为220kV，试验长度2.1m，1min的工频耐压试验为440kV。

3. 试验周期

（1）验电器的启动电压试验周期为1年。

（2）验电器的工频耐压试验周期为1年。

4. 遇有下列情况时进行试验

（1）新购置的验电器出厂试验由厂家进行试验。

（2）使用中的验电器到达试验周期应进行试验。

（3）出现质量问题验电器应进行试验。

（4）验电器的零部件经过更换后应进行试验。

（5）发现验电器存在缺陷应进行试验。

（6）对绝缘性能发生疑问的验电器应进行试验。

（7）对机械性能发生疑问的验电器应进行试验。

（六）验电器的管理

（1）验电器必须有本单位统一规定的设备名称、编号。

（2）由车间安全员负责本单位验电器的提报配置计划、领用验电器、发放验电器，完成验电器的建档建卡等工作。对不合格的验电器由车间安全员负责报废、销毁并做好记录更改，做到账、卡、物相符。

（3）验电器应存放在干燥通风和温度适宜的橱柜内，存放位置编号与验电器本身编号一致，放置整齐，妥善保管，验电器实行定置管理。

（4）班组员工每月对验电器外观进行一次检查，验电器的绝缘部分要保持干净、干燥、连接牢固；验电器头本身是一个导体，要保持可靠有效，防碰防摔，要与绝缘部分连接牢固，损坏等并有记录。

（5）验电器的绝缘部分应标有手握标志，班组员工使用验电器在电气设备上验电时手握验电器绝缘部分应在手握标志以内。

（6）班组应建立验电器管理台账、记录，做到账、卡、物相符，试验报告、检查记录、验电器试验标示齐全。

（七）验电器操作要求

（1）班组员工在电气设备上验电时，应使用相应电压等级、合格的接触式验电器，在装设接地线或合接地刀闸（装置）处对电气设备的各相分别验电。

（2）验电前，班组员工应先在有电设备上进行试验，确证验电器良好；无法在有电设备上进行试验时可用工频高压发生器等确证验电器良好。

（3）对高压电气设备验电时，班组员工应戴绝缘手套。

（4）班组员工在高压电气设备验电时，所使用的验电器伸缩式绝缘棒长度应拉足，验电时手应握在手柄处不得超过护环。

（5）遇有雨雪天气时，班组员工不得进行室外直接验电。

五、脚扣

（一）脚扣应具备的标志

脚扣应具备的标志有以下四项内容：

（1）产品许可证；

（2）出厂试验合格证；

（3）产品鉴定合格证书；

（4）使用说明书。

班组员工应检查所使用的每只脚扣是否具有以上四项永久性标志，如果经检查缺少一项或缺少多项永久性标志，班组员工应拒绝使用此类脚扣。

（二）脚扣的别称

脚扣又称铁鞋。

（三）脚扣的配置

班组每月对脚扣进行外观检查一次，班组员工要定期检查自己所分管设备的安全场所配置的脚扣是否按标准配齐、配足，如果配备不齐全应汇报主管部门进行补充，直至按标准配齐。

（四）脚扣的使用

（1）脚扣使用前，班组员工应检查金属母材及焊接部分无断裂、无锈蚀、无变形现象。

（2）脚扣使用前，班组员工应检查脚扣金属部分无变形，销钉、帽齐全。

（3）脚扣使用前，班组员工应检查脚扣的橡胶防滑块（套）完好，无破损，固定螺丝不能露出橡胶垫。

（4）脚扣使用前，班组员工应检查脚扣的皮带完好，无腐蚀、无撕裂。

（5）脚扣使用前，班组员工应检查脚扣小爪连接牢固，活动灵活。

（五）脚扣的试验

1. 试验内容

静负荷试验：持续时间 5min，实施 1176N 静压力。

2. 试验周期

脚扣的静负荷试验周期为 1 年。

3. 其他需进行试验的情况

遇有下列情况时进行试验：

（1）新购置的脚扣出厂试验由厂家进行试验。

（2）使用中的脚扣到达试验周期应进行试验。

（3）出现质量问题脚扣应进行试验。

（4）脚扣的零部件经过更换后应进行试验。

（5）发现脚扣存在缺陷应进行试验。

（6）对机械性能发生疑问的脚扣应进行试验。

（六）脚扣的管理

（1）车间安全员负责本单位脚扣的提报配置计划、领用脚扣、发放脚扣，完成脚扣的建档建卡等工作；对不合格的脚扣由车间安全员负责报废、销毁并做好记录更改，做到账、卡、物相符。

（2）正式登杆前在杆根处用力试登，判断脚扣是否有变形和损伤。

（3）班组员工登杆前应将脚扣登板的皮带系牢，登杆过程中应根据杆经粗细随时调整脚扣尺寸。

（4）特殊天气班组员工使用脚扣登杆时，应采取防滑措施。

（5）班组员工在高空作业时，严禁从高处往下扔摔脚扣。

（6）脚扣使用完后，应放在工具橱或工具架上，整齐摆放；保持干燥和清洁，不得与油质物品杂放；脚扣的存放位置编号与脚扣本身编号一致，放置整齐，妥善保管，脚扣实行定置管理。

（7）班组员工每月对脚扣进行一次检查，金属部分变形和绳（带）损伤者禁止使用。

（8）班组应建立脚扣管理台账、记录，做到账、卡、物相符，试验报告、检查记录、脚扣试验标示齐全。

六、梯子

（一）梯子的使用

（1）梯子在使用前，作业人员应先进行试登，确认可靠后方可使用。

（2）作业人员登梯前应将梯子应放置稳固，梯脚要有防滑装置。

（3）梯子与地面的夹角应为65°左右，工作人员应在距梯顶不少于2档的梯蹬上工作，且符合限高要求。

（4）当使用梯子靠在管子上或导线上时，梯子上端要用挂钩挂住或用绳索绑牢。

（5）作业人员应检查人字梯有坚固的铰链和限制开度的拉链。

（6）作业人员在梯子上工作时，梯子下方应有专人扶持和监护。

（7）严禁作业人员在梯子上工作时移动梯子。严禁作业人员在梯子上向下抛递工具、材料。梯子不宜绑接使用。

（8）工作人员搬动梯子时，应将梯子平放两人搬运，并与带电设备保持安全距离。

（9）作业人员在通道上使用梯子时，应设专人监护或设置临时围栏。梯子不准放在门前使用，必要时可采取防止门突然开启的安全措施。

（10）在变电站高压设备区或高压室内工作时，禁止使用金属梯子，应使用绝缘材料的梯子。

（二）梯子的试验

1. 试验内容

静负荷试验：持续时间5min，实施1176N静压力。

2. 试验周期

梯子的静负荷试验周期为半年。

3. 其他需进行试验的情况

遇有下列情况时进行试验：

（1）新购置的梯子出厂试验由厂家进行试验。

（2）使用中的梯子到达试验周期应进行试验。

（3）出现质量问题梯子应进行试验。

（4）梯子的主要部件经过更换后应进行试验。

（5）发现梯子存在缺陷应进行试验。

（6）对机械性能发生疑问的梯子应进行试验。

（三）梯子的管理

（1）车间安全员负责本单位梯子的提报配置计划、领用梯子、发放梯子，完成梯子的建档建卡等工作。

（2）对不合格的梯子由车间安全员负责报废、销毁并做好记录更改，做到账、卡、物相符。

（3）登梯前在班组员工应检查梯子应坚固完整，梯子的支柱应能承受作业人员携带工具、材料攀登时的总质量。

（4）特殊天气班组员工使用梯子时，应采取防滑措施。

（5）梯子使用完后，应放在固定地点，保持干燥和清洁，不得与油质物品杂放；梯子的存放位置编号与梯子本身编号一致，放置整齐，妥善保管，梯子实行定置管理。

（6）班组员工每月对梯子进行一次检查，发现有损伤者禁止使用。

（7）班组应建立梯子管理台账、记录，做到账、卡、物相符，试验报告、检查记录齐全。

七、绝缘手套

（一）绝缘手套的使用

（1）绝缘手套在使用前，作业人员应进行外观检查。如发现有发粘、裂纹、破口（漏气）、气泡、发脆等现象时禁止使用。

（2）操作人员在进行设备验电工作时应戴绝缘手套。

（3）操作人员在进行倒闸操作时应戴绝缘手套。

（4）操作人员在进行装拆接地线工作时应戴绝缘手套。

（5）操作人员使用绝缘手套时应将上衣袖口套入手套筒口内。

（二）绝缘手套的试验

1. 试验内容

工频耐压试验：

（1）高压：持续时间1min，工频耐压8kV，泄漏电流≤9mA。

（2）低压：持续时间1min，工频耐压2.5kV，泄漏电流≤2.5mA。

2. 试验周期

绝缘手套的工频耐压试验周期为半年。

3. 其他需进行试验的情况

遇有下列情况时进行试验：

（1）新购置的绝缘手套出厂试验由厂家进行试验。

（2）使用中的绝缘手套到达试验周期应进行试验。

（3）出现质量问题绝缘手套应进行试验。

（4）对绝缘性能发生疑问的绝缘手套应进行试验。

（5）发现绝缘手套存在缺陷应进行试验。

（三）绝缘手套的管理

（1）车间安全员负责本单位绝缘手套的提报配置计划、领用绝缘手套、发放绝缘手套，完成绝缘手套的建档建卡等工作。

（2）对不合格的绝缘手套由车间安全员负责报废、销毁并做好记录更改，做到账、卡、物相符。

（3）班组员工在使用绝缘手套前应检查绝缘手套是否完好无损，发现有损伤者禁止使用。

（4）绝缘手套应存放在封闭的柜内或支架上，上面不得堆压任何物件，更不得接触酸、碱、油品、化学药品或在太阳下暴晒，并应保持干燥、清洁。

（5）绝缘手套使用完后，应放在固定地点，保持干燥和清洁，不得与油质物品杂放。

（6）绝缘手套的存放位置编号与绝缘手套本身编号一致，放置整齐，妥善保管，绝缘手套实行定置管理。

（7）班组员工每月对绝缘手套进行一次检查，发现有损伤者禁止使用。

（8）班组应建立绝缘手套管理台账、记录，做到账、卡、物相符，试验报告、检查记录齐全。

八、绝缘靴

（一）绝缘靴的使用

（1）绝缘靴使用前工作人员应检查绝缘靴不得有外伤，无裂纹、无漏洞、无气泡、无毛刺、无划痕等缺陷。如发现有以上缺陷，应立即停止使用并及时更换。

（2）运行人员在雨天巡视电气设备时应穿绝缘靴。

（3）使用绝缘靴时，应将裤管套入靴筒内。

（4）绝缘靴使用时要避免接触尖锐的物体，防止受到损伤。

（5）绝缘靴使用时避免接触高温或腐蚀性物质。

（6）严禁将绝缘靴挪作他用。

（二）绝缘靴的试验

1. 试验内容

工频耐压试验：持续时间 1min，工频耐压 15kV，泄漏电流≤7.5mA。

2. 试验周期

绝缘靴的工频耐压试验周期为半年。

3. 其他需进行试验的情况

遇有下列情况时进行试验：

（1）新购置的绝缘靴出厂试验由厂家进行试验。

（2）使用中的绝缘靴到达试验周期应进行试验。

（3）出现质量问题绝缘靴应进行试验。

（4）对绝缘性能发生疑问的绝缘靴应进行试验。

（5）发现绝缘靴存在缺陷应进行试验。

（三）绝缘靴的管理

（1）车间安全员负责本单位绝缘靴的提报配置计划、领用绝缘靴、发放绝缘靴，完成绝缘靴的建档建卡等工作。

（2）对不合格的绝缘靴由车间安全员负责报废、销毁并做好记录更改，做到账、卡、物相符。

（3）班组员工在使用绝缘靴前应检查绝缘靴是否完好无损，发现有损伤者禁止使用。

（4）绝缘靴使用完后，应存放在封闭的柜内或支架上，上面不得堆压任何物件，更不得接触酸、碱、油品、化学药品或在太阳下暴晒，并应保持干燥、清洁。

（5）绝缘靴的存放位置编号与绝缘靴本身编号一致，放置整齐，妥善保管，绝缘靴实行定置管理。

（6）班组员工每月对绝缘靴进行一次检查，发现有损伤者禁止使用。

（7）班组应建立绝缘靴管理台账、记录，做到账、卡、物相符，试验报告、检查记录齐全。

九、绝缘罩及绝缘隔板

（一）绝缘罩及绝缘隔板的使用

（1）绝缘隔板只允许在35kV及以下电压等级的电气设备上使用，并应有足够的绝缘和机械强度。

（2）当绝缘隔板用于10kV电压等级时，其厚度不应小于3mm，用于35kV电压等级时，其厚度不应小于4mm。

（3）现场带电安放绝缘隔板及绝缘罩时，作业人员应戴绝缘手套。

（4）绝缘隔板在放置和使用中要防止脱落措施，必要时可用绝缘绳索将其固定。

（5）作业人员在使用绝缘隔板前，应检查绝缘隔板和绝缘罩表面洁净、端面没有分层或开裂。

（6）作业人员在使用绝缘罩前，应检查绝缘罩内外是否整洁，应无裂纹或损伤。

（二）绝缘罩的试验

1. 试验内容

工频耐压试验：

（1）6～10kV：持续时间1min，工频耐压30kV。

（2）35kV：持续时间1min，工频耐压80kV。

2. 试验周期

绝缘罩及绝缘隔板的工频耐压试验周期为1年。

3. 其他需进行试验的情况

遇有下列情况时进行试验：

（1）新购置的绝缘罩及绝缘隔板出厂试验由厂家进行试验。

（2）使用中的绝缘罩及绝缘隔板到达试验周期应进行试验。

（3）出现质量问题绝缘罩及绝缘隔板应进行试验。

（4）对绝缘性能发生疑问的绝缘罩及绝缘隔板应进行试验。

（5）发现绝缘罩及绝缘隔板存在缺陷应进行试验。

（6）对机械性能发生疑问的绝缘罩及绝缘隔板应进行试验。

（三）绝缘隔板的试验

1. 试验内容

（1）工频耐压试验

1）6～10kV：持续时间1min，工频耐压30kV。

2）35kV：持续时间1min，工频耐压80kV。

（2）表面工频耐压试验：6～35kV持续时间1min，工频耐压60kV。

2. 试验周期

绝缘罩及绝缘隔板的工频耐压试验及表面工频耐压试验周期均为1年。

（四）绝缘罩及绝缘隔板的管理

（1）车间安全员负责本单位绝缘罩及绝缘隔板的提报配置计划、领用绝缘罩及绝缘隔板、发放绝缘罩及绝缘隔板，完成绝缘罩及绝缘隔板的建档建卡等工作；

（2）对不合格的绝缘罩及绝缘隔板由车间安全员负责报废、销毁并做好记录更改，做到账、卡、物相符；

1）班组员工在使用绝缘罩及绝缘隔板前应检查绝缘罩及绝缘隔板是否完好无损，发现有损伤者禁止使用。

2）绝缘罩及绝缘隔板使用完后，应放在固定地点，保持干燥和清洁，不得与油质物品杂放。

3）绝缘罩及绝缘隔板的存放位置编号与绝缘罩及绝缘隔板本身编号一致，放置整齐，妥善保管，绝缘罩及绝缘隔板实行定置管理。

4）绝缘隔板应放置在干燥通风的地方或垂直放在专用的支架上。

5）绝缘罩使用后应擦拭干净，装入包装袋内，放置于清洁、干燥通风的架子或专用柜内。

6）班组员工每月对绝缘罩及绝缘隔板进行一次检查，发现有损伤者禁止使用。

7）班组应建立绝缘罩及绝缘隔板管理台账、记录，做到账、卡、物相符，试验报告、检查记录齐全。

十、绝缘杆

（一）绝缘杆的使用

（1）作业人员使用绝缘杆前，应检查绝缘杆及接头，如发现破损，应禁止使用。

（2）作业人员使用绝缘杆时人体应与带电设备保持足够的安全距离，并注意防止绝缘杆被人体或设备短接，以保持有效的绝缘长度。

（3）雨天作业人员在户外操作电气设备时，操作杆的绝缘部分应加装防雨罩。绝缘罩的上口与绝缘部分紧密结合，无渗漏现象。

（二）绝缘杆的试验

1. 试验内容

工频耐压试验：

（1）额定电压 10kV：试验长度 0.7m，持续时间 1min，工频耐压 45kV。

（2）额定电压 35kV：试验长度 0.9m，持续时间 1min，工频耐压 95kV。

（3）额定电压 63kV：试验长度 1m，持续时间 1min，工频耐压 175kV。

（4）额定电压 110kV：试验长度 1.3m，持续时间 1min，工频耐压 220kV。

（5）额定电压 220kV：试验长度 2.1m，持续时间 1min，工频耐压 440kV。

（6）额定电压 330kV：试验长度 3.2m，持续时间 5min，工频耐压 380kV。

（7）额定电压 500kV：试验长度 4.1m，持续时间 5min，工频耐压 580kV。

2. 试验周期

绝缘杆的工频耐压试验周期为 1 年。

3. 其他需进行试验的情况

遇有下列情况时进行试验：

（1）新购置的绝缘杆出厂试验由厂家进行试验。

（2）使用中的绝缘杆到达试验周期应进行试验。

（3）出现质量问题绝缘杆应进行试验。

（4）绝缘杆的主要部件经过更换后应进行试验。

（5）发现绝缘杆存在缺陷应进行试验。

（6）对机械性能发生疑问的绝缘杆应进行试验。

（7）对绝缘性能发生疑问的绝缘杆应进行试验。

（三）绝缘杆的管理

（1）车间安全员负责本单位绝缘杆的提报配置计划、领用绝缘杆、发放绝缘杆，完成绝缘杆的建档建卡等工作。

（2）对不合格的绝缘杆由车间安全员负责报废、销毁并做好记录更改，做到账、卡、物相符。

（3）班组员工在使用绝缘杆前应检查绝缘杆是否完好无损，发现有损伤者禁止使用。

（4）绝缘杆使用完后，应放在固定地点，保持干燥和清洁，不得与油质物品杂放。

（5）绝缘杆的存放位置编号与绝缘杆本身编号一致，放置整齐，妥善保管，绝缘杆实行定置管理。

（6）绝缘杆应架在支架上或悬挂起来，严禁贴墙放置。

（7）班组员工每月对绝缘杆进行一次检查，发现有损伤者禁止使用。

（8）班组应建立绝缘杆管理台账、记录，做到账、卡、物相符，试验报告、检查记录齐全。

第六节 防误闭锁装置

一、投运前验收规定

变电站新安装的防误闭锁装置在投运前应进行验收，验收项目为：

1. 微机闭锁装置验收项目

（1）微机闭锁装置的运行环境应避免在有化学侵蚀及爆炸性危害的场所运行，对装置的环境工作温度要有明确的要求。一般微机闭锁装置的环境工作温度室内在＋10～＋35℃，室外在－40～＋45℃。

（2）要检查充电保护合闸回路中有微机闭锁装置锁头，且锁头编码与所合断路器控制盘上的锁头编码一致。

2. 电气闭锁装置验收项目

（1）电气闭锁装置的锁栓能自动复位。

（2）电气闭锁装置使用的直流电源应与继电保护、控制回路、信号回路所用电源分开。

（3）电气闭锁装置使用的交流电源应满足不间断供电要求。

（4）断路器和隔离开关之间的电气闭锁回路不得使用重动继电器，应直接用断路器和隔离开关的辅助接点。

（5）电气闭锁回路中的断路器、隔离开关、接地刀闸、断路器柜门的辅助接点应可靠，分断正常。

3. 机械闭锁装置验收项目

（1）成套高压电气设备，断路器、隔离开关（或手车）、接地刀闸、柜门之间应具有机械联锁或电气闭锁。

（2）带接地刀闸的隔离开关，机械闭锁应可靠好用。

（3）要在控制开关的上方安装有防止误拉、合断路器的提示元件。

（4）断路器柜带电显示装置应安装牢固，接线正确，与带电设备保持足够的安全距离，不影响电气设备的正常运行。

二、变电站防误闭锁装置运行规定

（1）变电站防误闭锁装置更换后应及时对《变电站现场运行规程》进行修改。防误闭锁装置资料应齐全。

（2）在巡视设备时应注意检查防误闭锁装置运行正常。应检查微机闭锁装置电池电压是否充足。室外机械锁应定期加油，防止锁具生锈，防误闭锁装置存在缺陷时应做好记录并按时上报。

（3）要对微机闭锁装置每次连续使用时间在《变电站现场运行规程》中明确规定，一般不得连续使用时间超过 4h。

（4）正常操作的钥匙应妥善保管，定点存放，每天交接班时进行检查。防误闭锁装置解锁钥匙箱正常应用铅封闭锁，严禁随意解锁。

（5）操作中遇到防误闭锁装置打不开时，严禁随意解除闭锁。在正常检修工作后，应对闭锁装置进行验收。运行中严禁随意触动模拟板上的设备位置，应检查模拟板与一次方式运行一致。

三、变电站防误闭锁装置解锁钥匙的管理规定

1. 防误闭锁装置解锁钥匙的使用

（1）倒闸操作过程中必须使用解锁钥匙解除闭锁装置时，应向当值值班负责人汇报，并向运行车间生产管理人员汇报。

（2）在危及人身、电网和设备安全且确需解锁的紧急情况下，经当值值班负责人同意后，并经值班负责人复核无误后方可使用解锁钥匙。

（3）在变电设备验收或检修设备期间须使用解锁钥匙时，工作许可人应持工作票向值班负责人汇报，经值班负责人复核同意后取出钥匙。值班员在工作许可人的监护下会同工作负责人开启防误闭锁装置。

2. 防误闭锁装置解锁钥匙的管理

（1）经变电站管理单位的防误闭锁专责人同意后，由值班负责人开封，将所需解锁钥匙取出，在第二监护人的监护下到被操作设备位置。

（2）使用解锁钥匙开锁前，操作人、监护人、第二监护人面向被操作设备的名称、标示牌，由监护人按照操作票顺序找到未打“√”项高声唱票，操作人高声复诵无误后，监护人发出“对，执行”操作口令，操作人方可用解锁钥匙开锁。

（3）解锁钥匙使用完后，由值班负责人保存解锁钥匙，直到变电站管理单位防误闭锁专责人重新将解锁钥匙装封为止，并将使用情况记录在《防误闭锁装置解锁钥匙使用记录》。

（4）在值班负责人保管解锁钥匙期间，如果操作中又遇到使用解锁钥匙情况，必须再次向变电站管理单位防误闭锁专责人汇报。

（5）当防误闭锁装置出现缺陷需要使用解锁钥匙时，在不影响设备停、送电的情况下，变电站管理单位防误闭锁专责人可不予批准操作人员使用解锁钥匙进行操作，待消除防误闭锁装置缺陷后再继续操作。

（6）对于微机闭锁装置，严禁使用电脑钥匙取程序方法打开检修设备防误闭锁装置，必须使用解锁钥匙进行开启。

（7）验收（或检修）设备期间须使用解锁钥匙时，工作许可人应持工作票向值班负责人汇报“××工作票上××设备验收（或检修）确需使用解锁钥匙”，经值班负责人复核同意后取出钥匙。工作许可人在监护人的监护下会同工作负责人开启闭锁装置。使用完毕工作许可人应立即将解锁钥匙交值班负责人保管，并将情况记录在《防误闭锁装置解锁钥匙使用记录》中。设备检修（验收）工作完成后，检修（验收）人员必须将设备恢复到原来的状态，值班员负责运行把关。

第六章

操　作　票

第一节　变电站倒闸操作票填写规定

变电站倒闸操作票分为手工填写和计算机打印两种形式，两种形式的倒闸操作票均要使用变电站倒闸操作票标准格式，手工填写的变电站倒闸操作票要用蓝色或黑色的钢笔或圆珠笔填写，填写字迹要工整、清楚。计算机打印的变电站倒闸操作票正文采用宋体、四号、黑色字，变电站倒闸操作票操作开始时间、操作结束时间、操作人、监护人、运行值班负责人、承上页××号、接下页××号等栏目均要手工填写，不能用计算机打印。填写变电站倒闸操作票应使用正确的操作术语，设备名称编号应严格按照变电站现场设备标示牌双重名称填写。使用计算机打印变电站倒闸操作票必须与变电站现场实际设备相符，不得直接使用变电站典型操作票作为现场实际操作票。

一、操作任务的填写要求

（一）操作票中对操作任务的要求

操作任务应根据调度指令的内容和专用术语进行填写，操作任务要填写被操作电气设备变电站名称，变电站名称要写全称，不能只写简称或代号。操作任务的填写要简单明了，做到能从操作任务中看出操作对象、操作范围及操作要求。操作任务应填写设备双重名称，即电气设备中文名称和编号。每张操作票只能填写一个操作任务，“一个操作任务”是指根据同一操作命令为了相同的操作目的而进行的一系列相关联并依次进行的不间断倒闸操作过程。一项连续操作任务不得拆分成若干单项任务而进行单项操作。一个操作任务用多张操作票时，在首张及以后操作票的接下页××号中填写下页操作票号码，在第二张及以后操作票的承上页××号中填写上页操作票号码。为了同一操作目的，根据调度指令进行中间有间断的操作，应分别填写操作票。特殊情况可填写一份操作票，但每接一次操作命令，应在操作票上用红线表示出应操作范围，不是将未下达操作命令的操作内容一次模拟完毕。分项操作时，在操作项目终止、开始项旁边应填写相应的时间。

(二) 操作任务中设备的状态

操作任务可分成运行状态、热备用状态、冷备用状态、检修状态之间的相互转化，或者通过操作达到某种状态。

1. 一次电气设备状态

(1) 运行状态：指该设备或电气系统带有电压，其功能有效。母线、线路、断路器、变压器、电抗器、电容器、电压互感器及电流互感器等一次电气设备的运行状态，是指从该设备电源至受电端的电路接通并有相应电压（无论是否带有负荷），且控制电源、继电保护及自动装置正常投入运行。

(2) 热备用状态：指该设备已具备运行条件，经一次合闸操作即可转为运行状态。母线、线路、变压器、电抗器及电容器等电气设备的热备用是指连接该设备的各侧均无安全措施，各侧的断路器全部在拉开位置，且至少一组断路器各侧隔离开关处于合上位置，设备继电保护投入运行，断路器的控制、合闸及信号电源投入运行。断路器的热备用是指断路器本身在拉开位置，各侧隔离开关处于合上位置，设备继电保护及自动装置满足带电要求。

(3) 冷备用状态：指连接该设备的各侧均无安全措施，且连接该设备的各侧均有明显断开点或可判断的断开点。

(4) 检修状态：指连接该设备的各侧均有明显断开点或可判断的断开点，需要检修的设备已接地的状态，或该设备与系统彻底隔离，与断开点设备没有物理连接的状态。在该状态下设备的继电保护、自动装置、控制、合闸及信号电源等均应退出运行。

2. 二次电气设备状态

(1) 运行状态：指其工作电源投入运行，二次电气设备出口连接片投入运行且连接到指令回路的状态。

(2) 热备用状态：指其工作电源投入运行，二次电气设备出口连接片退出运行且在断开时的状态。

(3) 冷备用状态：指其工作电源退出运行，二次电气设备出口连接片退出运行且在断开时的状态。

(4) 检修状态：指该设备与系统彻底隔离，与运行设备没有物理连接时的状态。

(三) 操作任务的填写类别

1. 线路操作任务的填写

(1) ××线××线路由运行转为冷备用。

(2) ××线××线路由冷备用转为检修。

（3）××线××线路由检修转为冷备用。

（4）××线××线路由冷备用转为运行。

（5）××线××线路由运行转为检修。

（6）××线××线路由检修转为运行。

2. 断路器操作任务的填写

（1）××线××断路器由运行转为冷备用。

（2）××线××断路器由冷备用转为检修。

（3）××线××断路器由检修转为冷备用。

（4）××线××断路器由冷备用转为运行。

（5）××线××断路器由运行转为检修。

（6）××线××断路器由检修转为运行。

（7）××kV母旁（旁路）××断路器由热备用转为代××线××断路器运行，××线××断路器由运行转为冷备用。

（8）××线××断路器由冷备用转为运行，××kV母旁（旁路）××断路器由代××线××断路器运行转为热备用。

（9）××kV分段××断路器由热备用转为运行，×号变压器××断路器由运行转为冷备用。

（10）×号变压器××断路器由冷备用转为运行，××kV分段××断路器由运行转为热备用。

（11）合上××线××断路器对线路充电。

（12）拉开××线××断路器。

3. 变压器操作任务的填写

（1）×号变压器由运行转为冷备用。

（2）×号变压器由冷备用转为检修。

（3）×号变压器由检修转为冷备用。

（4）×号变压器由冷备用转为运行。

（5）×号变压器××kV侧桥母线由冷备用转为检修。

（6）×号变压器××kV侧桥母线由检修转为冷备用。

（7）×号变压器由冷备用转为运行，××kV分段××断路器由运行转为热备用。

（8）××kV分段××断路器由热备用转为运行，×号变压器由运行转为冷备用。

（9）××kV×号站用变压器由运行转为检修。

(10) ××kV×号站用变压器由检修转为运行。

(11) ××kV 1号站用变压器由冷备用转为运行，××kV 2号站用变压器由运行转为冷备用。

(12) ××kV 2号站用变压器由冷备用转为运行，××kV 1号站用变压器与2号站用变压器恢复正常运行方式。

4. 母线操作任务的填写

(1) 核对××kV×母线运行方式。

(2) ××kV ×母线由运行转为冷备用。

(3) ××kV ×母线由冷备用转为检修。

(4) ××kV×母线由检修转为冷备用。

(5) ××kV×母线由冷备用转为运行。

(6) ××kV 1母线由冷备用转为运行，××kV 2母线由运行转为冷备用。

(7) ××kV 2母线由冷备用转为运行，××kV 1母线由运行转为冷备用。

(8) ××kV 1母线由冷备用转为运行，××kV 1母线与××kV 2母线恢复正常运行方式。

(9) ××kV 2母线由冷备用转为运行，××kV 1母线与××kV 2母线恢复正常运行方式。

5. 电压互感器（TV）操作任务的填写

(1) ××kV 1TV带全部负荷，××kV 2TV由运行转为冷备用。

(2) ××kV 2TV带全部负荷，××kV 1TV由运行转为冷备用。

(3) ××kV 1TV由冷备用转为运行，××kV 1TV与2TV恢复正常运行方式。

(4) ××kV×TV由运行转为冷备用。

(5) ××kV×TV由冷备用转为检修。

(6) ××kV×TV由检修转为冷备用。

(7) ××kV×TV由冷备用转为运行。

(8) ××kV×TV由运行转为检修。

(9) ××kV×TV由检修转为运行。

6. 电容器操作任务的填写

(1) ××kV×号电容器由运行转为冷备用。

(2) ××kV×号电容器由冷备用转为检修。

(3) ××kV×号电容器由检修转为冷备用。

(4) ××kV×号电容器由冷备用转为运行。

7. 继电保护及自动装置操作任务的填写

(1) 停用×号变压器瓦斯保护。

(2) 投入×号变压器瓦斯保护。

(3) 停用×号变压器差动保护。

(4) 投入×号变压器差动保护。

(5) 停用××kV 母差保护。

(6) 投入××kV 母差保护。

(7) 停用××kV 故障录波器。

(8) 投入××kV 故障录波器。

(9) ××线 14 断路器由冷备用转为运行，××线 12 断路器由运行转为热备用，投入××kV 自投装置。

(10) 停用××kV 自投装置，××线 12 断路器由热备用转为运行，××线 14 断路器由运行转为冷备用。

(11) 停用××kV 自投装置，××线××断路器由热备用转为冷备用。

(12) ××线××断路器由冷备用转为热备用，投入××kV 自投装置。

(13) 停用××线××断路器综合重合闸。

(14) 停用××线××断路器高频方向保护。

(15) 停用××线××断路器高频距离保护。

(16) 投入××线××断路器高频距离保护。

(17) 投入××线××断路器高频方向保护。

(18) 投入××线××断路器综合重合闸。

8. 接地线、接地刀闸操作任务的填写

(1) ××kV 分段××-1 隔离开关与××-2 隔离开关间接地。

(2) ××kV×TV 二次侧接地。

(3) 拆除××kV×TV 二次侧接地线。

(4) 拆除××kV 分段××-1 隔离开关与××-2 隔离开关间接地线。

(5) ××线线路 CVT 二次侧接地。

(6) 拆除××线线路 CVT 二次侧接地线。

(7) ××kV 旁路母线 TV 二次侧接地。

(8) 拆除××kV 旁路母线 TV 二次侧接地线。

(9) 拉开×号变压器××-D3 接地刀闸。

(10) 合上×号变压器××-D3 接地刀闸。

(11) 拉开××线××-D2 接地刀闸。

(12) 合上××线××-D2 接地刀闸。

(13) 拉开××电容器××-D1 接地刀闸。

(14) 合上××电容器××-D1 接地刀闸。

(15) 拉开××kV××母线××-D11 接地刀闸。

(16) 合上××kV××母线××-D11 接地刀闸。

(17) ××kV×号站用变压器两侧接地。

(18) 拆除××kV×号站用变压器两侧接地线。

二、操作项目的填写要求

(一) 应填入操作票的操作项目栏中的项目

(1) 拉开（合上）断路器、隔离开关、跌落式熔断器、接地刀闸、中性点接地刀闸、刀开关、开关等。

(2) 检查断路器、隔离开关、跌落式熔断器、接地刀闸、中性点接地刀闸的位置。

(3) 进行倒负荷或并列操作后，检查另一电源的负荷情况。

(4) 检修后的设备送电前，检查与该设备有关的断路器、隔离开关、跌落式熔断器确在拉开位置。

(5) 检修后的设备送电前，检查送电范围内确无接地短路。

(6) 检查负荷分配。

(7) 安装或拆除控制回路或电压互感器回路熔断器。

(8) 断路器检修时，在拉开断路器后取下合闸熔断器，拉开隔离开关后取下该断路器的控制回路、信号回路熔断器，拉开带电动操作机构的隔离开关操作电源刀开关。

(9) 在合上隔离开关前，装上该断路器的控制回路、信号回路熔断器，合上带电动操作机构的隔离开关操作电源刀开关，在合上断路器前，装上该断路器合闸熔断器。

(10) 线路停电断路器无工作，可不必取下断路器控制回路、合闸回路熔断器。

(11) 线路断路器及隔离开关拉开后，装设线路侧接地线（合上接地刀闸）前，应取下该线路侧电压互感器的二次熔断器。

(12) 线路断路器合闸前，装上该线路侧电压互感器的二次熔断器。

(13) 变电站站用变压器、电压互感器一次侧装设接地线前，应先取下二次熔断器或拉开二次快分开关。

(14) 母线停电后，应停用该母线电压互感器（有产生谐振现象以及自动切换装置不满足者除外）。

（15）母线送电前，先投入该母线电压互感器（有产生谐振现象以及自动切换装置不满足者除外）。

（16）对于手车断路器停电后，应先检查断路器确已拉开，将断路器车拉至试验位置，取下断路器车二次插头，再将断路器车拉出断路器柜外，手车断路器送电前，应先检查断路器确已拉开，将断路器车推至试验位置，装上断路器车二次插头，再将断路器车推至工作位置。

（17）等电位隔离开关操作前，应取下并环断路器的控制熔断器。

（18）隔离开关拉开（合上）前，应检查断路器确已拉开。

（19）切换继电保护二次回路，投入或停用自动装置。

（20）在断路器合闸前，按照调度命令及运行规程投入送电设备的继电保护，检查继电保护运行。

（21）装、拆接地线均应注明接地线的确切地点和编号。

（22）拆除接地线（拉开接地刀闸）后，检查接地线（接地刀闸）确已拆除（确已拉开）。

（23）装设接地线前，应在停电设备上进行验电（不具备验电条件的GIS等设备除外）。

（24）两台有载调压变压器并列运行前，应检查两台变压器有载调压电压分头指示一致。

（25）对于无人值班变电站的操作，应根据操作任务核对相关设备的运行方式。

（26）无人值班变电站，断路器遥控开关切至“遥控”、“就地”位置。

（二）允许不填写操作票进行倒闸操作的项目

下列情况，允许不填写操作票进行倒闸操作，但必须记录在操作记录簿内，由值班负责人明确指定监护人、操作人按照操作记录簿记录的内容进行操作：

（1）事故处理。指在发生危及人身、设备与电网安全的紧急状况，发生电网和设备事故时，为迅速解救人员、隔离故障设备、调整运行方式，以便迅速恢复正常的操作过程。通常事故处理中遇到的操作有以下几种。

1）试送：指电气设备故障断路器跳闸后，经过处理后的首次合闸送电。

2）强送：指电气设备故障断路器跳闸后，未经过处理即行合闸送电。

3）限电：指限制用电客户部分用电负荷的措施。

4）拉闸限电：指拉开供电线路断路器，强行停止供电的措施。

5）保安电：指为保证人身和设备安全所需的最低限度电力供应。

6）开放负荷：指恢复对拉闸限电、限电用户的正常供电。

（2）拉开（合上）断路器、二次低压断路器、二次回路开关的单一操作，包括根据调度命令进行的限电和限电后的送电，以及寻找线路接地故障的操作。

（3）拆除全站仅装有的一组使用的接地线。

（4）拉开全站仅有一组已合上的接地刀闸（不包括变压器中性点接地刀闸）。

（5）投入或停用一套保护或自动装置的一块连接片。

（三）操作项目的填写类别

1. 断路器

（1）将××线××断路器遥控开关切至就地位置。

（2）将××线××断路器遥控开关切至遥控位置。

（3）拉开××kV 母旁（旁路）××断路器。

（4）检查××kV 母旁（旁路）××断路器三相确已拉开。

（5）合上××kV 母旁（旁路）××断路器。

（6）检查××kV 母旁（旁路）××断路器三相确已合好。

（7）合上××kV 母旁（旁路）××断路器信号刀开关。

（8）拉开××kV 母旁（旁路）××断路器信号刀开关。

（9）装上××kV 母旁（旁路）××断路器控制熔断器。

（10）取下××kV 母旁（旁路）××断路器控制熔断器。

（11）将同期开关切至投入位置。

（12）检查解除同期开关在解除同期位置。

（13）将××kV 母旁（旁路）××断路器同期开关切至通位置。

（14）将××kV 母旁（旁路）××断路器同期开关切至断位置。

（15）将同期开关切至停用位置。

（16）拉开××线××断路器。

（17）检查××线××断路器（三相）确已拉开。

（18）将××线××断路器车拉至试验位置。

（19）检查××线××断路器车确在试验位置。

（20）取下××线××断路器二次插头。

（21）将××线××断路器车拉出断路器柜外。

（22）检查××线××断路器车确在断路器柜外。

（23）将××线××断路器车推至试验位置。

（24）装上××线××断路器二次插头。

(25) 检查××线××断路器保护运行。

(26) 将××线××断路器车推至工作位置。

(27) 将××线××断路器闭锁把手切至工作位置。

(28) 检查××线××断路器确在工作位置。

(29) 合上××线××断路器。

(30) 检查××线××断路器（三相）确已合好。

(31) 检查××线负荷指示正确。

2. 隔离开关

(1) 拉开××线××隔离开关。

(2) 检查××线××隔离开关三相确已拉开。

(3) 合上××线××隔离开关。

(4) 检查××线××隔离开关三相确已合好。

(5) 将××kV 分段××丙隔离开关车拉至（推至）试验位置。

(6) 检查××kV 分段××丙隔离开关车确在试验位置。

(7) 装上（取下）××kV 分段××丙隔离开关二次插头。

(8) 将××kV 分段××丙隔离开关车推至工作位置。

(9) 将××kV 分段××丙隔离开关闭锁把手切至工作位置。

(10) 检查××kV 分段××丙隔离开关车确在工作位置。

(11) 将××kV 分段××丙隔离开关车拉出隔离开关柜外。

(12) 检查××kV 分段××丙隔离开关车确在隔离开关柜外。

3. 变压器

(1) 检查×号变压器与×号变压器有载调压电压分头指示一致。

(2) 检查×号变压器负荷指示正确。

(3) 合上（拉开）×号变压器有载调压装置电源开关。

(4) 合上（拉开）×号变压器冷却装置电源刀开关。

4. 电压互感器

(1) 装上（取下）××kV×TV 二次熔断器。

(2) 合上（拉开）××kV×TV 二次快分开关。

(3) 拉开（合上）××kV 1TV 与××kV 2TV 二次联络开关。

(4) 检查××kV 1TV 与××kV 2TV 二次联络开关确已拉开（合好）。

(5) 将××线电能表电压开关切至×母线位置。

5. 母线

(1) 检查××kV×母线运行设备全部调至×母线运行。

(2) 检查××kV×母线三相电压指示正确。

6. 电容器

(1) 拉开××kV×号电容器××断路器。

(2) 检查××kV×号电容器××断路器确已拉开。

(3) 拉开××kV×号电容器××隔离开关。

(4) 检查××kV×号电容器××隔离开关三相确已拉开。

(5) 取下××kV×号电容器××组放电 TV 二次熔断器。

(6) 拉开××kV×号电容器××断路器控制电源开关。

(7) 在××kV×号电容器××组放电 TV 二次熔断器 TV 侧验电确无电压。

(8) 在××kV×号电容器××组放电 TV 二次熔断器 TV 侧装设×号接地线。

7. 继电保护

(1) 投入(停用)×号变压器投差动保护连接片。

(2) 检查×号变压器差动保护运行。

(3) 合上(拉开)×号变压器保护电源开关。

(4) 投入(停用)××kV 母差保护母线充电保护连接片。

(5) 投入(停用)××kV 母差保护母旁××隔离开关投入连接片。

(6) 装上(取下)××kV 母差保护直流熔断器。

(7) 合上(拉开)××kV 母差保护信号刀开关。

(8) 检查××线××断路器保护运行。

(9) 投入(停用)××kV 母差保护×母线电压闭锁连接片。

(10) 按下××kV 故障录波器×母线屏蔽按钮。

(11) 合上(拉开)××kV 故障录波器交流电源开关。

(12) 合上(拉开)××kV 故障录波器直流电源开关。

(13) 合上(拉开)××kV 故障录波器主机电源开关。

(14) 停用(投入)××kV××线路距离保护连接片。

(15) 停用(投入)××kV××线路×相启动失灵连接片。

(16) 停用(投入)××kV××线路×相跳闸出口连接片。

(17) 停用(投入)××kV××线路高频距离保护连接片。

(18) 停用(投入)××kV××线路高频方向保护连接片。

8. 自动装置

(1) 停用(投入)××kV 自投装置跳××线保护连接片。

(2) 停用(投入)××kV××线加速保护跳闸连接片。

(3) 停用（投入）××kV 自投装置合××线保护连接片。

(4) 投入（停用）××kV 自投装置停用连接片。

(5) 投入（停用）××线×号保护屏重合闸出口连接片。

(6) 将××线线路重合闸方式开关切至停用位置。

(7) 将××线线路重合闸方式开关切至综合重合闸位置。

(8) 将××线线路重合闸方式开关切至三相重合闸位置。

(9) 将××线线路重合闸方式开关切至单相重合闸位置。

9. 接地线（接地刀闸）

(1) 在××线××-1 隔离开关与××-2 隔离开关间验电确无电压。

(2) 合上（拉开）××线××接地刀闸。

(3) 检查××线××接地刀闸三相确已合好（拉开）。

(4) 合上（拉开）×号变压器××中性点接地刀闸。

(5) 检查×号变压器××中性点接地刀闸确已合好（拉开）。

(6) 在××kV×TV 二次熔断器 TV 侧验电确无电压。

(7) 在××kV×TV 二次熔断器 TV 侧装设××号接地线。

(8) 拆除××kV×TV 二次熔断器 TV 侧××号接地线。

(9) 检查××kV×TV 二次熔断器 TV 侧××号接地线确已拆除。

(10) 检查××kV×TV 二次熔断器 TV 侧确无接地短路线。

(11) 在×号变压器××kV 进线套管墙内侧验电确无电压。

(12) 在×号变压器××kV 进线套管墙内侧装设×号接地线。

(13) 拆除×号变压器××kV 进线套管墙内侧×号接地线。

(14) 检查×号变压器××kV 进线套管墙内侧×号接地线确已拆除。

(15) 检查×号变压器××kV 进线套管墙内侧确无接地短路线。

（四）操作项目的操作术语填写

(1) 操作断路器、隔离开关、接地刀闸、中性点接地刀闸、跌落式熔断器、开关、刀开关用“拉开”、“合上”。断路器车用“拉出”、“拉至”、“推入”、“推至”。

(2) 检查断路器、隔离开关、接地刀闸、中性点接地刀闸、跌落式熔断器、开关、刀开关原始状态位置，用“断路器、隔离开关、接地刀闸、中性点接地刀闸、跌落式熔断器、开关、刀开关确已拉开（合好）”。检查断路器车状态位置，用“确已推至××位置”、“确已拉至××位置”。三相操作的设备应检查“三相确已拉开、三相确已合好”，单相操作的设备应分相检查“确已拉开、确已合好”。

(3) 验电用“确无电压”。

(4) 装、拆接地线用“装设”、“拆除”。

(5) 检查负荷分配用“指示正确”。

(6) 装上、取下一、二次熔断器及断路器车二次插头用“装上”、“取下”。

(7) 启、停保护装置及自动装置用“投入”、“停用”。

(8) 切换二次回路开关用“切至”。

(9) 操作设备名称：变压器、变压器有载调压开关、站用变压器、站用变压器车、电容器、电抗器、避雷器、组合电器（或GIS)、断路器、断路器车、隔离开关、隔离开关车、电压互感器（或TV)、TV车、电流互感器（或TA)、电容式电压互感器（或CVT)、熔断器、母线、接地刀闸、接地线、中性点接地刀闸、控制屏、保护屏、中央信号屏、直流屏、故障录波器屏、站用变压器屏、二次插头、连接片、低压断路器、交流接触器、开关、刀开关、遥控开关、同期开关、指示灯等。

三、操作票备注栏的填写要求

下列项目应填入操作票备注栏中：

1. 断路器的操作

(1) 无防止误拉、误合断路器的措施（包括提示性措施)。例如：××线××断路器五防闭锁存在缺陷或五防闭锁不全，应在备注栏中注明操作注意事项。

(2) 操作某一设备选控开关时，应检查其他就地开关没被选控。

(3) 线路带有同期合闸装置的，当同期装置使用完毕后，应立即将同期开关断开。

(4) 防止双电源线路误并列、误解列的提示。

2. 隔离开关的操作

(1) 隔离开关闭锁装置达不到防误闭锁功能的。例如××变电站××线××隔离开关五防闭锁存在缺陷或五防闭锁不全，应在备注栏填写：“拉开、合上××线××隔离开关时应加强监护，严禁不按规定随意使用解锁钥匙”。

(2) 电动隔离开关的操作。电动隔离开关操作前，先合上电动操作电源刀开关，电动隔离开关操作完毕后应立即拉开电动操作电源刀开关，防止电动隔离开关误拉开或误合上。

(3) 隔离开关的辅助触点。双母线倒换母线或单一设备停送电时，应注意观察隔离开关辅助触点的动作情况，可以利用观察电压切换继电器的动作来代替，防止因辅助触点接触不良造成交流电压消失。

3. 验电及装设接地线

(1) 室外电气设备装设接地线时要注意防止接地线误碰带电设备。例如，

××线××隔离开关电源侧带电，负荷侧不带电，应在备注栏填写：“××线××隔离开关电源侧带电，在负荷侧装设接地线时要注意与带电设备保持安全距离”。

（2）断路器柜内装设接地线时要注意防止接地线误碰带电设备。例如，××线××断路器柜内装设接地线操作，需在隔离开关动静触头间装设绝缘隔板时，应在备注栏填写：“装设绝缘隔板后再进行接地操作；拆除接地线后再取下绝缘隔板”。对于断路器柜内装设接地线的具体位置有特殊要求的也要在备注栏内注明。

（3）防止误入带电间隔。例如，××线××遮栏网门五防闭锁不合格，应在备注栏填写：要加强监护，严格按照操作程序，认真执行操作票，严禁不按规定随意使用解锁钥匙。

4. 继电保护、自动装置及二次部分操作

（1）微机保护及微机自动装置。带微机保护的一次设备停电时，拉开一次设备的控制电源开关前，应先将微机保护或微机自动装置的电源开关断开；一次设备送电时操作程序相反。

（2）测量断路器跳闸连接片电压。一次电气设备在运行中，保护发生异常停电及检修后，重新投入跳闸连接片前要用高内阻电压表测量连接片输入端对地有无电压，应在备注栏填写：“在投入××线××断路器跳闸连接片前，要测量跳闸连接片输入端对地电压”。

（3）电流互感器二次回路连接片切换时，应在备注栏中注明防止电流互感器二次回路开路的措施。

（4）凡在操作中有可能导致继电保护、自动装置误动作的行为都应在备注栏中注明。

在倒闸操作中出现问题或因故中断操作都应在备注栏中注明。

四、变电站倒闸操作票其他栏目的填写要求

1. 操作票的编号

由供电公司统一编号，并在印刷时一并排印，使用单位应按编号顺序依次使用，对于变电站倒闸操作票的编号不能随意改动，不得出现空号、跳号、重号、错号。变电站操作票的幅面统一用 A4 纸。计算机打印变电站倒闸操作票必须具备打印过号功能。

2. 操作票单位的填写

填写倒闸操作人所在的单位的名称，单位名称要写全称，不能只写简称或代号。

3. 发令与受令

(1) 调度值班员（发令人）向运行值班负责人（受令人）发布正式的操作指令后，由运行值班负责人将发令人和受令人的姓名填入变电站倒闸操作票“发令人栏”和“受令人栏”中。

(2) 由运行值班负责人将发令人发布正式操作指令的时间填入“发令时间栏”内。

4. 操作时间的填写

(1) 操作时间的填写统一按照公历的年、月、日和24h制填写，例如，2011年08月10日15时26分。

(2) 一个操作任务用多张操作票时，操作开始时间填在首页操作票上，操作结束时间填在最后一页操作票上。

(3) 操作开始时间：执行倒闸操作项目第一项的时间。

(4) 操作结束时间：完成倒闸操作项目最后一项的时间。

5. 倒闸操作的分类

(1) 监护下操作栏：对于由两人进行同一项的操作，在此栏内打“√”。监护操作时，其中一人对设备较为熟悉者作监护。特别重要和复杂的倒闸操作，由熟练的运行人员操作，运行值班负责人监护。

(2) 单人操作栏：由一人完成的操作，在此栏内打“√”。单人值班的变电站操作时，运行人员根据发令人用电话传达的操作指令复诵无误填写操作票。实行单人操作的设备、项目及运行人员需经设备运行管理单位批准，人员应通过专业考试。

(3) 检修人员操作栏：由检修人员完成的操作，在此栏内打“√”。经设备运行管理单位考试合格、批准的检修人员，可进行220kV及以下的电气设备由热备用至检修或由检修至热备用的监护操作，监护人应是同一单位的检修人员或设备运行人员。检修人员进行操作的接、发令程序及安全要求应由设备运行管理单位总工程师（技术负责人）审定，并报相关部门和调度机构备案。

6. 操作票签名

(1) 操作人和监护人经模拟操作确认操作票无误后，由操作人、监护人分别在操作票上签名，操作人、监护人应对本次倒闸操作的正确性负全部责任。

(2) 操作人、监护人分别签名后交运行值班负责人审查，无误后由运行值班负责人在操作票上签名，运行值班负责人应对本次倒闸操作的正确性负全部责任。

(3) 一个操作任务用多张操作票时，操作人、监护人、运行值班负责人的签名填在最后一页的操作票上。

7. 操作票操作项目打“√”

（1）监护人在操作人完成此项操作并确认无误后，在该项操作项目前打“√”。

（2）对于检查项目，监护人唱票后，操作人应认真检查，确认无误后再高声复诵，监护人同时也应进行检查，确认无误并听到操作人复诵后，在该项目前打“√”。严禁操作项目与检查项一并打“√”。

（3）严禁操作不打“√”，待操作结束后，在操作票上补打“√”。

（4）监护人应使用红色笔在操作项目前打“√”。

8. 操作票“ㄣ”

（1）按照倒闸操作顺序依次填写完倒闸操作票后，在最后一项操作内容的下一空格中间位置记上终止号“ㄣ”。

（2）如果最后一项操作内容下面没有空格，终止号“ㄣ”可记在最后一项操作内容的末尾处。

9. 操作票盖章

（1）操作票项目全部结束，由操作人在已执行操作票的终止号“ㄣ”上盖“已执行”章。

（2）合格的操作票全部未执行，由操作人在操作任务栏中盖“未执行”章，并在备注栏中注明原因。

（3）若监护人、操作人操作中途发现问题，应及时告知运行值班负责人，运行值班负责人汇报值班调度员后停止操作。该操作票不得继续使用，并在已操作完项目的最后一项盖“已执行”章，在备注栏注明“本操作票有错误，自××项起不执行”。对多张操作票，应从第二张票起每张操作票的操作任务栏中盖上“作废”章，然后重新填写操作票再继续操作。

（4）填写错误以及审核发现有错误的操作票时，应由操作人在操作任务栏中盖“作废”章。

（5）印章规格见表6-1。

表6-1　　变电站倒闸操作票印章规格

序号	名称	盖章位置	外围尺寸（mm×mm）	字体	颜色
1	已执行	终止号“ㄣ”上	20×15	黑体	红色
2	未执行	操作任务栏中间位置	20×15	黑体	红色
3	作废	操作任务栏中间位置	20×15	黑体	红色

（6）印章样式。

1）“已执行”章如图 6-1 所示。

已执行

图 6-1　“已执行”章样式

2）“未执行”章如图 6-2 所示。

未执行

图 6-2　“未执行”章样式

3）“作废”章如图 6-3 所示。

作废

图 6-3　“作废”章样式

五、变电站倒闸操作票填写注意事项

倒闸操作票由操作人填写。填写前操作人应根据调度命令明确操作任务，了解现场工作内容和要求，并充分考虑此项操作对其管辖范围内的设备的运行方式、继电保护、自动装置、通信及调度自动化的影响是否满足相关要求。倒闸操作票填写的设备术语必须与现场实际相符。倒闸操作票填写要字迹工整、清楚，不得任意涂改。操作项目不得并项填写，一个操作项目栏内只允许有一个动词（如“拉开断路器”和“检查断路器确已拉开”不得合在一起填写），不得添项、倒项、漏项。如有个别错漏字需要修改时，应做到被改的字和改后的字清楚可辨。每张操作票的改字不得超过三个，否则另填新票。操作票中有三项内容不得涂改：

（1）被操作设备名称、编号。

（2）有关参数和终止号“ㄣ”。

（3）操作动词如“拉开”、“合上”、“装上”、“取下”等。

第二节　变电站典型操作票填写实例

一、220kV 双母线带旁路接线倒闸操作票

（一）220kV 双母线带旁路接线一次系统图（见图 6-4）

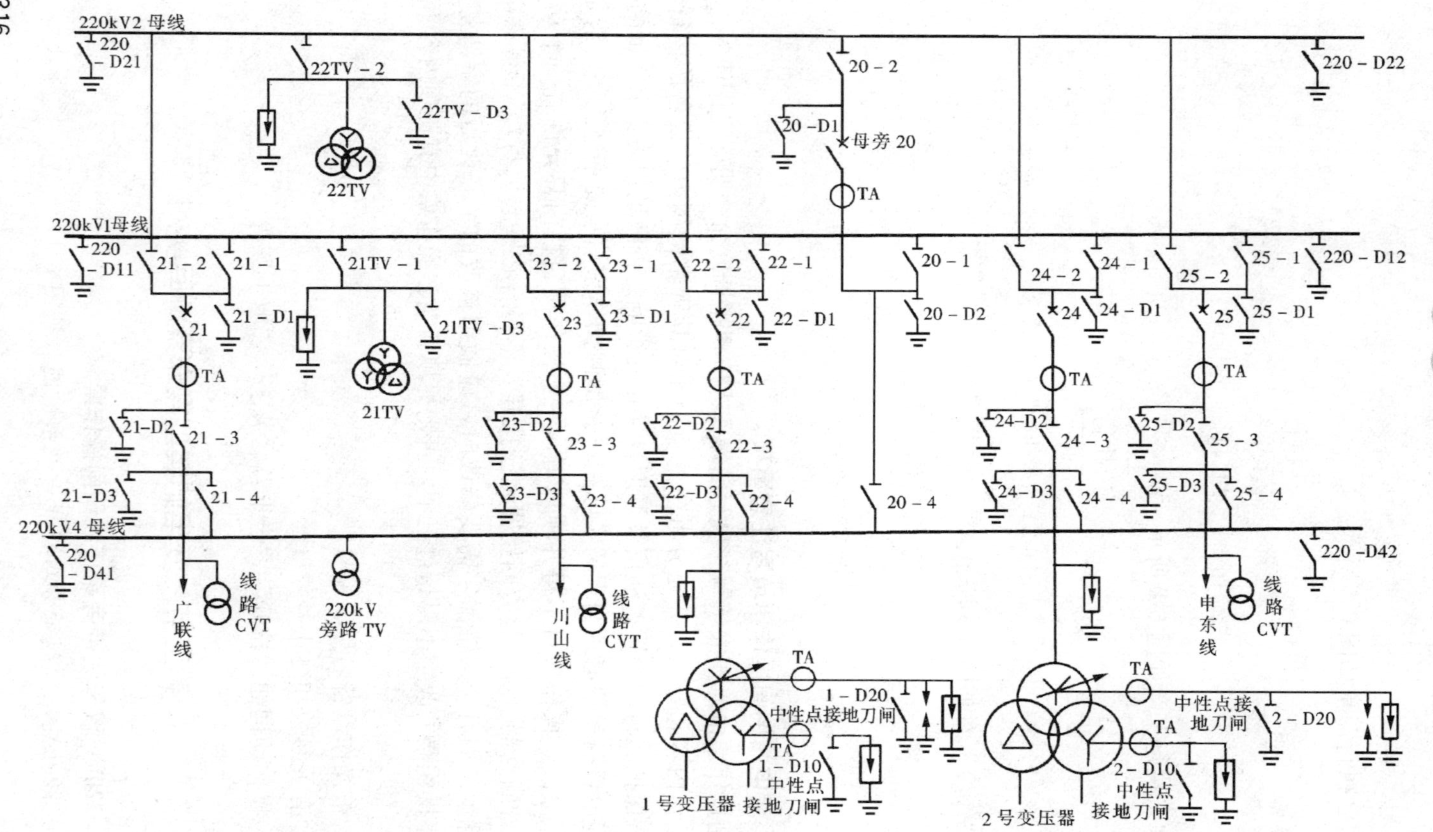

图 6-4　220kV 双母线带旁路接线一次系统图

（二）正常运行方式

220kV 广联线在 220kV 1 母线运行，220kV 广联线 21 断路器、21-1 隔离开关、21-3 隔离开关均在合闸位置。1 号变压器在 220kV 1 母线运行，1 号变压器 22 断路器、22-1 隔离开关、22-3 隔离开关均在合闸位置。220kV 申东线在 220kV 2 母线运行，220kV 申东线 25 断路器、25-2 隔离开关、25-3 隔离开关均在合闸位置。220kV 川山线在 220kV 2 母线运行，220kV 川山线 23 断路器，23-2 隔离开关、23-3 隔离开关均在合闸位置。2 号变压器在 220kV 2 母线运行，2 号变压器 24 断路器、24-2 隔离开关、24-3 隔离开关均在合闸位置。220kV 母联兼旁路 20 断路器、20-1 隔离开关、20-2 隔离开关均在合闸位置，220kV 1 母线与 220kV 2 母线通过母联兼旁路（简称"母旁"）20 断路器并列运行，220kV 母差保护投入双母差运行。1 号变压器 220kV 侧中性点经过 1-D20 中性点接地刀闸直接接地。2 号变压器 2-D20 中性点接地刀闸在拉开位置，2 号变压器 220kV 侧中性点经放电间隙接地，2 号变压器放电间隙保护投入运行。1 号变压器 1-D10 中性点接地刀闸在合闸位置，1 号变压器 110kV 侧中性点经过 1-D10 中性点接地刀闸直接接地。2 号变压器 2-D10 中性点接地刀闸在合闸位置，2 号变压器 110kV 侧中性点经过 2-D10 中性点接地刀闸直接接地。220kV 21TV 在 220kV 1 母线运行，220kV 22TV 在 220kV 2 母线运行。220kV 4 母线（旁路母线）冷备用。

（三）220kV 双母线带旁路接线倒闸操作票实例

（1）220kV 1 母线由运行转为冷备用。

变电站倒闸操作票

单位：××供电公司××变电站　　　　　　　　　编号：×××××

发令人	×××	受令人	×××	发令时间	××××年××月××日××时××分
操作开始时间： ××××年××月××日××时××分				操作结束时间： ××××年××月××日××时××分	
（√）监护下操作　　（ ）单人操作　　（ ）检修人员操作					
操作任务：220kV 1 母线由运行转为冷备用					

顺序	操 作 项 目	√
1	投入 220kV 母差保护手动启动互联连接片	√
2	检查 220kV 母差保护互联信号灯亮	√

续表

发令人	×××	受令人	×××	发令时间	××××年××月××日××时××分
操作开始时间： ××××年××月××日××时××分				操作结束时间： ××××年××月××日××时××分	
(✓) 监护下操作		( ) 单人操作		( ) 检修人员操作	
操作任务：220kV 1 母线由运行转为冷备用					

顺序	操　作　项　目	✓
3	将 220kV 母旁 CSQ-2 电源开关切至 OFF 位置	✓
4	将 220kV 母旁 LFP-902A 电源开关切至 OFF 位置	✓
5	取下 220kV 母旁 20 断路器控制熔断器	✓
6	检查 220kV 母旁 20 断路器三相确已合好	✓
7	合上 1 号变压器 22-2 隔离开关	✓
8	检查 1 号变压器 22-2 隔离开关三相确已合好	✓
9	合上广联线 21-2 隔离开关	✓
10	检查广联线 21-2 隔离开关三相确已合好	✓
11	拉开广联线 21-1 隔离开关	✓
12	检查广联线 21-1 隔离开关三相确已拉开	✓
13	拉开 1 号变压器 22-1 隔离开关	✓
14	检查 1 号变压器 22-1 隔离开关三相确已拉开	✓
15	检查 220kV 1 母线运行设备全部调至 2 母线运行	✓
16	将广联线电能表电压开关切至 2 母线位置	✓
17	将 1 号变压器 220kV 侧电能表电压开关切至 2 母线位置	✓
18	按下 220kV 故障录波器 1 母线屏蔽按钮	✓
19	装上 220kV 母旁 20 断路器控制熔断器	✓
20	检查 220kV 母旁 20 断路器电流表指示为零	✓

操　作　票

续表

发令人	×××	受令人	×××	发令时间	××××年××月××日××时××分
操作开始时间：××××年××月××日××时××分				操作结束时间：××××年××月××日××时××分	
（√）监护下操作　　（　）单人操作　　（　）检修人员操作					
操作任务：220kV 1母线由运行转为冷备用					

顺序	操　作　项　目	√
21	拉开220kV母旁20断路器	√
22	检查220kV 1母线三相电压指示正确	√
23	停用220kV母差保护母旁20-1隔离开关投入连接片	√
24	检查220kV母旁20断路器三相确已拉开	√
25	拉开220kV母旁20-1隔离开关	√
26	检查220kV母旁20-1隔离开关三相确已拉开	√
27	拉开220kV母旁20-2隔离开关	√
28	检查220kV母旁20-2隔离开关三相确已拉开	√
29	拉开220kV 21TV二次快分开关	√
30	取下220kV 21TV二次熔断器	√
31	取下220kV母旁20断路器控制熔断器	√
32	拉开220kV母旁20断路器信号刀开关	√
33	停用220kV母差保护手动启动互联连接片	√
34	按下220kV母差保护复归按钮	√
35	检查220kV母差保护信号正确	√
	ㄣ	
备注：		
操作人：赵××　　监护人：李××　　值班负责人：孙××		

（2）220kV 1母线由冷备用转为检修。

变电站倒闸操作票

单位：××供电公司××变电站　　　　编号：×××××

<table>
<tr><td>发令人</td><td>×××</td><td>受令人</td><td>×××</td><td>发令时间</td><td colspan="2">××××年××月××日××时××分</td></tr>
<tr><td colspan="5">操作开始时间：
××××年××月××日××时××分</td><td colspan="2">操作结束时间：
××××年××月××日××时××分</td></tr>
<tr><td colspan="7">（✓）监护下操作　　（　）单人操作　　（　）检修人员操作</td></tr>
<tr><td colspan="7">操作任务：220kV 1 母线由冷备用转为检修</td></tr>
<tr><td>顺序</td><td colspan="5">操　作　项　目</td><td>✓</td></tr>
<tr><td>1</td><td colspan="5">在 220kV 1 母线 220-D11 接地刀闸母线侧验电确无电压</td><td>✓</td></tr>
<tr><td>2</td><td colspan="5">合上 220kV 1 母线 220-D11 接地刀闸</td><td>✓</td></tr>
<tr><td>3</td><td colspan="5">检查 220kV 1 母线 220-D11 接地刀闸三相确已合好</td><td>✓</td></tr>
<tr><td>4</td><td colspan="5">在 220kV 1 母线 220-D12 接地刀闸母线侧验电确无电压</td><td>✓</td></tr>
<tr><td>5</td><td colspan="5">合上 220kV 1 母线 220-D12 接地刀闸</td><td>✓</td></tr>
<tr><td>6</td><td colspan="5">检查 220kV 1 母线 220-D12 接地刀闸三相确已合好</td><td>✓</td></tr>
<tr><td></td><td colspan="5">ㄣ</td><td></td></tr>
<tr><td colspan="7">备注：</td></tr>
<tr><td colspan="7">操作人：赵××　　监护人：李××　　值班负责人：孙××</td></tr>
</table>

（3）220kV 母旁 20 断路器由冷备用转为检修。

变电站倒闸操作票

单位：××供电公司××变电站　　　　编号：×××××

<table>
<tr><td>发令人</td><td>×××</td><td>受令人</td><td>×××</td><td>发令时间</td><td colspan="2">××××年××月××日××时××分</td></tr>
<tr><td colspan="5">操作开始时间：
××××年××月××日××时××分</td><td colspan="2">操作结束时间：
××××年××月××日××时××分</td></tr>
<tr><td colspan="7">（✓）监护下操作　　（　）单人操作　　（　）检修人员操作</td></tr>
<tr><td colspan="7">操作任务：220kV 母旁 20 断路器由冷备用转为检修</td></tr>
<tr><td>顺序</td><td colspan="5">操　作　项　目</td><td>✓</td></tr>
<tr><td>1</td><td colspan="5">在 220kV 母旁 20 断路器与 20-2 隔离开关间验电确无电压</td><td>✓</td></tr>
<tr><td>2</td><td colspan="5">合上 220kV 母旁 20-D1 接地刀闸</td><td>✓</td></tr>
<tr><td>3</td><td colspan="5">检查 220kV 母旁 20-D1 接地刀闸三相确已合好</td><td>✓</td></tr>
<tr><td>4</td><td colspan="5">在 220kV 母旁 20 断路器与 20-1 隔离开关间验电确无电压</td><td>✓</td></tr>
<tr><td>5</td><td colspan="5">合上 220kV 母旁 20-D2 接地刀闸</td><td>✓</td></tr>
<tr><td>6</td><td colspan="5">检查 220kV 母旁 20-D2 接地刀闸三相确已合好</td><td>✓</td></tr>
<tr><td></td><td colspan="5">ㄣ</td><td></td></tr>
<tr><td colspan="7">备注：</td></tr>
<tr><td colspan="7">操作人：赵××　　监护人：李××　　值班负责人：孙××</td></tr>
</table>

（4）220kV 母旁 20 断路器由检修转为冷备用。

变电站倒闸操作票

单位：××供电公司××变电站　　　　　　　　　　　　编号：×××××

<table>
<tr><td>发令人</td><td>×××</td><td>受令人</td><td>×××</td><td>发令时间</td><td colspan="2">××××年××月××日××时××分</td></tr>
<tr><td colspan="5">操作开始时间：
××××年××月××日××时××分</td><td colspan="2">操作结束时间：
××××年××月××日××时××分</td></tr>
<tr><td colspan="7">（√）监护下操作　　（ ）单人操作　　（ ）检修人员操作</td></tr>
<tr><td colspan="7">操作任务：220kV 母旁 20 断路器由检修转为冷备用</td></tr>
<tr><td>顺序</td><td colspan="5">操　作　项　目</td><td>√</td></tr>
<tr><td>1</td><td colspan="5">拉开 220kV 母旁 20-D1 接地刀闸</td><td>√</td></tr>
<tr><td>2</td><td colspan="5">检查 220kV 母旁 20-D1 接地刀闸三相确已拉开</td><td>√</td></tr>
<tr><td>3</td><td colspan="5">拉开 220kV 母旁 20-D2 接地刀闸</td><td>√</td></tr>
<tr><td>4</td><td colspan="5">检查 220kV 母旁 20-D2 接地刀闸三相确已拉开</td><td>√</td></tr>
<tr><td>5</td><td colspan="5">检查 220kV 母旁 20 断路器两侧确无接地短路</td><td>√</td></tr>
<tr><td></td><td colspan="5">ㄣ</td><td></td></tr>
<tr><td colspan="7">备注：</td></tr>
<tr><td colspan="7">操作人：赵××　　监护人：李××　　值班负责人：孙××</td></tr>
</table>

（5）220kV 1 母线由检修转为冷备用。

变电站倒闸操作票

单位：××供电公司××变电站　　　　　　　　　　　　编号：×××××

<table>
<tr><td>发令人</td><td>×××</td><td>受令人</td><td>×××</td><td>发令时间</td><td colspan="2">××××年××月××日××时××分</td></tr>
<tr><td colspan="5">操作开始时间：
××××年××月××日××时××分</td><td colspan="2">操作结束时间：
××××年××月××日××时××分</td></tr>
<tr><td colspan="7">（√）监护下操作　　（ ）单人操作　　（ ）检修人员操作</td></tr>
<tr><td colspan="7">操作任务：220kV 1 母线由检修转为冷备用</td></tr>
<tr><td>顺序</td><td colspan="5">操　作　项　目</td><td>√</td></tr>
<tr><td>1</td><td colspan="5">拉开 220kV 1 母线 220-D11 接地刀闸</td><td>√</td></tr>
<tr><td>2</td><td colspan="5">检查 220kV 1 母线 220-D11 接地刀闸三相确已拉开</td><td>√</td></tr>
<tr><td>3</td><td colspan="5">拉开 220kV 1 母线 220-D12 接地刀闸</td><td>√</td></tr>
<tr><td>4</td><td colspan="5">检查 220kV 1 母线 220-D12 接地刀闸三相确已拉开</td><td>√</td></tr>
<tr><td>5</td><td colspan="5">检查 220kV 1 母线确无接地短路</td><td>√</td></tr>
<tr><td></td><td colspan="5">ㄣ</td><td></td></tr>
<tr><td colspan="7">备注：</td></tr>
<tr><td colspan="7">操作人：赵××　　监护人：李××　　值班负责人：孙××</td></tr>
</table>

（6）220kV 1母线由冷备用转为运行，220kV 2母线由运行转为冷备用。

变电站倒闸操作票

单位：××供电公司××变电站　　　　编号：×××××

发令人	×××	受令人	×××	发令时间	××××年××月××日××时××分
操作开始时间： ××××年××月××日××时××分				操作结束时间： ××××年××月××日××时××分	
（√）监护下操作　（ ）单人操作　（ ）检修人员操作					
操作任务：220kV 1母线由冷备用转为运行，220kV 2母线由运行转为冷备用					

顺序	操　作　项　目	√
1	合上220kV母旁20断路器信号刀开关	√
2	装上220kV母旁20断路器控制熔断器	√
3	检查220kV母旁20-4隔离开关三相确已拉开	√
4	检查广联线21-1隔离开关三相确已拉开	√
5	检查220kV 1母线送电范围内确无接地短路	√
6	装上220kV 21TV二次熔断器	√
7	合上220kV 21TV二次快分开关	√
8	检查220kV母旁20断路器三相确已拉开	√
9	合上220kV母旁20-2隔离开关	√
10	检查220kV母旁20-2隔离开关三相确已合好	√
11	合上220kV母旁20-1隔离开关	√
12	检查220kV母旁20-1隔离开关三相确已合好	√
13	投入220kV母差保护母线充电保护连接片	√
14	投入220kV母差保护母旁20-1隔离开关投入连接片	√
15	将同期开关切至投入位置	√
16	检查解除同期开关在解除同期位置	√
17	将220kV母旁20断路器同期开关切至通位置	√
18	合上220kV母旁20断路器	√
19	将220kV母旁20断路器同期开关切至断位置	√
20	将同期开关切至停用位置	√
21	检查220kV 1母线三相电压指示正确	√
22	停用220kV母差保护母线充电保护连接片	√

续表

发令人	×××	受令人	×××	发令时间	××××年××月××日××时××分
操作开始时间： ××××年××月××日××时××分				操作结束时间： ××××年××月××日××时××分	
（√）监护下操作		（ ）单人操作		（ ）检修人员操作	
操作任务：220kV 1 母线由冷备用转为运行，220kV 2 母线由运行转为冷备用					

顺序	操 作 项 目	√
23	投入 220kV 母差保护手动启动互联连接片	√
24	检查 220kV 母差保护互联信号灯亮	√
25	取下 220kV 母旁 20 断路器控制熔断器	√
26	检查 220kV 母旁 20 断路器三相确已合好	√
27	合上川山线 23-1 隔离开关	√
28	检查川山线 23-1 隔离开关三相确已合好	√
29	合上 1 号变压器 22-1 隔离开关	√
30	检查 1 号变压器 22-1 隔离开关三相确已合好	√
31	合上 2 号变压器 24-1 隔离开关	√
32	检查 2 号变压器 24-1 隔离开关三相确已合好	√
33	合上申东线 25-1 隔离开关	√
34	检查申东线 25-1 隔离开关三相确已合好	√
35	拉开申东线 25-2 隔离开关	√
36	检查申东线 25-2 隔离开关三相确已拉开	√
37	拉开 2 号变压器 24-2 隔离开关	√
38	检查 2 号变压器 24-2 隔离开关三相确已拉开	√
39	拉开 1 号变压器 22-2 隔离开关	√
40	检查 1 号变压器 22-2 隔离开关三相确已拉开	√
41	拉开川山线 23-2 隔离开关	√
42	检查川山线 23-2 隔离开关三相确已拉开	√
43	检查 220kV 2 母线运行设备全部调至 1 母线运行	√
44	将川山线电能表电压开关切至 1 母线位置	√
45	将申东线电能表电压开关切至 1 母线位置	√
46	将 1 号变压器 220kV 侧电能表电压开关切至 1 母线位置	√
47	将 2 号变压器 220kV 侧电能表电压开关切至 1 母线位置	√

续表

<table>
<tr><td>发令人</td><td>×××</td><td>受令人</td><td>×××</td><td>发令时间</td><td colspan="2">××××年××月××日××时××分</td></tr>
<tr><td colspan="5">操作开始时间：
××××年××月××日××时××分</td><td colspan="2">操作结束时间：
××××年××月××日××时××分</td></tr>
<tr><td colspan="7">（√）监护下操作　　（ ）单人操作　　（ ）检修人员操作</td></tr>
<tr><td colspan="7">操作任务：220kV 1母线由冷备用转为运行，220kV 2母线由运行转为冷备用</td></tr>
<tr><td>顺序</td><td colspan="5">操　作　项　目</td><td>√</td></tr>
<tr><td>48</td><td colspan="5">按下220kV故障录波器1母线屏蔽按钮</td><td>√</td></tr>
<tr><td>49</td><td colspan="5">按下220kV故障录波器2母线屏蔽按钮</td><td>√</td></tr>
<tr><td>50</td><td colspan="5">装上220kV母旁20断路器控制熔断器</td><td>√</td></tr>
<tr><td>51</td><td colspan="5">检查220kV母旁20断路器电流表指示为零</td><td>√</td></tr>
<tr><td>52</td><td colspan="5">拉开220kV母旁20断路器</td><td>√</td></tr>
<tr><td>53</td><td colspan="5">检查220kV 2母线三相电压指示正确</td><td>√</td></tr>
<tr><td>54</td><td colspan="5">停用220kV母差保护母旁20-1隔离开关投入连接片</td><td>√</td></tr>
<tr><td>55</td><td colspan="5">检查220kV母旁20断路器三相确已拉开</td><td>√</td></tr>
<tr><td>56</td><td colspan="5">拉开220kV母旁20-2隔离开关</td><td>√</td></tr>
<tr><td>57</td><td colspan="5">检查220kV母旁20-2隔离开关三相确已拉开</td><td>√</td></tr>
<tr><td>58</td><td colspan="5">拉开220kV母旁20-1隔离开关</td><td>√</td></tr>
<tr><td>59</td><td colspan="5">检查220kV母旁20-1隔离开关三相确已拉开</td><td>√</td></tr>
<tr><td>60</td><td colspan="5">拉开220kV 22TV二次快分开关</td><td>√</td></tr>
<tr><td>61</td><td colspan="5">取下220kV 22TV二次熔断器</td><td>√</td></tr>
<tr><td>62</td><td colspan="5">取下220kV母旁20断路器控制熔断器</td><td>√</td></tr>
<tr><td>63</td><td colspan="5">拉开220kV母旁20断路器信号刀开关</td><td>√</td></tr>
<tr><td>64</td><td colspan="5">停用220kV母差保护手动启动互联连接片</td><td>√</td></tr>
<tr><td>65</td><td colspan="5">按下220kV母差保护复归按钮</td><td>√</td></tr>
<tr><td>66</td><td colspan="5">检查220kV母差保护信号正确</td><td>√</td></tr>
<tr><td></td><td colspan="5">ㄣ</td><td></td></tr>
<tr><td colspan="7">备注：由于220kV母旁20-4隔离开关、广联线21-1隔离开关停电检修，因此送电前，必须检查两隔离开关在拉开位置</td></tr>
<tr><td colspan="7">操作人：赵××　　监护人：李××　　值班负责人：孙××</td></tr>
</table>

（7）220kV 1母线由热备用转为运行，220kV 1、2母线恢复正常运行方式。

变电站倒闸操作票

单位：××供电公司××变电站　　　　编号：×××××

发令人	×××	受令人	×××	发令时间	××××年××月××日××时××分
操作开始时间：××××年××月××日××时××分			操作结束时间：××××年××月××日××时××分		
（√）监护下操作		（ ）单人操作		（ ）检修人员操作	
操作任务：220kV 1母线由热备用转为运行，220kV 1、2母线恢复正常运行方式					

顺序	操　作　项　目	√
1	投入220kV母差保护母线充电保护连接片	√
2	投入220kV母差保护母旁20-1隔离开关投入连接片	√
3	将同期开关切至投入位置	√
4	检查解除同期开关在解除同期位置	√
5	将220kV母旁20断路器同期开关切至通位置	√
6	合上220kV母旁20断路器	√
7	将220kV母旁20断路器同期开关切至断位置	√
8	将同期开关切至停用位置	√
9	检查220kV 1母线三相电压指示正确	√
10	停用220kV母差保护母线充电保护连接片	√
11	投入220kV母差保护手动启动互联连接片	√
12	检查220kV母差保护互联信号灯亮	√
13	将220kV母旁CSQ-2电源开关切至OFF位置	√
14	将220kV母旁LFP-902A电源开关切至OFF位置	√
15	取下220kV母旁20断路器控制熔断器	√
16	检查220kV母旁20断路器三相确已合好	√
17	合上1号变压器22-1隔离开关	√
18	检查1号变压器22-1隔离开关三相确已合好	√
19	合上广联线21-1隔离开关	√
20	检查广联线21-1隔离开关三相确已合好	√

续表

发令人	×××	受令人	×××	发令时间	××××年××月××日××时××分
操作开始时间：××××年××月××日××时××分				操作结束时间：××××年××月××日××时××分	
(√) 监护下操作		( ) 单人操作		( ) 检修人员操作	
操作任务：220kV 1 母线由热备用转为运行，220kV 1、2 母线恢复正常运行方式					

顺序	操　作　项　目	√
21	拉开广联线 21-2 隔离开关	√
22	检查广联线 21-2 隔离开关三相确已拉开	√
23	拉开 1 号变压器 22-2 隔离开关	√
24	检查 1 号变压器 22-2 隔离开关三相确已拉开	√
25	检查 220kV 1 母线、2 母线已恢复固定连接方式	√
26	将广联线电能表电压开关切至 1 母线位置	√
27	将 220kV 母旁 20 断路器电能表电压开关切至 1 母线位置	√
28	将 1 号变压器 220kV 侧电能表电压开关切至 1 母线位置	√
29	按下 220kV 故障录波器 1 母线屏蔽按钮	√
30	装上 220kV 母旁 20 断路器控制熔断器	√
31	停用 220kV 母差保护手动启动互联连接片	√
32	按下 220kV 母差保护复归按钮	√
33	检查 220kV 母差保护信号正确	√
34	将 220kV 母旁 LFP-902A 电源开关切至 ON 位置	√
35	将 220kV 母旁 CSQ-2 电源开关切至 ON 位置	√
	ㄣ	

备注：此操作票是在 220kV 母旁 20 断路器由代路转为热备用的方式下进行的操作

操作人：赵××　　监护人：李××　　值班负责人：孙××

（8）220kV 1 母线由运行转为冷备用，220kV 母旁 20 断路器由运行转为旁路热备用。

变电站倒闸操作票

单位：××供电公司××变电站　　　　　　　　　　　编号：×××××

<table>
<tr><td>发令人</td><td>×××</td><td>受令人</td><td>×××</td><td>发令时间</td><td>××××年××月××日××时××分</td></tr>
<tr><td colspan="5">操作开始时间：
××××年××月××日××时××分</td><td>操作结束时间：
××××年××月××日××时××分</td></tr>
<tr><td colspan="6">（√）监护下操作　　（　）单人操作　　（　）检修人员操作</td></tr>
<tr><td colspan="6">操作任务：220kV 1 母线由运行转为冷备用，220kV 母旁 20 断路器由运行转为旁路热备用</td></tr>
</table>

顺序	操　作　项　目	√
1	投入 220kV 母差手动启动互联连接片	√
2	检查 220kV 母差互联信号灯亮	√
3	将 220kV 母旁 LFP-902A 电源开关切至 OFF 位置	√
4	将 220kV 母旁 CSQ-2 电源开关切至 OFF 位置	√
5	取下 220kV 母旁 20 断路器控制熔断器	√
6	检查 220kV 母旁 20 断路器三相确已合好	√
7	合上 1 号变压器 22-2 隔离开关	√
8	检查 1 号变压器 22-2 隔离开关三相确已合好	√
9	合上广联线 21-2 隔离开关	√
10	检查广联线 21-2 隔离开关三相确已合好	√
11	拉开广联线 21-1 隔离开关	√
12	检查广联线 21-1 隔离开关三相确已拉开	√
13	拉开 1 号变压器 22-1 隔离开关	√
14	检查 1 号变压器 22-1 隔离开关三相确已拉开	√
15	检查 220kV 1 母线运行设备全部调至 2 母线运行	√
16	将广联线电能表电压开关切至 2 母线位置	√
17	将 1 号变压器 220kV 侧电能表电压开关切至 2 母线位置	√
18	将 220kV 母旁 20 断路器电能表电压开关切至 2 母线位置	√
19	按下 220kV 故障录波器 1 母线屏蔽按钮	√
20	装上 220kV 母旁 20 断路器控制熔断器	√

续表

发令人	×××	受令人	×××	发令时间	××××年××月××日××时××分
操作开始时间： ××××年××月××日××时××分				操作结束时间： ××××年××月××日××时××分	
(√) 监护下操作		( ) 单人操作		( ) 检修人员操作	
操作任务：220kV 1 母线由运行转为冷备用，220kV 母旁 20 断路器由运行转为旁路热备用					

顺序	操作项目	√
21	检查 220kV 母旁 20 断路器电流表指示为零	√
22	拉开 220kV 母旁 20 断路器	√
23	检查 220kV 1 母线三相电压指示正确	√
24	停用 220kV 母差保护母旁 20-1 隔离开关投入连接片	√
25	检查 220kV 母旁 20 断路器三相确已拉开	√
26	拉开 220kV 母旁 20-1 隔离开关	√
27	检查 220kV 母旁 20-1 隔离开关三相确已拉开	√
28	合上 220kV 母旁 20-4 隔离开关	√
29	检查 220kV 母旁 20-4 隔离开关三相确已合好	√
30	将 220kV 母旁 LFP-902A 电源开关切至 ON 位置	√
31	将 220kV 母旁 CSQ-2 电源开关切至 ON 位置	√
32	停用 220kV 母差保护手动启动互联连接片	√
33	按下 220kV 母差保护复归按钮	√
34	检查 220kV 母差保护信号正确	√
	ㄣ	
备注：		
操作人：赵××	监护人：李××	值班负责人：孙××

(9) 220kV 母旁 20 断路器代广联线 21 断路器运行，广联线 21 断路器由运行转为冷备用。

变电站倒闸操作票

单位：××供电公司××变电站　　　　　　　　　　　　编号：×××××

发令人	×××	受令人	×××	发令时间	××××年××月××日××时××分
操作开始时间： ××××年××月××日××时××分				操作结束时间： ××××年××月××日××时××分	
(√) 监护下操作		( ) 单人操作		( ) 检修人员操作	
操作任务：220kV 母旁 20 断路器代广联线 21 断路器运行，广联线 21 断路器由运行转为冷备用					

顺序	操 作 项 目	√
1	检查 220kV 母旁重合闸方式开关在停用位置	√
2	投入 220kV 母旁 A 相跳闸出口连接片	√
3	投入 220kV 母旁 B 相跳闸出口连接片	√
4	投入 220kV 母旁 C 相跳闸出口连接片	√
5	投入 220kV 母旁 A 相启动失灵连接片	√
6	投入 220kV 母旁 B 相启动失灵连接片	√
7	投入 220kV 母旁 C 相启动失灵连接片	√
8	投入 220kV 母旁投距离保护连接片	√
9	投入 220kV 母旁沟通三跳连接片	√
10	投入 220kV 母旁三跳出口连接片	√
11	检查 220kV 母旁投零序保护连接片在停用位置	√
12	检查 220kV 母旁 20 断路器保护与广联线 21 断路器保护运行	√
13	投入 220kV 母差保护母线充电保护连接片	√
14	将同期开关切至投入位置	√
15	检查解除同期开关在解除同期位置	√
16	将 220kV 母旁 20 断路器同期开关切至通位置	√
17	合上 220kV 母旁 20 断路器	√
18	将 220kV 母旁 20 断路器同期开关切至断位置	√
19	将同期开关切至停用位置	√
20	停用 220kV 母差保护母线充电保护连接片	√

续表

<table>
<tr><td>发令人</td><td>×××</td><td>受令人</td><td>×××</td><td>发令时间</td><td colspan="2">××××年××月××日××时××分</td></tr>
<tr><td colspan="5">操作开始时间：
××××年××月××日××时××分</td><td colspan="2">操作结束时间：
××××年××月××日××时××分</td></tr>
<tr><td colspan="7">(√) 监护下操作　　　(　) 单人操作　　　(　) 检修人员操作</td></tr>
<tr><td colspan="7">操作任务：220kV 母旁 20 断路器代广联线 21 断路器运行，广联线 21 断路器由运行转为冷备用</td></tr>
<tr><td>顺序</td><td colspan="5">操 作 项 目</td><td>√</td></tr>
<tr><td>21</td><td colspan="5">将广联线保护盘 LFP-923C 电源开关切至 OFF 位置</td><td>√</td></tr>
<tr><td>22</td><td colspan="5">将广联线保护盘 LFP-902A 电源开关切至 OFF 位置</td><td>√</td></tr>
<tr><td>23</td><td colspan="5">将广联线保护盘 LFP-901A 电源开关切至 OFF 位置</td><td>√</td></tr>
<tr><td>24</td><td colspan="5">取下广联线 21 断路器控制熔断器</td><td>√</td></tr>
<tr><td>25</td><td colspan="5">检查 220kV 母旁 20 断路器三相确已合好</td><td>√</td></tr>
<tr><td>26</td><td colspan="5">合上广联线 21-4 隔离开关</td><td>√</td></tr>
<tr><td>27</td><td colspan="5">检查广联线 21-4 隔离开关三相确已合好</td><td>√</td></tr>
<tr><td>28</td><td colspan="5">检查 220kV 母旁 20 断路器与广联线 21 断路器负荷指示正确</td><td>√</td></tr>
<tr><td>29</td><td colspan="5">装上广联线 21 断路器控制熔断器</td><td>√</td></tr>
<tr><td>30</td><td colspan="5">将广联线保护盘 LFP-923C 电源开关切至 ON 位置</td><td>√</td></tr>
<tr><td>31</td><td colspan="5">将广联线保护盘 LFP-902A 电源开关切至 ON 位置</td><td>√</td></tr>
<tr><td>32</td><td colspan="5">将广联线保护盘 LFP-901A 电源开关切至 ON 位置</td><td>√</td></tr>
<tr><td>33</td><td colspan="5">停用 220kV 母旁沟通三跳连接片</td><td>√</td></tr>
<tr><td>34</td><td colspan="5">将 220kV 母旁重合闸方式开关切至单重位置</td><td>√</td></tr>
<tr><td>35</td><td colspan="5">投入 220kV 母旁重合闸出口连接片</td><td>√</td></tr>
<tr><td>36</td><td colspan="5">投入 220kV 母旁投零序保护连接片</td><td>√</td></tr>
<tr><td>37</td><td colspan="5">投入广联线保护盘沟通三跳连接片</td><td>√</td></tr>
<tr><td>38</td><td colspan="5">拉开广联线 21 断路器</td><td>√</td></tr>
<tr><td>39</td><td colspan="5">检查 220kV 母旁 20 断路器负荷指示正确</td><td>√</td></tr>
<tr><td>40</td><td colspan="5">检查广联线 21 断路器三相确已拉开</td><td>√</td></tr>
<tr><td>41</td><td colspan="5">拉开广联线 21-3 隔离开关</td><td>√</td></tr>
<tr><td>42</td><td colspan="5">检查广联线 21-3 隔离开关三相确已拉开</td><td>√</td></tr>
</table>

操 作 票

续表

发令人	×××	受令人	×××	发令时间	××××年××月××日××时××分

操作开始时间：××××年××月××日××时××分　　操作结束时间：××××年××月××日××时××分

（√）监护下操作　　（ ）单人操作　　（ ）检修人员操作

操作任务：220kV 母旁 20 断路器代广联线 21 断路器运行，广联线 21 断路器由运行转为冷备用

顺序	操 作 项 目	√
43	拉开广联线 21-2 隔离开关	√
44	检查广联线 21-2 隔离开关三相确已拉开	√
45	取下广联线线路 CVT 二次熔断器	√
46	停用广联线 1 号保护盘 A 相启动失灵连接片	√
47	停用广联线 1 号保护盘 B 相启动失灵连接片	√
48	停用广联线 1 号保护盘 C 相启动失灵连接片	√
49	停用广联线 2 号保护盘 A 相启动失灵连接片	√
50	停用广联线 2 号保护盘 B 相启动失灵连接片	√
51	停用广联线 2 号保护盘 C 相启动失灵连接片	√
52	停用 220kV 母差保护广联线启动失灵连接片	√
53	将广联线保护盘 LFP-923C 电源开关切至 OFF 位置	√
54	将广联线保护盘 LFP-902A 电源开关切至 OFF 位置	√
55	拉开广联线 1 号保护盘直流电压开关	√
56	将广联线保护盘 LFP-901A 电源开关切至 OFF 位置	√
57	拉开广联线 2 号保护盘直流电压开关	√
58	取下广联线 21 断路器控制熔断器	√
59	拉开广联线信号刀开关	√
	ㄣ	

备注：

操作人：赵××　　监护人：李××　　值班负责人：孙××

（10）广联线21断路器由冷备用转为运行，220kV母旁20断路器由运行转为热备用。

变电站倒闸操作票

单位：××供电公司××变电站　　　　　　　　编号：×××××

<table>
<tr><td>发令人</td><td>×××</td><td>受令人</td><td>×××</td><td>发令时间</td><td colspan="2">××××年××月××日××时××分</td></tr>
<tr><td colspan="5">操作开始时间：
××××年××月××日××时××分</td><td colspan="2">操作结束时间：
××××年××月××日××时××分</td></tr>
<tr><td colspan="7">（√）监护下操作　　（　）单人操作　　（　）检修人员操作</td></tr>
<tr><td colspan="7">操作任务：广联线21断路器由冷备用转为运行，220kV母旁20断路器由运行转为热备用</td></tr>
<tr><td>顺序</td><td colspan="5">操　作　项　目</td><td>√</td></tr>
<tr><td>1</td><td colspan="5">合上广联线信号刀开关</td><td>√</td></tr>
<tr><td>2</td><td colspan="5">装上广联线21断路器控制熔断器</td><td>√</td></tr>
<tr><td>3</td><td colspan="5">合上广联线1号保护盘直流电压开关</td><td>√</td></tr>
<tr><td>4</td><td colspan="5">将广联线保护盘LFP-923C电源开关切至ON位置</td><td>√</td></tr>
<tr><td>5</td><td colspan="5">将广联线保护盘LFP-902A电源开关切至ON位置</td><td>√</td></tr>
<tr><td>6</td><td colspan="5">检查广联线保护盘沟通三跳连接片在投入位置</td><td>√</td></tr>
<tr><td>7</td><td colspan="5">合上广联线2号保护盘直流电压开关</td><td>√</td></tr>
<tr><td>8</td><td colspan="5">将广联线保护盘LFP-901A电源开关切至ON位置</td><td>√</td></tr>
<tr><td>9</td><td colspan="5">投入广联线1号保护盘A相启动失灵连接片</td><td>√</td></tr>
<tr><td>10</td><td colspan="5">投入广联线1号保护盘B相启动失灵连接片</td><td>√</td></tr>
<tr><td>11</td><td colspan="5">投入广联线1号保护盘C相启动失灵连接片</td><td>√</td></tr>
<tr><td>12</td><td colspan="5">投入广联线2号保护盘A相启动失灵连接片</td><td>√</td></tr>
<tr><td>13</td><td colspan="5">投入广联线2号保护盘B相启动失灵连接片</td><td>√</td></tr>
<tr><td>14</td><td colspan="5">投入广联线2号保护盘C相启动失灵连接片</td><td>√</td></tr>
<tr><td>15</td><td colspan="5">投入220kV母差保护广联线启动失灵连接片</td><td>√</td></tr>
<tr><td>16</td><td colspan="5">检查广联线保护运行</td><td>√</td></tr>
<tr><td>17</td><td colspan="5">检查广联线21断路器送电范围内确无接地短路</td><td>√</td></tr>
<tr><td>18</td><td colspan="5">检查广联线21断路器三相确已拉开</td><td>√</td></tr>
<tr><td>19</td><td colspan="5">合上广联线21-2隔离开关</td><td>√</td></tr>
</table>

续表

<table>
<tr><td>发令人</td><td>×××</td><td>受令人</td><td>×××</td><td>发令时间</td><td colspan="2">××××年××月××日××时××分</td></tr>
<tr><td colspan="5">操作开始时间：
××××年××月××日××时××分</td><td colspan="2">操作结束时间：
××××年××月××日××时××分</td></tr>
<tr><td colspan="7">（√）监护下操作　　（ ）单人操作　　（ ）检修人员操作</td></tr>
<tr><td colspan="7">操作任务：广联线 21 断路器由冷备用转为运行，220kV 母旁 20 断路器由运行转为热备用</td></tr>
<tr><td>顺序</td><td colspan="5">操 作 项 目</td><td>√</td></tr>
<tr><td>20</td><td colspan="5">检查广联线 21-2 隔离开关三相确已合好</td><td>√</td></tr>
<tr><td>21</td><td colspan="5">合上广联线 21-3 隔离开关</td><td>√</td></tr>
<tr><td>22</td><td colspan="5">检查广联线 21-3 隔离开关三相确已合好</td><td>√</td></tr>
<tr><td>23</td><td colspan="5">装上广联线线路 CVT 二次熔断器</td><td>√</td></tr>
<tr><td>24</td><td colspan="5">将同期开关切至投入位置</td><td>√</td></tr>
<tr><td>25</td><td colspan="5">检查解除同期开关在解除同期位置</td><td>√</td></tr>
<tr><td>26</td><td colspan="5">将广联线同期开关切至通位置</td><td>√</td></tr>
<tr><td>27</td><td colspan="5">合上广联线 21 断路器</td><td>√</td></tr>
<tr><td>28</td><td colspan="5">将广联线同期开关切至断位置</td><td>√</td></tr>
<tr><td>29</td><td colspan="5">将同期开关切至停用位置</td><td>√</td></tr>
<tr><td>30</td><td colspan="5">检查 220kV 母旁 20 断路器与广联线 21 断路器负荷指示正确</td><td>√</td></tr>
<tr><td>31</td><td colspan="5">停用广联线 1 号保护盘沟通三跳连接片</td><td>√</td></tr>
<tr><td>32</td><td colspan="5">停用 220kV 母旁投零序保护连接片</td><td>√</td></tr>
<tr><td>33</td><td colspan="5">将广联线保护盘 LFP-923C 电源开关切至 OFF 位置</td><td>√</td></tr>
<tr><td>34</td><td colspan="5">将广联线保护盘 LFP-902A 电源开关切至 OFF 位置</td><td>√</td></tr>
<tr><td>35</td><td colspan="5">将广联线保护盘 LFP-901A 电源开关切至 OFF 位置</td><td>√</td></tr>
<tr><td>36</td><td colspan="5">取下广联线 21 断路器控制熔断器</td><td>√</td></tr>
<tr><td>37</td><td colspan="5">检查广联线 21 断路器三相确已合好</td><td>√</td></tr>
<tr><td>38</td><td colspan="5">拉开广联线 21-4 隔离开关</td><td>√</td></tr>
<tr><td>39</td><td colspan="5">检查广联线 21-4 隔离开关三相确已拉开</td><td>√</td></tr>
<tr><td>40</td><td colspan="5">检查广联线 21 断路器负荷指示正确</td><td>√</td></tr>
<tr><td>41</td><td colspan="5">装上广联线 21 断路器控制熔断器</td><td>√</td></tr>
</table>

续表

发令人	×××	受令人	×××	发令时间	××××年××月××日××时××分
操作开始时间：××××年××月××日××时××分				操作结束时间：××××年××月××日××时××分	
（√）监护下操作		（ ）单人操作		（ ）检修人员操作	
操作任务：广联线 21 断路器由冷备用转为运行，220kV 母旁 20 断路器由运行转为热备用					

顺序	操 作 项 目	√
42	将广联线保护盘 LFP-923C 电源开关切至 ON 位置	√
43	将广联线保护盘 LFP-902A 电源开关切至 ON 位置	√
44	将广联线保护盘 LFP-901A 电源开关切至 ON 位置	√
45	拉开 220kV 母旁 20 断路器	√
46	检查 220kV 母旁 20 断路器三相确已拉开	√
47	检查 220kV 1 母线送电范围内确无接地短路	√
48	拉开 220kV 母旁 20-4 隔离开关	√
49	检查 220kV 母旁 20-4 隔离开关三相确已拉开	√
50	合上 220kV 母旁 20-1 隔离开关	√
51	检查 220kV 母旁 20-1 隔离开关三相确已合好	√
52	停用 220kV 母旁 A 相跳闸出口连接片	√
53	停用 220kV 母旁 B 相跳闸出口连接片	√
54	停用 220kV 母旁 C 相跳闸出口连接片	√
55	停用 220kV 母旁重合闸出口连接片	√
56	停用 220kV 母旁 A 相启动失灵连接片	√
57	停用 220kV 母旁 B 相启动失灵连接片	√
58	停用 220kV 母旁 C 相启动失灵连接片	√
59	停用 220kV 母旁投距离保护连接片	√
60	停用 220kV 母旁三跳出口连接片	√
61	将 220kV 母旁重合闸方式开关切至停用位置	√
	ㄣ	

备注：

操作人：赵×× 监护人：李×× 值班负责人：孙××

（11）220kV 4 母线由冷备用转为检修。

变电站倒闸操作票

单位：××供电公司××变电站　　　　　　　　　　编号：×××××

发令人	×××	受令人	×××	发令时间	××××年××月××日××时××分
操作开始时间：××××年××月××日××时××分				操作结束时间：××××年××月××日××时××分	
（√）监护下操作　（　）单人操作　（　）检修人员操作					
操作任务：220kV 4 母线由冷备用转为检修					

顺序	操　作　项　目	√
1	取下 220kV 旁路 TV 二次熔断器	√
2	在 220kV 4 母线 220-D42 接地刀闸母线侧验电确无电压	√
3	合上 220kV 4 母线 220-D42 接地刀闸	√
4	检查 220kV 4 母线 220-D42 接地刀闸三相确已合好	√
5	在 220kV 4 母线 220-D41 接地刀闸母线侧验电确无电压	√
6	合上 220kV 4 母线 220-D41 接地刀闸	√
7	检查 220kV 4 母线 220-D41 接地刀闸三相确已合好	√
	㇉	
备注：		
操作人：赵××　监护人：李××　值班负责人：孙××		

（12）220kV 旁路 TV 二次侧接地。

变电站倒闸操作票

单位：××供电公司××变电站　　　　　　　　　　编号：×××××

发令人	×××	受令人	×××	发令时间	××××年××月××日××时××分
操作开始时间：××××年××月××日××时××分				操作结束时间：××××年××月××日××时××分	
（√）监护下操作　（　）单人操作　（　）检修人员操作					
操作任务：220kV 旁路 TV 二次侧接地					

顺序	操　作　项　目	√
1	在 220kV 旁路 TV 二次熔断器 TV 侧验电确无电压	√
2	在 220kV 旁路 TV 二次熔断器 TV 侧装设 01 号接地线	√
	㇉	
备注：		
操作人：赵××　监护人：李××　值班负责人：孙××		

（13）拆除220kV旁路TV二次侧接地线。

变电站倒闸操作票

单位：××供电公司××变电站　　　　　　　　　　　　编号：×××××

发令人	×××	受令人	×××	发令时间	××××年××月××日××时××分
操作开始时间：××××年××月××日××时××分				操作结束时间：××××年××月××日××时××分	
（√）监护下操作　（ ）单人操作　（ ）检修人员操作					
操作任务：拆除220kV旁路TV二次侧接地线					

顺序	操作项目	√
1	拆除220kV旁路TV二次熔断器TV侧01号接地线	√
2	检查220kV旁路TV二次熔断器TV侧01号接地线确已拆除	√
3	检查220kV旁路TV二次侧确无接地短路	√
	ㄣ	
备注：		
操作人：赵××　监护人：李××　值班负责人：孙××		

二、220kV变压器倒闸操作票

（一）220kV变压器及三侧设备一次系统图（见图6-5）

（二）正常运行方式

220kV 1号变压器220kV侧在220kV 1母线运行，1号变压器22断路器、22-3隔离开关、22-1隔离开关均在合闸位置。220kV 1号变压器110kV侧在110kV 1母线运行，1号变压器32断路器、32-3隔离开关、32-1隔离开关均在合闸位置。220kV 1号变压器35kV侧在35kV 1母线运行，1号变压器52断路器、52-3隔离开关、52-5隔离开关、52-1隔离开关均在合闸位置。220kV 2号变压器220kV侧在220kV 2母线运行，2号变压器24断路器、24-3隔离开关、24-2隔离开关均在合闸位置。220kV 2号变压器110kV侧在

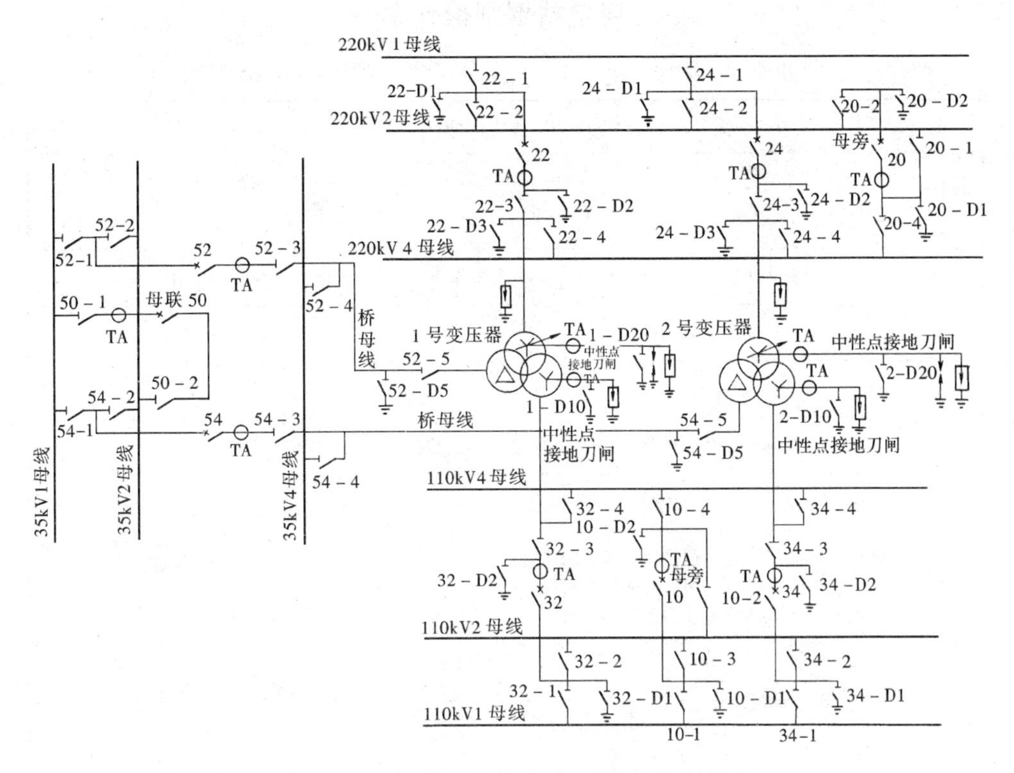

图 6-5　220kV 变压器及三侧设备一次系统图

110kV 2 母线运行，2 号变压器 34 断路器、34-3 隔离开关、34-2 隔离开关均在合闸位置。220kV 2 号变压器 35kV 侧在 35kV 2 母线运行，2 号变压器 54 断路器、54-3 隔离开关、54-5 隔离开关、54-2 隔离开关均在合闸位置。35kV 母联 50 断路器在拉开位置，35kV 母联 50-1 隔离开关、50-2 隔离开关均在合闸位置。35kV 母联 50 断路器处于热备用状态。220kV 母旁 20 断路器、20-1 隔离开关、20-2 隔离开关均在合闸位置，220kV 1 母线与 220kV 2 母线并列运行。110kV 母旁 10 断路器、10-1 隔离开关、10-2 隔离开关均在合闸位置，110kV 1 母线与 110kV 2 母线并列运行。220kV 1 号变压器 1-D20 中性点接地刀闸在合闸位置，1-D10 中性点接地刀闸在合闸位置。220kV 2 号变压器 2-D20 中性点接地刀闸在拉开位置，220kV 2 号变压器 2-D10 中性点接地刀闸在合闸位置。

（三）220kV 变压器倒闸操作票实例

（1）停用 1 号变压器差动保护。

变电站倒闸操作票

单位：××供电公司××变电站　　　　编号：×××××

发令人	×××	受令人	×××	发令时间	××××年××月××日××时××分
操作开始时间： ××××年××月××日××时××分				操作结束时间： ××××年××月××日××时××分	
（√）监护下操作		（ ）单人操作		（ ）检修人员操作	
操作任务：停用1号变压器差动保护					

顺序	操作项目	√
1	停用1号变压器差动保护跳220kV侧连接片	√
2	停用1号变压器差动保护跳110kV侧连接片	√
3	停用1号变压器差动保护跳35kV侧连接片	√
4	停用1号变压器投差动保护连接片	√
备注：		
操作人：赵××　监护人：李××		值班负责人：孙××

（2）投入1号变压器差动保护。

变电站倒闸操作票

单位：××供电公司××变电站　　　　编号：×××××

发令人	×××	受令人	×××	发令时间	××××年××月××日××时××分
操作开始时间： ××××年××月××日××时××分				操作结束时间： ××××年××月××日××时××分	
（√）监护下操作		（ ）单人操作		（ ）检修人员操作	
操作任务：投入1号变压器差动保护					

顺序	操作项目	√
1	投入1号变压器投差动保护连接片	√
2	投入1号变压器差动保护跳220kV侧连接片	√

续表

发令人	×××	受令人	×××	发令时间	××××年××月××日××时××分
操作开始时间： ××××年××月××日××时××分				操作结束时间： ××××年××月××日××时××分	
(√) 监护下操作　( ) 单人操作　( ) 检修人员操作					
操作任务：投入1号变压器差动保护					

顺序	操 作 项 目	√
3	投入1号变压器差动保护跳110kV侧连接片	√
4	投入1号变压器差动保护跳35kV侧连接片	√
5	检查1号变压器差动保护运行	√
	ㄣ	
备注：		
操作人：赵××　监护人：李××　值班负责人：孙××		

(3) 35kV母联50断路器由热备用转为运行，2号变压器由运行转为冷备用。

变电站倒闸操作票

单位：××供电公司××变电站　　编号：×××××

发令人	×××	受令人	×××	发令时间	××××年××月××日××时××分
操作开始时间： ××××年××月××日××时××分				操作结束时间： ××××年××月××日××时××分	
(√) 监护下操作　( ) 单人操作　( ) 检修人员操作					
操作任务：35kV母联50断路器由热备用转为运行，2号变压器由运行转为冷备用					

顺序	操 作 项 目	√
1	将35kV母联50断路器遥控开关切至就地位置	√
2	合上35kV母联50断路器	√
3	检查1号变压器负荷指示正确	√
4	检查2号变压器负荷指示正确	√
5	停用2号变压器投220kV侧不接地零序连接片	√
6	检查35kV母联50断路器确已合好	√

续表

发令人	×××	受令人	×××	发令时间	××××年××月××日××时××分
操作开始时间： ××××年××月××日××时××分				操作结束时间： ××××年××月××日××时××分	
（√）监护下操作		（ ）单人操作		（ ）检修人员操作	
操作任务：35kV 母联 50 断路器由热备用转为运行，2 号变压器由运行转为冷备用					

顺序	操 作 项 目	√
7	合上 2 号变压器 2-D20 中性点接地刀闸	√
8	检查 2 号变压器 2-D20 中性点接地刀闸确已合好	√
9	检查 2 号变压器 2-D10 中性点接地刀闸确已合好	√
10	拉开 35kV 母联 50 断路器控制电源开关	√
11	拉开 2 号变压器 54 断路器	√
12	拉开 2 号变压器 34 断路器	√
13	拉开 2 号变压器 24 断路器	√
14	检查 1 号变压器负荷指示正确	√
15	检查 2 号变压器 54 断路器确已拉开	√
16	取下 2 号变压器 54 断路器合闸熔断器	√
17	拉开 2 号变压器 54-3 隔离开关	√
18	检查 2 号变压器 54-3 隔离开关三相确已拉开	√
19	拉开 2 号变压器 54-2 隔离开关	√
20	检查 2 号变压器 54-2 隔离开关三相确已拉开	√
21	拉开 2 号变压器 54-5 隔离开关	√
22	检查 2 号变压器 54-5 隔离开关三相确已拉开	√
23	检查 2 号变压器 34 断路器确已拉开	√
24	拉开 2 号变压器 34-3 隔离开关	√
25	检查 2 号变压器 34-3 隔离开关三相确已拉开	√
26	拉开 2 号变压器 34-2 隔离开关	√
27	检查 2 号变压器 34-2 隔离开关三相确已拉开	√
28	检查 2 号变压器 24 断路器三相确已拉开	√
29	拉开 2 号变压器 24-3 隔离开关	√
30	检查 2 号变压器 24-3 隔离开关三相确已拉开	√
31	拉开 2 号变压器 24-2 隔离开关	√
32	检查 2 号变压器 24-2 隔离开关三相确已拉开	√
33	拉开 2 号变压器有载调压装置电源开关	√

操　作　票

续表

发令人	×××	受令人	×××	发令时间	××××年××月××日××时××分

操作开始时间：××××年××月××日××时××分	操作结束时间：××××年××月××日××时××分

（√）监护下操作　　　　（　）单人操作　　　　（　）检修人员操作

操作任务：35kV 母联 50 断路器由热备用转为运行，2 号变压器由运行转为冷备用

顺序	操　作　项　目	√
34	拉开 2 号变压器冷却装置电源 1 刀开关	√
35	检查 2 号变压器冷却装置电源 1 刀开关三相确已拉开	√
36	拉开 2 号变压器冷却装置电源 2 刀开关	√
37	检查 2 号变压器冷却装置电源 2 刀开关三相确已拉开	√
38	停用 2 号变压器 110kV 后备跳 110kV 母旁连接片	√
39	拉开 2 号变压器 35kV 后备保护电源开关	√
40	拉开 2 号变压器 110kV 后备保护电源开关	√
41	拉开 2 号变压器差动保护电源开关	√
42	拉开 2 号变压器非电量保护电源开关	√
43	拉开 2 号变压器 220kV 后备保护电源开关	√
44	取下 2 号变压器 54 断路器控制熔断器	√
45	取下 2 号变压器 34 断路器控制熔断器	√
46	取下 2 号变压器 24 断路器控制熔断器	√
47	取下 2 号变压器总控制熔断器	√
48	拉开 2 号变压器信号刀开关	√
	ㄣ	

备注：1. 变压器停电顺序：先拉开低压侧断路器，再拉开中压侧断路器，最后拉开高压侧断路器。检查断路器断开后，再按照低、中、高的顺序拉开各侧隔离开关

2. 2 号变压器 54 断路器、34 断路器均为 SF_6 断路器，因此检查断路器合好、拉开只能用断路器分合指示器来检查确已合好、确已拉开，无法检查传动机构。2 号变压器 54 断路器、34 断路器均为三相一个操作机构，24 断路器为分相操作机构，因此在检查时有所区别

操作人：赵××　　　　监护人：李××　　　　值班负责人：孙××

三、110kV 双母线带旁路接线倒闸操作票

（一）110kV 双母线带旁路接线一次系统图（见图 6-6）

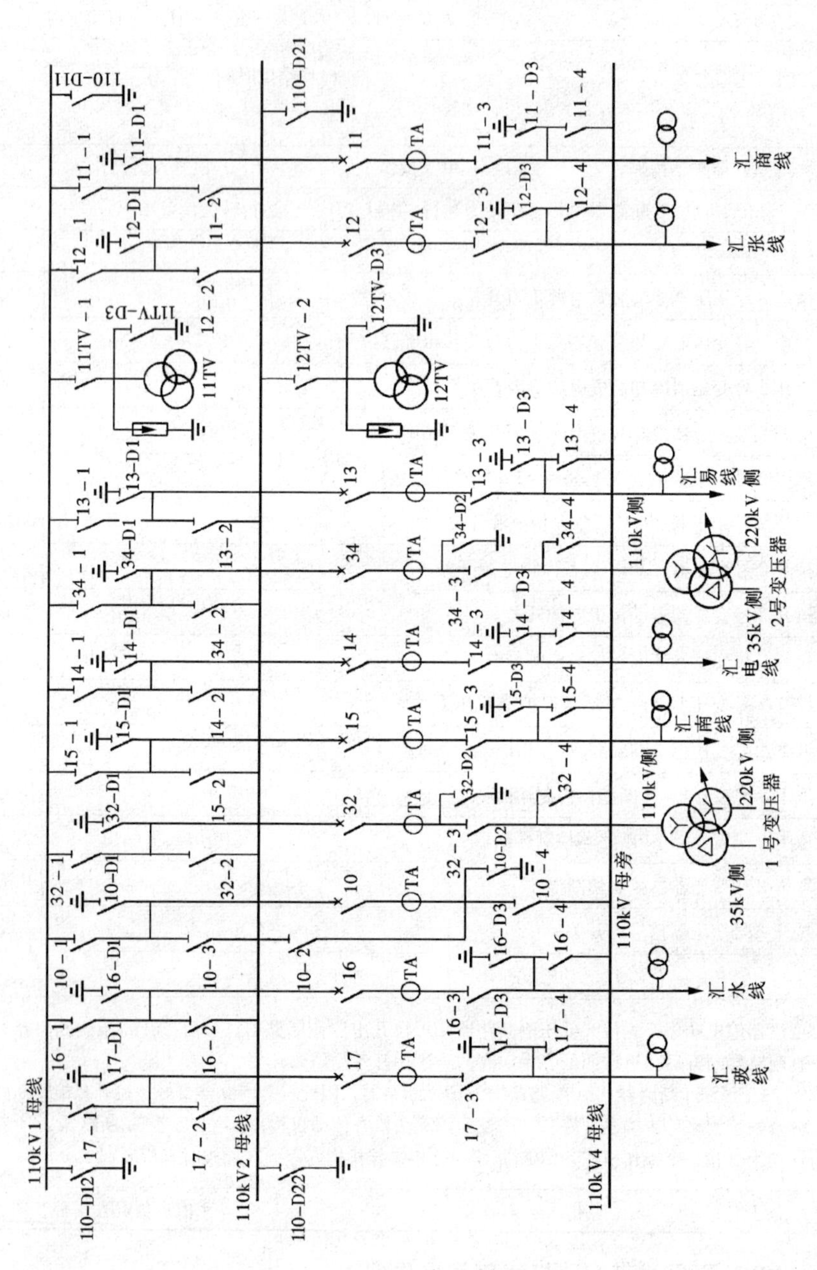

图 6-6 110kV 双母线带旁路接线一次系统图

（二）正常运行方式

1号变压器在110kV 1母线运行，1号变压器32断路器、32-3隔离开关、32-1隔离开关均在合闸位置。汇商线在110kV 1母线运行，汇商线11断路器、11-3隔离开关、11-1隔离开关均在合闸位置。汇易线在110kV 1母线运行，汇易线13断路器、13-3隔离开关、13-1隔离开关均在合闸位置。汇南线在110kV 1母线运行，汇南线15断路器、15-3隔离开关、15-1隔离开关均在合闸位置。汇玻线在110kV 1母线运行，汇玻线17断路器、17-3隔离开关、17-1隔离开关均在合闸位置。2号变压器在110kV 2母线运行，2号变压器34断路器、34-3隔离开关、34-2隔离开关均在合闸位置。汇张线在110kV 2母线运行，汇张线12断路器、12-3隔离开关、12-2隔离开关均在合闸位置。汇电线在110kV 2母线运行，汇电线14断路器、14-3隔离开关、14-2隔离开关均在合闸位置。汇水线在110kV 2母线运行，汇水线16断路器、16-3隔离开关、16-2隔离开关均在合闸位置。110kV母旁10断路器、10-1隔离开关、10-2隔离开关均在合闸位置。110kV 1母线与110kV 2母线并列运行。110kV 11TV在110kV 1母线运行，110kV 12TV在110kV 2母线运行。110kV 11TV与110kV 12TV二次联络开关在拉开位置。110kV母差保护投入双母线运行。

（三）110kV双母线带旁路接线倒闸操作票实例

（1）汇南线15断路器由运行转为冷备用。

变电站倒闸操作票

单位：××供电公司××变电站　　　　编号：×××××

发令人	×××	受令人	×××	发令时间	××××年××月××日××时××分
操作开始时间：××××年××月××日××时××分				操作结束时间：××××年××月××日××时××分	
（√）监护下操作		（ ）单人操作		（ ）检修人员操作	
操作任务：汇南线15断路器由运行转为冷备用					

顺序	操 作 项 目	√
1	拉开汇南线15断路器	√
2	检查汇南线15断路器确已拉开	√
3	拉开汇南线15-3隔离开关	√
4	检查汇南线15-3隔离开关三相确已拉开	√
5	拉开汇南线15-1隔离开关	√
6	检查汇南线15-1隔离开关三相确已拉开	√

续表

发令人	×××	受令人	×××	发令时间	××××年××月××日××时××分
操作开始时间： ××××年××月××日××时××分				操作结束时间： ××××年××月××日××时××分	
(√) 监护下操作		( ) 单人操作		( ) 检修人员操作	
操作任务：汇南线15断路器由运行转为冷备用					

顺序	操 作 项 目	√
7	拉开汇南线线路保护电源开关	√
8	取下汇南线15断路器控制熔断器	√
9	拉开汇南线信号刀开关	√
	ㄣ	

备注：1. 线路停电顺序：应先拉开线路断路器，检查线路断路器确已拉开后，再拉开线路负荷侧隔离开关，最后拉开线路电源侧隔离开关

2. 线路停电且断路器有工作，应取下断路器控制回路熔断器，拉开线路保护电源开关和信号刀开关

操作人：赵×× 监护人：李×× 值班负责人：孙××

（2）汇南线线路由冷备用转为检修。

变电站倒闸操作票

单位：××供电公司××变电站 编号：×××××

发令人	×××	受令人	×××	发令时间	××××年××月××日××时××分
操作开始时间： ××××年××月××日××时××分				操作结束时间： ××××年××月××日××时××分	
(√) 监护下操作		( ) 单人操作		( ) 检修人员操作	
操作任务：汇南线线路由冷备用转为检修					

顺序	操 作 项 目	√
1	在汇南线15-3隔离开关线路侧验电确无电压	√
2	合上汇南线15-D3接地刀闸	√
3	检查汇南线15-D3接地刀闸三相确已合好	√
	ㄣ	

备注：1. 验电前应将验电器在有电设备上进行检验，确保验电器合格

2. 验电要用合格的相应的电压等级的专用验电器

3. 验电确无电压必须对线路A、B、C三相逐一验电确无电压

4. 合上接地刀闸时，操作人员应戴绝缘手套，合上接地刀闸后要检查三相确已合好

操作人：赵×× 监护人：李×× 值班负责人：孙××

（3）合上汇南线 15-D1 接地刀闸。

变电站倒闸操作票

单位：××供电公司××变电站　　　　　　　　　　　　编号：×××××

发令人	×××	受令人	×××	发令时间	××××年××月××日××时××分
操作开始时间：××××年××月××日××时××分				操作结束时间：××××年××月××日××时××分	
（√）监护下操作　（　）单人操作　（　）检修人员操作					
操作任务：合上汇南线 15-D1 接地刀闸					

顺序	操　作　项　目	√
1	在汇南线 15-1 隔离开关与 15-2 隔离开关间验电确无电压	√
2	合上汇南线 15-D1 接地刀闸	√
3	检查汇南线 15-D1 接地刀闸三相确已合好	√
	ㄣ	

备注：1. 验电前应将验电器在有电设备上进行检验，确保验电器合格
2. 验电要用合格的相应的电压等级的专用验电器
3. 验电确无电压必须对线路 A、B、C 三相逐一验电确无电压
4. 合上接地刀闸时，操作人员应戴绝缘手套，合上接地刀闸后要检查三相确已合好

操作人：赵××　　　　监护人：李××　　　　值班负责人：孙××

（4）拉开汇南线 15-D1 接地刀闸。

变电站倒闸操作票

单位：××供电公司××变电站　　　　　　　　　　　　编号：×××××

发令人	×××	受令人	×××	发令时间	××××年××月××日××时××分
操作开始时间：××××年××月××日××时××分				操作结束时间：××××年××月××日××时××分	
（√）监护下操作　（　）单人操作　（　）检修人员操作					
操作任务：拉开汇南线 15-D1 接地刀闸					

顺序	操　作　项　目	√
1	拉开汇南线 15-D1 接地刀闸	√
2	检查汇南线 15-D1 接地刀闸三相确已拉开	√
3	检查汇南线 15-1 隔离开关与 15-2 隔离开关间确无接地短路	√
	ㄣ	

备注：拉开接地刀闸后，必须要检查接地刀闸三相确已拉开

操作人：赵××　　　　监护人：李××　　　　值班负责人：孙××

（5）汇南线线路由检修转为冷备用。

变电站倒闸操作票

单位：××供电公司××变电站　　　　编号：×××××

发令人	×××	受令人	×××	发令时间	××××年××月××日××时××分
操作开始时间： ××××年××月××日××时××分				操作结束时间： ××××年××月××日××时××分	
（√）监护下操作		（ ）单人操作		（ ）检修人员操作	
操作任务：汇南线线路由检修转为冷备用					

顺序	操作项目	√
1	拉开汇南线 15-D3 接地刀闸	√
2	检查汇南线 15-D3 接地刀闸三相确已拉开	√
3	检查汇南线 15-3 隔离开关线路侧确无接地短路	√
	ㄣ	
备注：拉开接地刀闸后，必须要检查接地刀闸三相确已拉开		
操作人：赵×× 监护人：李×× 值班负责人：孙××		

（6）汇南线 15 断路器由冷备用转为运行。

变电站倒闸操作票

单位：××供电公司××变电站　　　　编号：×××××

发令人	×××	受令人	×××	发令时间	××××年××月××日××时××分
操作开始时间： ××××年××月××日××时××分				操作结束时间： ××××年××月××日××时××分	
（√）监护下操作		（ ）单人操作		（ ）检修人员操作	
操作任务：汇南线 15 断路器由冷备用转为运行					

顺序	操作项目	√
1	合上汇南线信号刀开关	√
2	装上汇南线 15 断路器控制熔断器	√
3	合上汇南线线路保护电源开关	√
4	检查汇南线 15 断路器保护运行	√
5	检查汇南线送电范围内确无接地短路	√
6	检查汇南线 15 断路器确已拉开	√
7	合上汇南线 15-1 隔离开关	√

续表

<table>
<tr><td>发令人</td><td>×××</td><td>受令人</td><td>×××</td><td>发令时间</td><td colspan="2">××××年××月××日××时××分</td></tr>
<tr><td colspan="5">操作开始时间：
××××年××月××日××时××分</td><td colspan="2">操作结束时间：
××××年××月××日××时××分</td></tr>
<tr><td colspan="7">（√）监护下操作　　（ ）单人操作　　（ ）检修人员操作</td></tr>
<tr><td colspan="7">操作任务：汇南线 15 断路器由冷备用转为运行</td></tr>
<tr><td>顺序</td><td colspan="5">操 作 项 目</td><td>√</td></tr>
<tr><td>8</td><td colspan="5">检查汇南线 15-1 隔离开关三相确已合好</td><td>√</td></tr>
<tr><td>9</td><td colspan="5">合上汇南线 15-3 隔离开关</td><td>√</td></tr>
<tr><td>10</td><td colspan="5">检查汇南线 15-3 隔离开关三相确已合好</td><td>√</td></tr>
<tr><td>11</td><td colspan="5">合上汇南线 15 断路器</td><td>√</td></tr>
<tr><td>12</td><td colspan="5">检查汇南线 15 断路器确已合好</td><td>√</td></tr>
<tr><td></td><td colspan="5">ㄣ</td><td></td></tr>
<tr><td colspan="7">备注：1. 线路送电顺序，应先检查线路断路器确已拉开，先合上线路电源侧隔离开关，再合上线路负荷侧隔离开关，最后合上线路断路器
2. 线路送电前应检查线路送电范围内确无接地短路</td></tr>
<tr><td colspan="7">操作人：赵××　　监护人：李××　　值班负责人：孙××</td></tr>
</table>

（7）110kV 1 母线由运行转为冷备用。

变电站倒闸操作票

单位：××供电公司××变电站　　编号：×××××

<table>
<tr><td>发令人</td><td>×××</td><td>受令人</td><td>×××</td><td>发令时间</td><td colspan="2">××××年××月××日××时××分</td></tr>
<tr><td colspan="5">操作开始时间：
××××年××月××日××时××分</td><td colspan="2">操作结束时间：
××××年××月××日××时××分</td></tr>
<tr><td colspan="7">（√）监护下操作　　（ ）单人操作　　（ ）检修人员操作</td></tr>
<tr><td colspan="7">操作任务：110kV 1 母线由运行转为冷备用</td></tr>
<tr><td>顺序</td><td colspan="5">操 作 项 目</td><td>√</td></tr>
<tr><td>1</td><td colspan="5">将 110kV 母差保护相比开关切至单母线位置</td><td>√</td></tr>
<tr><td>2</td><td colspan="5">拉开 110kV 母旁 10 断路器保护电源开关</td><td>√</td></tr>
<tr><td>3</td><td colspan="5">取下 110kV 母旁 10 断路器控制熔断器</td><td>√</td></tr>
<tr><td>4</td><td colspan="5">检查 110kV 母旁 10 断路器确已合好</td><td>√</td></tr>
<tr><td>5</td><td colspan="5">合上汇玻线 17-2 隔离开关</td><td>√</td></tr>
</table>

续表

<table>
<tr><td>发令人</td><td>×××</td><td>受令人</td><td>×××</td><td>发令时间</td><td colspan="2">××××年××月××日××时××分</td></tr>
<tr><td colspan="5">操作开始时间：
××××年××月××日××时××分</td><td colspan="2">操作结束时间：
××××年××月××日××时××分</td></tr>
<tr><td colspan="7">（√）监护下操作　　（ ）单人操作　　（ ）检修人员操作</td></tr>
<tr><td colspan="7">操作任务：110kV 1 母线由运行转为冷备用</td></tr>
<tr><td>顺序</td><td colspan="5">操 作 项 目</td><td>√</td></tr>
<tr><td>6</td><td colspan="5">检查汇玻线 17-2 隔离开关三相确已合好</td><td>√</td></tr>
<tr><td>7</td><td colspan="5">合上 1 号变压器 32-2 隔离开关</td><td>√</td></tr>
<tr><td>8</td><td colspan="5">检查 1 号变压器 32-2 隔离开关三相确已合好</td><td>√</td></tr>
<tr><td>9</td><td colspan="5">合上汇南线 15-2 隔离开关</td><td>√</td></tr>
<tr><td>10</td><td colspan="5">检查汇南线 15-2 隔离开关三相确已合好</td><td>√</td></tr>
<tr><td>11</td><td colspan="5">合上汇易线 13-2 隔离开关</td><td>√</td></tr>
<tr><td>12</td><td colspan="5">检查汇易线 13-2 隔离开关三相确已合好</td><td>√</td></tr>
<tr><td>13</td><td colspan="5">合上汇商线 11-2 隔离开关</td><td>√</td></tr>
<tr><td>14</td><td colspan="5">检查汇商线 11-2 隔离开关三相确已合好</td><td>√</td></tr>
<tr><td>15</td><td colspan="5">拉开汇商线 11-1 隔离开关</td><td>√</td></tr>
<tr><td>16</td><td colspan="5">检查汇商线 11-1 隔离开关三相确已拉开</td><td>√</td></tr>
<tr><td>17</td><td colspan="5">拉开汇易线 13-1 隔离开关</td><td>√</td></tr>
<tr><td>18</td><td colspan="5">检查汇易线 13-1 隔离开关三相确已拉开</td><td>√</td></tr>
<tr><td>19</td><td colspan="5">拉开汇南线 15-1 隔离开关</td><td>√</td></tr>
<tr><td>20</td><td colspan="5">检查汇南线 15-1 隔离开关三相确已拉开</td><td>√</td></tr>
<tr><td>21</td><td colspan="5">拉开 1 号变压器 32-1 隔离开关</td><td>√</td></tr>
<tr><td>22</td><td colspan="5">检查 1 号变压器 32-1 隔离开关三相确已拉开</td><td>√</td></tr>
<tr><td>23</td><td colspan="5">拉开汇玻线 17-1 隔离开关</td><td>√</td></tr>
<tr><td>24</td><td colspan="5">检查汇玻线 17-1 隔离开关三相确已拉开</td><td>√</td></tr>
<tr><td>25</td><td colspan="5">检查 110kV 1 母线运行设备全部调至 110kV 2 母线运行</td><td>√</td></tr>
<tr><td>26</td><td colspan="5">检查 110kV 母差保护隔离开关切换指示灯指示正确</td><td>√</td></tr>
<tr><td>27</td><td colspan="5">将 110kV 母差保护 TV 切换开关切至 12TV 投入 11TV 停运位置</td><td>√</td></tr>
<tr><td>28</td><td colspan="5">将 110kV 故障录波器 1 母线屏蔽按钮屏蔽</td><td>√</td></tr>
<tr><td>29</td><td colspan="5">将汇商线电能表电压开关切至 2 母线位置</td><td>√</td></tr>
<tr><td>30</td><td colspan="5">将汇易线电能表电压开关切至 2 母线位置</td><td>√</td></tr>
</table>

续表

<table>
<tr><td>发令人</td><td>×××</td><td>受令人</td><td>×××</td><td>发令时间</td><td colspan="2">××××年××月××日××时××分</td></tr>
<tr><td colspan="5">操作开始时间：
××××年××月××日××时××分</td><td colspan="2">操作结束时间：
××××年××月××日××时××分</td></tr>
<tr><td colspan="7">（√）监护下操作　　　（　）单人操作　　　（　）检修人员操作</td></tr>
<tr><td colspan="7">操作任务：110kV 1 母线由运行转为冷备用</td></tr>
<tr><td>顺序</td><td colspan="5">操　作　项　目</td><td>√</td></tr>
<tr><td>31</td><td colspan="5">将汇南线电能表电压开关切至 2 母线位置</td><td>√</td></tr>
<tr><td>32</td><td colspan="5">将 1 号变压器 110kV 侧电能表电压开关切至 2 母线位置</td><td>√</td></tr>
<tr><td>33</td><td colspan="5">将汇玻线电能表电压开关切至 2 母线位置</td><td>√</td></tr>
<tr><td>34</td><td colspan="5">装上 110kV 母旁 10 断路器控制熔断器</td><td>√</td></tr>
<tr><td>35</td><td colspan="5">合上 110kV 母旁 10 断路器保护电源开关</td><td>√</td></tr>
<tr><td>36</td><td colspan="5">检查 110kV 母旁 10 断路器保护运行</td><td>√</td></tr>
<tr><td>37</td><td colspan="5">检查 110kV 母旁 10 断路器电流表指示正确</td><td>√</td></tr>
<tr><td>38</td><td colspan="5">拉开 110kV 母旁 10 断路器</td><td>√</td></tr>
<tr><td>39</td><td colspan="5">检查 110kV 1 母线三相电压指示正确</td><td>√</td></tr>
<tr><td>40</td><td colspan="5">检查 110kV 母旁 10 断路器确已拉开</td><td>√</td></tr>
<tr><td>41</td><td colspan="5">拉开 110kV 母旁 10-1 隔离开关</td><td>√</td></tr>
<tr><td>42</td><td colspan="5">检查 110kV 母旁 10-1 隔离开关三相确已拉开</td><td>√</td></tr>
<tr><td>43</td><td colspan="5">拉开 110kV 母旁 10-2 隔离开关</td><td>√</td></tr>
<tr><td>44</td><td colspan="5">检查 110kV 母旁 10-2 隔离开关三相确已拉开</td><td>√</td></tr>
<tr><td>45</td><td colspan="5">取下 110kV 11TV 二次熔断器</td><td>√</td></tr>
<tr><td>46</td><td colspan="5">拉开 110kV 11TV 二次快分开关</td><td>√</td></tr>
<tr><td>47</td><td colspan="5">拉开 110kV 11TV-1 隔离开关</td><td>√</td></tr>
<tr><td>48</td><td colspan="5">检查 110kV 11TV-1 隔离开关三相确已拉开</td><td>√</td></tr>
<tr><td>49</td><td colspan="5">拉开 110kV 母旁 10 断路器保护电源开关</td><td>√</td></tr>
<tr><td>50</td><td colspan="5">取下 110kV 母旁 10 断路器控制熔断器</td><td>√</td></tr>
<tr><td>51</td><td colspan="5">拉开 110kV 母旁 10 断路器信号刀开关</td><td>√</td></tr>
<tr><td></td><td colspan="5">ㄣ</td><td></td></tr>
</table>

续表

发令人	×××	受令人	×××	发令时间	××××年××月××日××时××分
操作开始时间：××××年××月××日××时××分				操作结束时间：××××年××月××日××时××分	
(√) 监护下操作		( ) 单人操作		( ) 检修人员操作	
操作任务：110kV 1 母线由运行转为冷备用					
顺序	操 作 项 目				√
备注：1. 将 110kV 1 母线运行设备全部调至 110kV 2 母线运行之前，应检查 110kV 母联 10 断路器确已合好，必须拉开 110kV 母联 10 断路器保护电源开关，取下 110kV 母联 10 断路器控制熔断器，杜绝因保护动作将 110kV 母联 10 断路器跳闸 2. 110kV 1 母线停电有工作用本操作票 3. 将 110kV 1 母线运行设备全部调至 110kV 2 母线运行的倒母线操作，应先合上 110kV 2 母线上所有-2 隔离开关，再拉开 110kV 1 母线上所有-1 隔离开关，这样通过母线隔离开关的拉、合位置便于检查 110kV 1 母线运行设备全部调至 110kV 2 母线运行。要避免合上汇商线 11-2 隔离开关，拉开汇商线 11-1 隔离开关，再合上汇易线 13-2 隔离开关，拉开汇易线 13-1 隔离开关……的倒母线操作 4. 母旁 10 断路器指 110kV 母联兼旁路断路器，不要只写成 110kV 母联断路器或 110kV 旁路断路器 5. 由于是 110kV 1 母线停电操作，因此应先取下 110kV 11TV 二次熔断器，再拉开 110kV 11TV-1 隔离开关 6. 电能表电压开关切至另一母线位置后，必须检查电能表指示正确，以此避免因电压开关切换后接触不良，导致电能表指示不正确，造成电量统计误差					
操作人：赵××		监护人：李××		值班负责人：孙××	

(8) 110kV 1 母线由冷备用转为检修。

变电站倒闸操作票

单位：××供电公司××变电站　　　　编号：×××××

发令人	×××	受令人	×××	发令时间	××××年××月××日××时××分
操作开始时间：××××年××月××日××时××分				操作结束时间：××××年××月××日××时××分	
(√) 监护下操作		( ) 单人操作		( ) 检修人员操作	
操作任务：110kV 1 母线由冷备用转为检修					
顺序	操 作 项 目				√
1	在 110kV 1 母线 110-D11 接地刀闸母线侧验电确无电压				√
2	合上 110kV 1 母线 110-D11 接地刀闸				√
3	检查 110kV 1 母线 110-D11 接地刀闸三相确已合好				√
4	在 110kV 1 母线 110-D12 接地刀闸母线侧验电确无电压				√

续表

发令人	×××	受令人	×××	发令时间	××××年××月××日××时××分
操作开始时间： ××××年××月××日××时××分				操作结束时间： ××××年××月××日××时××分	
(√) 监护下操作		( ) 单人操作		( ) 检修人员操作	
操作任务：110kV 1母线由冷备用转为检修					
顺序	操 作 项 目				√
5	合上110kV 1母线110-D12接地刀闸				√
6	检查110kV 1母线110-D12接地刀闸三相确已合好				√
	ㄣ				
备注：1. 验电前应将验电器在有电设备上进行检验，确保验电器合格 2. 验电要用合格的相应的电压等级的专用验电器 3. 验电确无电压必须对线路A、B、C三相逐一验电确无电压 4. 合上接地刀闸时，操作人员应戴绝缘手套，合上接地刀闸后要检查三相确已合好					
操作人：赵××		监护人：李××		值班负责人：孙××	

（9）110kV 1母线由检修转为冷备用。

变电站倒闸操作票

单位：××供电公司××变电站　　　　编号：×××××

发令人	×××	受令人	×××	发令时间	××××年××月××日××时××分
操作开始时间： ××××年××月××日××时××分				操作结束时间： ××××年××月××日××时××分	
(√) 监护下操作		( ) 单人操作		( ) 检修人员操作	
操作任务：110kV 1母线由检修转为冷备用					
顺序	操 作 项 目				√
1	拉开110kV 1母线110-D12接地刀闸				√
2	检查110kV 1母线110-D12接地刀闸三相确已拉开				√
3	检查110kV 1母线110-D12接地刀闸母线侧确无接地短路				√
4	拉开110kV 1母线110-D11接地刀闸				√
5	检查110kV 1母线110-D11接地刀闸三相确已拉开				√
6	检查110kV 1母线110-D11接地刀闸母线侧确无接地短路				√
	ㄣ				
备注：拉开接地刀闸后，必须要检查接地刀闸三相确已拉开					
操作人：赵××		监护人：李××		值班负责人：孙××	

（10）110kV 11TV二次侧接地。

变电站倒闸操作票

单位：××供电公司××变电站　　　　　　　　　　　　编号：×××××

发令人	×××	受令人	×××	发令时间	××××年××月××日××时××分
操作开始时间：××××年××月××日××时××分				操作结束时间：××××年××月××日××时××分	
（√）监护下操作　　（ ）单人操作　　（ ）检修人员操作					
操作任务：110kV 11TV 二次侧接地					

顺序	操　作　项　目	√
1	在 110kV 11TV 二次熔断器 TV 侧验电确无电压	√
2	在 110kV 11TV 二次熔断器 TV 侧装设 01 号接地线	√
	ㄣ	

备注：1. 装设接地线必须先接接地端，后接导体端，且必须接触良好，严禁用缠绕方式接地
2. 验电要用合格的相应的电压等级的专用验电器
3. 验电确无电压必须对线路 A、B、C 三相逐一验电确无电压
4. 当验明设备确无电压后，对检修设备接地并三相短路
5. 验电前应将验电器在有电设备上进行检验，确保验电器合格

操作人：赵××　　　监护人：李××　　　值班负责人：孙××

（11）拆除 110kV 11TV 二次侧接地线。

变电站倒闸操作票

单位：××供电公司××变电站　　　　　　　　　　　　编号：×××××

发令人	×××	受令人	×××	发令时间	××××年××月××日××时××分
操作开始时间：××××年××月××日××时××分				操作结束时间：××××年××月××日××时××分	
（√）监护下操作　　（ ）单人操作　　（ ）检修人员操作					
操作任务：拆除 110kV 11TV 二次侧接地线					

顺序	操　作　项　目	√
1	拆除 110kV 11TV 二次熔断器 TV 侧 01 号接地线	√
2	检查 110kV 11TV 二次熔断器 TV 侧 01 号接地线确已拆除	√
3	检查 110kV 11TV 二次熔断器 TV 侧确无接地短路	√
	ㄣ	

备注：1. 拆除接地线必须先拆导体端，后拆接地端
2. 拆除导体端接地线时必须 A、B、C 三相全部拆除
3. 检查确无接地短路必须 A、B、C 三相逐一检查
4. 拆除接地线后，操作人应将拆除的接地线从导体端至接地端依次盘起并绑扎好
5. 将绑扎好的接地线按其编号放人固定存放地点，存放点的编号要与接地线编号相对应

操作人：赵××　　　监护人：李××　　　值班负责人：孙××

（12）110kV4 母线由冷备用转为检修。

变电站倒闸操作票

单位：××供电公司××变电站　　　　编号：×××××

发令人	×××	受令人	×××	发令时间	××××年××月××日××时××分
操作开始时间：××××年××月××日××时××分				操作结束时间：××××年××月××日××时××分	
（√）监护下操作　（ ）单人操作　（ ）检修人员操作					
操作任务：110kV 4 母线由冷备用转为检修					

顺序	操 作 项 目	√
1	在汇商线 11-4 隔离开关母线侧验电确无电压	√
2	在汇商线 11-4 隔离开关母线侧装设 1 号接地线	√
3	在汇玻线 17-4 隔离开关母线侧验电确无电压	√
4	在汇玻线 17-4 隔离开关母线侧装设 2 号接地线	√
	ㄣ	
备注：1. 装设接地线必须先接接地端，后接导体端，且必须接触良好，严禁用缠绕方式接地 2. 验电要用合格的相应的电压等级的专用验电器 3. 验电确无电压必须对线路 A、B、C 三相逐一验电确无电压 4. 当验明设备确无电压后，对检修设备接地并三相短路 5. 装设接地线时，工作人员应使用绝缘棒或戴绝缘手套，人体不得碰触接地体 6. 操作人在装设接地线时，监护人严禁帮助操作人拉拽接地线，以免失去监护操作 7. 验电前应将验电器在有电设备上进行检验，确保验电器合格		
操作人：赵××　监护人：李××　值班负责人：孙××		

（13）110kV 4 母线由检修转为冷备用。

变电站倒闸操作票

单位：××供电公司××变电站　　　　编号：×××××

发令人	×××	受令人	×××	发令时间	××××年××月××日××时××分
操作开始时间：××××年××月××日××时××分				操作结束时间：××××年××月××日××时××分	
（√）监护下操作　（ ）单人操作　（ ）检修人员操作					
操作任务：110kV 4 母线由检修转为冷备用					

顺序	操 作 项 目	√
1	拆除汇商线 11-4 隔离开关母线侧 1 号接地线	√
2	检查汇商线 11-4 隔离开关母线侧 1 号接地线确已拆除	√

续表

<table>
<tr><td>发令人</td><td>×××</td><td>受令人</td><td>×××</td><td>发令时间</td><td colspan="2">××××年××月××日××时××分</td></tr>
<tr><td colspan="5">操作开始时间：
××××年××月××日××时××分</td><td colspan="2">操作结束时间：
××××年××月××日××时××分</td></tr>
<tr><td colspan="7">（√）监护下操作　　（ ）单人操作　　（ ）检修人员操作</td></tr>
<tr><td colspan="7">操作任务：110kV 4 母线由检修转为冷备用</td></tr>
<tr><td>顺序</td><td colspan="5">操　作　项　目</td><td>√</td></tr>
<tr><td>3</td><td colspan="5">检查汇商线 11-4 隔离开关母线侧确无接地短路</td><td>√</td></tr>
<tr><td>4</td><td colspan="5">拆除汇玻线 17-4 隔离开关母线侧 2 号接地线</td><td>√</td></tr>
<tr><td>5</td><td colspan="5">检查汇玻线 17-4 隔离开关母线侧 2 号接地线确已拆除</td><td>√</td></tr>
<tr><td>6</td><td colspan="5">检查汇玻线 17-4 隔离开关母线侧确无接地短路</td><td>√</td></tr>
<tr><td></td><td colspan="5">ㄣ</td><td></td></tr>
<tr><td colspan="7">备注：1. 拆除接地线必须先拆导体端，后拆接地端
2. 拆除导体端接地线时必须 A、B、C 三相全部拆除
3. 检查确无接地短路必须 A、B、C 三相逐一检查
4. 拆除接地线时，工作人员应使用绝缘操作杆、戴绝缘手套，人体不得碰触接地体
5. 拆除接地线后，操作人应将拆除的接地线从导体端至接地端依次盘起并绑扎好
6. 将绑扎好的接地线按其编号放入固定存放地点，存放点的编号要与接地线编号相对应</td></tr>
<tr><td colspan="7">操作人：赵××　　监护人：李××　　值班负责人：孙××</td></tr>
</table>

四、110kV 内桥接线倒闸操作票

（一）110kV 内桥接线一次系统图（见图 6-7）

（二）正常运行方式

110kV 内桥 10 断路器、10-1 隔离开关、10-2 隔离开关均在合闸位置，110kV 北昌线 12 断路器、12-1 隔离开关、12-3 隔离开关均在合闸位置，110kV 北昌线带 110kV 1 母线与 110kV 2 母线运行，1 号变压器在 110kV 1 母线运行，2 号变压器在 110kV 2 母线运行。110kV 1TV 在 110kV 1 母线运行，110kV 2TV 在 110kV 2 母线运行。110kV 1TV 与 110kV 2TV 二次联络开关在拉开位置。南齐线 14 断路器在拉开位置，14-2 隔离开关、14-3 隔离开关均在合闸位置，南齐线 14 断路器在热备用状态。110kV 自投装置投入运行，1 号变压器 1-D10 中性点接地刀闸与 2 号变压器 2-D10 中性点接地刀闸均在拉开位置。1 号变压器 32-1 隔离开关、92 断路器、92-3 隔离开关、92-1 隔离开关均在合闸位置，1 号变压器带 10kV 1 母线负荷。2 号变压器 34-2 隔离开关、94 断路器、94-3 隔离开关、94-2 隔离开关均在合闸位置，2 号变压器带 10kV 2 母线负荷，10kV 分段 90 断路器在拉开位置，90-1 隔离开关、90-2隔离开关均在合闸位置，10kV 分段 90 断

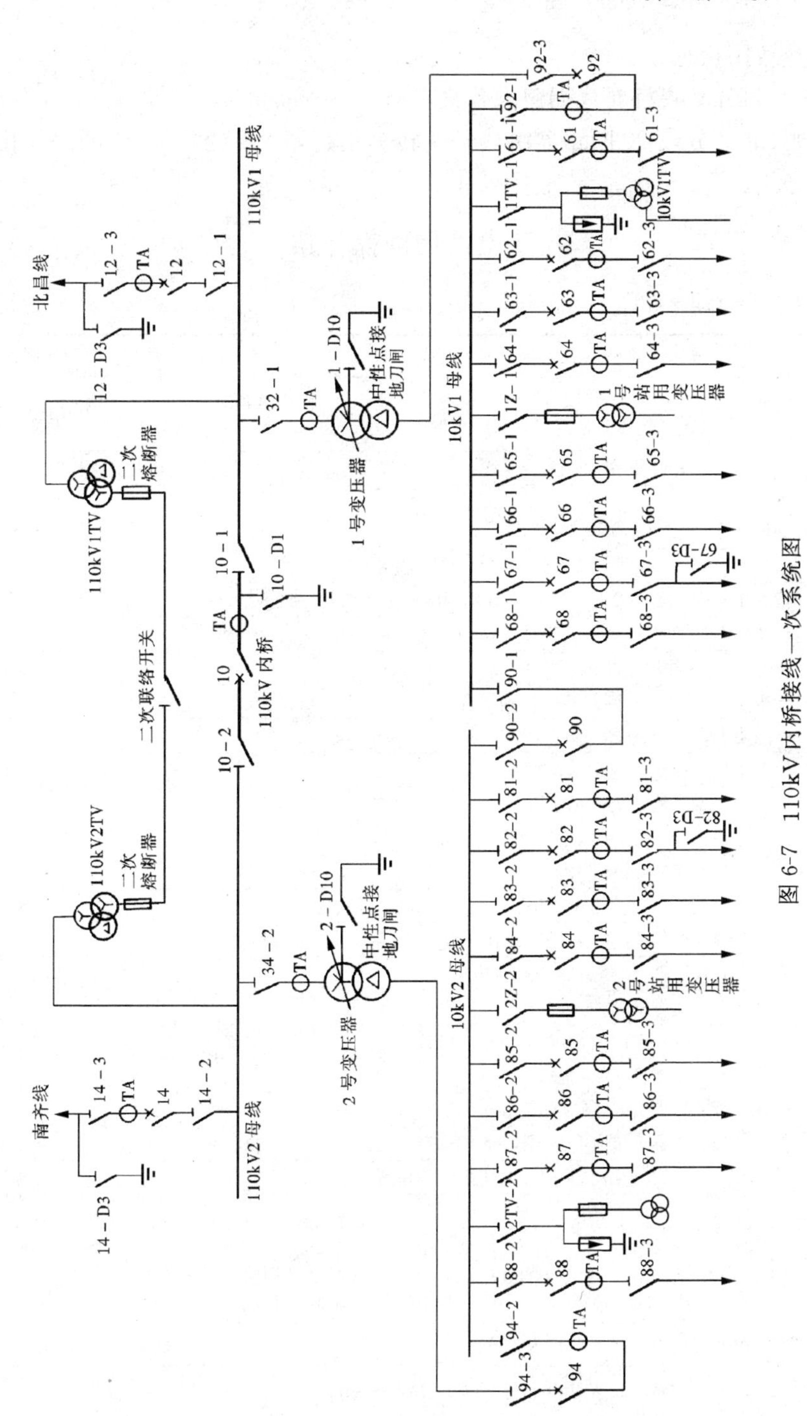

图 6-7 110kV 内桥接线一次系统图

路器在热备用状态。

（三）110kV 内桥接线倒闸操作票实例

（1）10kV 分段 90 断路器由热备用转为运行，2 号变压器 94 断路器由运行转为冷备用。

变电站倒闸操作票

单位：××供电公司××变电站　　　　　　　　　　编号：×××××

发令人	×××	受令人	×××	发令时间	××××年××月××日××时××分
操作开始时间：××××年××月××日××时××分				操作结束时间：××××年××月××日××时××分	
（✓）监护下操作　　（ ）单人操作　　（ ）检修人员操作					
操作任务：10kV 分段 90 断路器由热备用转为运行，2 号变压器 94 断路器由运行转为冷备用					

顺序	操作项目	✓
1	检查 1 号变压器与 2 号变压器有载调压电压分头指示一致	✓
2	将 10kV 分段 90 断路器遥控开关切至就地位置	✓
3	合上 10kV 分段 90 断路器	✓
4	检查 10kV 分段 90 断路器三相确已合好	✓
5	停用 10kV 分段 90 断路器跳闸连接片	✓
6	检查 1 号变压器负荷指示正确	✓
7	检查 2 号变压器负荷指示正确	✓
8	将 2 号变压器 94 断路器遥控开关切至就地位置	✓
9	拉开 2 号变压器 94 断路器	✓
10	检查 1 号变压器负荷指示正确	✓
11	检查 2 号变压器 94 断路器三相确已拉开	✓
12	取下 2 号变压器 94 断路器合闸熔断器	✓
13	拉开 2 号变压器 94-3 隔离开关	✓
14	检查 2 号变压器 94-3 隔离开关三相确已拉开	✓
15	拉开 2 号变压器 94-2 隔离开关	✓
16	检查 2 号变压器 94-2 隔离开关三相确已拉开	✓
17	拉开 2 号变压器 94 断路器控制电源开关	✓
18	将 10kV 分段 90 断路器遥控开关切至就地位置	✓
	ㄣ	

备注：1. 两台变压器并列前必须检查有载调压电压分头指示一致
2. 对于断路器已实现遥控功能的变电站，现场操作时，必须将断路器遥控开关切至就地位置，在进行现场拉合断路器操作完毕后，必须将断路器遥控开关切至遥控位置

操作人：赵××　　　监护人：李××　　　值班负责人：孙××

（2）2 号变压器 94 断路器由冷备用转为检修。

变电站倒闸操作票

单位：××供电公司××变电站　　　　编号：×××××

发令人	×××	受令人	×××	发令时间	××××年××月××日××时××分
操作开始时间： ××××年××月××日××时××分				操作结束时间： ××××年××月××日××时××分	
(√) 监护下操作	( ) 单人操作	( ) 检修人员操作			
操作任务：2号变压器94断路器由冷备用转为检修					

顺序	操 作 项 目	√
1	在2号变压器94断路器与94-3隔离开关间验电确无电压	√
2	在2号变压器94断路器与94-3隔离开关间装设3号接地线	√
3	在2号变压器94断路器与94-2隔离开关间验电确无电压	√
4	在2号变压器94断路器与94-2隔离开关间装设5号接地线	√
	ㄣ	

备注：1. 装设接地线必须先接接地端，后接导体端，且必须接触良好，严禁用缠绕方式接地
2. 验电要用合格的相应的电压等级的专用验电器
3. 验电确无电压必须对线路A、B、C三相逐一验电确无电压
4. 当验明设备确无电压后，对检修设备接地并三相短路
5. 装设接地线时，工作人员应使用绝缘棒或戴绝缘手套，人体不得碰触接地体
6. 操作人在装设接地线时，监护人严禁帮助操作人拉拽接地线，以免失去监护操作
7. 验电前应将验电器在有电设备上进行检验，确保验电器合格

操作人：赵××　　监护人：李××　　值班负责人：孙××

（3）2号变压器由运行转为冷备用。

变电站倒闸操作票

单位：××供电公司××变电站　　　　编号：×××××

发令人	×××	受令人	×××	发令时间	××××年××月××日××时××分
操作开始时间： ××××年××月××日××时××分				操作结束时间： ××××年××月××日××时××分	
(√) 监护下操作	( ) 单人操作	( ) 检修人员操作			
操作任务：2号变压器由运行转为冷备用					

顺序	操 作 项 目	√
1	停用110kV自投装置跳北昌线保护连接片	√

续表

<table>
<tr><td>发令人</td><td>×××</td><td>受令人</td><td>×××</td><td>发令时间</td><td>××××年××月××日××时××分</td></tr>
<tr><td colspan="4">操作开始时间：
××××年××月××日××时××分</td><td colspan="2">操作结束时间：
××××年××月××日××时××分</td></tr>
<tr><td colspan="6">（√）监护下操作　　（　）单人操作　　（　）检修人员操作</td></tr>
<tr><td colspan="6">操作任务：2 号变压器由运行转为冷备用</td></tr>
</table>

顺序	操 作 项 目	√
2	停用 110kV 南齐线加速保护跳闸连接片	√
3	停用 110kV 自投装置合南齐线保护连接片	√
4	投入 110kV 自投装置停用连接片	√
5	检查 110kV 1TV 与 110kV 2TV 二次联络开关确已拉开	√
6	将南齐线 14 断路器遥控开关切至就地位置	√
7	检查 2 号变压器 94 断路器三相确已拉开	√
8	合上 2 号变压器 2-D10 中性点接地刀闸	√
9	检查 2 号变压器 2-D10 中性点接地刀闸确已合好	√
10	将 110kV 内桥 10 断路器遥控开关切至就地位置	√
11	拉开 110kV 内桥 10 断路器	√
12	检查 110kV 2 母线三相电压指示正确	√
13	检查 110kV 内桥 10 断路器三相确已拉开	√
14	检查南齐线 14 断路器三相确已拉开	√
15	拉开 2 号变压器 34-2 隔离开关	√
16	检查 2 号变压器 34-2 隔离开关三相确已拉开	√
17	合上 110kV 内桥 10 断路器	√
18	检查 110kV 2 母线三相电压指示正确	√
19	检查 110kV 1 母线三相电压指示正确	√
20	检查 110kV 内桥 10 断路器三相确已合好	√
21	停用 110kV 自投装置停用连接片	√
22	投入 110kV 自投装置合南齐线保护连接片	√
23	投入 110kV 南齐线加速保护跳闸连接片	√
24	投入 110kV 自投装置跳北昌线保护连接片	√
25	检查 110kV 自投装置运行	√
26	将 110kV 内桥 10 断路器遥控开关切至遥控位置	√

操 作 票

续表

<table>
<tr><td>发令人</td><td>×××</td><td>受令人</td><td>×××</td><td>发令时间</td><td colspan="2">××××年××月××日××时××分</td></tr>
<tr><td colspan="5">操作开始时间：
××××年××月××日××时××分</td><td colspan="2">操作结束时间：
××××年××月××日××时××分</td></tr>
<tr><td colspan="7">（√）监护下操作　　（ ）单人操作　　（ ）检修人员操作</td></tr>
<tr><td colspan="7">操作任务：2号变压器由运行转为冷备用</td></tr>
<tr><td>顺序</td><td colspan="5">操 作 项 目</td><td>√</td></tr>
<tr><td>27</td><td colspan="5">将南齐线14断路器遥控开关切至遥控位置</td><td>√</td></tr>
<tr><td></td><td colspan="5">ㄣ</td><td></td></tr>
<tr><td colspan="7">备注：1. 10kV分段90断路器由热备用转为运行，2号变压器94断路器由运行转为冷备用，在这种运行方式下，操作2号变压器由运行转为冷备用
2. 虽然南齐线14断路器没有操作，但操作过程中，必须将14断路器遥控开关切至就地位置，避免操作过程中，因远方误合断路器，造成带负荷合隔离开关的误操作事故
3. 在110kV及以上中性点直接接地系统中，变压器停、送电操作前必须将中性点接地刀闸合上，操作完毕后按系统方式要求决定是否拉开
4. 对于断路器已实现遥控功能的变电站，现场操作时，必须将断路器遥控开关切至就地位置，在进行现场拉合断路器操作完毕后，必须将断路器遥控开关切至遥控位置</td></tr>
<tr><td colspan="7">操作人：赵××　　监护人：李××　　值班负责人：孙××</td></tr>
</table>

（4）2号变压器由冷备用转为检修。

变电站倒闸操作票

单位：××供电公司××变电站　　编号：×××××

<table>
<tr><td>发令人</td><td>×××</td><td>受令人</td><td>×××</td><td>发令时间</td><td colspan="2">××××年××月××日××时××分</td></tr>
<tr><td colspan="5">操作开始时间：
××××年××月××日××时××分</td><td colspan="2">操作结束时间：
××××年××月××日××时××分</td></tr>
<tr><td colspan="7">（√）监护下操作　　（ ）单人操作　　（ ）检修人员操作</td></tr>
<tr><td colspan="7">操作任务：2号变压器由冷备用转为检修</td></tr>
<tr><td>顺序</td><td colspan="5">操 作 项 目</td><td>√</td></tr>
<tr><td>1</td><td colspan="5">在2号变压器34-2隔离开关TA侧验电确无电压</td><td>√</td></tr>
<tr><td>2</td><td colspan="5">在2号变压器34-2隔离开关TA侧装设2号接地线</td><td>√</td></tr>
<tr><td>3</td><td colspan="5">在2号变压器10kV进线套管墙内侧验电确无电压</td><td>√</td></tr>
<tr><td>4</td><td colspan="5">在2号变压器10kV进线套管墙内侧装设3号接地线</td><td>√</td></tr>
<tr><td></td><td colspan="5">ㄣ</td><td></td></tr>
<tr><td colspan="7">备注：1. 装设接地线必须先接接地端，后接导体端，且必须接触良好，严禁用缠绕方式接地
2. 验电要用合格的相应的电压等级的专用验电器
3. 验电确无电压必须对线路A、B、C三相逐一验电确无电压
4. 当验明设备确无电压后，对检修设备接地并三相短路
5. 装设接地线时，工作人员应使用绝缘棒或戴绝缘手套，人体不得碰触接地体
6. 操作人在装设接地线时，监护人严禁帮助操作人拉拽接地线，以免失去监护操作
7. 验电前应将验电器在有电设备上进行检验，确保验电器合格</td></tr>
<tr><td colspan="7">操作人：赵××　　监护人：李××　　值班负责人：孙××</td></tr>
</table>

（5）2 号变压器由检修转为冷备用。

变电站倒闸操作票

单位：××供电公司××变电站　　　　编号：×××××

发令人	×××	受令人	×××	发令时间	××××年××月××日××时××分
操作开始时间：××××年××月××日××时××分				操作结束时间：××××年××月××日××时××分	
（√）监护下操作		（ ）单人操作		（ ）检修人员操作	
操作任务：2 号变压器由检修转为冷备用					

顺序	操 作 项 目	√
1	拆除 2 号变压器 34-2 隔离开关 TA 侧 2 号接地线	√
2	检查 2 号变压器 34-2 隔离开关 TA 侧 2 号接地线确已拆除	√
3	检查 2 号变压器 34-2 隔离开关 TA 侧确无接地短路	√
4	拆除 2 号变压器 10kV 进线套管墙内侧 3 号接地线	√
5	检查 2 号变压器 10kV 进线套管墙内侧 3 号接地线确已拆除	√
6	检查 2 号变压器 10kV 进线套管墙内侧确无接地短路	√
	ㄣ	

备注：1. 拆除接地线必须先拆导体端，后拆接地端
2. 拆除导体端接地线时必须 A、B、C 三相全部拆除
3. 检查确无接地短路必须 A、B、C 三相逐一检查
4. 拆除接地线时，工作人员应使用绝缘棒或绝缘手套，人体不得碰触接地体
5. 拆除接地线后，操作人应将拆除的接地线从导体端至接地端依次盘起并绑扎好
6. 将绑扎好的接地线按其编号放入固定存放地点，存放点的编号要与接地线编号相对应

操作人：赵××　　　监护人：李××　　　值班负责人：孙××

（6）2 号变压器由冷备用转为运行。

变电站倒闸操作票

单位：××供电公司××变电站　　　　编号：×××××

发令人	×××	受令人	×××	发令时间	××××年××月××日××时××分
操作开始时间：××××年××月××日××时××分				操作结束时间：××××年××月××日××时××分	
（√）监护下操作		（ ）单人操作		（ ）检修人员操作	
操作任务：2 号变压器由冷备用转为运行					

顺序	操 作 项 目	√
1	检查 110kV 1TV 与 110kV 2TV 二次联络开关确已拉开	√

续表

<table>
<tr><td>发令人</td><td>×××</td><td>受令人</td><td>×××</td><td>发令时间</td><td colspan="2">××××年××月××日××时××分</td></tr>
<tr><td colspan="5">操作开始时间：
××××年××月××日××时××分</td><td colspan="2">操作结束时间：
××××年××月××日××时××分</td></tr>
<tr><td colspan="7">（√）监护下操作　　　（ ）单人操作　　　（ ）检修人员操作</td></tr>
<tr><td colspan="7">操作任务：2 号变压器由冷备用转为运行</td></tr>
<tr><td>顺序</td><td colspan="5">操 作 项 目</td><td>√</td></tr>
<tr><td>2</td><td colspan="5">检查 2 号变压器送电范围内确无接地短路</td><td>√</td></tr>
<tr><td>3</td><td colspan="5">检查 2 号变压器 94 断路器三相确已拉开</td><td>√</td></tr>
<tr><td>4</td><td colspan="5">检查 2 号变压器 2-D10 中性点接地刀闸确已合好</td><td>√</td></tr>
<tr><td>5</td><td colspan="5">停用 110kV 自投装置跳北昌线保护连接片</td><td>√</td></tr>
<tr><td>6</td><td colspan="5">停用 110kV 南齐线加速保护跳闸连接片</td><td>√</td></tr>
<tr><td>7</td><td colspan="5">停用 110kV 自投装置合南齐线保护连接片</td><td>√</td></tr>
<tr><td>8</td><td colspan="5">投入 110kV 自投装置停用连接片</td><td>√</td></tr>
<tr><td>9</td><td colspan="5">将南齐线 14 断路器遥控开关切至就地位置</td><td>√</td></tr>
<tr><td>10</td><td colspan="5">将 110kV 内桥 10 断路器遥控开关切至就地位置</td><td>√</td></tr>
<tr><td>11</td><td colspan="5">拉开 110kV 内桥 10 断路器</td><td>√</td></tr>
<tr><td>12</td><td colspan="5">检查 110kV 2 母线三相电压指示正确</td><td>√</td></tr>
<tr><td>13</td><td colspan="5">检查 110kV 内桥 10 断路器三相确已拉开</td><td>√</td></tr>
<tr><td>14</td><td colspan="5">检查南齐线 14 断路器三相确已拉开</td><td>√</td></tr>
<tr><td>15</td><td colspan="5">合上 2 号变压器 34-2 隔离开关</td><td>√</td></tr>
<tr><td>16</td><td colspan="5">检查 2 号变压器 34-2 隔离开关三相确已合好</td><td>√</td></tr>
<tr><td>17</td><td colspan="5">合上南齐线 14 断路器</td><td>√</td></tr>
<tr><td>18</td><td colspan="5">检查 110kV 2 母线三相电压指示正确</td><td>√</td></tr>
<tr><td>19</td><td colspan="5">检查南齐线 14 断路器三相确已合好</td><td>√</td></tr>
<tr><td>20</td><td colspan="5">合上 110kV 内桥 10 断路器</td><td>√</td></tr>
<tr><td>21</td><td colspan="5">检查南齐线负荷指示正确</td><td>√</td></tr>
<tr><td>22</td><td colspan="5">检查北昌线负荷指示正确</td><td>√</td></tr>
<tr><td>23</td><td colspan="5">检查 110kV 内桥 10 断路器三相确已合好</td><td>√</td></tr>
<tr><td>24</td><td colspan="5">拉开南齐线 14 断路器</td><td>√</td></tr>
</table>

续表

发令人	×××	受令人	×××	发令时间	××××年××月××日××时××分
操作开始时间：××××年××月××日××时××分				操作结束时间：××××年××月××日××时××分	
（√）监护下操作		（ ）单人操作		（ ）检修人员操作	
操作任务：2 号变压器由冷备用转为运行					

顺序	操 作 项 目	√
25	检查北昌线负荷指示正确	√
26	检查南齐线 14 断路器三相确已拉开	√
27	拉开 2 号变压器 2-D10 中性点接地刀闸	√
28	检查 2 号变压器 2-D10 中性点接地刀闸确已拉开	√
29	检查 110kV 1 母线三相电压指示正确	√
30	检查 110kV 2 母线三相电压指示正确	√
31	停用 110kV 自投装置停用连接片	√
32	投入 110kV 自投装置合南齐线保护连接片	√
33	投入 110kV 南齐线加速保护跳闸连接片	√
34	投入 110kV 自投装置跳北昌线保护连接片	√
35	检查 110kV 自投装置运行	√
36	将 110kV 内桥 10 断路器遥控开关切至遥控位置	√
37	将南齐线 14 断路器遥控开关切至遥控位置	√
	ㄣ	
备注：1. 在 2 号变压器 94 断路器没有投入运行之前这种运行方式下，操作 2 号变压器由冷备用转为运行，按本操作票步骤进行 2. 在 110kV 及以上中性点直接接地系统中，变压器停、送电操作前必须将中性点接地刀闸合上，操作完毕后按系统方式要求决定是否拉开 3. 对于断路器已实现遥控功能的变电站，现场操作时，必须将断路器遥控开关切至就地位置，在进行现场拉合断路器操作完毕后，必须将断路器遥控开关切至遥控位置		
操作人：赵×× 监护人：李×× 值班负责人：孙××		

（7）2 号变压器 94 断路器由检修转为冷备用。

变电站倒闸操作票

单位：××供电公司××变电站　　　　　　　　　　　　　编号：×××××

发令人	×××	受令人	×××	发令时间	××××年××月××日××时××分
操作开始时间： ××××年××月××日××时××分					操作结束时间： ××××年××月××日××时××分
（✓）监护下操作		（ ）单人操作		（ ）检修人员操作	
操作任务：2 号变压器 94 断路器由检修转为冷备用					

顺序	操 作 项 目	✓
1	拆除 2 号变压器 94 断路器与 94-3 隔离开关间 3 号接地线	✓
2	检查 2 号变压器 94 断路器与 94-3 隔离开关间 3 号接地线确已拆除	✓
3	检查 2 号变压器 94 断路器与 94-3 隔离开关间确无接地短路	✓
4	拆除 2 号变压器 94 断路器与 94-2 隔离开关间 5 号接地线	✓
5	检查 2 号变压器 94 断路器与 94-2 隔离开关间 5 号接地线确已拆除	✓
6	检查 2 号变压器 94 断路器与 94-2 隔离开关间确无接地短路	✓
	ㄣ	

备注：1. 拆除接地线必须先拆导体端，后拆接地端
2. 拆除导体端接地线时必须 A、B、C 三相全部拆除
3. 检查确无接地短路必须 A、B、C 三相逐一检查
4. 拆除接地线时，工作人员应使用绝缘棒或绝缘手套，人体不得碰触接地体
5. 拆除接地线后，操作人应将拆除的接地线从导体端至接地端依次盘起并绑扎好
6. 将绑扎好的接地线按其编号放入固定存放地点，存放点的编号要与接地线编号相对应

操作人：赵××　　　　监护人：李××　　　　值班负责人：孙××

五、110kV 单母线分段接线倒闸操作票

（一）110kV 单母线分段接线一次系统图（见图 6-8）

（二）正常运行方式

110kV 分段 10-1 隔离开关、10-2 隔离开关均在合闸位置，110kV 高科线 14 断路器、14-2 隔离开关、14-3 隔离开关均在合闸位置，110kV 高科线带 110kV

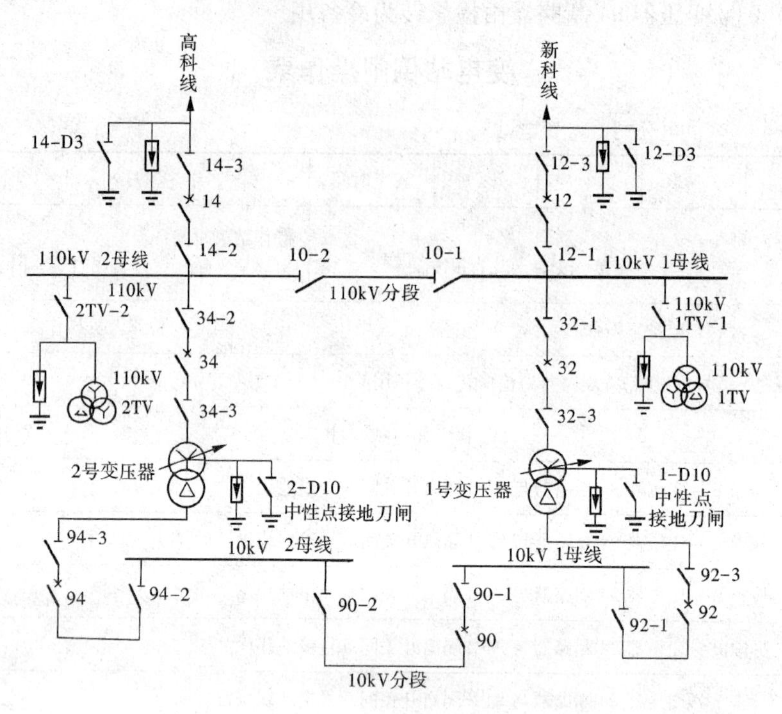

图 6-8　110kV 单母线分段接线一次系统图

1 母线与 110kV 2 母线运行，1 号变压器在 110kV 1 母线运行，2 号变压器在 110kV 2 母线运行。110kV 新科线 12 断路器在拉开位置，12-1 隔离开关、12-3 隔离开关均在合闸位置，110kV 新科线 12 断路器在热备用状态。110kV 自投装置投入运行，1 号变压器 1-D10 中性点接地刀闸与 2 号变压器 2-D10 中性点接地刀闸均在拉开位置。1 号变压器 32 断路器、32-1 隔离开关、32-3 隔离开关均在合闸位置。1 号变压器 92 断路器、92-3 隔离开关、92-1 隔离开关均在合闸位置，1 号变压器带 10kV 1 母线负荷。2 号变压器 34 断路器、34-2 隔离开关、34-3 隔离开关均在合闸位置，94 断路器、94-3隔离开关、94-2 隔离开关均在合闸位置，2 号变压器带 10kV 2 母线负荷，10kV 分段 90 断路器在拉开位置，90-1 隔离开关、90-2 隔离开关均在合闸位置，10kV 分段 90 断路器在热备用状态。110kV 1TV 在 110kV 1 母线运行，110kV 2TV 在 110kV 2 母线运行，110kV 1TV 与 110kV 2TV 二次联络开关在拉开位置。

（三）110kV 单母线分段接线倒闸操作票实例

（1）停用 110kV 自投装置，新科线 12 断路器由热备用转为冷备用。

变电站倒闸操作票

单位：××供电公司××变电站　　　　　　　　　　编号：×××××

发令人	×××	受令人	×××	发令时间	××××年××月××日××时××分
操作开始时间：××××年××月××日××时××分				操作结束时间：××××年××月××日××时××分	
（√）监护下操作		（ ）单人操作		（ ）检修人员操作	
操作任务：停用110kV自投装置，新科线12断路器由热备用转为冷备用					

顺序	操 作 项 目	√
1	停用110kV自投装置跳高科线14断路器连接片	√
2	停用110kV自投装置合新科线12断路器连接片	√
3	停用110kV自投装置新科线加速保护跳12断路器连接片	√
4	停用高科线14断路器保护连接片	√
5	投入闭锁新科线自投装置连接片	√
6	投入闭锁高科线自投装置连接片	√
7	将新科线12断路器遥控开关切至就地位置	√
8	检查新科线12断路器确已拉开	√
9	拉开新科线12-3隔离开关	√
10	检查新科线12-3隔离开关三相确已拉开	√
11	拉开新科线12-1隔离开关	√
12	检查新科线12-1隔离开关三相确已拉开	√
13	拉开新科线12断路器控制电源开关	√
	ㄣ	

备注：1. 检查新科线12断路器确已拉开，只检查12断路器分合指示器在分位置，由于断路器为SF_6断路器，其机构在箱体内，无法检查断路器三相机构的位置，因此只能检查断路器分合指示器在分位置，操作票中应填写检查××断路器确已拉开

2. 线路停电顺序：应先拉开线路断路器，检查线路断路器确已拉开后，再拉开线路负荷侧隔离开关，最后拉开线路电源侧隔离开关

操作人：赵××　　　　监护人：李××　　　　值班负责人：孙××

（2）新科线12断路器由冷备用转为热备用，投入110kV自投装置。

变电站倒闸操作票

单位：××供电公司××变电站　　　　　　　　编号：×××××

发令人	×××	受令人	×××	发令时间	××××年××月××日××时××分
操作开始时间：××××年××月××日××时××分				操作结束时间：××××年××月××日××时××分	
（√）监护下操作　（ ）单人操作　（ ）检修人员操作					
操作任务：新科线12断路器由冷备用转为热备用，投入110kV自投装置					

顺序	操作项目	√
1	合上新科线12断路器控制电源开关	√
2	检查新科线送电范围内确无接地短路	√
3	检查新科线12断路器确已拉开	√
4	合上新科线12-1隔离开关	√
5	检查新科线12-1隔离开关三相确已合好	√
6	合上新科线12-3隔离开关	√
7	检查新科线12-3隔离开关三相确已合好	√
8	检查110kV 1母线三相电压指示正确	√
9	检查110kV 2母线三相电压指示正确	√
10	停用闭锁新科线自投装置连接片	√
11	停用闭锁高科线自投装置连接片	√
12	投入110kV自投装置跳高科线14断路器连接片	√
13	投入110kV自投装置合新科线12断路器连接片	√
14	投入110kV自投装置新科线加速保护跳12断路器连接片	√
15	投入高科线14断路器保护连接片	√
16	检查110kV自投装置运行	√
	ㄣ	

备注：检查110kV 1、2母线三相电压指示正确，应分别将110kV 1、2母线电压指示切换开关分别切至AB相、BC相、CA相，分别检查110kV 1、2母线电压指示情况

操作人：赵××　　　　监护人：李××　　　　值班负责人：孙××

（3）停用110kV自投装置，新科线12断路器由热备用转为运行，高科线14断路器由运行转为冷备用。

变电站倒闸操作票

单位：××供电公司××变电站　　　　　　　　　　　　　编号：×××××

发令人	×××	受令人	×××	发令时间	××××年××月××日××时××分
操作开始时间：××××年××月××日××时××分				操作结束时间：××××年××月××日××时××分	
（√）监护下操作　　（ ）单人操作　　（ ）检修人员操作					
操作任务：停用110kV自投装置，新科线12断路器由热备用转为运行，高科线14断路器由运行转为冷备用					

顺序	操作项目	√
1	停用110kV自投装置跳高科线14断路器连接片	√
2	停用110kV自投装置合新科线12断路器连接片	√
3	停用110kV自投装置新科线加速保护跳12断路器连接片	√
4	停用高科线14断路器保护连接片	√
5	投入闭锁新科线自投装置连接片	√
6	投入闭锁高科线自投装置连接片	√
7	将新科线12断路器遥控开关切至就地位置	√
8	合上新科线12断路器	√
9	检查新科线负荷指示正确	√
10	检查高科线负荷指示正确	√
11	检查新科线12断路器确已合好	√
12	将高科线14断路器遥控开关切至就地位置	√
13	拉开高科线14断路器	√
14	检查新科线负荷指示正确	√
15	检查高科线14断路器确已拉开	√
16	拉开高科线14-3隔离开关	√
17	检查高科线14-3隔离开关三相确已拉开	√
18	拉开高科线14-2隔离开关	√
19	检查高科线14-2隔离开关三相确已拉开	√
20	拉开高科线14断路器控制电源开关	√
	↳	

备注：线路停电顺序：应先拉开线路断路器，检查线路断路器确已拉开后，再拉开线路负荷侧隔离开关，最后拉开线路电源侧隔离开关

操作人：赵××　　　　监护人：李××　　　　值班负责人：孙××

（4）高科线14断路器由冷备用转为运行，新科线12断路器由运行转为热备用，投入110kV自投装置。

变电站倒闸操作票

单位：××供电公司××变电站　　　　编号：×××××

<table>
<tr><td>发令人</td><td>×××</td><td>受令人</td><td>×××</td><td>发令时间</td><td>××××年××月××日××时××分</td></tr>
<tr><td colspan="5">操作开始时间：
××××年××月××日××时××分</td><td>操作结束时间：
××××年××月××日××时××分</td></tr>
<tr><td colspan="6">（√）监护下操作　　（ ）单人操作　　（ ）检修人员操作</td></tr>
<tr><td colspan="6">操作任务：高科线14断路器由冷备用转为运行，新科线12断路器由运行转为热备用，投入110kV自投装置</td></tr>
</table>

顺序	操作项目	√
1	合上高科线14断路器控制电源开关	√
2	检查高科线送电范围内确无接地短路	√
3	检查高科线14断路器确已拉开	√
4	合上高科线14-2隔离开关	√
5	检查高科线14-2隔离开关三相确已合好	√
6	合上高科线14-3隔离开关	√
7	检查高科线14-3隔离开关三相确已合好	√
8	将高科线14断路器遥控开关切至就地位置	√
9	合上高科线14断路器	√
10	检查高科线负荷指示正确	√
11	检查新科线负荷指示正确	√
12	检查高科线14断路器确已合好	√
13	将新科线12断路器遥控开关切至就地位置	√
14	拉开新科线12断路器	√
15	检查高科线负荷指示正确	√
16	检查新科线12断路器确已拉开	√
17	检查110kV 1母线三相电压指示正确	√
18	检查110kV 2母线三相电压指示正确	√
19	停用闭锁新科线自投装置连接片	√
20	停用闭锁高科线自投装置连接片	√
21	投入110kV自投装置跳高科线14断路器连接片	√
22	投入110kV自投装置合新科线12断路器连接片	√
23	投入110kV自投装置新科线加速保护跳12断路器连接片	√
24	投入高科线14断路器保护连接片	√
25	将高科线14断路器遥控开关切至遥控位置	√

续表

发令人	×××	受令人	×××	发令时间	××××年××月××日××时××分
操作开始时间： ××××年××月××日××时××分				操作结束时间： ××××年××月××日××时××分	
(√) 监护下操作		( ) 单人操作		( ) 检修人员操作	
操作任务：高科线14断路器由冷备用转为运行，新科线12断路器由运行转为热备用，投入110kV自投装置					

顺序	操 作 项 目	√
26	将新科线12断路器遥控开关切至遥控位置	√
	↳	

备注：1. 线路停电顺序：应先拉开线路断路器，检查线路断路器确已拉开后，再拉开线路负荷侧隔离开关，最后拉开线路电源侧隔离开关 2. 线路送电前应检查线路送电范围内确无接地短路 3. 线路送电顺序，应先检查线路断路器确已拉开，先合上线路电源侧隔离开关，再合上线路负荷侧隔离开关，最后合上线路断路器 4. 检查110kV 1、2母线三相电压指示正确，应分别将110kV 1、2母线电压指示切换开关分别切至AB相、BC相、CA相，分别检查110kV 1、2母线电压指示情况		
操作人：赵××	监护人：李××	值班负责人：孙××

(5) 新科线线路由冷备用转为检修。

变电站倒闸操作票

单位：××供电公司××变电站　　　　编号：×××××

发令人	×××	受令人	×××	发令时间	××××年××月××日××时××分
操作开始时间： ××××年××月××日××时××分				操作结束时间： ××××年××月××日××时××分	
(√) 监护下操作		( ) 单人操作		( ) 检修人员操作	
操作任务：新科线线路由冷备用转为检修					

顺序	操 作 项 目	√
1	在新科线12-3隔离开关线路侧验电确无电压	√
2	合上新科线12-D3接地刀闸	√
3	检查新科线12-D3接地刀闸三相确已合好	√
	↳	

备注：1. 验电要用合格的相应的电压等级的专用验电器 2. “验电确无电压”是指对装设接地线处的A、B、C三相逐一验电确无电压 3. 当验明设备确无电压后，对检修设备接地并三相短路 4. 合上接地刀闸时，操作人员应戴绝缘手套，合上接地刀闸后要检查三相确已合好		
操作人：赵××	监护人：李××	值班负责人：孙××

(6) 新科线线路由检修转为冷备用。

变电站倒闸操作票

单位：××供电公司××变电站　　　　　　　　　　　　　　编号：×××××

发令人	×××	受令人	×××	发令时间	××××年××月××日××时××分
操作开始时间：××××年××月××日××时××分				操作结束时间：××××年××月××日××时××分	
（√）监护下操作		（　）单人操作		（　）检修人员操作	
操作任务：新科线线路由检修转为冷备用					
顺序	操　作　项　目				√
1	拉开新科线 12-D3 接地刀闸				√
2	检查新科线 12-D3 接地刀闸三相确已拉开				√
3	检查新科线 12-3 隔离开关线路侧确无接地短路				√
	ㄣ				
备注：					
操作人：赵××		监护人：李××		值班负责人：孙××	

六、35kV 单母线分段接线倒闸操作票

（一）35kV 单母线分段接线一次系统图（见图 6-9）

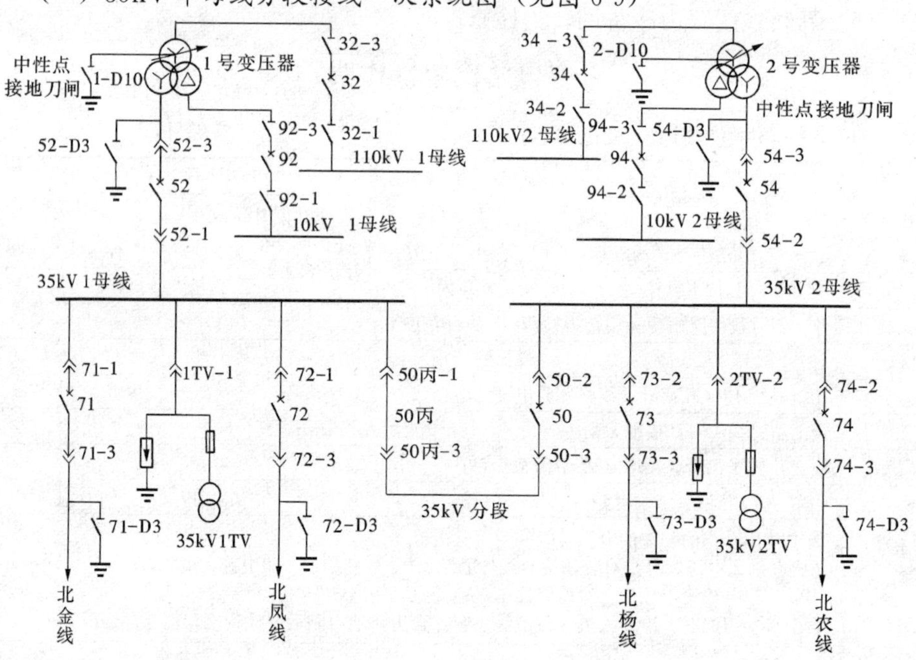

图 6-9　35kV 单母线分段接线一次系统图

（二）正常运行方式

110kV 1 号变压器 32 断路器、32-1 隔离开关、32-3 隔离开关均在合闸位置。1 号变压器带 35kV 1 母线运行，1 号变压器 52 断路器车在工作位置，52 断路器在合闸位置，52-1 动静触头、52-3 动静触头均在合闸位置。35kV 北金线 71 断路器车在工作位置，71 断路器在合闸位置，71-1 动静触头、71-3 动静触头均在合闸位置。35kV 1TV 在 35kV 1 母线运行，35kV 1TV 车在工作位置，35kV 1TV-1 动静触头在合闸位置。35kV 北凤线 72 断路器车在工作位置，72 断路器在合闸位置，72-1 动静触头、72-3 动静触头均在合闸位置。110kV 2 号变压器 34 断路器、34-2 隔离开关、34-3 隔离开关均在合闸位置。2 号变压器带 35kV 2 母线运行，2 号变压器 54 断路器车在工作位置，54 断路器在合闸位置，54-2 动静触头、54-3 动静触头均在合闸位置。35kV 北农线 74 断路器车在工作位置，74 断路器在合闸位置，74-3 动静触头、74-2 动静触头均在合闸位置。35kV 2TV 在 35kV 2 母线运行，35kV 2TV 车在工作位置，35kV 2TV-2 动静触头在合闸位置。35kV 北杨线 73 断路器车在工作位置，73 断路器在合闸位置，73-3 动静触头、73-2 动静触头均在合闸位置。35kV 分段 50 丙隔离开关车在工作位置，50 丙-1 动静触头、50 丙-3 动静触头均在合闸位置。35kV 分段 50 断路器车在工作位置，50 断路器在拉开位置，50-2 动静触头、50-3 动静触头均在合闸位置。35kV 1 母线与 35kV 2 母线分别带负荷运行。2 号变压器 2-D10 中性点接地刀闸与 1 号变压器 1-D10 中性点接地刀闸均在拉开位置。

（三）35kV 单母线分段接线倒闸操作票实例

（1）北农线线路由运行转为冷备用。

变电站倒闸操作票

单位：××供电公司××变电站　　　　　　　　　　编号：×××××

发令人	×××	受令人	×××	发令时间	××××年××月××日××时××分
操作开始时间： ××××年××月××日××时××分				操作结束时间： ××××年××月××日××时××分	
（√）监护下操作　　（ ）单人操作　　（ ）检修人员操作					
操作任务：北农线线路由运行转为冷备用					

顺序	操　作　项　目	√
1	将北农线 74 断路器遥控开关切至就地位置	√
2	拉开北农线 74 断路器	√
3	检查北农线 74 断路器确已拉开	√

续表

<table>
<tr><td>发令人</td><td>×××</td><td>受令人</td><td>×××</td><td>发令时间</td><td>××××年××月××日××时××分</td></tr>
<tr><td colspan="4">操作开始时间：
××××年××月××日××时××分</td><td colspan="2">操作结束时间：
××××年××月××日××时××分</td></tr>
<tr><td colspan="6">（√）监护下操作　　（ ）单人操作　　（ ）检修人员操作</td></tr>
<tr><td colspan="6">操作任务：北农线线路由运行转为冷备用</td></tr>
<tr><td>顺序</td><td colspan="4">操 作 项 目</td><td>√</td></tr>
<tr><td>4</td><td colspan="4">将北农线 74 断路器车拉至试验位置</td><td>√</td></tr>
<tr><td>5</td><td colspan="4">检查北农线 74 断路器车确在试验位置</td><td>√</td></tr>
<tr><td>6</td><td colspan="4">取下北农线 74 断路器二次插头</td><td>√</td></tr>
<tr><td>7</td><td colspan="4">将北农线 74 断路器车拉出断路器柜外</td><td>√</td></tr>
<tr><td>8</td><td colspan="4">检查北农线 74 断路器车确在断路器柜外</td><td>√</td></tr>
<tr><td></td><td colspan="4">ㄣ</td><td></td></tr>
<tr><td colspan="6">备注：1. 线路停电顺序，应先拉开断路器，检查断路器确已拉开后，将断路器车拉至试验位置，取下断路器车二次插头，再将断路器车拉出断路器柜外
2. 由于变电站已经实现无人值班，断路器已实现遥控功能，所以在变电站现场操作时，必须将断路器遥控开关切至就地位置，在现场进行拉、合断路器操作
3. 线路停电断路器无工作，可不必取下断路器控制回路熔断器，合闸回路熔断器
4. 在取下二次插头时应注意放好，防止直流二次接地</td></tr>
<tr><td colspan="6">操作人：赵××　　监护人：李××　　值班负责人：孙××</td></tr>
</table>

（2）北农线线路由冷备用转为检修。

变电站倒闸操作票

单位：××供电公司××变电站　　　　编号：×××××

<table>
<tr><td>发令人</td><td>×××</td><td>受令人</td><td>×××</td><td>发令时间</td><td>××××年××月××日××时××分</td></tr>
<tr><td colspan="4">操作开始时间：
××××年××月××日××时××分</td><td colspan="2">操作结束时间：
××××年××月××日××时××分</td></tr>
<tr><td colspan="6">（√）监护下操作　　（ ）单人操作　　（ ）检修人员操作</td></tr>
<tr><td colspan="6">操作任务：北农线线路由冷备用转为检修</td></tr>
<tr><td>顺序</td><td colspan="4">操 作 项 目</td><td>√</td></tr>
<tr><td>1</td><td colspan="4">在北农线 74-3 静触头验电确无电压</td><td>√</td></tr>
<tr><td>2</td><td colspan="4">合上北农线 74-D3 接地刀闸</td><td>√</td></tr>
<tr><td>3</td><td colspan="4">检查北农线 74-D3 接地刀闸三相确已合好</td><td>√</td></tr>
<tr><td></td><td colspan="4">ㄣ</td><td></td></tr>
<tr><td colspan="6">备注：1. 验电前应将验电器在有电设备上进行检验，确保验电器合格
2. 验电要用合格的相应的电压等级的专用验电器
3. 验电确无电压必须对线路 A、B、C 三相逐一验电确无电压
4. 当验明设备确无电压后，对检修设备接地并三相短路
5. 合上接地刀闸时，操作人员应戴绝缘手套，合上接地刀闸后要检查三相确已合好
6. 在北农线 74-3 静触头验电时，要特别注意北农线 74-2 静触头带电，验电时一定要保持操作人员与带电设备的安全距离，验电后将活动挡板闭锁</td></tr>
<tr><td colspan="6">操作人：赵××　　监护人：李××　　值班负责人：孙××</td></tr>
</table>

（3）35kV 2 母线由运行转为冷备用。

变电站倒闸操作票

单位：××供电公司××变电站　　　　　　　　编号：×××××

<table>
<tr><td>发令人</td><td>×××</td><td>受令人</td><td>×××</td><td>发令时间</td><td>××××年××月××日××时××分</td></tr>
<tr><td colspan="5">操作开始时间：
××××年××月××日××时××分</td><td>操作结束时间：
××××年××月××日××时××分</td></tr>
<tr><td colspan="6">（√）监护下操作　　（ ）单人操作　　（ ）检修人员操作</td></tr>
<tr><td colspan="6">操作任务：35kV 2 母线由运行转为冷备用</td></tr>
</table>

顺序	操 作 项 目	√
1	将 2 号变压器 54 断路器遥控开关切至就地位置	√
2	拉开 2 号变压器 54 断路器	√
3	检查 2 号变压器 54 断路器确已拉开	√
4	检查 35kV 2 母线三相电压指示正确	√
5	将 2 号变压器 54 断路器车拉至试验位置	√
6	检查 2 号变压器 54 断路器车确在试验位置	√
7	取下 2 号变压器 54 断路器二次插头	√
8	将 2 号变压器 54 断路器车拉出 54 断路器柜外	√
9	检查 2 号变压器 54 断路器车确在 54 断路器柜外	√
10	将 35kV 分段 50 断路器遥控开关切至就地位置	√
11	检查 35kV 分段 50 断路器确已拉开	√
12	将 35kV 分段 50 丙隔离开关车拉至试验位置	√
13	检查 35kV 分段 50 丙隔离开关车确在试验位置	√
14	取下 35kV 分段 50 丙隔离开关车二次插头	√
15	将 35kV 分段 50 丙隔离开关车拉出 50 丙隔离开关柜外	√
16	检查 35kV 分段 50 丙隔离开关车确在 50 丙隔离开关柜外	√
17	将 35kV 分段 50 断路器车拉至试验位置	√
18	检查 35kV 分段 50 断路器车确在试验位置	√
19	取下 35kV 分段 50 断路器二次插头	√
20	将 35kV 分段 50 断路器车拉出 50 断路器柜外	√
21	检查 35kV 分段 50 断路器车确在 50 断路器柜外	√
22	将 35kV 2TV 车拉至试验位置	√
23	检查 35kV 2TV 车确在试验位置	√
24	取下 35kV 2TV 二次熔断器	√

续表

发令人	×××	受令人	×××	发令时间	××××年××月××日××时××分
操作开始时间： ××××年××月××日××时××分				操作结束时间： ××××年××月××日××时××分	
(√) 监护下操作		( ) 单人操作		( ) 检修人员操作	
操作任务：35kV 2 母线由运行转为冷备用					

顺序	操 作 项 目	√
25	取下 35kV 2TV 二次插头	√
26	将 35kV 2TV 车拉出 2TV 柜外	√
27	检查 35kV 2TV 车确在 2TV 柜外	√
	ㄣ	
备注：1. 在将 35kV 分段 50 丙隔离开关车拉至试验位置前，必须将 50 断路器遥控开关切至就地位置，是为了防止远方遥控误合上 50 断路器 2. 在取下二次插头时应注意放好，防止直流二次接地 3. 35kV 2 母线由运行转为冷备用，应将 35kV 2TV 车拉出 2TV 柜外，并取下 35kV 2TV 二次熔断器		
操作人：赵×× 监护人：李×× 值班负责人：孙××		

七、35kV 双母线带旁路接线倒闸操作票

（一）35kV 双母线带旁路接线一次系统图（见图 6-10）

（二）正常运行方式

1 号变压器在 35kV 1 母线运行，1 号变压器 52 断路器、52-3 隔离开关、52-1 隔离开关、52-5 隔离开关均在合闸位置。35kV 1 号电容器（A 组、B 组）在 35kV 1 母线运行，1 号电容器 711 断路器、711-1 隔离开关、711-3 隔离开关均在合闸位置。711A 断路器、711A-A 隔离开关均在合闸位置。711B 断路器、711B-B隔离开关均在合闸位置。武河线在 35kV 1 母线运行，武河线 72 断路器、72-3 隔离开关、72-1 隔离开关均在合闸位置。卢村线在 35kV 1 母线运行，卢村线 74 断路器、74-3 隔离开关、74-1 隔离开关均在合闸位置。贵泰线在 35kV 1 母线运行，贵泰线 77 断路器、77-3 隔离开关、77-1 隔离开关均在合闸位置。35kV 1 号站用变压器在 35kV 1 母线运行，1 号站用变压器 713-1 隔离开关在合闸位置。2 号变压器在 35kV 2 母线运行，2 号变压器 54 断路器、54-3 隔离开关、54-2 隔离开关、54-5 隔离开关均在合闸位置。35kV 2 号电容器（A 组、B 组）在 35kV 2 母线运行，2 号电容器 712 断路器、712-2 隔离开关、712-3 隔离开关均在合闸位置。712A 断路器、712A-A 隔离开关均在合闸位置。712B 断路器、712B-B 隔离开关均在合闸位置。金城线在 35kV 2 母线运行，金城线 71 断路器、71-3 隔离开关、71-2 隔离开关均在合闸位置。华阳线在 35kV 2 母线运行，华阳线 73 断路器、73-3 隔离开关、

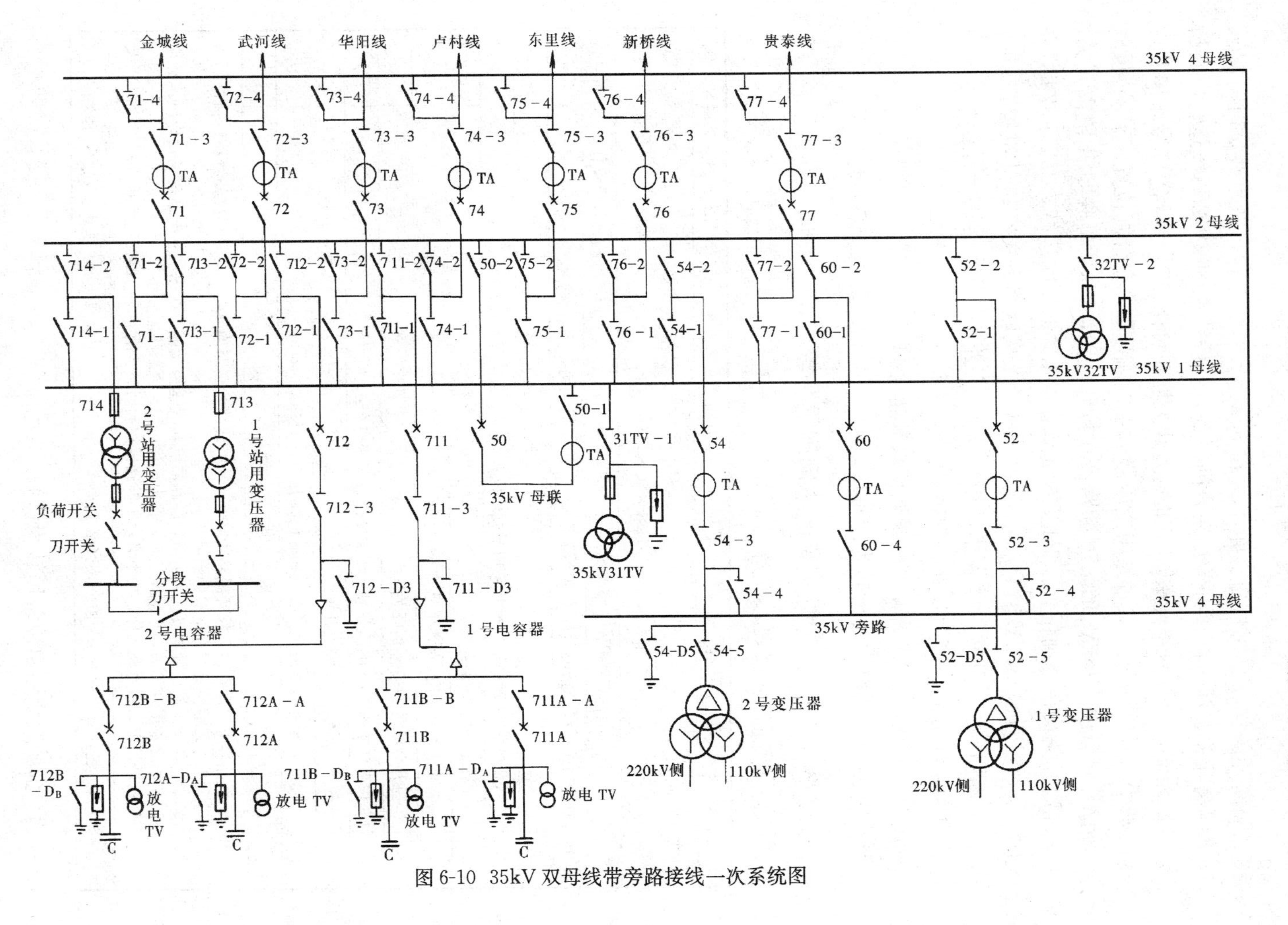

图 6-10 35kV 双母线带旁路接线一次系统图

73-2 隔离开关均在合闸位置。东里线在 35kV 2 母线运行，东里线 75 断路器、75-3 隔离开关、75-2 隔离开关均在合闸位置。新桥线在 35kV 2 母线运行，新桥线 76 断路器、76-3 隔离开关、76-2 隔离开关均在合闸位置。35kV 2 号站用变压器在 35kV 2 母线运行，2 号站用变压器 714-2 隔离开关在合闸位置。35kV 母联 50 断路器热备用，35kV 母联 50 断路器在拉开位置，35kV 母联 50-1 隔离开关、50-2 隔离开关均在合闸位置。35kV 31TV 在 35kV 1 母线运行，35kV 32TV 在 35kV 2 母线运行，35kV 31TV 与 35kV 32TV 二次联络开关在拉开位置。35kV 旁路 60 断路器在 35kV 1 母线热备用，35kV 旁路 60 断路器在拉开位置，60-1 隔离开关、60-4 隔离开关均在合闸位置。

（三）35kV 双母线带旁路接线倒闸操作票实例

（1）金城线线路由运行转为冷备用。

变电站倒闸操作票

单位：××供电公司××变电站　　　　编号：×××××

<table>
<tr><td>发令人</td><td>×××</td><td>受令人</td><td>×××</td><td>发令时间</td><td colspan="2">××××年××月××日××时××分</td></tr>
<tr><td colspan="5">操作开始时间：
××××年××月××日××时××分</td><td colspan="2">操作结束时间：
××××年××月××日××时××分</td></tr>
<tr><td colspan="7">（√）监护下操作　　（ ）单人操作　　（ ）检修人员操作</td></tr>
<tr><td colspan="7">操作任务：金城线线路由运行转为冷备用</td></tr>
<tr><td>顺序</td><td colspan="5">操 作 项 目</td><td>√</td></tr>
<tr><td>1</td><td colspan="5">将金城线 71 断路器遥控开关切至就地位置</td><td>√</td></tr>
<tr><td>2</td><td colspan="5">拉开金城线 71 断路器</td><td>√</td></tr>
<tr><td>3</td><td colspan="5">检查金城线 71 断路器确已拉开</td><td>√</td></tr>
<tr><td>4</td><td colspan="5">拉开金城线 71-3 隔离开关</td><td>√</td></tr>
<tr><td>5</td><td colspan="5">检查金城线 71-3 隔离开关三相确已拉开</td><td>√</td></tr>
<tr><td>6</td><td colspan="5">拉开金城线 71-2 隔离开关</td><td>√</td></tr>
<tr><td>7</td><td colspan="5">检查金城线 71-2 隔离开关三相确已拉开</td><td>√</td></tr>
<tr><td></td><td colspan="5">ㄣ</td><td></td></tr>
<tr><td colspan="7">备注：1. 线路停电顺序：应先拉开线路断路器，检查线路断路器确已拉开后，再拉开线路负荷侧隔离开关，最后拉开线路电源侧隔离开关
2. 由于本变电站已经实现无人值班，断路器已实现遥控功能，所以在变电站现场操作时，必须将断路器遥控开关切至就地位置，在现场进行拉、合断路器操作
3. 线路停电断路器无工作，可不必取下断路器控制回路熔断器，合闸回路熔断器</td></tr>
<tr><td colspan="7">操作人：赵××　　监护人：李××　　值班负责人：孙××</td></tr>
</table>

（2）金城线线路由冷备用转为检修。

变电站倒闸操作票

单位：××供电公司××变电站　　　　　　编号：×××××

<table>
<tr><td>发令人</td><td>×××</td><td>受令人</td><td>×××</td><td>发令时间</td><td colspan="2">××××年××月××日××时××分</td></tr>
<tr><td colspan="5">操作开始时间：
××××年××月××日××时××分</td><td colspan="2">操作结束时间：
××××年××月××日××时××分</td></tr>
<tr><td colspan="7">(√) 监护下操作　　( ) 单人操作　　( ) 检修人员操作</td></tr>
<tr><td colspan="7">操作任务：金城线线路由冷备用转为检修</td></tr>
<tr><td>顺序</td><td colspan="5">操 作 项 目</td><td>√</td></tr>
<tr><td>1</td><td colspan="5">在金城线 71-3 隔离开关线路侧验电确无电压</td><td>√</td></tr>
<tr><td>2</td><td colspan="5">在金城线 71-3 隔离开关线路侧装设 3 号接地线</td><td>√</td></tr>
<tr><td></td><td colspan="5">ㄣ</td><td></td></tr>
<tr><td colspan="7">备注：1. 装设接地线必须先接接地端，后接导体端，且必须接触良好，严禁用缠绕方式接地
2. 验电要用合格的相应的电压等级的专用验电器
3. 验电确无电压必须对线路 A、B、C 三相逐一验电确无电压
4. 当验明设备确无电压后，对检修设备接地并三相短路
5. 装设接地线时，工作人员应使用绝缘棒或戴绝缘手套，人体不得碰触接地体
6. 操作人在装设接地线时，监护人严禁帮助操作人拉拽接地线，以免失去监护操作
7. 验电前应将验电器在有电设备上进行检验，确保验电器合格</td></tr>
<tr><td colspan="7">操作人：赵××　　监护人：李××　　值班负责人：孙××</td></tr>
</table>

（3）金城线线路由检修转为冷备用。

变电站倒闸操作票

单位：××供电公司××变电站　　　　　　编号：×××××

<table>
<tr><td>发令人</td><td>×××</td><td>受令人</td><td>×××</td><td>发令时间</td><td colspan="2">××××年××月××日××时××分</td></tr>
<tr><td colspan="5">操作开始时间：
××××年××月××日××时××分</td><td colspan="2">操作结束时间：
××××年××月××日××时××分</td></tr>
<tr><td colspan="7">(√) 监护下操作　　( ) 单人操作　　( ) 检修人员操作</td></tr>
<tr><td colspan="7">操作任务：金城线线路由检修转为冷备用</td></tr>
<tr><td>顺序</td><td colspan="5">操 作 项 目</td><td>√</td></tr>
<tr><td>1</td><td colspan="5">拆除金城线 71-3 隔离开关线路侧 3 号接地线</td><td>√</td></tr>
<tr><td>2</td><td colspan="5">检查金城线 71-3 隔离开关线路侧 3 号接地线确已拆除</td><td>√</td></tr>
<tr><td>3</td><td colspan="5">检查金城线 71-3 隔离开关线路侧确无接地短路</td><td>√</td></tr>
<tr><td></td><td colspan="5">ㄣ</td><td></td></tr>
<tr><td colspan="7">备注：1. 拆除接地线必须先拆导体端，后拆接地端
2. 拆除导体端接地线时必须 A、B、C 三相全部拆除
3. 检查确无接地短路必须 A、B、C 三相逐一检查
4. 拆除接地线时，工作人员应使用绝缘棒或绝缘手套，人体不得碰触接地体
5. 拆除接地线后，操作人应将拆除的接地线从导体端至接地端依次盘起并绑扎好
6. 将绑扎好的接地线按其编号放入固定存放地点，存放点的编号要与接地线编号相对应</td></tr>
<tr><td colspan="7">操作人：赵××　　监护人：李××　　值班负责人：孙××</td></tr>
</table>

（4）金城线线路由冷备用转为运行。

变电站倒闸操作票

单位：××供电公司××变电站　　　　　　编号：×××××

<table>
<tr><td>发令人</td><td>×××</td><td>受令人</td><td>×××</td><td>发令时间</td><td colspan="2">××××年××月××日××时××分</td></tr>
<tr><td colspan="5">操作开始时间：
××××年××月××日××时××分</td><td colspan="2">操作结束时间：
××××年××月××日××时××分</td></tr>
<tr><td colspan="7">（√）监护下操作　　（ ）单人操作　　（ ）检修人员操作</td></tr>
<tr><td colspan="7">操作任务：金城线线路由冷备用转为运行</td></tr>
<tr><td>顺序</td><td colspan="5">操 作 项 目</td><td>√</td></tr>
<tr><td>1</td><td colspan="5">检查金城线送电范围内确无接地短路</td><td>√</td></tr>
<tr><td>2</td><td colspan="5">检查金城线 71 断路器确已拉开</td><td>√</td></tr>
<tr><td>3</td><td colspan="5">合上金城线 71-2 隔离开关</td><td>√</td></tr>
<tr><td>4</td><td colspan="5">检查金城线 71-2 隔离开关三相确已合好</td><td>√</td></tr>
<tr><td>5</td><td colspan="5">合上金城线 71-3 隔离开关</td><td>√</td></tr>
<tr><td>6</td><td colspan="5">检查金城线 71-3 隔离开关三相确已合好</td><td>√</td></tr>
<tr><td>7</td><td colspan="5">合上金城线 71 断路器</td><td>√</td></tr>
<tr><td>8</td><td colspan="5">检查金城线 71 断路器确已合好</td><td>√</td></tr>
<tr><td>9</td><td colspan="5">将金城线 71 断路器遥控开关切至遥控位置</td><td>√</td></tr>
<tr><td></td><td colspan="5">ϟ</td><td></td></tr>
<tr><td colspan="7">备注：1. 线路送电顺序，应先检查线路断路器确已拉开，先合上线路电源侧隔离开关，再合上线路负荷侧隔离开关，最后合上线路断路器
2. 由于本变电站已经实现无人值班，断路器已实现遥控功能，所以在变电站现场操作时，必须将断路器遥控开关切至就地位置，在进行现场拉合断路器操作完毕后，必须将断路器遥控开关切至遥控位置
3. 线路送电前应检查线路送电范围内确无接地短路</td></tr>
<tr><td colspan="7">操作人：赵××　　监护人：李××　　值班负责人：孙××</td></tr>
</table>

（5）卢村线 74 断路器由冷备用转为检修。

变电站倒闸操作票

单位：××供电公司××变电站　　　　　　　　　　编号：×××××

发令人	×××	受令人	×××	发令时间	××××年××月××日××时××分
操作开始时间：××××年××月××日××时××分			操作结束时间：××××年××月××日××时××分		
(√) 监护下操作		( ) 单人操作		( ) 检修人员操作	
操作任务：卢村线 74 断路器由冷备用转为检修					

顺序	操 作 项 目	√
1	在卢村线 74 断路器 TA 侧验电确无电压	√
2	在卢村线 74 断路器 TA 侧装设 3 号接地线	√
3	在卢村线 74-1 隔离开关与 74-2 隔离开关间验电确无电压	√
4	在卢村线 74-1 隔离开关与 74-2 隔离开关间装设 1 号接地线	√
	ㄣ	

备注：1. 装设接地线必须先接接地端，后接导体端，且必须接触良好，严禁用缠绕方式接地
2. 验电要用合格的相应的电压等级的专用验电器
3. 验电确无电压必须对线路 A、B、C 三相逐一验电确无电压
4. 当验明设备确无电压后，对检修设备接地并三相短路
5. 装设接地线时，工作人员应使用绝缘棒或戴绝缘手套，人体不得碰触接地体
6. 操作人在装设接地线时，监护人严禁帮助操作人拉拽接地线，以免失去监护操作
7. 验电前应将验电器在有电设备上进行检验，确保验电器合格

操作人：赵××　　　　监护人：李××　　　　值班负责人：孙××

八、10kV 单母线分段接线倒闸操作票

（一）10kV 单母线分段接线一次系统图（见图 6-11）

（二）正常运行方式

110kV 内桥 10 断路器，10-1 隔离开关，10-2 隔离开关均在合闸位置，110kV 北昌线 12 断路器，12-1 隔离开关，12-3 隔离开关均在合闸位置，110kV 北昌线带 110kV 1 母线与 110kV 2 母线运行，1 号变压器在 110kV 1 母线运行，2 号变压器在 110kV 2 母线运行。南齐线 14 断路器在拉开位置，14-2 隔离开关，14-3 隔离开关均在合闸位置，南齐线 14 断路器在热备用状态。110kV 自投装置投入运行。1 号变压器 1-D10 中性点接地刀闸与 2 号变压器 2-D10 中性点接地刀闸均在拉开位置。1 号变压器 32-1 隔离开关，92 断路器，92-3 隔离开关，92-1 隔离开关均在合闸位置，1 号变压器带 10kV 1 母线负荷。2 号变压器 34-2 隔离开关，94 断路器，94-3 隔离开关，94-2 隔离开关均在合闸位置，2 号变压器带

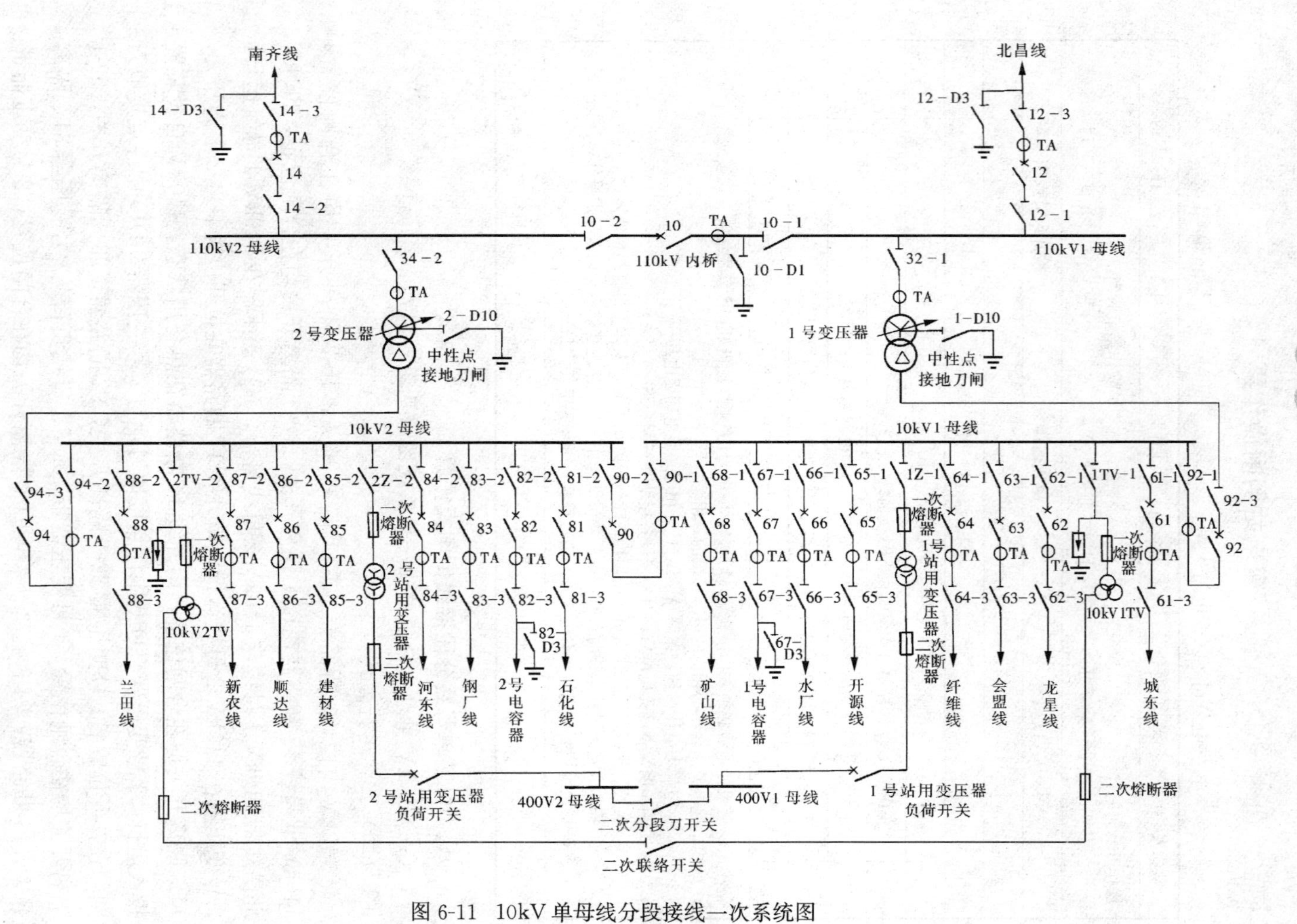

图 6-11 10kV 单母线分段接线一次系统图

10kV 2母线负荷，10kV分段90断路器在拉开位置，90-1隔离开关，90-2隔离开关均在合闸位置，10kV分段90断路器在热备用状态。10kV城东线、10kV龙星线、10kV会盟线、10kV纤维线、10kV开源线、10kV水厂线、10kV矿山线、10kV 1号电容器、10kV 1TV、10kV 1号站用变压器均在10kV 1母线带电运行。10kV石化线、10kV钢厂线、10kV河东线、10kV建材线、10kV顺达线、10kV新农线、10kV兰田线、10kV 2号电容器、10kV 2TV、10kV 2号站用变压器均在10kV 2母线带电运行。10kV 1TV与10kV 2TV二次联络开关在拉开位置。10kV 1号站用变压器、10kV 2号站用变压器二次分段刀开关在拉开位置。

（三）10kV单母线分段接线倒闸操作票实例

（1）城东线线路由运行转为热备用。

变电站倒闸操作票

单位：××供电公司××变电站　　　　编号：×××××

<table>
<tr><td>发令人</td><td>×××</td><td>受令人</td><td>×××</td><td>发令时间</td><td colspan="2">××××年××月××日××时××分</td></tr>
<tr><td colspan="5">操作开始时间：
××××年××月××日××时××分</td><td colspan="2">操作结束时间：
××××年××月××日××时××分</td></tr>
<tr><td colspan="7">（√）监护下操作　　（ ）单人操作　　（ ）检修人员操作</td></tr>
<tr><td colspan="7">操作任务：城东线线路由运行转为热备用</td></tr>
<tr><td>顺序</td><td colspan="5">操 作 项 目</td><td>√</td></tr>
<tr><td>1</td><td colspan="5">将城东线61断路器遥控开关切至就地位置</td><td>√</td></tr>
<tr><td>2</td><td colspan="5">拉开城东线61断路器</td><td>√</td></tr>
<tr><td>3</td><td colspan="5">检查城东线61断路器三相确已拉开</td><td>√</td></tr>
<tr><td></td><td colspan="5">ㄣ</td><td></td></tr>
<tr><td colspan="7">备注：1. 对于断路器已实现遥控功能的变电站，现场操作时，必须将断路器遥控开关切至就地位置，在进行现场拉合断路器操作完毕后，必须将断路器遥控开关切至遥控位置
2. 对于无人值班变电站中的喇叭、警铃信号不能远方恢复者，操作前，应合上中央信号盘喇叭、警铃信号刀开关。操作结束后，运行人员撤离变电站前，应将中央信号盘喇叭、警铃信号刀开关拉开</td></tr>
<tr><td colspan="7">操作人：赵××　　监护人：李××　　值班负责人：孙××</td></tr>
</table>

（2）城东线线路由热备用转为检修。

变电站倒闸操作票

单位：××供电公司××变电站　　　　编号：×××××

<table>
<tr><td>发令人</td><td>×××</td><td>受令人</td><td>×××</td><td>发令时间</td><td>××××年××月××日××时××分</td></tr>
<tr><td colspan="4">操作开始时间：
××××年××月××日××时××分</td><td colspan="2">操作结束时间：
××××年××月××日××时××分</td></tr>
<tr><td colspan="6">（√）监护下操作　　（ ）单人操作　　（ ）检修人员操作</td></tr>
<tr><td colspan="6">操作任务：城东线线路由热备用转为检修</td></tr>
</table>

顺序	操 作 项 目	√
1	检查城东线61断路器三相确已拉开	√
2	取下城东线61断路器合闸熔断器	√
3	拉开城东线61-3隔离开关	√
4	检查城东线61-3隔离开关三相确已拉开	√
5	拉开城东线61-1隔离开关	√
6	检查城东线61-1隔离开关三相确已拉开	√
7	在城东线61-3隔离开关线路侧验电确无电压	√
8	在城东线61-3隔离开关线路侧装设9号接地线	√
9	拉开城东线61断路器控制电源开关	√
	ㄣ	

备注：1. 线路停电顺序：应先拉开线路断路器，检查线路断路器确已拉开后，再拉开线路负荷侧隔离开关，最后拉开线路电源侧隔离开关

2. 装设接地线必须先接接地端，后接导体端，且必须接触良好，严禁用缠绕方式接地
3. 验电要用合格的相应的电压等级的专用验电器
4. 验电确无电压必须对线路A、B、C三相逐一验电确无电压
5. 当验明设备确无电压后，对检修设备接地并三相短路
6. 装设接地线时，工作人员应使用绝缘棒或戴绝缘手套，人体不得碰触接地体
7. 操作人在装设接地线时，监护人严禁帮助操作人拉拽接地线，以免失去监护操作
8. 验电前应将验电器在有电设备上进行检验，确保验电器合格

操作人：赵××　　　　监护人：李××　　　　值班负责人：孙××

（3）城东线线路由检修转为热备用。

变电站倒闸操作票

单位：××供电公司××变电站　　　　　　　　　　　　编号：×××××

发令人	×××	受令人	×××	发令时间	××××年××月××日××时××分
操作开始时间： ××××年××月××日××时××分				操作结束时间： ××××年××月××日××时××分	
（√）监护下操作		（ ）单人操作		（ ）检修人员操作	
操作任务：城东线线路由检修转为热备用					

顺序	操 作 项 目	√
1	合上城东线 61 断路器控制电源开关	√
2	检查城东线 61 断路器保护运行	√
3	拆除城东线 61-3 隔离开关线路侧 9 号接地线	√
4	检查城东线 61-3 隔离开关线路侧 9 号接地线确已拆除	√
5	检查城东线送电范围内确无接地短路	√
6	检查城东线 61 断路器三相确已拉开	√
7	合上城东线 61-1 隔离开关	√
8	检查城东线 61-1 隔离开关三相确已合好	√
9	合上城东线 61-3 隔离开关	√
10	检查城东线 61-3 隔离开关三相确已合好	√
11	装上城东线 61 断路器合闸熔断器	√
	ㄣ	

备注：1. 拆除接地线必须先拆导体端，后拆接地端
2. 拆除导体端接地线时必须 A、B、C 三相全部拆除
3. 检查确无接地短路必须 A、B、C 三相逐一检查
4. 拆除接地线时，工作人员应使用绝缘棒或绝缘手套，人体不得碰触接地体
5. 拆除接地线后，操作人应将拆除的接地线从导体端至接地端依次盘起并绑扎好
6. 将绑扎好的接地线按其编号放入固定存放地点，存放点的编号要与接地线编号相对应
7. 线路送电顺序：应先检查线路断路器确已拉开，先合上线路电源侧隔离开关，再合上线路负荷侧隔离开关，最后合上线路断路器

操作人：赵××　　　　监护人：李××　　　　值班负责人：孙××

（4）城东线线路由热备用转为运行。

变电站倒闸操作票

单位：××供电公司××变电站　　　　编号：×××××

<table>
<tr><td>发令人</td><td>×××</td><td>受令人</td><td>×××</td><td>发令时间</td><td colspan="2">××××年××月××日××时××分</td></tr>
<tr><td colspan="5">操作开始时间：
××××年××月××日××时××分</td><td colspan="2">操作结束时间：
××××年××月××日××时××分</td></tr>
<tr><td colspan="7">（√）监护下操作　　（ ）单人操作　　（ ）检修人员操作</td></tr>
<tr><td colspan="7">操作任务：城东线线路由热备用转为运行</td></tr>
<tr><td>顺序</td><td colspan="5">操 作 项 目</td><td>√</td></tr>
<tr><td>1</td><td colspan="5">合上城东线 61 断路器</td><td>√</td></tr>
<tr><td>2</td><td colspan="5">检查城东线 61 断路器三相确已合好</td><td>√</td></tr>
<tr><td>3</td><td colspan="5">将城东线 61 断路器遥控开关切至遥控位置</td><td>√</td></tr>
<tr><td></td><td colspan="5">ㄣ</td><td></td></tr>
<tr><td colspan="7">备注：对于断路器已实现遥控功能的变电站，现场操作时，必须将断路器遥控开关切至就地位置，在进行现场拉合断路器操作完毕后，必须将断路器遥控开关切至遥控位置</td></tr>
<tr><td colspan="7">操作人：赵××　　监护人：李××　　值班负责人：孙××</td></tr>
</table>

（5）城东线 61 断路器由运行转为检修。

变电站倒闸操作票

单位：××供电公司××变电站　　　　编号：×××××

<table>
<tr><td>发令人</td><td>×××</td><td>受令人</td><td>×××</td><td>发令时间</td><td colspan="2">××××年××月××日××时××分</td></tr>
<tr><td colspan="5">操作开始时间：
××××年××月××日××时××分</td><td colspan="2">操作结束时间：
××××年××月××日××时××分</td></tr>
<tr><td colspan="7">（√）监护下操作　　（ ）单人操作　　（ ）检修人员操作</td></tr>
<tr><td colspan="7">操作任务：城东线 61 断路器由运行转为检修</td></tr>
<tr><td>顺序</td><td colspan="5">操 作 项 目</td><td>√</td></tr>
<tr><td>1</td><td colspan="5">将城东线 61 断路器遥控开关切至就地位置</td><td>√</td></tr>
<tr><td>2</td><td colspan="5">拉开城东线 61 断路器</td><td>√</td></tr>
<tr><td>3</td><td colspan="5">检查城东线 61 断路器三相确已拉开</td><td>√</td></tr>
<tr><td>4</td><td colspan="5">取下城东线 61 断路器合闸熔断器</td><td>√</td></tr>
<tr><td>5</td><td colspan="5">拉开城东线 61-3 隔离开关</td><td>√</td></tr>
<tr><td>6</td><td colspan="5">检查城东线 61-3 隔离开关三相确已拉开</td><td>√</td></tr>
<tr><td>7</td><td colspan="5">拉开城东线 61-1 隔离开关</td><td>√</td></tr>
<tr><td>8</td><td colspan="5">检查城东线 61-1 隔离开关三相确已拉开</td><td>√</td></tr>
<tr><td>9</td><td colspan="5">在城东线 61-3 隔离开关线路侧验电确无电压</td><td>√</td></tr>
<tr><td>10</td><td colspan="5">在城东线 61-3 隔离开关线路侧装设 7 号接地线</td><td>√</td></tr>
</table>

续表

<table>
<tr><td>发令人</td><td>×××</td><td>受令人</td><td>×××</td><td>发令时间</td><td colspan="2">××××年××月××日××时××分</td></tr>
<tr><td colspan="5">操作开始时间：
××××年××月××日××时××分</td><td colspan="2">操作结束时间：
××××年××月××日××时××分</td></tr>
<tr><td colspan="7">（√）监护下操作　　　　（　）单人操作　　　　（　）检修人员操作</td></tr>
<tr><td colspan="7">操作任务：城东线 61 断路器由运行转为检修</td></tr>
<tr><td>顺序</td><td colspan="5">操　作　项　目</td><td>√</td></tr>
<tr><td>11</td><td colspan="5">拉开城东线 61 断路器控制电源开关</td><td>√</td></tr>
<tr><td></td><td colspan="5">ㄣ</td><td></td></tr>
<tr><td colspan="7">备注：1. 对于断路器已实现遥控功能的变电站，现场操作时，必须将断路器遥控开关切至就地位置，在进行现场拉合断路器操作完毕后，必须将断路器遥控开关切至遥控位置
2. 线路停电顺序：应先拉开线路断路器，检查线路断路器确已拉开后，再拉开线路负荷侧隔离开关，最后拉开线路电源侧隔离开关
3. 装设接地线必须先接接地端，后接导体端，且必须接触良好，严禁用缠绕方式接地
4. 验电要用合格的相应的电压等级的专用验电器
5. 验电确无电压必须对线路 A、B、C 三相逐一验电确无电压
6. 当验明设备确无电压后，对检修设备接地并三相短路
7. 装设接地线时，工作人员应使用绝缘棒或戴绝缘手套，人体不得碰触接地体
8. 操作人在装设接地线时，监护人严禁帮助操作人拉拽接地线，以免失去监护操作
9. 验电前应将验电器在有电设备上进行检验，确保验电器合格</td></tr>
<tr><td colspan="7">操作人：赵××　　　　监护人：李××　　　　值班负责人：孙××</td></tr>
</table>

（6）城东线 61 断路器与 61-1 隔离开关间接地。

变电站倒闸操作票

单位：××供电公司××变电站　　　　编号：×××××

<table>
<tr><td>发令人</td><td>×××</td><td>受令人</td><td>×××</td><td>发令时间</td><td colspan="2">××××年××月××日××时××分</td></tr>
<tr><td colspan="5">操作开始时间：
××××年××月××日××时××分</td><td colspan="2">操作结束时间：
××××年××月××日××时××分</td></tr>
<tr><td colspan="7">（√）监护下操作　　　　（　）单人操作　　　　（　）检修人员操作</td></tr>
<tr><td colspan="7">操作任务：城东线 61 断路器与 61-1 隔离开关间接地</td></tr>
<tr><td>顺序</td><td colspan="5">操　作　项　目</td><td>√</td></tr>
<tr><td>1</td><td colspan="5">在城东线 61 断路器与 61-1 隔离开关间验电确无电压</td><td>√</td></tr>
<tr><td>2</td><td colspan="5">在城东线 61 断路器与 61-1 隔离开关间装设 12 号接地线</td><td>√</td></tr>
<tr><td></td><td colspan="5">ㄣ</td><td></td></tr>
<tr><td colspan="7">备注：1. 装设接地线必须先接接地端，后接导体端，且必须接触良好，严禁用缠绕方式接地
2. 验电要用合格的相应的电压等级的专用验电器
3. 验电确无电压必须对线路 A、B、C 三相逐一验电确无电压
4. 当验明设备确无电压后，对检修设备接地并三相短路
5. 装设接地线时，工作人员应使用绝缘棒或戴绝缘手套，人体不得碰触接地体
6. 操作人在装设接地线时，监护人严禁帮助操作人拉拽接地线，以免失去监护操作
7. 验电前应将验电器在有电设备上进行检验，确保验电器合格
8. 由于城东线停电，拉开城东线 61-1 隔离开关后，61-1 隔离开关静触头接于母线带电，所以必须先在城东线 61-1 隔离开关动、静触头间装设绝缘隔板后再装设接地线</td></tr>
<tr><td colspan="7">操作人：赵××　　　　监护人：李××　　　　值班负责人：孙××</td></tr>
</table>

（7）拆除城东线 61 断路器与 61-1 隔离开关间接地线。

变电站倒闸操作票

单位：××供电公司××变电站　　　　　　　　编号：×××××

<table>
<tr><td>发令人</td><td>×××</td><td>受令人</td><td>×××</td><td>发令时间</td><td colspan="2">××××年××月××日××时××分</td></tr>
<tr><td colspan="5">操作开始时间：
××××年××月××日××时××分</td><td colspan="2">操作结束时间：
××××年××月××日××时××分</td></tr>
<tr><td colspan="7">（√）监护下操作　　（ ）单人操作　　（ ）检修人员操作</td></tr>
<tr><td colspan="7">操作任务：拆除城东线 61 断路器与 61-1 隔离开关间接地线</td></tr>
<tr><td>顺序</td><td colspan="5">操 作 项 目</td><td>√</td></tr>
<tr><td>1</td><td colspan="5">拆除城东线 61 断路器与 61-1 隔离开关间 12 号接地线</td><td>√</td></tr>
<tr><td>2</td><td colspan="5">检查城东线 61 断路器与 61-1 隔离开关间 12 号接地线确已拆除</td><td>√</td></tr>
<tr><td>3</td><td colspan="5">检查城东线 61 断路器与 61-1 隔离开关间确无接地短路</td><td>√</td></tr>
<tr><td></td><td colspan="5"></td><td></td></tr>
<tr><td colspan="7">备注：1. 拆除接地线必须先拆导体端，后拆接地端
2. 拆除导体端接地线时必须 A、B、C 三相全部拆除
3. 检查确无接地短路必须 A、B、C 三相逐一检查
4. 拆除接地线时，工作人员应使用绝缘棒或绝缘手套，人体不得碰触接地体
5. 拆除接地线后，操作人应将拆除的接地线从导体端至接地端依次盘起并绑扎好
6. 将绑扎好的接地线按其编号放入固定存放地点，存放点的编号要与接地线编号相对应
7. 先拆接地线再拆绝缘隔板</td></tr>
<tr><td colspan="7">操作人：赵××　　监护人：李××　　值班负责人：孙××</td></tr>
</table>

（8）城东线 61 断路器由检修转为运行。

变电站倒闸操作票

单位：××供电公司××变电站　　　　　　　　编号：×××××

<table>
<tr><td>发令人</td><td>×××</td><td>受令人</td><td>×××</td><td>发令时间</td><td colspan="2">××××年××月××日××时××分</td></tr>
<tr><td colspan="5">操作开始时间：
××××年××月××日××时××分</td><td colspan="2">操作结束时间：
××××年××月××日××时××分</td></tr>
<tr><td colspan="7">（√）监护下操作　　（ ）单人操作　　（ ）检修人员操作</td></tr>
<tr><td colspan="7">操作任务：城东线 61 断路器由检修转为运行</td></tr>
<tr><td>顺序</td><td colspan="5">操 作 项 目</td><td>√</td></tr>
<tr><td>1</td><td colspan="5">合上城东线 61 断路器控制电源开关</td><td>√</td></tr>
<tr><td>2</td><td colspan="5">检查城东线 61 断路器保护运行</td><td>√</td></tr>
<tr><td>3</td><td colspan="5">拆除城东线 61-3 隔离开关线路侧 7 号接地线</td><td>√</td></tr>
</table>

操 作 票

续表

<table>
<tr><td>发令人</td><td>×××</td><td>受令人</td><td>×××</td><td>发令时间</td><td colspan="2">××××年××月××日××时××分</td></tr>
<tr><td colspan="5">操作开始时间：
××××年××月××日××时××分</td><td colspan="2">操作结束时间：
××××年××月××日××时××分</td></tr>
<tr><td colspan="7">（√）监护下操作　　（ ）单人操作　　（ ）检修人员操作</td></tr>
<tr><td colspan="7">操作任务：城东线 61 断路器由检修转为运行</td></tr>
<tr><td>顺序</td><td colspan="5">操 作 项 目</td><td>√</td></tr>
<tr><td>4</td><td colspan="5">检查城东线 61-3 隔离开关线路侧 7 号接地线确已拆除</td><td>√</td></tr>
<tr><td>5</td><td colspan="5">检查城东线 61 断路器送电范围内确无接地短路</td><td>√</td></tr>
<tr><td>6</td><td colspan="5">检查城东线 61 断路器三相确已拉开</td><td>√</td></tr>
<tr><td>7</td><td colspan="5">合上城东线 61-1 隔离开关</td><td>√</td></tr>
<tr><td>8</td><td colspan="5">检查城东线 61-1 隔离开关三相确已合好</td><td>√</td></tr>
<tr><td>9</td><td colspan="5">合上城东线 61-3 隔离开关</td><td>√</td></tr>
<tr><td>10</td><td colspan="5">检查城东线 61-3 隔离开关三相确已合好</td><td>√</td></tr>
<tr><td>11</td><td colspan="5">装上城东线 61 断路器合闸熔断器</td><td>√</td></tr>
<tr><td>12</td><td colspan="5">合上城东线 61 断路器</td><td>√</td></tr>
<tr><td>13</td><td colspan="5">检查城东线 61 断路器三相确已合好</td><td>√</td></tr>
<tr><td>14</td><td colspan="5">将城东线 61 断路器遥控开关切至遥控位置</td><td>√</td></tr>
<tr><td></td><td colspan="5">ㄣ</td><td></td></tr>
<tr><td colspan="7">备注：1. 拆除接地线必须先拆导体端，后拆接地端
2. 拆除导体端接地线时必须 A、B、C 三相全部拆除
3. 检查确无接地短路必须 A、B、C 三相逐一检查
4. 拆除接地线时，工作人员应使用绝缘棒或绝缘手套，人体不得碰触接地体
5. 拆除接地线后，操作人应将拆除的接地线从导体端至接地端依次盘起并绑扎好
6. 将绑扎好的接地线按其编号放入固定存放地点，存放点的编号要与接地线编号相对应</td></tr>
<tr><td colspan="7">操作人：赵××　　监护人：李××　　值班负责人：孙××</td></tr>
</table>

第三节 防误闭锁装置管理规定

一、变电站新安装的防误闭锁装置在投运前验收规定

1. 微机闭锁装置验收项目

（1）微机闭锁装置的运行环境应避免在有化学侵蚀及爆炸性危害的场所运行，对装置的环境工作温度要有明确的要求。一般微机闭锁装置的环境工作温度室内在＋10～＋35℃，室外在－40～＋45℃。

（2）要检查充电保护合闸回路中有微机闭锁装置锁头，且锁头编码与所合断

路器控制盘上的锁头编码一致。

2. 电气闭锁装置验收项目

(1) 电气闭锁装置的锁栓能自动复位。

(2) 电气闭锁装置使用的直流电源应与继电保护、控制回路、信号回路所用电源分开。

(3) 电气闭锁装置使用的交流电源应满足不间断供电要求。

(4) 断路器和隔离开关之间的电气闭锁回路不得使用重动继电器，应直接用断路器和隔离开关的辅助触点。

(5) 电气闭锁回路中的断路器、隔离开关、接地刀闸、断路器柜门的辅助接点应可靠，接触良好。

3. 机械闭锁装置验收项目

(1) 成套高压电气设备，断路器、隔离开关（或手车）、接地刀闸、柜门之间的机械联锁能可靠闭锁。

(2) 带接地刀闸的隔离开关，机械闭锁应可靠好用。

(3) 要在控制开关的上方安装有防止误拉、合断路器的提示元件。

(4) 断路器柜带电显示装置应安装牢固，接线正确，与带电设备保持足够的安全距离，不影响电气设备的正常运行。

二、变电站防误闭锁装置运行规定

(1) 变电站防误闭锁装置更换后应及时对《变电站现场运行规程》进行修改。防误闭锁装置资料应齐全。

(2) 在巡视设备时应注意检查防误闭锁装置运行正常。应检查微机闭锁装置电池电压是否充足。室外机械锁应定期加油，防止锁具生锈，防误闭锁装置存在缺陷时应做好记录并按时上报定期消除。

(3) 要对微机闭锁装置每次连续使用时间在《变电站现场运行规程》中明确规定，一般不得连续使用时间超过4h。

(4) 正常操作的钥匙应妥善保管，定点存放，每天交接班时进行检查。防误闭锁装置解锁钥匙箱正常应用铅封闭锁，严禁随意解锁。

(5) 操作中遇到防误闭锁装置打不开时，严禁随意解除闭锁。在正常检修工作后，应对闭锁装置进行验收。运行中严禁随意触动模拟板上的设备位置，应检查模拟板与变电站现场实际运行方式一致。

三、变电站防误闭锁装置解锁钥匙管理规定

1. 防误闭锁装置解锁钥匙的使用

(1) 倒闸操作过程中必须使用解锁钥匙解除闭锁装置时，操作人员应向当值

值班负责人汇报，并向运行车间生产管理人员汇报。

(2) 在危及人身、电网和设备安全且确需解锁的紧急情况下，经当值值班负责人同意后，并经值班负责人复核无误后方可使用解锁钥匙。

(3) 在变电设备验收或检修设备期间须使用解锁钥匙时，工作许可人应持工作票向值班负责人汇报，经值班负责人复核同意后取出钥匙。值班员在工作许可人的监护下会同工作负责人开启防误闭锁装置。

2. 防误闭锁装置解锁钥匙的管理

(1) 经变电站管理单位的防误闭锁专责人同意后，由值班负责人开封，将所需解锁钥匙取出，在第二监护人的监护下到被操作设备位置。

(2) 使用解锁钥匙开锁前，操作人、监护人、第二监护人面向被操作设备的名称、标示牌，由监护人按照操作票顺序找到未打“√”项高声唱票，操作人高声复诵无误后，监护人发出“对，执行”操作口令，操作人方可用解锁钥匙开锁。

(3) 解锁钥匙使用完后，由值班负责人保存解锁钥匙，直到变电站管理单位防误闭锁专责人重新将解锁钥匙装封为止，并将使用情况记录在《防误闭锁装置解锁钥匙使用记录》。

(4) 在值班负责人保管解锁钥匙期间，如果操作中又遇到使用解锁钥匙情况，必须再次向变电站管理单位防误闭锁专责人汇报。

(5) 当防误闭锁装置出现缺陷需要使用解锁钥匙时，在不影响设备停、送电的情况下，变电站管理单位防误闭锁专责人可不予批准操作人员使用解锁钥匙进行操作，待消除防误闭锁装置缺陷后再继续操作。

(6) 对于微机闭锁装置，严禁使用电脑钥匙取程序方法打开检修设备防误闭锁装置，必须使用解锁钥匙进行开启。

(7) 验收（或检修）设备期间须使用解锁钥匙时，工作许可人应持工作票向值班负责人汇报“××工作票上××设备验收（或检修）确需使用解锁钥匙”，经值班负责人复核同意后取出钥匙。值班员在工作许可人在监护人的监护下会同工作负责人开启闭锁装置。使用完毕工作许可人应立即将解锁钥匙交值班负责人保管，并将情况记录在《防误闭锁装置解锁钥匙使用记录》。设备检修（验收）工作完成后，检修（验收）人员必须将设备恢复到原来的状态，值班员负责运行把关。

第七章

工 作 票

第一节　变电站第一种工作票填写规定

变电站第一种工作票分为手工填写和使用工作票管理系统填写两种形式，手工填写工作票和工作票管理系统打印工作票，要使用统一标准格式填写，应一式两联，两联工作票编号相同。手工填写的工作票要用蓝色或黑色的钢笔或圆珠笔填写。填写工作票应对照变电站接线图，填写内容要与现场设备的名称和编号相符，并使用设备双重名称。工作票有破损不能继续使用时，应补填新的工作票。

一、工作票签发人填写变电站第一种工作票的要求

（一）单位、班组

（1）单位：应填写工作班组主管单位的名称，例如，检修公司、修试所等。

（2）班组：应填写参加工作班组的名称。不能只写简称，要写全称。

（二）工作负责人（监护人）

工作负责人是组织工作人员安全地完成工作票上所列工作任务的负责人，也是对本工作班完成工作的监护人。若几个班同时工作时，填写总工作负责人的姓名。对于复杂得多班组工作，总的工作负责人应由检修车间的生产技术人员担任。一个工作负责人只能发给一张工作票，在工作期间，工作票应始终保留在工作负责人手中。

（三）工作班人员

填写的工作班人员不包括工作负责人在内，单一班组工作时，班组人数不超过五人，填写全部人员姓名。班组人数超过五人时，可填写五个人姓名并写上“等”共计包括工作负责人在内的所有工作人员总数。几个班同时进行工作时，工作票可发给一个总的负责人，在工作班成员栏内，只填明各班的负责人姓名，不必填写全部工作人员名单。

（四）工作的变配电站名称及设备双重名称

此栏应填写进行工作的变电站、开关站、配电室名称和电压等级，变电站、开

关站、配电室名称要写全称，不能只写简称或代号。要填写变电站、开关站、配电室内工作的设备双重名称。例如，“220kV××变电站110kV××线17-4隔离开关。”

（五）工作任务

1. 工作地点及设备双重名称

工作地点及设备双重名称应填写实际工作现场的位置和地点名称以及设备的双重名称，其中断路器、隔离开关、电力电容器等电气设备应写双重名称，构架、母线等应写电压等级和设备名称，填写设备名称必须与现场实际相符。对于同一电压等级，位于同一层楼，同时停送电且不会触及带电导体的几个电气连接部分范围内的工作，允许填写一张工作票，开工前工作票内的全部安全措施应一次完成。若一个电气连接部分或一组电气装置全部停电，则所有不同地点的工作，可以填写一张工作票，但主要工作内容和工作地点要填写详细、明确。工作地点是以一个电气连接部分为限，电气连接部分是用隔离开关与其他电气元件分开的部分，并将这个电气连接部分的两端和各侧施以必要的安全措施。

2. 工作内容

工作内容栏应填写该工作的设备检修、试验清扫、保护校验、TA变化及设备更改、安装、拆除等项目，工作内容应对照工作地点及工作设备来填写。单一工作应详细填写工作内容，非单一工作应填写主要工作内容。对消除重大缺陷或指定的反措项目，应填写清楚。

3. 工作任务的填写举例（见表7-1）

表7-1　工作任务填写举例

序号	工作地点及设备双重名称	工 作 内 容
1	控制室内××kV母旁××断路器控制屏与保护屏	××kV母旁××断路器保护改代××kV××线保护定值
2	室外××kV设备区内××kV××线××隔离开关	××kV××线××隔离开关小修
3	室外××kV设备区内××kV××线××断路器、××断路器TA、××隔离开关、××kV××线路CVT及悬垂	××kV××线××断路器、××断路器TA、××隔离开关、××kV××线路CVT及悬垂清扫，小修
4	室外××kV设备区××kV××线××断路器液压机构	××kV××线××断路器液压机构消缺
5	××kV高压室内×号变压器××断路器车及进线电缆	×号变压器××断路器车及进线电缆小修、试验、消缺
6	室外××kV设备区内××kV××线路CVT，结合滤波器，二次高频电缆	室外××kV设备区内××kV××线路CVT处二次高频电缆更换，结合滤波器更换，二次高频电缆拆接线工作

续表

序号	工作地点及设备双重名称	工作内容
7	在××kV高压室内楼下，××kV×号站用变压器××断路器，主控制室内及××kV站用变压器室内，××kV×号站用变压器二次设备	对××kV×号站用变压器××断路器更换。××kV×号站用变压器二次设备小修
8	在××kV高压室内楼下××kV××线××断路器，控制室内××kV××线××断路器保护屏	××kV××线××断路器保护屏进行保护校验工作
9	××kV电容器室楼上×号电容器××组电容器	×号电容器××组电容器消缺

（六）计划工作时间

填写应在调度批准的设备停电检修时间范围内，不包括停、送电操作所需的时间。计划工作时间的填写统一按照公历的年、月、日和24h制填写，例如："自2011年06月15日09时00分至2011年06月15日16时30分"。运行值班负责人在收到工作票后，要对工作票签发人填写的计划工作时间与调度批准的设备停电检修时间相对照，如果不相符，要及时通知工作票签发人进行修改。计划工作时间不准涂改，如果有涂改必须重新填写工作票。计划工作时间应小于申请的停电检修时间，计划工作时间必须在调度批准的停、送电时间以内，以便给变电站运行值班人员倒闸操作和安全措施的布置留有足够的时间。

（七）安全措施

1. 应拉断路器、隔离开关

按工作需要应拉开的断路器、隔离开关和跌落式熔断器，包括填写前应拉开的断路器、隔离开关和跌落式熔断器，应取下的熔断器、应拉开的快分开关或电源刀开关等均应填入此栏。新建、扩建工程或设备变更未定编号时，可使用设备名称，但必须要与现场实际设备名称相符。填写应具体明确，并注明设备编号。

2. 应装接地线、应合接地刀闸

应写明装设接地线的具体位置和确切地点，接地线的编号可以留出空格，待变电站值班运行人员做好安全措施后，由工作许可人填写装设接地线编号。此栏还应注明各组接地刀闸的编号，接地刀闸只填写编号不填写地点。

3. 应设遮栏、应挂标示牌

填写应装设遮栏，应挂标示牌的名称和地点。

填写防止二次回路误碰的具体措施。填写要装设的绝缘挡板，必须注明现场实际装设处的位置。

(1) 小面积停电检修工作时，遮（围）栏应包围停电设备，并留有出入口，遮（围）栏内设有“在此工作”的标示牌，在遮（围）栏上悬挂适当数量的“止步，高压危险!”标示牌，标示牌必须朝向遮（围）栏里面。围栏开口处设置“由此出入”标示牌。在开口式遮（围）栏内不得有带电设备，出口朝向通道。在大面积停电检修工作时，装设围栏应包围带电设备，不得留有出入口，即带电设备四周装设全封闭围栏，并在全封闭围栏上悬挂适当数量的“止步，高压危险!”标示牌，标示牌必须朝向全封闭围栏外面。

（2）室内一次设备上的工作，应悬挂“在此工作”标示牌，并设置遮（围）栏，留有出入口。应在检修设备两侧、检修设备对面间隔的遮（围）栏上、禁止通行的过道处悬挂“止步，高压危险!”标示牌。室内二次设备上的工作，应悬挂“在此工作”标示牌，并在检修屏（盘）两侧屏（盘）前后悬挂红布幔。对于一侧带电、另一侧不带电的设备，应视为带电设备，也应装设红布幔。红布幔应有“运行”标志。手车断路器拉出断路器柜外后，隔离带电部位的挡板封闭后禁止开启，手车断路器柜门应闭锁，并悬挂“止步，高压危险!”标示牌。

（3）标示牌属于提示性安全措施，主要是提醒工作人员在安全工作范围内工作，防止事故发生，根据不同的使用场所有以下8种标示牌：

1）“禁止合闸，有人工作!”标示牌：悬挂在一经合闸即可送电到检修（施工）设备的断路器和隔离开关操作把手上。悬挂在变电站控制室内已停电检修（施工）设备的电源开关或合闸按钮上。

2）“禁止合闸，线路有人工作!”标示牌：悬挂在停电检修（施工）的电力线路断路器和隔离开关操作把手上。

3）“禁止分闸!”标示牌：悬挂在接地开关与检修设备之间的断路器（开关）操作把手上。

4）“在此工作!”标示牌：设置在变电站室内和室外检修的工作地点或施工的设备上、架构上或工作的爬梯上。

5）“止步，高压危险!”标示牌；悬挂在变电站室外高压带电设备工作地点的围栏上。施工地点临近带电设备的遮栏上。悬挂在变电站因高压危险禁止通行的过道上。悬挂在高压试验地点安全围栏上。悬挂在变电站室外高压带电设备的构架上。悬挂在检修的工作地点临近带电设备的安全围栏和横梁上。悬挂在变电站室内高压配电设备的固定围栏上。

6）“从此上下!”标示牌：悬挂在工作现场工作人员上下的铁架和梯子上。

7）“从此进出!”标示牌：装设在室外工作地点围栏的出入口处。

8）“禁止攀登，高压危险!”标示牌：悬挂在变电站室外高压配电装置带电设备构架的爬梯上。悬挂在变电站主变压器、备用变压器、站用变压器和电抗器等电气设备的爬梯上。悬挂在架空电力线路杆塔的爬梯上和配电变压器的杆架或台架上。

4. 工作地点保留带电部分或注意事项

要求工作地点保留带电部分必须写明停电设备上、下、左、右第一个相邻带电间隔和带电设备的名称和编号。线路停电，接地开关需要拉开进行修试，工作负责人应向工作许可人借临时接地线，由工作负责人监护工作人员装设临时接地线，先装设临时接地线后拉开接地开关，试验结束应先合上接地开关，后拆除临时接地线。由工作负责人将接地线归还工作许可人。借、还临时接地线均应做好记录，并由工作票签发人将以上内容填入此栏。隔离开关一侧带电时应视同为带电设备，注意事项要结合实际工作情况，提出有针对性的防止人身和设备事故的补充安全措施，在工作地点增设专人监护也应填入补充安全措施栏，此栏不允许空白，工作地点的电气设备如果没有带电部分，可以写“无”。例如，“××线××断路器柜内设备带电，因此必须将××线××断路器柜门闭锁后方可进行工作”。“必须闭锁××线××断路器柜活动挡板后方可进行工作”。“由于××线 71 断路器与××线 72 断路器共用一面保护屏，××线 71 断路器保护二次回路均带电运行，因此除××线 72 断路器保护校验工作外，不得进行其他任何工作”等。此栏由工作票签发人填写。

(八) 工作票签发人签名

工作票签发人填好工作票并审查无误或由工作负责人填写工作票，但必须经工作票签发人审核无误后，由工作票签发人在一式两联工作票的“工作票签发人签名”栏签名，并填写签发日期。由于交通不便，工作票是用电话传达给变电站运行值班负责人代签发的，应由变电站运行值班负责人在工作票上注明“电话”签发字样。

二、送交和接收变电站第一种工作票

变电站运行值班人员收到变电站第一种工作票后，应对工作票的全部内容作仔细审查，特别是安全措施是否符合现场实际情况，确认无问题后，在一式两联的变电站第一种工作票上填写收到工作票时间并在运行值班人员签名栏签名。收到变电站第一种工作票的时间填写统一按照公历的年、月、日和 24h 制填写。采用工作票管理系统时，变电站运行值班人员必须在工作前一日审核、检查、填写工作票。如果对工作票签发人填写的工作票有疑问时，必须在工作前一天询问清楚，如果工作票有错误或填写内容与现场措施不符时，运行值班人员应告知错误原因，并通知工作票签发人重新签发。当运行值班负责人在工作票程序上输入收到工作票时间并签名后，表明该工作票已经被受理。

三、工作许可人填写变电站第一种工作票的要求

(一) 已拉开断路器和隔离开关

根据现场已经执行的拉开断路器和隔离开关对照工作票上应拉开断路器和隔

离开关的逐项内容，在“已执行”栏逐项打“√”。

（二）已装接地线、应合接地刀闸

根据现场已经执行的装设接地线、合上接地刀闸对照工作票上应装接地线、应合上接地刀闸的逐项内容，在“已执行”栏逐项打“√”，由工作许可人在“应装接地线、应合接地刀闸”栏填写现场已经装设接地线的编号。

（三）已设遮栏、已挂标示牌

根据现场已经布置的安全措施对照工作票上应设遮栏、应挂标示牌、防止二次回路误碰措施的逐项内容，在“已执行”栏逐项打“√”。

（四）补充工作地点保留带电部分和安全措施

补充安全措施是指工作许可人认为有必要补充的其他安全措施和要求，该栏是运行值班人员向检修、试验人员交代补充工作地点保留带电部分和安全措施的书面依据，例如：双母线并列运行的变电站双母线轮停电且母线联络断路器二次回路有工作，当倒换母线设备前，要将母联断路器二次回路工作票办理间断手续。运行值班人员与检修人员必须检查母联断路器保护动作正确，分合母联断路器正常后，检修人员停止工作撤离现场，运行值班人员收回工作票，待倒换母线结束，安全措施布置完毕后，再履行工作许可开工。工作许可人应在此栏注明：“倒换母线前间断××号工作票”。此栏不允许空白，工作地点的电气设备如果没有保留带电部分和安全措施，可以写“无”。此栏由工作许可人填写。

四、许可开始工作时间

工作许可人应确认变电站运行值班人员所作的安全措施与工作要求一致，工作地点相邻的带电或运行设备及提醒工作人员工作期间有关安全注意事项等已经填写清楚，在确认变电站第一种工作票1～7项内容全部完成后，由工作许可人会同工作负责人到现场再次检查所做的安全措施，对具体的设备指明实际的隔离措施，证明检修设备确无电压。对工作负责人指明带电设备的位置和工作过程中的注意事项，双方认为无问题后，由工作许可人填上许可开始工作时间。许可开始工作时间由工作许可人在工作现场填写，许可开始工作时间填写统一按照公历的年、月、日和24h制填写。工作许可人在填写许可开始工作时间时应注意许可开始工作时间应在计划工作时间之后。上述工作完成后，工作许可人在一式两联工作票中“工作许可人签名”栏签名，工作负责人在一式两联工作票中“工作负责人签名”栏签名。

五、工作班组人员签名

工作负责人接到工作许可命令后，应向全体工作人员交代工作票中所列工作任务、安全措施完成情况、保留或邻近的带电设备和其他注意事项，并询问是否有疑问，如果工作人员有疑问或没有听清楚，工作负责人有义务向其重申，直到清楚为止。工作班组全体人员确认工作负责人布置的任务和本工作项目安全措施交代清楚并确认无疑问后，工作班成员应逐一在签名栏填入自己的姓名，工作班成员必须是本人亲自签名，在签名时字迹要工整且一律写全名，不允许代签。

六、工作负责人变动情况

1. 工作负责人变动

工作期间，若工作负责人因故长时间离开工作现场时，应由原工作票签发人变更工作负责人，履行变更手续，并告知全体工作人员及工作许可人，同时在工作票上填写离去和变更的工作负责人姓名，还应填写工作票签发人姓名以及工作负责人变动时间。如果工作票签发人确实不能到现场时，可由工作票签发人电话通知工作许可人和新的工作负责人，并由新的工作负责人和工作许可人在工作票上办理变动手续。工作负责人只允许变更一次。

2. 工作人员变动

工作人员变动必须经工作负责人同意，并在工作票上注明变动人员姓名（指增添或减少人员）、变动日期和时间，时间填写统一按照公历的年、月、日和24h制填写，还要简要写明工作人员变动的原因。

七、工作票延期

应在工期尚未结束以前由工作负责人向运行值班负责人提出申请（属于调度管辖、许可的检修设备，还应通过值班调度员批准），由运行值班负责人通知工作许可人给予办理。运行值班负责人得到调度值班员的工作票延期许可后，方可将延期时间填在一式两联工作票的“有效期延长到”栏内，同时与工作负责人在工作票上分别签名、分别填入签名时间后执行，延期、签名时间填写统一按照公历的年、月、日和24h制填写。第一种工作票只能延期一次。

八、工作间断

使用一天的工作票不必填写“每日开工和收工时间”，使用多日的工作票应填写“每日开工和收工时间”。每日收工，应清扫工作地点，开放已封闭的通路，并将工作票交回工作许可人，在工作票上填写收工时间，工作负责人与工作许可人分别在工作票“每日收工时间”栏内签名。次日复工时，应得到工作许可人的许可，取回工作票，工作负责人必须重新认真检查安全措施是否符合工作票的要求，工作负责人确认无问题后，在工作票上填写开工时间，工作负责人与工作许可人分别在工作票“每日开工时间”栏内签名。方可工作。

九、工作终结及工作票终结

1. 工作终结

全部工作完毕后，工作班应清扫、整理现场。工作负责人应先做周密地检查，待全体工作人员撤离工作地点后，再向运行人员（工作许可人）交代所检修项目、发现的问题、试验结果和存在问题等，并与运行人员共同检查设备已恢复至开工前状态，有无遗留物件，是否清洁等，然后在工作票上填明工作结束时间。经双方签名后，表示工作终结。

2. 工作票终结

待工作票上的临时遮栏已拆除，标示牌已取下，已恢复常设遮栏，未拆除的接地线、未拉开的接地开关已汇报调度。如果该工作票中某接地线或接地开关同时在另一份工作票中使用，暂时不能拆除时，应填写实际拆除数，并在备注栏内说明。安全措施全部清理完毕，运行值班负责人对工作票审查无问题并在两联工作票上签名，填写工作票终结时间后，工作票方为终结。

十、备注

填写工作票签发人、工作负责人、工作许可人在办理工作票过程中需要双方交代的工作及注意事项，例如，“①工作前，工作人员必须认真核对设备名称、运行编号和实际位置。②工作人员工作时必须在围栏内或工作区域内，严禁跨越遮栏。③出入××kV高压室应随手将高压室门关好，严禁拆除高压室门防鼠挡板。④××kV高压室内应有充足的照明”。此栏还应填写没有拆除接地线、没有拉开接地刀闸的原因。例如，“××线路××隔离开关线路侧×号接地线没有拆除，原因是×号接地线为调度管辖设备，调度还没有下达拆除×号接地线的命令”。

十一、变电站第一种工作票盖章

（1）“已执行”章和“作废”章应盖在变电站第一种工作票的编号上方。在运行单位保存的“已执行”章和“作废”章应大小、字体及样式应符合印章式样。工作结束后工作负责人从现场带回下联工作票，向工作票签发人汇报工作完成情况，并交回工作票，工作票签发人认为无问题时，在下联工作票的编号上方盖上“已执行”章，然后将工作票收存以备检查。工作结束后工作许可人将上联工作票交给运行值班负责人，并向值班负责人汇报工作完成情况，运行值班负责人认为无问题时，在上联工作票的编号上方盖上“已执行”章，然后将工作票收存以备检查。

（2）印章规格见表7-2。

表7-2　　变电站第一种工作票印章规格

序号	名称	盖章位置	外围尺寸（mm×mm）	字体	颜色
1	已执行	工作票编号上方	30×15	黑体	红色
2	作废	工作票编号上方	30×15	黑体	红色

（3）印章样式。

1）“已执行”章如图 7-1 所示。

已执行

图 7-1 “已执行”章样式

2）“作废”章如图 7-2 所示。

作废

图 7-2 “作废”章样式

十二、变电站第一种工作票的填写注意事项

（1）变电站第一种工作票的编号由供电公司统一编号，并在印刷时一并排印，不得手写编号，工作票应一式两联，两联中的一联必须经常保存在工作地点，并由工作负责人保存，此联为绿字印制。两联中的另一联必须由工作许可人保存，并按值移交，此联为黑字印制，两联工作票编号相同，使用单位应按编号顺序依次使用，不得出现空号、跳号、重号、错号。变电站第一种工作票的幅面统一用 A3 纸。

（2）变电站第一种工作票填写的设备术语必须与现场实际相符，填写要字迹工整、清楚，不得任意涂改。如有个别错漏字需要修改时，应做到被改的字和改后的字清楚可辨。

（3）变电站第一种工作票的改动要求：

1）计划工作时间不能涂改；

2）工作内容和工作地点不能涂改；

3）工作票上非关键词的涂改不得超过 3 处，1 处为 3 个字，否则应重新填写工作票；

4）工作票上的关键词出现错、漏情况时，该工作票予以作废：①断路器、隔离开关、接地刀闸、保护连接片等电气设备的名称和编号，接地线的安装位置；②拉开、合上、用上、取下等操作动词。

第二节　变电站第一种典型工作票填写实例

一、220kV 母旁 20 断路器保护改代 220kV 广联线保护定值

变电站第一种工作票

单位××检修工区　　　　　　　　　　　　　　　编号××××××××××

1. 工作负责人（监护人）吴××　　　　　　　　　　　班组××班

2. 工作班人员（不包括工作负责人）

张××　共 1 人。

3. 工作的变、配电站名称及设备双重名称

220kV××变电站 220kV 母旁 20 断路器。20 断路器控制屏、保护屏。

4. 工作任务

工作地点及设备双重名称	工作内容
1. 室外 220kV 母旁 20 断路器	检查断路器分合位置
2. 控制室内 220kV 母旁 20 断路器控制屏、保护屏	保护改定值

5. 计划工作时间

自 ×××× 年 ×× 月 ×× 日 ×× 时 ×× 分

至 ×××× 年 ×× 月 ×× 日 ×× 时 ×× 分

6. 安全措施（必要时可附页绘图说明）

应拉断路器（开关）、隔离开关（刀闸）	**已执行***
1. 拉开 220kV 母旁 20 断路器	√
2. 拉开 220kV 母旁 20-1 隔离开关及隔离开关操作电源刀开关	√
3. 拉开 220kV 母旁 20-2 隔离开关及隔离开关操作电源刀开关	√
4. 拉开 220kV 母旁 20-4 隔离开关及隔离开关操作电源刀开关	√
5. 取下 220kV 母旁 20 断路器控制熔断器	√
6. 拉开 220kV 母旁 20 断路器信号刀开关	√
应装接地线、应合接地刀闸（注明确实地点、名称及接地线编号*）	**已执行**
不装设接地线	√
应设遮栏、应挂标示牌及防止二次回路误碰等措施	**已执行**
1. 在 220kV 母旁 20 断路器控制屏、保护屏两侧相邻运行设备屏前、后悬挂“运行”红布幔，在 220kV 母旁 20 断路器控制屏前、后设置“在此工作”标示牌，在 220kV 母旁 20 断路器保护屏前、后设置“在此工作”标示牌	√
2. 在 220kV 母旁 20-1 隔离开关操作把手上悬挂“禁止合闸，有人工作”标示牌并闭锁	√
3. 在 220kV 母旁 20-2 隔离开关操作把手上悬挂“禁止合闸，有人工作”标示牌并闭锁	√
4. 在 220kV 母旁 20-4 隔离开关操作把手上悬挂“禁止合闸，有人工作”标示牌并闭锁	√

* 已执行栏目及接地线编号由工作许可人填写。

工作地点保留带电部分或注意事项（由工作票签发人填写）	补充工作地点保留带电部分和安全措施（由工作许可人填写）
1. 控制室内 220kV 川山线控制屏带电	无
2. 控制室内 220kV 申东线控制屏带电	
3. 控制室内 220kV 申东线保护屏带电	
4. 室外 220kV 母旁 20 断路器带电	
5. 室外 220kV 母旁 20 断路器 TA 带电	
6. 室外 220kV 母旁 20-1 隔离开关带电	
7. 室外 220kV 母旁 20-2 隔离开关带电	
8. 室外 220kV 母旁 20-4 隔离开关带电	
9. 工作人员到现场检查 220kV 母旁 20 断路器分合位置时，必须认真核对设备名称，运行编号和断路器实际位置，与室外带电设备保持足够的安全距离	

工作票签发人签名 曹×× 签发日期 ×××× 年 ×× 月 ×× 日 ×× 时 ×× 分

7. 收到工作票时间 ×××× 年 ×× 月 ×× 日 ×× 时 ×× 分

运行值班人员签名 张×× 工作负责人签名 吴××

8. 确认本工作票 1～7 项

工作负责人签名 吴×× 工作许可人签名 张××

许可开始工作时间 ×××× 年 ×× 月 ×× 日 ×× 时 ×× 分

9. 确认工作负责人布置的工作任务和安全措施

工作班组人员签名：

张××。

10. 工作负责人变动情况

原工作负责人________离去，变更________为工作负责人

工作票签发人________ ____年____月____日____时____分

11. 工作人员变动情况（变动人员姓名、日期及时间）

____

____

工作负责人签名____________

12. 工作票延期

有效期延长到____年____月____日____时____分

工作负责人签名________　___年___月___日___时___分
工作许可人签名________　___年___月___日___时___分
13. 每日开工和收工时间（使用一天的工作票不必填写）

收工时间				工作负责人	工作许可人	开工时间				工作许可人	工作负责人
月	日	时	分			月	日	时	分		

14. 工作终结
全部工作于 ×××× 年 ×× 月 ×× 日 ×× 时 ×× 分结束，设备及安全措施已恢复至开工前状态，工作人员已全部撤离，材料工具已清理完毕，工作已终结。
工作负责人签名 吴××　　　　　工作许可人签名 张××
15. 工作票终结
临时遮栏、标示牌已拆除，常设遮栏已恢复。未拆除或未拉开的接地线编号__等共 0 组、接地刀闸（小车）共 0 副（台），已汇报调度值班员。
工作许可人签名 张××　×××× 年 ×× 月 ×× 日 ×× 时 ×× 分
16. 备注
（1）指定专责监护人________________负责监护________________
________________（地点及具体工作）
（2）其他事项 见图6-4。

二、220kV广联线21断路器及21-3隔离开关清扫、小修

变电站第一种工作票

单位××检修工区　　　　　**编号××××××××××**
1. 工作负责人（监护人）吴××　　　　　班组××班
2. 工作班人员（不包括工作负责人）
张××、刘××、徐××、王××、李××等。　共 12 人
3. 工作的变、配电站名称及设备双重名称
220kV××变电站220kV广联线21断路器、21断路器TA、21-3隔离开关、21-4隔离开关、220kV广联线路CVT及悬垂。
4. 工作任务

工作地点及设备双重名称	工作内容
室外220kV广联线21断路器、21断路器TA、21-3隔离开关、21-4隔离开关、220kV广联线线路CVT及悬垂	清扫、小修

5. 计划工作时间

自__××××__年__××__月__××__日__××__时__××__分

至__××××__年__××__月__××__日__××__时__××__分

6. 安全措施（必要时可附页绘图说明）

应拉断路器（开关）、隔离开关（刀闸）	已执行*
1. 拉开 220kV 广联线 21 断路器	√
2. 拉开 220kV 广联线 21-1 隔离开关及隔离开关操作电源刀开关	√
3. 拉开 220kV 广联线 21-2 隔离开关及隔离开关操作电源刀开关	√
4. 拉开 220kV 广联线 21-3 隔离开关及隔离开关操作电源刀开关	√
5. 拉开 220kV 广联线 21-4 隔离开关及隔离开关操作电源刀开关	√
6. 取下 220kV 广联线 21 断路器控制熔断器	√
7. 拉开 220kV 母旁 20-4 隔离开关及隔离开关操作电源刀开关	√
8. 拉开 1 号变压器 22-4 隔离开关及隔离开关操作电源刀开关	√
9. 拉开 2 号变压器 24-4 隔离开关及隔离开关操作电源刀开关	√
10. 拉开 220kV 川山线 23-4 隔离开关及隔离开关操作电源刀开关	√
11. 拉开 220kV 申东线 25-4 隔离开关及隔离开关操作电源刀开关	√
12. 取下 220kV 广联线线路 CVT 二次熔断器	√
13. 取下 220kV 旁路 TV 二次熔断器	√
14. 拉开 220kV 广联线 21 断路器信号刀开关	√
应装接地线、应合接地刀闸（注明确实地点、名称及接地线编号*）	**已执行**
1. 合上 220kV 广联线 21-D1 接地刀闸	√
2. 合上 220kV 广联线 21-D3 接地刀闸	√
3. 合上 220kV 4 母线 220-D41 接地刀闸	√
4. 在 220kV 广联线线路 CVT 二次熔断器 CVT 侧装设 05 号接地线	√
应设遮栏、应挂标示牌及防止二次回路误碰等措施	**已执行**
1. 在 220kV 广联线 21 断路器、21 断路器 TA、21-3 隔离开关、21-4 隔离开关、220kV 广联线线路 CVT 周围装设遮栏，悬挂“止步，高压危险”标示牌，围栏内设置“在此工作”标示牌，围栏开口处设置“由此出入”标示牌。围栏周围邻近运行设备架构及立柱上设红白警告布幔，爬梯上悬挂“禁止攀登，高压危险”标示牌	√

2. 在220kV广联线出线门型架构爬梯上悬挂“从此上下”标示牌	√
3. 在220kV广联线21断路器TA爬梯上悬挂“从此上下”标示牌	√
4. 在220kV广联线21-1隔离开关操作把手上悬挂“禁止合闸，有人工作”标示牌并闭锁	√
5. 在220kV广联线21-2隔离开关操作把手上悬挂“禁止合闸，有人工作”标示牌并闭锁	√
6. 在220kV母旁20-4隔离开关操作把手上悬挂“禁止合闸，有人工作”标示牌并闭锁	√
7. 在1号变压器22-4隔离开关操作把手上悬挂“禁止合闸，有人工作”标示牌并闭锁	√
8. 在2号变压器24-4隔离开关操作把手上悬挂“禁止合闸，有人工作”标示牌并闭锁	√
9. 在220kV川山线23-4隔离开关操作把手上悬挂“禁止合闸，有人工作”标示牌并闭锁	√
10. 在220kV申东线25-4隔离开关操作把手上悬挂“禁止合闸，有人工作”标示牌并闭锁	√

* 已执行栏目及接地线编号由工作许可人填写。

工作地点保留带电部分或注意事项（由工作票签发人填写）	补充工作地点保留带电部分和安全措施（由工作许可人填写）
1. 室外220kV 1母线及所属设备均带电	无
2. 室外220kV 2母线及所属设备均带电	
3. 室外220kV广联线21-1隔离开关带电	
4. 室外220kV广联线21-2隔离开关带电	
5. 室外220kV旁路TV带电	
6. 室外220kV 21TV带电	

工作票签发人签名<u>黎××</u>　签发日期<u>××××</u>年<u>××</u>月<u>××</u>日<u>××</u>时

××分

7. 收到工作票时间××××年××月××日××时××分

运行值班人员签名张×× 工作负责人签名吴××

8. 确认本工作票1～7项

工作负责人签名吴×× 工作许可人签名张××

许可开始工作时间××××年××月××日××时××分

9. 确认工作负责人布置的工作任务和安全措施

工作班组人员签名：

张××、刘××、徐××、王××、李××、任××、周××、陈×、吕××、孙××、孟××、黄××。

10. 工作负责人变动情况

原工作负责人______离去，变更______为工作负责人

工作票签发人______ ___年___月___日___时___分

11. 工作人员变动情况（变动人员姓名、日期及时间）

工作负责人签名______

12. 工作票延期

有效期延长到___年___月___日___时___分

工作负责人签名______ ___年___月___日___时___分

工作许可人签名______ ___年___月___日___时___分

13. 每日开工和收工时间（使用一天的工作票不必填写）

收工时间				工作负责人	工作许可人	开工时间				工作许可人	工作负责人
月	日	时	分			月	日	时	分		

14. 工作终结

全部工作于××××年××月××日××时××分结束，设备及安全措施已恢复至开工前状态，工作人员已全部撤离，材料工具已清理完毕，工作已终结。

工作负责人签名吴×× 工作许可人签名张××

15. 工作票终结

临时遮栏、标示牌已拆除，常设遮栏已恢复。未拆除或未拉开的接地线编号__等共 0 组、接地刀闸（小车）共 0 副（台），已汇报调度值班员。

工作许可人签名 张×× ×××× 年 ×× 月 ×× 日 ×× 时 ×× 分

16. 备注

（1）指定专责监护人________负责监护________（地点及具体工作）

（2）其他事项 见图 6-4。

三、110kV 汇玻线所属设备检修

变电站第一种工作票

单位××检修工区 **编号××××××××××**

1. 工作负责人（监护人）吴×× 班组××班

2. 工作班人员（不包括工作负责人）

张××、刘××、徐××、王××、李××等。 共 11 人

3. 工作的变、配电站名称及设备双重名称

220kV××变电站 110kV 汇玻线 17 断路器、110kV 汇玻线 TA、110kV 汇玻线 17-4 隔离开关、110kV 汇玻线避雷器、耦合电容器、阻波器及悬垂，110kV 汇玻线 17-3 隔离开关。

4. 工作任务

工作地点及设备双重名称	工作内容
1. 室外 110kV 汇玻线 17 断路器、110kV 汇玻线 TA、110kV 汇玻线 17-4 隔离开关、110kV 汇玻线避雷器、耦合电容器、阻波器及悬垂	小修、预试、消缺
2. 室外 110kV 汇玻线 17-3 隔离开关	大修

5. 计划工作时间

自 ×××× 年 ×× 月 ×× 日 ×× 时 ×× 分

至 ×××× 年 ×× 月 ×× 日 ×× 时 ×× 分

6. 安全措施（必要时可附页绘图说明）

应拉断路器（开关）、隔离开关（刀闸）	已执行*
1. 拉开汇玻线 17 断路器	√
2. 拉开汇玻线 17-1 隔离开关	√
3. 拉开汇玻线 17-2 隔离开关	√
4. 拉开汇玻线 17-3 隔离开关	√
5. 拉开汇玻线 17-4 隔离开关	√

6. 拉开 110kV 母旁 10-4 隔离开关	√
7. 拉开 1 号变压器 32-4 隔离开关	√
8. 拉开 2 号变压器 34-4 隔离开关	√
9. 拉开汇商线 11-4 隔离开关	√
10. 拉开汇张线 12-4 隔离开关	√
11. 拉开汇易线 13-4 隔离开关	√
12. 拉开汇电线 14-4 隔离开关	√
13. 拉开汇南线 15-4 隔离开关	√
14. 拉开汇水线 16-4 隔离开关	√
15. 取下汇玻线 17 断路器控制熔断器	√
应装接地线、应合接地刀闸（注明确实地点、名称及接地线编号*）	**已执行**
1. 合上汇玻线 17-D1 接地刀闸	√
2. 合上汇玻线 17-D3 接地刀闸	√
3. 在汇玻线 17-4 隔离开关母线侧装设 3 号接地线	√
应设遮栏、应挂标示牌及防止二次回路误碰等措施	**已执行**
1. 在汇玻线 17 断路器、17-3 隔离开关、17-4 隔离开关，汇玻线避雷器、耦合电容器周围装设遮拦，悬挂“止步，高压危险”标示牌，围栏内设置“在此工作”标示牌，在汇玻线 17-3 隔离开关与 17-4 隔离开关间架构爬梯上悬挂“从此上下”标示牌在围栏相邻设备架构上装设“红白相间”警告布幔，在围栏出入口处设置“由此出入”标示牌	√
2. 在汇玻线 17-1 隔离开关操作把手上悬挂“禁止合闸，有人工作”标示牌并闭锁	√
3. 在汇玻线 17-2 隔离开关操作把手上悬挂“禁止合闸，有人工作”标示牌并闭锁	√
4. 在 110kV 母旁 10-4 隔离开关操作把手上悬挂“禁止合闸，有人工作”标示牌并闭锁	√
5. 在 1 号变压器 32-4 隔离开关操作把手上悬挂“禁止合闸，有人工作”标示牌并闭锁	√
6. 在 2 号变压器 34-4 隔离开关操作把手上悬挂“禁止合闸，有人工作”标示牌并闭锁	√
7. 在汇商线 11-4 隔离开关操作把手上悬挂“禁止合闸，有人工作”标示牌并闭锁	√

8. 在汇张线 12-4 隔离开关操作把手上悬挂“禁止合闸，有人工作”标示牌并闭锁	√
9. 在汇易线 13-4 隔离开关操作把手上悬挂“禁止合闸，有人工作”标示牌并闭锁	√
10. 在汇电线 14-4 隔离开关操作把手上悬挂“禁止合闸，有人工作”标示牌并闭锁	√
11. 在汇南线 15-4 隔离开关操作把手上悬挂“禁止合闸，有人工作”标示牌并闭锁	√
12. 在汇水线 16-4 隔离开关操作把手上悬挂“禁止合闸，有人工作”标示牌并闭锁	√

*已执行栏目及接地线编号由工作许可人填写。

工作地点保留带电部分或注意事项（由工作票签发人填写）	补充工作地点保留带电部分和安全措施（由工作许可人填写）
1. 室外 110kV 1 母线、110kV 2 母线均带电	无
2. 室外汇玻线 17-1 隔离开关、17-2 隔离开关均带电	
3. 室外汇水线所属设备均带电	

工作票签发人签名＿曹××＿　签发日期＿××××＿年＿××＿月＿××＿日＿××＿时＿××＿分

7. 收到工作票时间＿××××＿年＿××＿月＿××＿日＿××＿时＿××＿分

运行值班人员签名＿任××＿　　　　工作负责人签名＿吴××＿

8. 确认本工作票 1～7 项

工作负责人签名＿吴××＿　　　　工作许可人签名＿任××＿

许可开始工作时间＿××××＿年＿××＿月＿××＿日＿××＿时＿××＿分

9. 确认工作负责人布置的工作任务和安全措施

工作班组人员签名：

张××、刘××、徐××、王××、李××、任××、周××、陈×、吕××、孙××、孟××。

10. 工作负责人变动情况

原工作负责人＿＿＿＿离去，变更＿＿＿＿为工作负责人

工作票签发人＿＿＿＿　＿＿年＿＿月＿＿日＿＿时＿＿分

11. 工作人员变动情况（变动人员姓名、日期及时间）

＿＿＿＿＿＿＿＿＿＿＿＿＿＿＿＿＿＿＿＿＿＿＿＿

＿＿＿＿＿＿＿＿＿＿＿＿＿＿＿＿＿＿＿＿＿＿＿＿

工作负责人签名＿＿＿＿

12. 工作票延期

有效期延长到____年____月____日____时____分

工作负责人签名________ ____年____月____日____时____分

工作许可人签名________ ____年____月____日____时____分

13. 每日开工和收工时间（使用一天的工作票不必填写）

收工时间				工作负责人	工作许可人	开工时间				工作许可人	工作负责人
月	日	时	分			月	日	时	分		

14. 工作终结

全部工作于____××××____年____××____月____××____日____××____时____××____分结束，设备及安全措施已恢复至开工前状态，工作人员已全部撤离，材料工具已清理完毕，工作已终结。

工作负责人签名____吴××____ 工作许可人签名____任××____

15. 工作票终结

临时遮栏、标示牌已拆除，常设遮栏已恢复。未拆除或未拉开的接地线编号____汇玻线 17-D3____等共____0____组、接地刀闸（小车）共____1____副（台），已汇报调度值班员。

工作许可人签名____任××____ ____××××____年____××____月____××____日____××____时____××____分

16. 备注

（1）指定专责监护人________________负责监护________________
________________________________（地点及具体工作）

（2）其他事项____见图 6-6。________________

四、110kV 母旁 10 断路器所属设备检修

变电站第一种工作票

单位____××检修工区____ **编号____×××××××××××____**

1. 工作负责人（监护人）____吴××____ 班组____××班____

2. 工作班人员（不包括工作负责人）

____张××、刘××、徐××、王××、李××等。____共____13____人

3. 工作的变、配电站名称及设备双重名称

____220kV××变电站 110kV 母旁 10 断路器、110kV 母旁 10 断路器 TA、110kV 母旁 10-3 隔离开关。____

4. 工作任务

工作地点及设备双重名称	工作内容
1. 室外 110kV 母旁 10 断路器	大修
2. 室外 110kV 母旁 10 断路器 TA	小修
3. 室外 110kV 母旁 10-3 隔离开关	更换引线

5. 计划工作时间

自__××××__年__××__月__××__日__××__时__××__分

至__××××__年__××__月__××__日__××__时__××__分

6. 安全措施（必要时可附页绘图说明）

应拉断路器（开关）、隔离开关（刀闸）	已执行*
1. 拉开 110kV 母旁 10 断路器	√
2. 拉开 110kV 母旁 10-1 隔离开关	√
3. 拉开 110kV 母旁 10-2 隔离开关	√
4. 拉开 110kV 母旁 10-3 隔离开关	√
5. 拉开 110kV 母旁 10-4 隔离开关	√
6. 拉开 1 号变压器 32-2 隔离开关	√
7. 拉开 2 号变压器 34-2 隔离开关	√
8. 拉开汇商线 11-2 隔离开关	√
9. 拉开汇张线 12-2 隔离开关	√
10. 拉开汇易线 13-2 隔离开关	√
11. 拉开汇电线 14-2 隔离开关	√
12. 拉开汇南线 15-2 隔离开关	√
13. 拉开汇水线 16-2 隔离开关	√
14. 拉开汇波线 17-2 隔离开关	√
15. 拉开 110kV 12TV 二次快分开关	√
16. 取下 110kV 母旁 10 断路器控制熔断器	√
17. 取下 110kV 12TV 二次熔断器	√
应装接地线、应合接地刀闸（注明确实地点、名称及接地线编号*）	**已执行**
1. 合上 110kV 母旁 10-D1 接地刀闸	√
2. 合上 110kV 母旁 10-D2 接地刀闸	√
3. 合上 110kV 2 母线 110-D21 接地刀闸	√

4. 合上 110kV 2 母线 110-D22 接地刀闸	√
应设遮栏、应挂标示牌及防止二次回路误碰等措施	**已执行**
1. 在 110kV 母旁 10 断路器、110kV 母旁 10 断路器 TA、110kV 母旁 10-3 隔离开关周围装设遮栏悬挂“止步，高压危险”标示牌，围栏内设置“在此工作”标示牌，在围栏出入口处设置“由此出入”标示牌	√
2. 在 110kV 母旁 10-1 隔离开关操作把手上悬挂“禁止合闸，有人工作”标示牌并闭锁	√
3. 在 110kV 母旁 10-4 隔离开关操作把手上悬挂“禁止合闸，有人工作”标示牌并闭锁	√
4. 在 1 号变压器 32-2 隔离开关操作把手上悬挂“禁止合闸，有人工作”标示牌并闭锁	√
5. 在 2 号变压器 34-2 隔离开关操作把手上悬挂“禁止合闸，有人工作”标示牌并闭锁	√
6. 在汇商线 11-2 隔离开关操作把手上悬挂“禁止合闸，有人工作”标示牌并闭锁	√
7. 在汇张线 12-2 隔离开关操作把手上悬挂“禁止合闸，有人工作”标示牌并闭锁	√
8. 在汇易线 13-2 隔离开关操作把手上悬挂“禁止合闸，有人工作”标示牌并闭锁	√
9. 在汇电线 14-2 隔离开关操作把手上悬挂“禁止合闸，有人工作”标示牌并闭锁	√
10. 在汇南线 15-2 隔离开关操作把手上悬挂“禁止合闸，有人工作”标示牌并闭锁	√
11. 在汇水线 16-2 隔离开关操作把手上悬挂“禁止合闸，有人工作”标示牌并闭锁	√
12. 在汇玻线 17-2 隔离开关操作把手上悬挂“禁止合闸，有人工作”标示牌并闭锁	√

*已执行栏目及接地线编号由工作许可人填写。

工作地点保留带电部分或注意事项（由工作票签发人填写）	补充工作地点保留带电部分和安全措施（由工作许可人填写）
1. 室外 110kV1 母线、4 母线均带电	无
2. 室外 110kV 母旁 10-1 隔离开关、10-4 隔离开关均带电	

3. 室外汇水线所属设备均带电	
4. 室外1号变压器110kV侧设备带电	

工作票签发人签名＿黎××＿ 签发日期＿××××＿年＿××＿月＿××＿日＿××＿时＿××＿分

7. 收到工作票时间＿××××＿年＿××＿月＿××＿日＿××＿时＿××＿分

运行值班人员签名＿韩××＿　　工作负责人签名＿吴××＿

8. 确认本工作票1～7项

工作负责人签名＿吴××＿　　工作许可人签名＿韩××＿

许可开始工作时间＿××××＿年＿××＿月＿××＿日＿××＿时＿××＿分

9. 确认工作负责人布置的工作任务和安全措施

工作班组人员签名：

张××、刘××、徐××、王××、李××、任××、周××、陈×、吕××、孙××、孟××、黄××、宋××。

10. 工作负责人变动情况

原工作负责人＿＿＿＿离去，变更＿＿＿＿为工作负责人

工作票签发人＿＿＿＿　＿＿年＿＿月＿＿日＿＿时＿＿分

11. 工作人员变动情况（变动人员姓名、日期及时间）

＿＿＿＿＿＿＿＿＿＿＿＿＿＿＿＿＿＿＿＿＿＿＿＿＿＿＿＿

＿＿＿＿＿＿＿＿＿＿＿＿＿＿＿＿＿＿＿＿＿＿＿＿＿＿＿＿

工作负责人签名＿＿＿＿

12. 工作票延期

有效期延长到＿＿年＿＿月＿＿日＿＿时＿＿分

工作负责人签名＿＿＿＿　＿＿年＿＿月＿＿日＿＿时＿＿分

工作许可人签名＿＿＿＿　＿＿年＿＿月＿＿日＿＿时＿＿分

13. 每日开工和收工时间（使用一天的工作票不必填写）

收工时间				工作负责人	工作许可人	开工时间				工作许可人	工作负责人
月	日	时	分			月	日	时	分		

14. 工作终结

全部工作于＿××××＿年＿××＿月＿××＿日＿××＿时＿××＿分结束，设备及安全措施已恢复至开工前状态，工作人员已全部撤离，材料工具已清理完毕，工作已终结。

工作负责人签名＿吴××＿　　工作许可人签名＿韩××＿

15. 工作票终结

临时遮栏、标示牌已拆除，常设遮栏已恢复。未拆除或未拉开的接地线编号＿等共＿0＿

组、接地刀闸（小车）共 0 副（台），已汇报调度值班员。

工作许可人签名 韩×× ××××年 ×× 月 ×× 日 ×× 时 ×× 分

16. 备注

(1) 指定专责监护人邹×× 负责监护斗臂车司机任××工作。在110kV母旁10断路器检修使用斗臂车时由杨××现场指挥。斗臂车工作期间必须与汇水线所属带电设备保持1.5m以上安全距离，必须与1号变压器110kV侧带电设备保持1.5m以上安全距离，同时采取防感应电措施。斗臂车进出变电站行驶全过程，必须注意与带电设备保持足够的安全距离，由杨××统一指挥。（地点及具体工作）

(2) 其他事项 见图6-6。

五、1号变压器32断路器B相TA更换

变电站第一种工作票

单位××检修工区 编号×××××××××××

1. 工作负责人（监护人）吴×× 班组××班

2. 工作班人员（不包括工作负责人）

张××、刘××。 共 2 人

3. 工作的变、配电站名称及设备双重名称

220kV××变电站1号变压器32断路器B相TA。

4. 工作任务

工作地点及设备双重名称	工作内容
室外1号变压器32断路器B相TA	更换

5. 计划工作时间

自 ×××× 年 ×× 月 ×× 日 ×× 时 ×× 分

至 ×××× 年 ×× 月 ×× 日 ×× 时 ×× 分

6. 安全措施（必要时可附页绘图说明）

应拉断路器（开关）、隔离开关（刀闸）	已执行*
1. 拉开1号变压器32断路器	√
2. 拉开1号变压器32-1隔离开关	√
3. 拉开1号变压器32-2隔离开关	√
4. 拉开1号变压器32-3隔离开关	√
5. 拉开1号变压器22断路器	√
6. 拉开1号变压器52断路器	√
7. 拉开1号变压器22-3隔离开关及隔离开关操作电源开关	√

8. 拉开 1 号变压器 22-4 隔离开关及隔离开关操作电源开关	√
9. 拉开 1 号变压器 52-5 隔离开关	√
应装接地线、应合接地刀闸（注明确实地点、名称及接地线编号*）	**已执行**
1. 合上 1 号变压器 32-D1 接地刀闸	√
2. 合上 1 号变压器 32-D2 接地刀闸	√
应设遮栏、应挂标示牌及防止二次回路误碰等措施	**已执行**
1. 在 1 号变压器 32 断路器 TA 周围装设遮栏，悬挂“止步，高压危险”标示牌，围栏内设置“在此工作”标示牌，围栏开口处设置“由此出入”标示牌	√
2. 在 1 号变压器 32-1 隔离开关操作把手上悬挂“禁止合闸，有人工作”标示牌并闭锁	√
3. 在 1 号变压器 32-2 隔离开关操作把手上悬挂“禁止合闸，有人工作”标示牌并闭锁	√
4. 在 1 号变压器 32-3 隔离开关操作把手上悬挂“禁止合闸，有人工作”标示牌并闭锁	√
5. 在 1 号变压器 52-5 隔离开关操作把手上悬挂“禁止合闸，有人工作”标示牌并闭锁	√
6. 在 1 号变压器 22-3 隔离开关操作把手上悬挂“禁止合闸，有人工作”标示牌并闭锁	√
7. 在 1 号变压器 22-4 隔离开关操作把手上悬挂“禁止合闸，有人工作”标示牌并闭锁	√

*已执行栏目及接地线编号由工作许可人填写。

工作地点保留带电部分或注意事项（由工作票签发人填写）	补充工作地点保留带电部分和安全措施（由工作许可人填写）
1. 室外 1 号变压器本体、220kV 侧设备、35kV 侧设备均带电	无
2. 室外 1 号变压器 32-1 隔离开关、32-2 隔离开关、32-3 隔离开关、32-4 隔离开关均带电。110kV 1 母线、110kV 2 母线与 110kV 4 母线均带电	
3. 室外汇南线所属设备带电	
4. 室外 110kV 母旁 10 断路器间隔设备带电	

工作票签发人签名<u>魏××</u>　签发日期<u>××××</u>年<u>××</u>月<u>××</u>日<u>××</u>时<u>××</u>分

7. 收到工作票时间 ×××× 年 ×× 月 ×× 日 ×× 时 ×× 分

运行值班人员签名 杨××　　　　工作负责人签名 吴××

8. 确认本工作票1～7项

工作负责人签名 吴××　　　　工作许可人签名 杨××

许可开始工作时间 ×××× 年 ×× 月 ×× 日 ×× 时 ×× 分

9. 确认工作负责人布置的工作任务和安全措施

工作班组人员签名：

张××、刘××。

10. 工作负责人变动情况

原工作负责人______离去，变更______为工作负责人

工作票签发人______ 年___月___日___时___分

11. 工作人员变动情况（变动人员姓名、日期及时间）

____

____

工作负责人签名______

12. 工作票延期

有效期延长到___年___月___日___时___分

工作负责人签名______ ___年___月___日___时___分

工作许可人签名______ ___年___月___日___时___分

13. 每日开工和收工时间（使用一天的工作票不必填写）

收工时间				许可负责人	工作许可人	开工时间				工作许可人	工作负责人
月	日	时	分			月	日	时	分		

14. 工作终结

全部工作于 ×××× 年 ×× 月 ×× 日 ×× 时 ×× 分结束，设备及安全措施已恢复至开工前状态，工作人员已全部撤离，材料工具已清理完毕，工作已终结。

工作负责人签名 吴××　　　　工作许可人签名 杨××

15. 工作票终结

临时遮栏、标示牌已拆除，常设遮栏已恢复。未拆除或未拉开的接地线编号__等共0组、接地刀闸（小车）共0副（台），已汇报调度值班员。

工作许可人签名 杨×× ×××× 年 ×× 月 ×× 日 ×× 时 ×× 分

16. 备注

（1）指定专责监护人______负责监护________________________________

（地点及具体工作）

（2）其他事项见图6-5、图6-6。

六、北昌线12断路器液压机构消缺

变电站第一种工作票

单位××检修工区　　编号×××××××××××

1. 工作负责人（监护人）吴××　　班组××班

2. 工作班人员（不包括工作负责人）

张××、刘××。

共 2 人

3. 工作的变、配电站名称及设备双重名称

110kV××变电站110kV北昌线12断路器液压机构。

4. 工作任务

工作地点及设备双重名称	工作内容
室外110kV北昌线12断路器液压机构	消缺

5. 计划工作时间

自 ×××× 年 ×× 月 ×× 日 ×× 时 ×× 分

至 ×××× 年 ×× 月 ×× 日 ×× 时 ×× 分

6. 安全措施（必要时可附页绘图说明）

应拉断路器（开关）、隔离开关（刀闸）	已执行*
1. 拉开北昌线12断路器	√
2. 拉开北昌线12-1隔离开关	√
3. 拉开北昌线12-3隔离开关	√
4. 拉开北昌线12断路器保护装置直流电源开关	√
5. 拉开北昌线12断路器保护装置交流电压开关	√
6. 取下北昌线12断路器控制熔断器	√
应装接地线、应合接地刀闸（注明确实地点、名称及接地线编号*）	**已执行**
1. 在北昌线12断路器与12-1隔离开关间装设15号接地线	√
2. 在北昌线12断路器与12断路器TA间装设14号接地线	√
应设遮栏、应挂标示牌及防止二次回路误碰等措施	**已执行**
1. 在北昌线12断路器周围装设遮拦，悬挂“止步，高压危险”标示牌，围栏内设置“在此工作”标示牌，围栏开口处设置“由此出入”标示牌，围栏外相邻带电设备架构立柱上围“红白相间”警告布幔，爬梯上悬挂“禁止攀登，高压危险”标示牌	√

2. 在北昌线 12-1 隔离开关操作把手上悬挂“禁止合闸，有人工作”标示牌并闭锁	√
3. 在北昌线 12-3 隔离开关操作把手上悬挂“禁止合闸，有人工作”标示牌并闭锁	√

*已执行栏目及接地线编号由工作许可人填写。

工作地点保留带电部分或注意事项（由工作票签发人填写）	补充工作地点保留带电部分和安全措施（由工作许可人填写）
1. 室外 110kV 南齐线设备带电	无
2. 110kV 1 母线及所属设备带电	
3. 110kV 北昌线线路设备带电	
4. 110kV 北昌线 12 断路器 TA 带电	
5. 110kV 北昌线 12-1 隔离开关、12-3 隔离开关均带电	无

工作票签发人签名＿王××＿ 签发日期＿××××＿年＿××＿月＿××＿日＿××＿时＿××＿分

7. 收到工作票时间＿××××＿年＿××＿月＿××＿日＿××＿时＿××＿分

运行值班人员签名＿赵××＿　　工作负责人签名＿吴××＿

8. 确认本工作票 1～7 项

工作负责人签名＿吴××＿　　工作许可人签名＿赵××＿

许可开始工作时间＿××××＿年＿××＿月＿××＿日＿××＿时＿××＿分

9. 确认工作负责人布置的工作任务和安全措施

工作班组人员签名：

张××、刘××。

10. 工作负责人变动情况

原工作负责人＿＿＿＿离去，变更＿＿＿＿为工作负责人

工作票签发人＿＿＿＿ ＿＿年＿＿月＿＿日＿＿时＿＿分

11. 工作人员变动情况（变动人员姓名、日期及时间）

＿＿＿＿＿＿＿＿＿＿＿＿＿＿＿＿＿＿＿＿＿＿＿＿＿＿＿＿＿＿

工作负责人签名＿＿＿＿

12. 工作票延期

有效期延长到＿＿年＿＿月＿＿日＿＿时＿＿分

工作负责人签名＿＿＿＿ ＿＿年＿＿月＿＿日＿＿时＿＿分

工作许可人签名＿＿＿＿ ＿＿年＿＿月＿＿日＿＿时＿＿分

13. 每日开工和收工时间（使用一天的工作票不必填写）

收工时间				工作负责人	工作许可人	开工时间				工作许可人	工作负责人
月	日	时	分			月	日	时	分		

14. 工作终结

全部工作于＿××××＿年＿××＿月＿××＿日＿××＿时＿××＿分结束，设备及安全措施已恢复至开工前状态，工作人员已全部撤离，材料工具已清理完毕，工作已终结。

工作负责人签名＿吴××＿　　工作许可人签名＿赵××＿

15. 工作票终结

临时遮栏、标示牌已拆除，常设遮栏已恢复。未拆除或未拉开的接地线编号＿等共＿0＿组、接地刀闸（小车）共＿0＿副（台），已汇报调度值班员。

工作许可人签名＿赵××＿　＿××××＿年＿××＿月＿××＿日＿××＿时＿××＿分

16. 备注

（1）指定专责监护人＿＿＿＿负责监护＿＿＿＿＿＿＿＿＿＿（地点及具体工作）

（2）其他事项＿见图6-7。＿

七、35kV北杨线73断路器机构更换

变电站第一种工作票

单位＿××检修工区＿　　**编号＿×××××××××××＿**

1. 工作负责人（监护人）＿吴××＿　　班组＿××班＿

2. 工作班人员（不包括工作负责人）

＿张××、刘××、徐××、王××。＿

共＿4＿人

3. 工作的变、配电站名称及设备双重名称

＿110kV××变电站35kV北杨线73断路器。＿

4. 工作任务

工作地点及设备双重名称	工作内容
35kV高压室内35kV北杨线73断路器	更换机构

5. 计划工作时间

自＿××××＿年＿××＿月＿××＿日＿××＿时＿××＿分

至＿××××＿年＿××＿月＿××＿日＿××＿时＿××＿分

6. 安全措施（必要时可附页绘图说明）

应拉断路器（开关）、隔离开关（刀闸）	已执行*
1. 拉开北杨线 73 断路器	✓
2. 取下北杨线 73 断路器二次插头	✓
3. 将北杨线 73 断路器车拉出断路器柜外	✓
4. 取下北杨线 73 断路器控制熔断器	✓
应装接地线、应合接地刀闸（注明确实地点、名称及接地线编号*）	**已执行**
没有装设接地线	✓
应设遮栏、应挂标示牌及防止二次回路误碰等措施	**已执行**
1. 在 35kV 高压室内北杨线 73 断路器车周围装设遮栏，悬挂“止步！高压危险”标示牌，围栏内设置“在此工作”标示牌，在围栏出入口处设置“由此出入”标示牌	✓
2. 在北杨线 73 断路器车上挂“禁止合闸，有人工作”标示牌并闭锁	✓

*已执行栏目及接地线编号由工作许可人填写。

工作地点保留带电部分或注意事项（由工作票签发人填写）	补充工作地点保留带电部分和安全措施（由工作许可人填写）
1. 35kV 高压室内分段 50 断路器柜带电	无
2. 35kV 高压室内 35kV 2TV 柜带电	
3. 35kV 高压室内北杨线 73 断路器柜内带电	
4. 闭锁 35kV 高压室内北杨线 73 断路器柜活动挡板	

工作票签发人签名 黎×× 签发日期 ×××× 年 ×× 月 ×× 日 ×× 时 ×× 分

7. 收到工作票时间 ×××× 年 ×× 月 ×× 日 ×× 时 ×× 分

运行值班人员签名 许×× 工作负责人签名 吴××

8. 确认本工作票 1～7 项

工作负责人签名 吴×× 工作许可人签名 许××

许可开始工作时间 ×××× 年 ×× 月 ×× 日 ×× 时 ×× 分

9. 确认工作负责人布置的工作任务和安全措施

工作班组人员签名：

张××、刘××、徐××、王××。

10. 工作负责人变动情况

原工作负责人________离去，变更________为工作负责人

工作票签发人________ ____年____月____日____时____分

11. 工作人员变动情况（变动人员姓名、日期及时间）

____

____

工作负责人签名________

12. 工作票延期

有效期延长到____年____月____日____时____分

工作负责人签名________ ____年____月____日____时____分

工作许可人签名________ ____年____月____日____时____分

13. 每日开工和收工时间（使用一天的工作票不必填写）

收工时间				工作负责人	工作许可人	开工时间				工作许可人	工作负责人
月	日	时	分			月	日	时	分		

14. 工作终结

全部工作于××××年××月××日××时××分结束，设备及安全措施已恢复至开工前状态，工作人员已全部撤离，材料工具已清理完毕，工作已终结。

工作负责人签名吴×× 工作许可人签名许××

15. 工作票终结

临时遮栏、标示牌已拆除，常设遮栏已恢复。未拆除或未拉开的接地线编号__等共0组、接地刀闸（小车）共0副（台），已汇报调度值班员。

工作许可人签名许×× ××××年××月××日××时××分

16. 备注

（1）指定专责监护人__________负责监护__________

__________（地点及具体工作）

（2）其他事项见图6-9。

八、10kV 2母线及所属设备小修、预试、消缺

变电站第一种工作票

单位××检修工区 **编号××××××××××**

1. 工作负责人（监护人）吴×× 班组××班

2. 工作班人员（不包括工作负责人）

张××、刘××、徐××、王××、李××等。 共 14 人

3. 工作的变、配电站名称及设备双重名称

110kV××变电站2号变压器94断路器、TA、94-2隔离开关、10kV分段90断路器柜、10kV 2母线、10kV 2TV柜、10kV 2号站用变压器柜、10kV石化线81断路器柜、10kV 2号电容器82断路器柜、10kV钢厂线83断路器柜、10kV河东线84断路器柜、10kV建材线85断路器柜、10kV顺达线86断路器柜、10kV新农线87断路器柜、10kV兰田线88断路器柜、10kV 2号电容器室2号电容器、电抗器、放电TV、电缆，10kV钢厂线出线电缆及线路1号杆避雷器，10kV新农线出线电缆及线路1号杆避雷器，10kV兰田线出线电缆及线路1号杆避雷器，10kV石化线避雷器、10kV河东线避雷器、10kV顺达线避雷器。

4. 工作任务

工作地点及设备双重名称	工作内容
1. 10kV高压室内2号变压器94断路器、TA、94-2隔离开关、10kV分段90断路器柜、10kV 2母线、10kV 2TV柜、10kV 2号站用变压器柜、10kV石化线81断路器柜、10kV 2号电容器82断路器柜、10kV钢厂线83断路器柜、10kV河东线84断路器柜、10kV建材线85断路器柜、10kV顺达线86断路器柜、10kV新农线87断路器柜、10kV兰田线88断路器柜	小修、预试、消缺
2. 10kV 2号电容器室2号电容器、电抗器、放电TV、电缆	小修、预试
3. 室外10kV钢厂线出线电缆及线路1号杆避雷器，10kV新农线出线电缆及线路1号杆避雷器，10kV兰田线出线电缆及线路1号杆避雷器，10kV石化线避雷器，10kV河东线避雷器，10kV顺达线避雷器	小修、预试、消缺

5. 计划工作时间

自 ×××× 年 ×× 月 ×× 日 ×× 时 ×× 分

至 ×××× 年 ×× 月 ×× 日 ×× 时 ×× 分

6. 安全措施（必要时可附页绘图说明）

应拉断路器（开关）、隔离开关（刀闸）	已执行*
1. 拉开2号变压器94断路器	√
2. 拉开10kV分段90断路器	√
3. 拉开石化线81断路器	√
4. 拉开10kV 2号电容器82断路器	√
5. 拉开钢厂线83断路器	√
6. 拉开河东线84断路器	√

7. 拉开建材线 85 断路器	√
8. 拉开顺达线 86 断路器	√
9. 拉开新农线 87 断路器	√
10. 拉开兰田线 88 断路器	√
11. 拉开 2 号变压器 94-2 隔离开关	√
12. 拉开 2 号变压器 94-3 隔离开关	√
13. 拉开 10kV 分段 90-1 隔离开关	√
14. 拉开 10kV 分段 90-2 隔离开关	√
15. 拉开石化线 81-2 隔离开关	√
16. 拉开石化线 81-3 隔离开关	√
17. 拉开 10kV 2 号电容器 82-2 隔离开关	√
18. 拉开 10kV 2 号电容器 82-3 隔离开关	√
19. 拉开钢厂线 83-2 隔离开关	√
20. 拉开钢厂线 83-3 隔离开关	√
21. 拉开河东线 84-2 隔离开关	√
22. 拉开河东线 84-3 隔离开关	√
23. 拉开建材线 85-2 隔离开关	√
24. 拉开建材线 85-3 隔离开关	√
25. 拉开顺达线 86-2 隔离开关	√
26. 拉开顺达线 86-3 隔离开关	√
27. 拉开新农线 87-2 隔离开关	√
28. 拉开新农线 87-3 隔离开关	√
29. 拉开兰田线 88-2 隔离开关	√
30. 拉开兰田线 88-3 隔离开关	√
31. 拉开 10kV 2 号站用变压器 2Z-2 隔离开关	√
32. 取下 2 号变压器 94 断路器合闸电源熔断器	√
33. 取下 10kV 分段 90 断路器合闸电源熔断器	√
34. 取下石化线 81 断路器合闸电源熔断器	√
35. 取下 10kV 2 号电容器 82 断路器合闸电源熔断器	√
36. 取下钢厂线 83 断路器合闸电源熔断器	√

37. 取下河东线 84 断路器合闸电源熔断器	√
38. 取下建材线 85 断路器合闸电源熔断器	√
39. 取下顺达线 86 断路器合闸电源熔断器	√
40. 取下新农线 87 断路器合闸电源熔断器	√
41. 取下兰田线 88 断路器合闸电源熔断器	√
42. 拉开 2 号变压器 94 断路器控制电源刀开关	√
43. 拉开 10kV 分段 90 断路器控制电源刀开关	√
44. 拉开石化线 81 断路器控制电源刀开关	√
45. 拉开 10kV 2 号电容器 82 断路器控制电源刀开关	√
46. 拉开钢厂线 83 断路器控制电源刀开关	√
47. 拉开河东线 84 断路器控制电源刀开关	√
48. 拉开建材线 85 断路器控制电源刀开关	√
49. 拉开顺达线 86 断路器控制电源刀开关	√
50. 拉开新农线 87 断路器控制电源刀开关	√
51. 拉开兰田线 88 断路器控制电源刀开关	√
52. 取下 10kV 2TV 二次熔断器	√
53. 拉开 10kV 2 号站用变压器二次分段刀开关	√
54. 拉开 10kV 1TV 与 10kV 2TV 二次联络开关	√
应装接地线、应合接地刀闸（注明确实地点、名称及接地线编号*）	**已执行**
1. 在 2 号变压器 94 断路器与 94-3 隔离开关间装设 3 号接地线	√
2. 在 10kV 分段 90 断路器与 90-1 隔离开关间装设 2 号接地线	√
3. 在石化线 81-3 隔离开关线路侧装设 6 号接地线	√
4. 在 10kV 2 号电容器 82-3 隔离开关电容器侧装设 8 号接地线	√
5. 钢厂线 83-3 隔离开关线路侧装设 7 号接地线	√
6. 河东线 84-3 隔离开关线路侧装设 9 号接地线	√
7. 建材线 85-3 隔离开关线路侧装设 1 号接地线	√
8. 顺达线 86-3 隔离开关线路侧装设 10 号接地线	√
9. 新农线 87-3 隔离开关线路侧装设 4 号接地线	√
10. 兰田线 88-3 隔离开关线路侧装设 5 号接地线	√
11. 10kV 2TV 二次熔断器 TV 侧装设 01 号接地线	√

12. 10kV 2 号站用变压器二次刀开关与二次分段刀开关间装设 02 号接地线	√
应设遮栏、应挂标示牌及防止二次回路误碰等措施	**已执行**
1. 在 10kV 高压室内 10kV 分段 90 断路器柜前、后及 10kV 2 母线所属设备周围设遮栏，悬挂“止步，高压危险”标示牌，遮栏内设置“在此工作”标示牌，在开口处放置“由此出入”标示牌	√
2. 在 10kV 2 号电容器室内 10kV 2 号电容器、电抗器、放电 TV 周围设置遮栏，悬挂“止步，高压危险”标示牌，遮栏内设置“在此工作”标示牌，在开口处放置“由此出入”标示牌	√
3. 在室外 10kV 钢厂线，10kV 新农线，10kV 兰田线出线电缆及线路 1 号杆爬梯上悬挂“从此上下”标示牌，在相邻带电设备爬梯上悬挂“禁止攀登，高压危险”标示牌	√
4. 在室外 10kV 石化线避雷器周围设遮栏，悬挂“止步，高压危险”标示牌，遮栏内设置“在此工作”标示牌，在开口处放置“由此出入”标示牌	√
5. 在室外 10kV 河东线避雷器周围设遮栏，悬挂“止步，高压危险”标示牌，遮栏内设置“在此工作”标示牌，在开口处放置“由此出入”标示牌	√
6. 在室外 10kV 顺达线避雷器周围设遮栏，悬挂“止步，高压危险”标示牌，遮栏内设置“在此工作”标示牌，在开口处放置“由此出入”标示牌	√
7. 在 10kV 分段 90-1 隔离开关操作把手上悬挂“禁止合闸，有人工作”标示牌并闭锁	√
8. 在 2 号变压器 94-3 隔离开关操作把手上悬挂“禁止合闸，有人工作”标示牌并闭锁	√
9. 在 10kV 2 号站用变压器二次分段刀开关操作把手上悬挂“禁止合闸，有人工作”标示牌并闭锁	√
10. 在 10kV 1TV 与 10kV 2TV 二次联络开关操作把手上悬挂“禁止合闸，有人工作”标示牌并闭锁	√

*已执行栏目及接地线编号由工作许可人填写。

工作地点保留带电部分或注意事项（由工作票签发人填写）	**补充工作地点保留带电部分和安全措施（由工作许可人填写）**
1. 10kV 高压室内 2 号变压器 94-3 隔离开关带电	无
2. 2 号变压器 10kV 侧桥母线带电	
3. 10kV 高压室内 10kV 分段 90-1 隔离开关柜带电	
4. 10kV 1 母线及所属设备均带电	
5. 10kV 高压室内在 10kV 分段 90-1 隔离开关动、静触头间装设绝缘隔板	
6. 10kV 高压室内在 2 号变压器 94-3 隔离开关动、静触头间装设绝缘隔板	

工作票签发人签名 黎×× 签发日期 ×××× 年 ×× 月 ×× 日 ×× 时 ×× 分

7. 收到工作票时间 ×××× 年 ×× 月 ×× 日 ×× 时 ×× 分

运行值班人员签名 张×× 工作负责人签名 吴××

8. 确认本工作票1～7项

工作负责人签名 吴×× 工作许可人签名 张××

许可开始工作时间 ×××× 年 ×× 月 ×× 日 ×× 时 ×× 分

9. 确认工作负责人布置的工作任务和安全措施

工作班组人员签名：

张××、刘××、徐××、王××、李××、任××、周××、陈××、吕××、孙××、孟××、赵××、高××、林××。

10. 工作负责人变动情况

原工作负责人______离去，变更______为工作负责人

工作票签发人______ ___年___月___日___时___分

11. 工作人员变动情况（变动人员姓名、日期及时间）

工作负责人签名______

12. 工作票延期

有效期延长到___年___月___日___时___分

工作负责人签名______ ___年___月___日___时___分

工作许可人签名______ ___年___月___日___时___分

13. 每日开工和收工时间（使用一天的工作票不必填写）

收工时间				工作负责人	工作许可人	开工时间				工作许可人	工作负责人
月	日	时	分			月	日	时	分		

14. 工作终结

全部工作于 ×××× 年 ×× 月 ×× 日 ×× 时 ×× 分结束，设备及安全措施已恢复至开工前状态，工作人员已全部撤离，材料工具已清理完毕，工作已终结。

工作负责人签名 吴×× 工作许可人签名 张××

15. 工作票终结

临时遮栏、标示牌已拆除，常设遮栏已恢复。未拆除或未拉开的接地线编号__等共 0 组、接地刀闸（小车）共 0 副（台），已汇报调度值班员。

工作许可人签名 张×× ×××× 年 ×× 月 ×× 日 ×× 时 ×× 分

16. 备注

（1）指定专责监护人 张××、刘××、徐××、王××、李××、吕×× 负责监护工

作班成员任××、周××、陈×、孙××、孟××、赵××工作。张××负责监护任××攀登10kV钢厂线1号杆以及杆上工作，防止误登带电线路。刘××负责监护周××攀登10kV新农线1号杆以及杆上工作，防止误登带电线路。徐××负责监护陈×攀登10kV兰田线1号杆以及杆上工作，防止误登带电线路。王××负责监护孙××登高装拆10kV石化线避雷器工作，防止高空坠落。李××负责监护孟××登高装拆10kV河东线避雷器工作，防止高空坠落。吕××负责监护赵××登高装拆10kV顺达线避雷器工作，防止高空坠落。（地点及具体工作）

（2）其他事项 见图6-10。

第三节 变电站第二种工作票填写规定

变电站第二种工作票分为手工填写和使用工作票管理系统填写两种形式，手工填写工作票和工作票管理系统打印工作票要使用统一标准格式填写，应一式两联，两联工作票编号相同。手工填写的工作票要用蓝色或黑色的钢笔或圆珠笔填写。填写工作票应对照变电站接线图，填写内容要与现场设备的名称和编号相符，并使用设备双重名称。工作票有破损不能继续使用时，应补填新的工作票。

一、工作票签发人填写变电站第二种工作票的要求

（一）单位、班组

（1）单位：应填写工作班组主管单位的名称，例如，检修公司、修试所等。

（2）班组：应填写参加工作班组的名称。不能只写简称，要写全称。

（二）工作负责人（监护人）

工作负责人是组织工作人员安全地完成工作票上所列工作任务的负责人，也是对本工作班完成工作的监护人。若几个班同时工作时，填写总工作负责人的姓名。对于复杂得多班组工作，总的工作负责人应由检修车间的生产技术人员担任。一个工作负责人只能发给一张工作票，在工作期间，工作票应始终保留在工作负责人手中。

（三）工作班人员

填写的工作班人员不包括工作负责人在内，单一班组工作时，班组人数不超过五人，填写全部人员姓名。班组人数超过五人时，可填写五个人姓名并写上“等”共计包括工作负责人在内的所有工作人员总数。几个班同时进行工作时，工作票可发给一个总的负责人，在工作班成员栏内，只填明各班的负责人姓名，不必填写全部工作人员姓名。

（四）工作的变配电站名称及设备双重名称

此栏应填写进行工作的变电站、开关站、配电室名称和电压等级，变电站、开关站、配电室名称要写全称，不能只写简称或代号。要填写变电站、开关站、配电室内工作的设备双重名称。例如，“110kV××变电站10kV××线

××断路器”。

（五）工作任务

1. 工作地点或地段

工作地点及设备双重名称应填写实际工作现场的位置和地点名称以及设备的双重名称，其中断路器、隔离开关、电力电容器等电气设备应写双重名称，构架、母线等应写电压等级和设备名称，填写设备名称必须与现场实际相符。在几个由电气连接部分上依次进行不停电的同一类型工作，可发给一张第二种工作票。

2. 工作内容

工作内容栏应填写该工作的设备检修、试验及设备更改、安装、拆除等项目，工作内容应对照工作地点或地段来填写。单一工作应详细填写工作内容，非单一工作应填写主要工作内容。对消除重大缺陷或指定的反措项目，应填写清楚。要写明在什么设备上进行什么工作，填写清楚所从事的工作内容，例如，“注油电气设备加油、取油样的工作；电气设备的带电消缺工作；电气设备的带电测试、核相、试验工作；电气设备的异常处理；电气设备的清扫、检查等工作。”

（六）计划工作时间

由于在一般情况下，办理变电站第二种工作票不会影响电力系统的正常运行，所以计划工作时间可以由工作票签发人根据工作性质来确定。计划工作时间的填写统一按照公历的年、月、日和24h制填写，例如，“自2011年06月15日09时00分至2011年06月15日16时30分”。计划工作时间不准涂改，如果有涂改必须重新填写工作票。

（七）工作条件（停电或不停电或邻近及保留带电设备名称）

填写停电或不停电的条件是指对检修对象要求的工作条件，即检修对象需要停电时则填写停电，不需要停电时则填写不停电。需要停电时，应在“注意事项（安全措施）”栏内写明需要停电的电源设备。要在此栏中填写邻近及保留带电设备名称，带电设备要写双重名称。

（八）注意事项（安全措施）

继电保护定期校验、检查工作时，应写明退出保护的具体名称，例如：“××线路高频闭锁保护退出运行”、“××kV母差保护退出运行”等。切换断路器选择开关的“遥控”/“就地”状态。在低压照明回路、直流回路或低压干线上工作时，电源断路器及熔断器的运行情况。工作需要装设挡板情况。在临近带电运行的一次设备上工作时应注明设备运行情况及工作人员与带电设备保持的安全距离。在高处作业时，应注明下层设备及周围设备运行情况。在蓄电池室内工作，应提醒工作人员注意“禁止烟火”。在微机保护屏上工作，要提醒工作人员严禁使用移动通信工具。要提醒工作人员在带电的电流互感器二次回路上工作时，严禁将电流互感器二次回路开路，短路电流互感器二次绕组，必须使用短路片或短路线，短路应妥善可靠，严禁用导线缠绕，不得将电流互感器二次回路的永久性接地点断开。工作时，必须设专人监护，使用绝缘工具，并站在绝缘垫上。要提醒工作人员在带电的电压互感器二次回路上工作时，严禁将电压互感器二次回路短路或接地，应使用绝缘工具，戴手套。接临时负载，必须使用装有专用的刀开关和熔断器。在二次回路上工作，各种线夹（试验夹子、短接线夹等）必须夹牢端子，防止工作中误碰带电设备或误短接造成事故。使用工器具的注意事项。应设遮栏、应挂标示牌，要写明装设遮栏的确切地点和位置，悬挂标示牌的名称。比如在已拉开的低压刀开关或直流刀开关的操作把手上悬挂“禁止合闸，有人工作”的标示牌等。对于注油电气设备的取油样工作，应写明取完油样后及时关紧油门，防止注油电气设备渗漏油，取油样需要使用梯子时，应填写出各电压等级的安全距离数值，要注明两人平抬梯子，不准超过头部等要求。对于断路器液压机构的消缺工作，应采取防止断路器慢分的强制性措施以及工作中不得误碰断路器液压机构二次跳闸回路的措施。对于变压器冷却装置的消缺工作，应写明取下冷却装置电机电源熔断器，熔断器由工作负责人保管控制。对于隔离开关机构辅助开关的消缺工作，应写明防止造成隔离开关机构辅助开关端子接线短路或接地的措施，要强调隔离开关闭锁可靠，工作中严禁打开隔离开关闭锁装置（电动操作机构的隔离开关要拉开电动操作机构电源刀开关），防止出现带负荷拉开隔离开关。对于变压器有载调压装置消缺工作，应写明拉开变压器有载调压装置电源开关，防止变压器有载调压装置出现误调压，对于电压互感器二次核相工作，应写明使用高内阻电压表，正确使用仪表量程，防止电压互感器二次回路短路和接地，测量时使用绝缘工具并戴绝缘手套等措施。对于测量继电保护零序功率方向六角图相位，应写明在电流互感器与短路端子之间的回路和导线上严禁进行任何工作，工作人员工作时要站在绝缘垫上，以防止工作中误碰带电设备等。对于微机保护的异常处理，要写明工作人员工作中严禁带电拔出和插入微机保护插件，停用微机保护跳闸出口连接片等。对于电能表计的更换工作，应写明防止电压互感器二次回路短路和接地措施，必须将电流互感器二次侧牢固可靠短路，不得将电流互感器二次回路的永久性接地点断开，以防止电流互感器二次回路开路，拆除电能表计表头时，要用胶布包好端头，拆前应做好标志，恢复接线时要认真检查核对等。对于直流盘，整流器盘清扫工作，应写明工作人员工作时站在绝缘垫上，使用合格的绝缘工器具，以防止工作中误碰其他带电运行设备，防止造成直流接地或短路。要防止振动，以免造成运行设备的误动作。

二、工作票签发人签发变电站第二种工作票

工作票签发人填好工作票或由工作负责人填好工作票后，必须经工作票签发人审核无误，由工作票签发人在一式两联工作票的“工作票签发人签名”栏签名，并填写工作票签发时间，签发时间的填写统一按照公历的年、月、日和24h制填写。变电站运行值班负责人收到变电站第二种工作票后，应对工作票的全部内容作仔细审查确认无问题后，按照工作票内容做好安全措施。

三、补充安全措施

除工作票签发人填写的安全措施外，工作许可人认为有必要补充说明的安全措施也要在此栏中写明。

四、工作许可

在填写许可开始工作时间前，工作许可人必须认真仔细审查工作票签发人填好工作票1～8项内容，如果工作许可人发现有错误，必须通知工作票签发人修改工作票或重新填写新票。对于进入变电站或发电厂工作，必须经过当值运行人员许可，工作负责人应确认变电站或发电厂运行值班人员所作的安全措施与工作票安全措施要求一致，工作地点相邻的带电或运行设备及提醒工作人员工作期间有关安全注意事项均已填写清楚。工作许可人会同工作负责人到现场，对照工作票指明工作任务、工作地点、带电部分以及注意事项，工作负责人确认无问题后，由工作许可人填写许可开始工作时间。许可工作时间由工作许可人在工作现场填写，许可工作时间填写统一按照公历的年、月、日和24h制填写。工作许可人在填写许可工作时间时应注意许可工作时间应在计划工作时间之后。工作许可人在一式两联工作票中“工作许可人签名”栏签名，并填写许可工作时间。工作负责人在一式两联工作票中“工作负责人签名”栏签名工作许可手续办理完毕。

五、工作班组人员签名

工作负责人带领工作班组全体人员到达工作现场后，应向全体工作人员交代工作票中所列工作任务、人员分工、工作条件及现场安全措施、计划工作时间、进行危险点告知等，并询问是否有疑问，如果工作人员有疑问或没有听清楚，工作负责人有义务向其重申，直到清楚为止。工作班组全体人员确认工作负责人布置的任务和本工作项目安全措施交代清楚并确认无疑问后，工作班组全体人员应逐一在“工作班组人员签名”栏填入自己的姓名，工作班人员必须是本人亲自签名，在签名时字迹要工整且一律写全名，不允许代签。

六、工作票延期

应在工期尚未结束以前由工作负责人向运行值班负责人提出申请（属于调度管辖、许可的检修设备，还应通过值班调度员批准），运行值班负责人得到调度

值班员的工作票延期许可后，方可将延期时间填在一式两联工作票的“有效期延长到”栏内，由运行值班负责人通知工作许可人给予办理。工作许可人与工作负责人在工作票上分别签名、分别填入签名时间后执行，延期、签名时间填写统一按照公历的年、月、日和24h制填写。第二种工作票只能延期一次。

七、工作票终结

工作结束时间应与计划结束时间相同或在计划结束时间之前。工作结束时间填写统一按照公历的年、月、日和24h制填写。在工作结束后和未填写工作结束时间前，由工作负责人会同工作许可人一起到现场进行验收，经验收合格，递交必需的检查试验报告，填写有关记录，清理现场后工作许可人方可在一式两联工作票上填写工作结束时间。工作负责人与工作许可人在一式两联工作票上分别签名并填写签名时间，即为工作票结束。

八、备注

由于变电站第二种工作票无工作负责人变更栏，当遇到此种情况时可由工作票签发人电话传达并由工作许可人写明“×××电话传达”并签名。此栏还应填写非正常工作间断的原因。增减工作人员的原因，工作中需要注明的内容也可以填入此栏，例如：变压器冷却装置、有载调压装置的消缺工作，工作结束后，应在备注栏注明要恢复变压器冷却装置原来的运行方式、有载调压装置原来的分头位置等。

九、变电站第二种工作票盖章

（1）“已执行”章和“作废”章应盖在变电站第二种工作票的编号上方。工作结束后工作负责人从现场带回下联工作票，向工作票签发人汇报工作完成情况，并交回工作票，工作票签发人认为无问题时，在下联工作票的编号上方盖上“已执行”章，然后将工作票收存以备检查。工作结束后工作许可人将上联工作票交给值班负责人，并向运行值班负责人汇报工作完成情况，运行值班负责人认为无问题时，在上联工作票的编号上方盖上“已执行”章，然后将工作票收存以备检查。

（2）印章规格见表7-3。

表7-3　变电站第二种工作票印章规格

序号	名称	盖章位置	外围尺寸（mm×mm）	字体	颜色
1	已执行	工作票编号上方	30×15	黑体	红色
2	作废	工作票编号上方	30×15	黑体	红色

（3）印章样式。

1）“已执行”章见图7-1。

2）“作废”章见图7-2。

十、变电站第二种工作票的填写注意事项

（1）变电站第二种工作票的编号由供电公司统一编号，并在印刷时一并排印，工作票应一式两联，两联工作票编号相同，两联中的一联必须经常保存在工作地点，并由工作负责人保存，此联为绿字印制。两联中的另一联必须由工作许可人保存，并按值移交，此联为黑字印制，使用单位应按编号顺序依次使用，不得出现空号、跳号、重号、错号。变电站第二种工作票的幅面统一用 A3 纸。

（2）变电站第二种工作票填写的设备术语必须与现场实际相符，填写要字迹工整、清楚，不得任意涂改。如有个别错漏字需要修改时，应做到被改的字和改后的字清楚可辨。

（3）变电站第二种工作票的改动要求。

1）计划工作时间不能涂改；

2）工作票上所填内容的涂改不得超过 3 处，1 处为 3 个字，否则应重新填写工作票。

第四节　变电站第二种典型工作票填写实例

一、2 号变压器本体取油样工作

变电站第二种工作票

单位××检修工区　　　　**编号**××××××××××

1. 工作负责人（监护人）吴××　　　　班组××班

2. 工作班人员（不包括工作负责人）

林××。　　　　共 1 人

3. 工作的变、配电站名称及设备双重名称

220kV××变电站 2 号变压器。

4. 工作任务

工作地点或地段	工作内容
室外 2 号变压器	本体取油样

5. 计划工作时间

自 ×××× 年 ×× 月 ×× 日 ×× 时 ×× 分

至 ×××× 年 ×× 月 ×× 日 ×× 时 ×× 分

6. 工作条件（停电或不停电，或邻近及保留带电设备名称）

2 号变压器不停电。

7. 注意事项（安全措施）

(1) 核对设备名称、编号和实际位置。

(2) 工作人员工作时与35kV带电设备保持最少0.60m安全距离。

(3) 工作人员工作时与110kV带电设备保持最少1.50m安全距离。

(4) 工作人员工作时与220kV带电设备保持最少3.00m安全距离。

(5) 取完油样后要及时关紧油门，防止变压器油渗漏。

(6) 工作负责人要对工作全过程进行认真监护，保证所有工作人员的工作都在监护范围内进行。

(7) 工作人员不得触及与工作无关的设备。

工作票签发人签名 孙×× 签发日期 ×××× 年 ×× 月 ××日 ×× 时 ×× 分

8. 补充安全措施（工作许可人填写）

无

9. 确认本工作票1～8项

工作负责人签名 吴×× 工作许可人签名 刘××

许可工作时间 ×××× 年 ×× 月 ×× 日 ×× 时 ×× 分

10. 确认工作负责人布置的工作任务和安全措施

工作班人员签名：

林××。

11. 工作票延期

有效期延长到 ×××× 年 ×× 月 ×× 日 ×× 时 ×× 分

工作负责人签名 ______ ×××× 年 ×× 月 ×× 日 ×× 时 ×× 分

工作许可人签名 ______ ×××× 年 ×× 月 ×× 日 ×× 时 ×× 分

12. 工作票终结

全部工作于 ×××× 年 ×× 月 ×× 日 ×× 时 ×× 分结束，工作人员已全部撤离，材料工具已清理完毕。

工作负责人签名 吴×× ×××× 年 ×× 月 ×× 日 ×× 时 ×× 分

工作许可人签名 刘×× ×××× 年 ×× 月 ×× 日 ×× 时 ×× 分

13. 备注

见图6-5。

二、220kV广联线21断路器液压机构消缺工作

变电站第二种工作票

单位××检修工区 **编号×××××××××**

1. 工作负责人（监护人）吴×× 班组××班

2. 工作班人员（不包括工作负责人）

林××、朱××。 共 2 人

3. 工作的变、配电站名称及设备双重名称

220kV××变电站 220kV 广联线 21 断路器液压机构。

4. 工作任务

工作地点或地段	工作内容
室外 220kV 广联线 21 断路器液压机构	消缺

5. 计划工作时间

自 ×××× 年 ×× 月 ×× 日 ×× 时 ×× 分

至 ×××× 年 ×× 月 ×× 日 ×× 时 ×× 分

6. 工作条件（停电或不停电，或邻近及保留带电设备名称）

220kV 广联线 21 断路器不停电。

7. 注意事项（安全措施）

（1）核对设备名称、编号和实际位置。

（2）工作人员工作时与 220kV 带电设备保持最少 3.00m 安全距离。

（3）工作人员不得触及与工作无关的设备。

（4）工作中不得误碰断路器液压机构二次跳闸回路，防止断路器误跳闸。

（5）工作中要采取防止断路器慢分的强制措施，防止断路器出现慢分闸。

（6）工作负责人要对工作全过程进行认真监护，保证所有工作人员的工作都在监护范围内进行。

（7）做好防止二次回路触电措施。

工作票签发人签名 孙×× 签发日期 ×××× 年 ×× 月 ×× 日 ×× 时 ×× 分

8. 补充安全措施（工作许可人填写）

无

9. 确认本工作票 1～8 项

工作负责人签名 吴×× 工作许可人签名 刘××

许可工作时间 ×××× 年 ×× 月 ×× 日 ×× 时 ×× 分

10. 确认工作负责人布置的工作任务和安全措施

工作班人员签名：

林××、朱××。

11. 工作票延期

有效期延长到 ×××× 年 ×× 月 ×× 日 ×× 时 ×× 分

工作负责人签名＿＿＿＿ ×××× 年 ×× 月 ×× 日 ×× 时 ×× 分

工作许可人签名＿＿＿＿ ×××× 年 ×× 月 ×× 日 ×× 时 ×× 分

12. 工作票终结

全部工作于 ×××× 年 ×× 月 ×× 日 ×× 时 ×× 分结束，工作人员已全部撤离，材料工具已清理完毕。

工作负责人签名　吴××　　××××　年　××　月　××　日　××　时　××　分
工作许可人签名　刘××　　××××　年　××　月　××　日　××　时　××　分
13. 备注
见图 6-4。

三、1号变压器2号、3号冷却装置消缺工作

变电站第二种工作票

单位××检修工区　　　　**编号×××××××××××**

1. 工作负责人（监护人）吴××　　　　班组××班
2. 工作班人员（不包括工作负责人）

林××、朱××。　　　　共　2　人

3. 工作的变、配电站名称及设备双重名称

220kV××变电站1号变压器2号冷却装置、3号冷却装置。

4. 工作任务

工作地点或地段	工作内容
室外1号变压器2号冷却装置、3号冷却装置	消缺

5. 计划工作时间

自　××××　年　××　月　××　日　××　时　××　分
至　××××　年　××　月　××　日　××　时　××　分

6. 工作条件（停电或不停电，或邻近及保留带电设备名称）

1号变压器不停电。

7. 注意事项（安全措施）

（1）核对设备名称、编号和实际位置。
（2）工作人员工作时与35kV带电设备保持最少0.60m安全距离。
（3）工作人员工作时与110kV带电设备保持最少1.50m安全距离。
（4）工作人员工作时与220kV带电设备保持最少3.00m安全距离。
（5）工作前必须将1号变压器2号冷却装置、3号冷却装置停运，并取下冷却装置电机电源熔断器，熔断器由工作负责人控制。
（6）工作负责人要对工作全过程进行认真监护，保证所有工作人员的工作都在监护范围内进行。
（7）必须在工作人员全部离开工作现场后，方可用上1号变压器2号、3号冷却装置电机电源熔断器，对1号变压器2号冷却装置、3号冷却装置送电。
（8）工作人员不得触及与工作无关的设备。
（9）确保1号变压器带负荷正常运行时，冷却装置的投行组数。

工作票签发人签名　孙××　签发日期　××××　年　××　月　××日　××　时

××分

8. 补充安全措施（工作许可人填写）

无

9. 确认本工作票1～8项

工作负责人签名 吴×× 工作许可人签名 刘××

许可工作时间 ×××× 年 ×× 月 ×× 日 ×× 时 ×× 分

10. 确认工作负责人布置的工作任务和安全措施

工作班人员签名：

林××、朱××。

11. 工作票延期

有效期延长到 ×××× 年 ×× 月 ×× 日 ×× 时 ×× 分

工作负责人签名＿＿ ×××× 年 ×× 月 ×× 日 ×× 时 ×× 分

工作许可人签名＿＿ ×××× 年 ×× 月 ×× 日 ×× 时 ×× 分

12. 工作票终结

全部工作于 ×××× 年 ×× 月 ×× 日 ×× 时 ×× 分结束，工作人员已全部撤离，材料工具已清理完毕。

工作负责人签名 吴×× ×××× 年 ×× 月 ×× 日 ×× 时 ×× 分

工作许可人签名 刘×× ×××× 年 ×× 月 ×× 日 ×× 时 ×× 分

13. 备注

见图6-5。

四、110kV汇商线隔离开关机构辅助开关防雨处理工作

变电站第二种工作票

单位××检修工区 编号×××××××××××

1. 工作负责人（监护人）吴×× 班组××班

2. 工作班人员（不包括工作负责人）

林××、朱××。 共 2 人

3. 工作的变、配电站名称及设备双重名称

220kV××变电站110kV汇商线11-1隔离开关、11-2隔离开关、11-3隔离开关、11-4隔离开关机构辅助开关。

4. 工作任务

工作地点或地段	工作内容
室外110kV汇商线11-1隔离开关、11-2隔离开关、11-3隔离开关、11-4隔离开关机构辅助开关	防雨处理

5. 计划工作时间

自 ××××年 ××月 ××日 ××时 ××分

至 ××××年 ××月 ××日 ××时 ××分

6. 工作条件（停电或不停电，或邻近及保留带电设备名称）

110kV 汇商线 11-1 隔离开关、11-2 隔离开关、11-3 隔离开关、11-4 隔离开关不停电。

7. 注意事项（安全措施）

(1) 核对设备名称、编号和实际位置。

(2) 工作人员工作时与 110kV 带电设备保持最少 1.50m 安全距离。

(3) 工作中要防止造成隔离开关机构辅助开关端子接线短路或接地。

(4) 工作负责人要对工作全过程进行认真监护。

(5) 隔离开关要闭锁可靠，工作中严禁打开隔离开关要闭锁装置，防止出现带负荷拉隔离开关。

(6) 工作人员不得触及与工作无关的设备。

工作票签发人签名 孙×× 签发日期 ××××年 ××月 ××日 ××时 ××分

8. 补充安全措施（工作许可人填写）

无

9. 确认本工作票 1～8 项

工作负责人签名 吴×× 工作许可人签名 刘××

许可工作时间 ××××年 ××月 ××日 ××时 ××分

10. 确认工作负责人布置的工作任务和安全措施

工作班人员签名：

林××、朱××。

11. 工作票延期

有效期延长到 ××××年 ××月 ××日 ××时 ××分

工作负责人签名______ ××××年 ××月 ××日 ××时 ××分

工作许可人签名______ ××××年 ××月 ××日 ××时 ××分

12. 工作票终结

全部工作于 ××××年 ××月 ××日 ××时 ××分结束，工作人员已全部撤离，材料工具已清理完毕。

工作负责人签名 吴×× ××××年 ××月 ××日 ××时 ××分

工作许可人签名 刘×× ××××年 ××月 ××日 ××时 ××分

13. 备注

见图 6-6。

五、110kV 1 母线 TV 与 110kV 2 母线 TV 二次核相工作

变电站第二种工作票

单位××检修工区　　　　　　　　　　编号×××××××××

1. 工作负责人（监护人）吴××　　　　　班组××班

2. 工作班人员（不包括工作负责人）

林××、朱××。　　　　　　　　　　　　　　　　　　共　2　人

3. 工作的变、配电站名称及设备双重名称

220kV××变电站 110kV 1 母线 TV 与 110kV 2 母线 TV。

4. 工作任务

工作地点或地段	工作内容
控制室内中央信号继电器屏上 110kV 1 母线 TV 与 110kV 2 母线 TV	二次核相

5. 计划工作时间

自　××××　年　××　月　××　日　××　时　××　分

至　××××　年　××　月　××　日　××　时　××　分

6. 工作条件（停电或不停电，或邻近及保留带电设备名称）

110kV 1 母线 TV 不停电，110kV 2 母线 TV 不停电。

7. 注意事项（安全措施）

（1）核对设备名称、编号和实际位置。

（2）使用高内阻电压表，正确使用仪表量程。

（3）测量时使用绝缘工具，戴绝缘手套。

（4）认真分析测量结果。

（5）工作时，必须有专人监护，监护人不得直接操作。工作负责人要对工作全过程进行认真监护。

（6）防止 110kV 1 母线 TV、110kV 2 母线 TV 二次电压回路短路或接地。

工作票签发人签名　孙××　签发日期　××××　年　××　月　××　日　××　时　××　分

8. 补充安全措施（工作许可人填写）

无

9. 确认本工作票 1～8 项

工作负责人签名　吴××　　　　　　　　　工作许可人签名　刘××

许可工作时间　××××　年　××　月　××　日　××　时　××　分

10. 确认工作负责人布置的工作任务和安全措施

工作班人员签名：

林××、朱××。

11. 工作票延期

有效期延长到____××××____年____××____月____××____日____××____时____××____分

工作负责人签名________ ____××××____年____××____月____××____日____××____时____××____分

工作许可人签名________ ____××××____年____××____月____××____日____××____时____××____分

12. 工作票终结

全部工作于____××××____年____××____月____××____日____××____时____××____分结束，工作人员已全部撤离，材料工具已清理完毕。

工作负责人签名____吴××____ ____××××____年____××____月____××____日____××____时____××____分

工作许可人签名____刘××____ ____××××____年____××____月____××____日____××____时____××____分

13. 备注

见图6-6。

第五节 变电站带电作业工作票填写规定

变电站带电作业工作票分为手工填写和使用工作票管理系统填写两种形式，手工填写工作票和工作票管理系统打印工作票要使用统一标准格式填写，应一式两联，两联工作票编号相同。手工填写的工作票要用蓝色或黑色的钢笔或圆珠笔填写。填写工作票应对照变电站接线图，填写内容要与现场设备的名称和编号相符，并使用设备双重名称。工作票有破损不能继续使用时，应补填新的工作票。

一、工作票签发人填写变电站带电作业工作票的要求

（一）单位、班组

（1）单位。应填写变电站带电作业班组的主管单位的名称，例如，检修公司、修试所、修验场等。

（2）班组。应填写变电站带电作业工作班组的名称。不能只写简称，要写全称。

（二）工作负责人（监护人）

填写组织、指挥工作班人员安全完成工作票上所列工作任务的责任人员。工作负责人应由具有独立工作经验的人员担任。工作负责人必须始终在工作现场，并对工作班人员安全进行认真监护。一个工作负责人只能发给一张工作票，在工作期间，工作票应始终保留在工作负责人手中。

（三）工作班人员

填写的工作班人员不包括工作负责人在内，单一班组工作时，班组人数不超过五人，填写全部人员姓名。班组人数超过五人时，可填写五个人姓名并写上

“等”共计包括工作负责人在内的所有工作人员总数。几个班同时进行工作时，工作票可发给一个总的负责人，在工作班成员栏内，只填明各班的负责人姓名，不必填写全部工作人员名单。

（四）工作的变配电站名称及设备双重名称

应填写变电站、开关站、配电室的电压等级、名称，填写带电作业电气设备的名称编号及电压等级。例如，220kV××变电站内110kV 2母线避雷器带电测试工作。

（五）工作任务

1. 工作地点或地段

要填写变电站、开关站、配电室内带电作业电气设备的实际地点和地段，带电作业电气设备所在的设备区，电气设备要填写双重名称并注明电压等级，例如，××kV高压室内××kV××线××隔离开关三相动触头处；××kV室外高压设备区××kV××线××断路器三相套管处。

2. 工作内容

在同一变电站或发电厂升压站内，依次进行的同一类型的带电作业可以使用一张带电作业工作票。此栏应具体、明确地填写所进行带电作业工作的项目和计划安排的工作任务。例如：××kV××配电变压器测量负荷工作；××kV××线××隔离开关线路侧悬垂带电水冲洗工作。

（六）计划工作时间

工作票签发人在考虑计划工作时间时，应根据实际工作需要填写计划工作时间，若在预定计划工作时间工作尚未完成，应将该工作票终结重新办理工作票。计划工作时间的填写统一按照公历的年、月、日和24h制填写，例如：“自2011年06月20日09时00分至2011年06月20日16时30分”。

（七）工作条件（等电位、中间电位或地电位作业，或邻近带电设备名称）

对于带电作业的工作条件可以分成“等电位、中间电位、地电位作业、邻近带电设备”几类填写。对于带电体的电位与人体的电位相等的带电作业，在此栏中填“等电位”。对于作业人员通过两部分绝缘体，分别与接地体和带电体隔开的带电作业，在此栏中填“中间电位”。对于作业人员处于地电位上使用绝缘工具间接接触带电设备的作业，在此栏中填“地电位”。

（八）注意事项（安全措施）

进行地电位带电作业时，人身与带电体间的安全距离：10kV不得小于0.4m；35kV不得小于0.6m；110kV不得小于1m等要求都要在此栏中注明。绝缘操作杆、绝缘承力工具和绝缘绳索的有效绝缘长度也要在此栏中注明。在市区或人口稠密的地区进行带电作业时，工作现场应设置围栏，派专人监护，严禁非工作人员入内等措施要在此栏中写明。等电位作业时，应在此栏中填写作业人员要穿合格的全套屏蔽服（包括帽、衣裤、手套、袜和鞋），各部分应连接良好。屏蔽服内还应穿着阻燃内衣。严禁通过屏蔽服断、接接地电流、空载线路和耦合电容器的电容电流。使用火花间隙检测器检测绝缘子时，应将“检测前，必须对检测器进行检测，保证操作灵活，测量准确，针式绝缘子及少于 3 片的悬式绝缘子不得使用火花间隙检测器进行检测。检测 35kV 及以上电压等级的绝缘子串时，当发现同一串中的零值绝缘子片数 35kV 达到 1 片时，110kV 达到 3 片时，220kV 达到 5 片时，应立即停止检测”等内容填入此栏。对于带电水冲洗一般应在良好天气时进行。风力大于 4 级，气温低于−3℃，或雨天、雪天、沙尘暴、雾天及雷电天气时不宜进行。冲洗绝缘子时，应注意风向，必须先冲下风侧，后冲上风侧；对于上、下层布置的绝缘子应先冲下层，后冲上层。冲洗时，操作人员应戴绝缘手套、穿绝缘靴。带电作业中需要注意的其他安全措施都要在此栏中写明。

二、签发变电站带电作业工作票

工作票签发人将填好的工作票核对无误后，由工作票签发人在一式两联工作票上签名，并填写工作票签发时间，签发时间的填写统一按照公历的年、月、日和 24h 制填写。工作票签发人和工作负责人各持一联工作票，由工作票签发人向工作负责人交代工作内容，当工作负责人对照工作票进行认真核对，审查带电作业工作票并确认工作票 1～7 项填写内容无问题后，由工作负责人在一式两联工作票上签名。带电作业应设专责监护人，由工作负责人指定×××为专责监护人，并将其姓名写入工作票中，再由指定的专责监护人在“专责监护人签名”栏填入自己的姓名，此栏不得代签名。

三、补充安全措施（工作许可人填写）

除工作票签发人填写的带电作业安全措施和注意事项外，工作许可人认为有必要现场进行补充说明的安全措施也要在此栏中写明。例如，“在带电作业过程中如果设备突然停电，作业人员应视设备仍然带电。工作负责人应尽快与变电站运行值班负责人联系，尽快汇报调度，值班调度员未下达送电指令前，变电站运行值班人员不得强送电”。

四、许可工作时间

带电作业工作开始前，工作许可人必须认真仔细审查工作票签发人填好工作票，如果工作许可人发现有错误，必须通知工作票签发人修改工作票或重新填写新票。当确认无问题后，由变电站运行值班人员根据工作票要求结合现场实际情况完成补充的安全措施，工作许可人会同工作负责人到现场，对照工作票指明工作任务、工作地点、带电部分以及注意事项，方可填写许可开始工作时间。许可开始工作时间应该迟后于计划工作时间，许可开始工作时间填写统一按照公历的年、月、日和24h制填写。此时，工作许可人与工作负责人方可在一式两联工作票上分别签名。一式两联工作票的上联由工作许可人持有，一式两联工作票的下联由工作负责人持有。

五、工作班组人员签名

工作负责人带领工作班组全体人员到达工作现场后，应向全体工作人员交代工作票中所列工作任务、人员分工、带电部位及现场安全措施、计划工作时间、进行危险点告知等，并询问是否有疑问，如果工作人员有疑问或没有听清楚，工作负责人有义务向其重申，直到清楚为止。工作班组全体人员确认工作负责人布置的任务和本施工项目安全措施交代清楚并确认无疑问后，工作班组全体人员应逐一在签名栏填入自己的姓名，工作班成员必须是本人亲自签名，在签名时字迹要工整且一律写全名，不允许代签。

六、工作票终结

带电作业结束后，工作负责人应检查工作人员已全部撤离，材料工具已清理完毕，然后会同工作许可人一起到现场进行验收，经验收合格，递交必需的检查试验报告，填写有关记录，工作许可人方可在一式两联工作票上填写工作结束时间：“全部工作于××××年××月××日××时××分结束”，工作负责人与工作许可人在一式两联工作票上分别签名，即为工作票终结。

七、备注

填写有必要提醒工作人员工作中需注意的其他事项，对于专责监护人负责监护的具体地点和监护内容、监护范围、安全措施、危险点和安全注意事项应填入此栏中。

八、变电站带电作业工作票盖章

(1)“已执行”章和“作废”章应盖在变电站带电作业工作票的编号上方，一式两联工作票应分别盖章。工作结束后工作负责人从现场带回工作票，向工作票签发人汇报工作情况，并交回工作票，工作票签发人认为无问题时，在一式两联工作票的编号上方分别盖上“已执行”章，然后将工作票收存。工作结束后，工作许可人将上联工作票交给运行值班负责人并向其汇报带电作业完成情况及验收情况，运行值班负责人认为无问题后，在带电作业工作票的编号上方盖上“已执行”章，并将工作票收存以备检查。

(2)印章规格见表7-4。

表 7-4　变电站带电作业工作票印章规格

序号	名称	盖章位置	外围尺寸（mm×mm）	字体	颜色
1	已执行	工作票编号上方	30×15	黑体	红色
2	作废	工作票编号上方	30×15	黑体	红色

（3）印章样式。

1）“已执行”章见图 7-1。

2）“作废”章见图 7-2。

九、变电站带电作业工作票的填写注意事项

（1）变电站带电作业工作票的编号由供电公司统一编号，并在印刷时一并排印，不得手写编号，工作票应一式两联，两联中的一联必须经常保存在工作地点，并由工作负责人保存，此联为绿字印制。两联中的另一联必须由工作许可人保存，此联为黑字印制，两联工作票编号相同，使用单位应按编号顺序依次使用，不得出现空号、跳号、重号、错号。变电站带电作业工作票的幅面统一用A3 纸。

（2）变电站带电作业工作票填写的设备术语必须与现场实际相符，填写要字迹工整、清楚，不得任意涂改。如有个别错漏字需要修改时，应做到被改的字和改后的字清楚可辨。

（3）变电站带电作业工作票的改动要求。

1）计划工作时间不能涂改；

2）变电站带电作业工作条件不能涂改；

3）工作票上所填内容的涂改不得超过 3 处（1 处为 3 个字），否则应重新填写工作票。

第六节　变电站带电作业典型工作票填写实例

110kV 汇商线 11-1 隔离开关 B 相引线与 110kV 1 母线连接处螺丝松动缺陷处理

变电站（发电厂）带电作业工作票

单位××检修工区　　　　**编号**××××××××××

1. 工作负责人（监护人）宗××　　　　班组××班

2. 工作班人员（不包括工作负责人）

韦××。　　　　共 1 人

3. 工作的变、配电站名称及设备双重名称

220kV××变电站 110kV 汇商线 11-1 隔离开关。

4. 工作任务

工作地点或地段	工作内容
室外 110kV 设备区 110kV 汇商线 11-1 隔离开关	处理 110kV 汇商线 11-1 隔离开关 B 相引线与 110kV1 母线连接处螺丝松动缺陷

5. 计划工作时间

自 ×××× 年 ×× 月 ×× 日 ×× 时 ×× 分

至 ×××× 年 ×× 月 ×× 日 ×× 时 ×× 分

6. 工作条件（等电位、中间电位或地电位作业，或邻近带电设备名称）

地电位作业。

7. 注意事项（安全措施）

(1) 带电作业前向调度提出申请，停用 110kV 母线差动保护。

(2) 带电作业时带电作业工器具、防护用品进行认真检查，遥测绝缘电阻在合格范围内。

(3) 工作地点不得有人逗留或通过，以免落物伤人。

(4) 带电作业时，不得触及其他无关带电部位和带电设备。

工作票签发人签名 徐×× 签发日期 ×××× 年 ×× 月 ×× 日 ×× 时 ×× 分

8. 确认本工作票 1～7 项

工作负责人签名 宗××

9. 指定______为专责监护人　　专责监护人签名______

10. 补充安全措施（工作许可人填写）

在 110kV 汇商线 11-1 隔离开关工作地点设置“在此工作”标示牌。

11. 许可工作时间 ×××× 年 ×× 月 ×× 日 ×× 时 ×× 分

工作许可人签名 王××　　工作负责人签名 宗××

12. 确认工作负责人布置的工作任务和安全措施

工作班组人员签名：

韦××。

13. 工作票终结

全部工作于 ×××× 年 ×× 月 ×× 日 ×× 时 ×× 分结束，工作人员已全部撤离，材料工具已清理完毕。

工作负责人签名 宗××　　工作许可人签名 王××

14. 备注

一个作业点，专责监护人可由工作负责人担任。

第八章

供 用 电 合 同

一、供用电合同的基本内容

（1）供电方式、供电质量和供电时间；

（2）用电容量和用电地址、用电性质；

（3）计量方式和电价、电费结算方式；

（4）供用电设施维护责任的划分；

（5）合同的有效期限；

（6）违约责任；

（7）双方共同认定应当约定的其他条款。

二、供用电合同的有效期限

供用电合同的有效期限，一般为1～3年。由于电力供应与使用的同时性、连续性、电与社会生活的密不可分性，用电人除非破产、搬迁、连续不用电时间超过《供电营业规则》规定的期限被销户外，用电人不会停止用电。合同的有效期理论上应为供用电合同生效，用电人开始用电之日起至用电人申请销户（或被供电人依法强制销户）并停止供电，合同均应有效。合同一般定为1～3年，一方面便于供电人加强对供用电合同的管理，另一方面有利于就供用电环境的变化修签、修订供用电合同。供用双方在合同中应约定，合同到期后，若双方均未书面提出变更、解除合同，则合同继续有效。一方提出变更合同内容，在变更内容未协商一致前，合同继续有效。双方均不应为获得不当利益，故意拖延合同变更内容的协商。

三、供用电合同的分类及适用范围

（1）高压供用合同：适用于供电电压为10kV（含6kV）及以上的高压电力客户。

（2）低压供用电合同：适用于供电电压为220/380V低压电力客户。

（3）临时供用电合同：适用于短时、非永久性用电的客户，如基建工地、农田水利、市政建设等。

（4）趸购电合同：适用于趸购转售供电企业。

（5）委托转供电协议：适用于公用供电设施尚未达到地区，供电方委托其他电力客户向被转供电户转供用电的客户。

（6）居民供用电合同：适用于城乡单一居民生活用电客户。

四、签订供用电合同应具备的条件

（1）客户的用电申请报告或用电申请书；

（2）供电企业批复的供电方案；

（3）客户受电装置竣工报告；

（4）客户按规定交纳了有关费用；

（5）电能计量装置安装完工报告；

（6）客户电工取得电力管理部门颁发的《进网作业电工许可证》；

（7）与大电力客户和重要电力客户签订了电费结算协议、并网协议、调度协议等；

（8）双方约定的其他文件。

五、供用电合同的变更

原供用电合同的条款不适应形势的变化，原供用电合同到期等情况发生时都会引起供用电合同的变更，由于供用双方供用电关系的长期性，供用电合同的变更存在两种形式，一种是供用电合同中的多项条款需要变更，原供用电合同执行困难，需要重新修订、签订供用电合同。另一种是供用电合同中个别条款需要变更，合同双方在确认原供用电合同主要内容继续有效的基础上，对需要变更的条款签订补充协议即可，与原供用电合同有效条款同时生效执行。对于供用电合同的变更和解除必须符合下列条件之一：

（1）当事人双方经过协商同意，并且不因此损害国家利益和扰乱供用电秩序；

（2）由于供电能力的变化或国家对电力供应与使用政策调整修改，使订立供用电合同的依据被修改或取消；

（3）当事人一方依照法律程序确定确实无法履行合同；

（4）由于不可抗力或一方当事人虽无过失但无法防止的外因，致使合同无法履行；

（5）供用电双方要求变更和解除合同时应及时通知对方；对方应在法定或约定的期限内答复。在未达成变更或解除合同书面协议之前，原合同继续履行。

六、供用电合同资料归档

供电公司与客户签订供用电合同后，客户服务中心做好客户接收供用电合同记录，对供用电合同附件的日期，供用电双方的签字、签章日期做好登记。供电公司供用电合同管理人员将已生效的供用电合同文本、附件等资料及签订人的相关资料与客户档案资料合并存放，纳入档案管理。

七、居民供用电合同范本举例

居民供用电合同

编号：000001

供电方： **用电方（户主）：**

地址： **住所：**

邮编： **身份证号码：**

户号：

根据《中华人民共和国合同法》、《中华人民共和国电力法》、《电力供应与使用条例》、《供电营业规则》、《供电服务监管办法》等有关法律、法规规定，经双方协商一致，签订本合同。

第一条　用电地址、用电容量和用电性质

（一）用电地址：________________________________。

（二）用电容量：________千瓦。

（三）用电性质：居民生活用电。

（四）双方约定用电方有关履行本合同联系人为______，联系电话为：______。

★如联系人或联系电话变化，用电方应书面通知供电方。

★用电方不得擅自改变用电性质用电、向第三方外转供电力，并不得超过上述容量用电。

第二条　供电方式、供电质量

（一）供电方以交流50赫兹、电压______伏（单相/三相）电源向用电方供电。

（二）在电力系统正常的状况下，供电方供给用电方的供电质量应当符合国家标准或者电力行业标准。

（三）因故需要中止供电的，供电方应采取有效方式事先通知用电方或进行公告：

1. 因供电设施计划检修需要停电时，供电方应提前7天及以上进行公告；

★2. 因电网事故临时紧急抢修或其他非计划检修，因条件所限，对用电方中止供电的，供电方将不再通知用电方。

★3. 如用电方有停止供电将会造成用电方或与之相关的人员、电器、设备、设施损害的情形，请书面提交供电方，并自行做好相关停电后的保安措施。

第三条　用电计量

供电方应当在供电设施与受电设施的产权分界处或供用电双方协商同意的地点，安装计量检定机构依法认可的用电计量装置。用电方使用的电力电量以用电计量装置的记录为准。

双方都有保护用电计量装置完好的义务。用电方不应在表前堆放影响抄表或计量准确及安全的物品。如发生用电计量装置丢失、损坏、封印脱落或过负荷烧坏等情况，发现方应及时通知对方。因用电方责任致使用电计量装置出现故障或丢失的，由用电方承担维修或更换费用；其他原因引起的，由供电方负责维修或更换，不收费用。

★如用电计量装置出现故障或丢失期间用电量，由双方根据正常结算周期内用电量协商确定。发现用电计量装置记录失常，双方均有权向合法计量检定机构申请检定。如检定合格，检定费用由提出请求方负担；如不合格，该费用由供电方负担。在申请检定期间，用电方应先按正常结算周期内用电量交纳电费，检定结果确定后，供电方应按国家有关规定，退补相应电量的电费。

第四条　电价及电费结算

供电方根据用电方用电性质确定用电方应执行电价，用电方按照与供电方另行约定的缴费日期按时结清电费。

★如用电方连续两次不能按照约定按时结清电费，供电方有权要求用电方对以后的供用电提供相应电费存款担保，并对相关合同电费缴纳履行期条款重新约定。

第五条　用电安全

★用电方应当按照《农村安全用电规程》（DL 493—2001）、《农村低压电力技术规程》（DL/T 499—2001）、《农村电网剩余电流动作保护器安装运行规程》（DL/T 736—2010）、《剩余电流动作保护装置安装与运行》（GB 13955—2005）等规范在自有产权用电线路、用电设施设备安装符合国家标准的剩余电流保护器，并按照标准要求负责定期试验、做好运行维护，自身不具备上述技术时，可委托有资质的专业电工或组织做好维护工作。

★剩余电流保护器是防止人身触电的技术措施之一，并不能完全防止漏电事故的发生。用电方应加强自身及与本合同范围内用电方电力设施的维护管理，并加强相关用电安全。

第六条　供用电设施维护责任

供用电设施维护责任分界点为供电方计费电能表表尾出线端子下侧 2cm 处。

★分界点电源侧电力设施供电方产权部分由供电方负责运行维护管理，分界点负荷侧电力设施由用电方负责运行维护管理。

第七条　合同变更、转让和解除

在合同有效期内，经双方协商同意，可以变更、转让或解除合同。用电方需要增加、减少用电容量，变更户名、改变用电性质、另行选择电价、迁移用电地址、移动表位、过户等的，应先行结清电费，并携带有关申请和证明文件，到供电方用电营业场所办理手续。

供电方在本合同外以公告等书面形式公开做出的服务承诺，自动成为本合同的组成部分，但为用电方设定义务或不合理地加重责任的除外。供电方公开做出的承诺标准低于本合同约定的，以本合同为准。

第八条　合同有效期限

本合同有效期为5年，经双方签字或盖章起生效。合同期满后，双方未提出书面异议的，本合同继续有效。

第九条　违约责任

（一）用电方

1. 用电方因不及时交纳电费造成停电，造成的一切后果由用电方承担。

2. 用电方发生违约用电行为和窃电行为的，按有关法律法规规定处理。

★3. 用电方在规定的期限内未交清电费时，应承担电费滞纳的违约责任。电费违约金从逾期之日起计算至交纳之日，每日按照欠费总额的千分之一计算。

（二）供电方

1. 供电方未保证供电质量或者未事先通知用电方中断供电，给用电方造成损失的，应当依法承担赔偿责任。

2. 因电力运行事故引起居民家用电器损坏，依照有关法律、法规规定处理。

第十条　争议解决方式

★因履行本合同发生的争议，双方应先行协商解决。协商不成的，任何一方均可依法向供电方人民法院提起诉讼方式解决争议。

第十一条　其他

（一）本合同一式两份，双方各执一份。

（二）供电方服务热线：_______。

（三）★供电方已经根据用电方的要求对本合同条款做了详尽的解释，用电方对本合同的所有条款，特别是粗体字条款含义已完全理解，双方对本合同理解一致。

供　电　方：（签章）　　　　　　用 电 方：（签章）

委托代理人：（签章）

年　　月　　日　　　　　　年　　月　　日

第九章

重要电力客户管理

第一节　重要电力客户的分级

一、重要电力客户

重要电力客户是指在国家或本地区政治、社会、经济生活中占有重要地位，如果中断其供电可能会造成以下情况的用电单位或对供电可靠性有特殊要求的用电场所：

(1) 中断其供电可能造成人身伤亡事故发生；

(2) 中断其供电可能造成大面积环境污染事故发生；

(3) 中断其供电可能造成较坏的政治影响；

(4) 中断其供电可能造成较大经济损失；

(5) 中断其供电可能造成社会公共秩序严重混乱。

二、重要电力客户分级

重要电力客户分为特级重要电力客户、一级重要电力客户、二级重要电力客户和临时重要电力客户。

1. 特级重要电力客户

特级重要电力客户是指在管理国家事务中具有特别重要作用，中断供电将可能危害国家安全的电力客户。

2. 一级重要电力客户

一级重要电力客户是指中断供电将可能造成下列情况之一的：

(1) 直接导致人身伤亡的；

(2) 造成大面积环境污染的；

(3) 引起中毒、爆炸或火灾事故的；

(4) 造成较大政治影响的；

(5) 造成重大经济损失的；

(6) 造成较大范围社会公共秩序严重混乱的。

3. 二级重要电力客户

二级重要电力客户是指中断供电将可能造成下列情况之一的：

（1）造成局部环境污染的；

（2）造成一定政治影响的；

（3）造成较大经济损失的；

（4）造成一定范围社会公共秩序严重混乱的。

4. 临时重要电力客户

临时性重要电力客户是指需要临时特殊供电保障的电力客户。

第二节　重要电力客户的类别

重要电力客户的主要类别有煤矿、非煤矿山、冶金、石油、化工（含危险化学品）、电气化铁路、党政机关、国防、信息安全、交通运输、水利枢纽、公共事业及其他重要电力客户。其中：①党政机关主要包括：省委、省政府、省级各类机关、市委、市政府、市公安局、市交警指挥中心、市消防指挥中心、市人防指挥中心、县委、县政府、县公安（交警）指挥中心等；②国防主要包括：各级部队指挥中心（系统）、雷达机站等；③信息安全主要包括：移动、电信、广播、电视、各类网络数据中心、主要银行网点、银行（证券）数据中心、各类大型通信基站（县级以上）等；④交通运输主要包括：重要交通枢纽（机场、码头、车站）等；⑤水利枢纽主要包括：大型蓄水站、排涝、泵站及省级以上水利工程等；⑥公共事业主要包括：市政（水、电、气）公用事业、其中水厂包括污水处理和原水水厂；⑦其他重要电力客户主要包括：医院（三级甲等医院，每县必须保证1家重要医院）、血库、疾病控制中心、大型超市卖场、大型购物中心、市县文化活动中心、重要国（涉外）宾馆、重点高校等。

第三节　重要电力客户电源配置

一、重要电力客户供电电源配置

（1）特级重要用户具备三路电源供电条件，其中的两路电源应当来自两个不同的变电站，当任何两路电源发生故障时，第三路电源能保证独立正常供电；

（2）一级重要用户具备两路电源供电条件，两路电源应当来自两个不同的变电站，当一路电源发生故障时，另一路电源能保证独立正常供电；

（3）二级重要用户具备双回路供电条件，供电电源可以来自同一个变电站的不同母线段；

（4）临时性重要用户按照供电负荷重要性，在条件允许情况下，可以通过临时架线等方式具备双回路或两路以上电源供电条件。

二、重要电力客户自备应急电源配置

（1）自备应急电源配置容量标准应达到保安负荷的120%；

（2）自备应急电源启动时间应满足安全要求；

（3）自备应急电源与电网电源之间应装设可靠的电气或机械闭锁装置，防止倒送电；

（4）临时性重要用户可以通过租用应急发电车（机）等方式，配置自备应急电源。

三、重要电力客户自备应急电源不得发生下列情况

（1）自行变更自备应急电源接线方式；

（2）自行拆除自备应急电源的闭锁装置或者使其失效；

（3）自备应急电源发生故障后长期不能修复并影响正常运行；

（4）擅自将自备应急电源引入，转供其他用户；

（5）其他可能发生自备应急电源向电网倒送电的。

第四节　重要电力客户安全管理

一、重要电力客户安全隐患分类

重要电力客户用电安全隐患分为重大安全隐患和一般安全隐患。

1. 重大安全隐患

（1）可能造成人身死亡事故，重大及以上电网、设备事故的为重大安全隐患；

（2）因重要电力客户用电不安全引发的电力客户严重生产事故的为重大安全隐患。

2. 一般安全隐患

可能造成人身重伤事故，一般电网和设备事故的安全隐患。

二、重要电力客户安全隐患责任主体分类

按重要电力客户供用电安全隐患的责任主体可分为电网责任和客户责任的安全隐患：

（1）电网责任安全隐患分为：电网结构、供电设施、安全运行管理三类；

（2）客户责任安全隐患分为：供电电源、应急电源、非电性质保安措施、应急预案、受电设施和运行管理六类。

三、重要电力客户重大安全隐患范围

（1）由于电力客户原因造成未按要求配置供电电源；

（2）应急电源的配备装置不符合安全技术要求；

（3）应急电源的运行管理不符合安全技术要求；

（4）应急电源的投入切换装置不符合安全技术要求；

（5）非电性质安全措施严重不符合要求；

（6）应急预案严重不符合要求；

（7）自动装置及保护装置的定值不配合；

（8）电力客户的电工配置严重不足，无证上岗；

（9）受电设施和变电站运行管理上长期存在且一直未得到整改的安全隐患。

四、重要电力客户安全运行检查内容

（1）检查重要电力客户供电电源配置是否满足相应负荷分级的配置要求。

（2）检查重要电力客户自备保安电源的配置是否符合安全要求。

（3）检查重要电力客户自备保安电源的维护是否符合安全要求。

（4）检查重要电力客户非电性质保安措施是否能够满足安全需要。

（5）检查重要电力客户闭锁装置的可靠性和安全性是否满足技术要求。

（6）检查重要电力客户受电装置及电气设备安全运行状况。

（7）检查重要电力客户受电装置及电气设备的缺陷处理情况。

（8）检查重要电力客户是否按规定的周期进行电气试验，试验项目是否齐全，试验结果是否合格，试验单位资质是否符合要求。

（9）检查重要电力客户继电保护和自动装置、调度通信系统的安全运行情况。重点检查与电网连接的进线保护和安全自动装置的整定、校验情况，与系统保护、客户内部保护之间是否配合良好。

（10）检查重要电力客户电能计量装置、负荷管理装置的安全运行情况。

（11）检查重要电力客户自备电源并网安全情况。

（12）检查重要电力客户应急预案制定和演练情况；供用电双方应急联动机制是否健全，职责是否明确，信息传递是否通畅，衔接是否顺达。

（13）检查重要电力客户反事故措施的制定和落实情况。

（14）检查重要电力客户安全技术档案是否完整。重点检查受电装置的各类试验记录、检验、检查和消缺、整改记录，进线继电保护和安全自动装置的定值计算、整定、校验记录及用电安全防护措施和反事故措施的各类记录是否完整。

第五节 重要电力客户业扩报装管理

供电公司在受理重要电力客户用电申请时，必须对重要电力客户业扩报装申请资料严格审查，确保重要电力客户证、照齐全有效、建设项目符合国家产业发展政策。凡属于国家明令禁止的违法、违规建设项目的用电申请不予受理，严禁提供生产和基建施工电源。

一、自备应急电源设计审查时，重要电力客户应提供的资料

（1）自备应急电源供电范围；

（2）自备应急电源的电气接线方式及设计说明；

（3）自备电源投切时间要求；

（4）自备应急电源与电网的切换联锁装置图；

（5）保安负荷的类型、特性、容量及分布。

二、受电工程设计审核的内容

（1）主接线型式及运行方式；

（2）一次设备选型符合标准要求；

（3）保安电源配置容量、接线方式、投入切换装置、防倒送电措施符合标准要求；

（4）自备应急电源配置容量、接线方式、投入切换装置、防倒送电措施符合标准要求；

（5）重要负荷与非重要负荷用电分开配电；

（6）生产用电与生活区用电分开配电；

（7）继电保护及安全自动装置的配置方式；

（8）调度通信的配置方式；

（9）电能计量装置的配置方式；

（10）对电网电能质量产生影响的客户谐波、冲击负荷等的治理在设计中是否符合国家和行业标准要求。

三、受电工程竣工报验前客户应提供资料

（1）工程竣工报告（工程竣工报告中应包含自备应急电源的相关内容）；

（2）变电站管理机构；

（3）变电站人员联系方式；

（4）重要电力客户电工人员配置；

（5）值班制度；

（6）重要电力客户应急详细预案。

四、受电工程竣工验收内容

对重要电力客户受电工程，在竣工验收时应重点检查内容：

（1）防误闭锁装置是否符合电气设备安装要求；

（2）保安负荷的供电回路是否符合电气设备安装要求；

（3）受电设备选用是否符合设计要求；

（4）重要电力客户受电工程施工工艺是否符合电气设备安装要求；

（5）安全工器具配备是否齐全；

（6）备品备件是否配备充足。

五、重要电力客户销户终止要求

对连续六个月不用电的重要电力客户，也不申请办理暂停用电手续的重要电力客户，必须销户终止其用电。客户需再用电时，按新装用电手续办理。

第十章 违约用电及窃电查处

第一节 违约用电查处

一、违约用电

凡是危害供用电安全、扰乱正常供用电秩序的行为，均属于违约用电行为。供电企业对查获的违约用电行为应及时予以制止。

二、对违约用电查处工作流程

（1）供电企业用电检查人员实施现场检查时，用电检查人员的人数不得少于2人。

（2）执行用电检查任务前，用电检查人员应按规定填写《用电检查派工单》（见表10-1），经审核批准后，方能赴电力客户执行查电任务。查电工作终结后，用电检查人员应将《用电检查派工单》交回存档。《用电检查派工单》内容应包括：电力客户单位名称、用电检查人员姓名、工作任务、计划工作时间、检查结果，以及电力客户代表签字等栏目。

（3）用电检查人员在执行查电任务时，应向被检查的电力客户出示《用电检查证》，电力客户不得拒绝检查，并应派员随同配合检查。

（4）经现场检查确认电力客户的设备状况、电工作业行为、运行管理等方面有不符合安全规定的，或者在电力使用上有明显违反国家有关规定的，用电检查人员应开具《用电检查结果通知书》或《违章用电、窃电通知书》一式两份，一份送达电力客户并由电力客户代表签收，一份存档备查。

（5）现场检查确认有危害供用电安全或扰乱供用电秩序行为的，用电检查人员应按下列规定，在现场予以制止。拒绝接受供电企业按规定处理的，可按国家规定的程序停止供电，并请求电力管理部门依法处理，或向司法机关起诉，依法追究其法律责任。

（6）现场检查确认有窃电行为的，用电检查人员应当场予以中止供电，制止其侵害，并按规定追补电费和加收电费。拒绝接受处理的，应报请电力管理部门依法给予行政处罚；情节严重，违反治安管理处罚规定的，由公安机关依法予以治安处罚；构成犯罪的，由司法机关依法追究刑事责任。

表 10-1　　用电检查派工单

单位：　　　　　　　　　　　　　　　　　　　　　　　　编号：

班 组		工作负责人	
用电检查人员	共　人		
计划工作时间	自　年　月　日　时　分 至　年　月　日　时　分止	工作地点	
工作任务			
任务派发人		电力客户代表签字	

现场设备运行情况及安全注意事项：

工作完成情况简要说明或其他事项交代：

三、违约用电证据获取的方法

当用电检查人员发现违约用电行为时，稽查人员应保护现场，并提取和收集有关证据，对窃电事件处理时应报警，需求公安机关协助取证。主要方法有：

（1）拍照；

（2）摄像；

（3）录音；

（4）损坏的用电计量装置的查封提取；

（5）伪造或者开启加封的用电计量装置封印查封收集；

（6）使用不合格计量装置的查封收缴；

（7）在用电计量装置上遗留的窃电痕迹的提取及保护；

（8）经当事人签名的现场勘验笔录、调查笔录等。

《违约用电、窃电通知书》要详细写明电力客户所违反规定的具体条款和对电力客户的现场处理情况，并写明到××××部门的具体处理时间，经双方签字后一式两份，电力客户和检查单位各持一份。

四、违约用电承担责任

供电企业对查获的违约用电行为应及时予以制止。有下列违约用电行为者，应承担其相应的违约责任：

（1）在电价低的供电线路上，擅自接用电价高的用电设备或私自改变用电类别的，应按实际使用日期补交其差额电费，并承担二倍差额电费的违约使用电费。使用起始日期难以确定的，实际使用时间按三个月计算。

（2）私自超过合同约定的容量用电的，除应拆除私自增容设备外，属于两部制电价的电力客户，应补交私增设备容量使用月数的基本电费，并承担三倍私增容量基本电费的违约使用电费；其他电力客户应承担私自增容量每 kW（kVA）50 元的违约使用电费。如电力客户要求继续使用者，应按新装增容办理手续。

（3）擅自超过计划分配用电指标的，应承担高峰超用电力每次每千瓦 1 元和超用电量与现行电价电费 5 倍的违约使用电费。

（4）擅自使用已在供电企业办理暂停手续的电力设备或启用供电企业封存的电力设备的，应停用违约使用的设备。属于两部制电价的电力客户，应补交擅自使用或启用封存设备容量和使用月数的基本电费，并承担二倍补交基本电费的违约使用电费；其他电力客户应承担擅自使用或启用封存设备容量每次每 kW（kVA）30 元的违约使用电费。启用属于私自增容被封存的设备的，违约使用者还应承担本条第（2）项规定的违约责任。

（5）私自迁移、更动和擅自操作供电企业的用电计量装置、电力负荷管理装置、供电设施以及约定由供电企业调度的电力客户受电设备者，属于居民电力客户的，应承担每次 500 元的违约使用电费；属于其他电力客户的，应承担每次 5000 元的违约使用电费。

（6）未经供电企业同意，擅自引入（供出）电源或将备用电源和其他电源私自并网的，除当即拆除接线外，应承担其引入（供出）或并网电源容量每 kW（kVA）500 元的违约使用电费。

五、违约用电处理

1. 确定检查电力客户名单

根据稽查、检查、抄表、电能量采集、计量现场处理、线损管理、举报处理等工作中发现的涉及违约用电的嫌疑信息，用电检查人员确定需要检查的电力客户，部署工作任务进行现场调查取证。

2. 调查取证

用电检查人员依据已掌握的违约用电异常信息，组织人员赴现场检查调查取证。如果有必要，应提前通知地方公安等部门协助调查，并做好记录。违约用电现场调查取证内容：

（1）封存和提取违约使用的电气设备、现场核实违约用电负荷及其用电性质；

（2）采取现场拍照、摄像、录音等手段；

（3）收集违约用电的相关信息。

3. 违约用电通知书（见表10-2）

如果确定为违约用电行为，用电检查人员应根据调查取证的结果，按照《电力法》和《供电营业规则》的有关规定，开具违约用电通知书一式两份，经用电客户当事人或法人授权代理人签字后，一份交用电客户，一份由用电检查人员存档备查。如果电力客户拒不签字，一个工作日内将取证记录报送电力管理部门。

4. 确定处理方式

用电检查人员根据调查取证的情况，形成初步的违约用电处理意见。用电检查人员根据调查取证的结果，按照违约用电处理的有关规定，针对客户的违约用电行为确定处理方式，填写违约用电处理工作单（见表10-3）。

5. 电费追缴

用电检查人员核定电力客户的追补电费及违约使用电费，经上级审核、审批核定的窃电金额追补电费及违约使用电费后，发行追补电费、违约使用电费，产生应收电费，并通知客户违约处理情况。营业人员收取发行的追补电费、违约使用电费，并出具凭证。

第二节　窃　电　查　处

一、窃电行为

有下列行为者均属于窃电行为。

（1）在供电企业的供电设施上，擅自接线用电；

（2）绕越供电企业用电计量装置用电；

（3）伪造或者开启供电企业加封的用电计量装置封印用电；

（4）故意损坏供电企业用电计量装置；

（5）故意使供电企业用电计量装置不准或者失效；

（6）采用其他方法窃电。

二、常见的窃电方式

常见窃电的五种类型：

(1) 欠压法窃电;

(2) 欠流法窃电;

(3) 移相法窃电;

(4) 扩差法窃电;

(5) 无表法窃电。

三、检查窃电方法

(1) 直观检查法;

(2) 电量检查法;

(3) 仪表检查法;

(4) 经济分析法。

四、窃电承担责任

(1) 在供电企业的供电设施上，擅自接线用电的，所窃电量按私接设备额定容量（kVA 视同 kW）乘以实际使用时间计算确定;

(2) 以其他行为窃电的，所窃电量按计费电能表标定电流值（对装有限流器的，按限流器整定电流值）所指的容量（kVA 视同 kW）乘以实际窃用的时间计算确定。窃电时间无法查明时，窃电日数至少以一百八十天计算，每日窃电时间：电力客户按 12h 计算；照明电力客户按 6h 计算。

五、窃电处理

1. 确定检查电力客户名单

根据稽查、检查、抄表、电能量采集、计量现场处理、线损管理、举报处理等工作中发现的涉及窃电的嫌疑信息，用电检查人员确定需要检查的电力客户，部署工作任务进行现场调查取证。

2. 调查取证

用电检查人员依据已掌握的窃电异常信息，组织人员赴现场检查调查取证。如果有必要，应提前通知地方公安等部门协助调查，并做好记录。窃电现场调查取证内容：

(1) 现场封存或提取损坏的电能计量装置，保全窃电痕迹，收集伪造或开启的加封计量装置的封印；收缴窃电工具;

(2) 采取现场拍照、摄像、录音等手段;

(3) 收集用电客户产品、产量、产值统计和产品单耗数据;

(4) 收集专业试验、专项技术检定结论材料;

(5) 收集窃电设备容量、窃电时间等相关信息。

3. 窃电通知书（见表 10-2）

如果确定为窃电行为，用电检查人员根据调查取证的结果，按照《电力法》和《供电营业规则》的有关规定，开具窃电通知书一式两份，经用电客户当事人或法人授权代理人签字后，一份交用电客户，一份由用电检查人员存档备查。如果电力客户拒不签字，一个工作日内将取证记录报送电力管理部门。对拒绝承担窃电责任的，应报请电力管理部门依法处理。窃电者拒绝接受处理或窃电数额巨大的，转交司法机关窃电立案，依法追究其行政、刑事责任。

4. 确定处理方式

用电检查人员根据调查取证的情况，形成初步的窃电处理意见。用电检查人员根据调查取证的结果，按照窃电处理的有关规定，针对客户的窃电行为确定处理方式，填写窃电处理工作单（见表 10-3）。

5. 电费追缴

用电检查人员核定电力客户的追补电费及违约使用电费，经上级审核、审批核定的窃电金额追补电费及违约使用电费后，发行追补电费、违约使用电费，产生应收电费，并通知客户违约处理情况。营业人员收取发行的追补电费、违约使用电费，并出具凭证。

表 10-2　　违约用电、窃电通知书

编号：

户名：　　　　　　　　　　　　户号： 您单位（或个人）经用电检查人员检查，存在以下违约用电（或窃电）行为。   根据国家有关规定，请贵单位于　　年　　月　　日前到　　　　　　补缴电费并缴纳违约使用电费，逾期不办，将追缴滞纳金，并依法处理。   检查单位：××供电公司 电力客户（签字或盖章）：　　　　检查人： 联系电话：　　　　　　　　　　　联系电话： 年　月　日

注　通知书一式两份，客户签字后留存。

表 10-3　　　　　　　　违约用电、窃电处理工作单

编号：　　违窃字　第　　号　　　年　　月　日　　　档号：　违窃字第　　号

<table>
<tr><td>户　名</td><td></td><td>联系人</td><td></td><td>户　号</td><td></td></tr>
<tr><td>用电地址</td><td></td><td>联系电话</td><td></td><td>邮政编码</td><td></td></tr>
<tr><td rowspan="2">检查情况</td><td rowspan="2"></td><td>调查纪实</td><td colspan="3">1. 性质：
2. 违约或窃电方式：
3. 违约或窃电容量：
4. 违约或窃电时间：
5. 是否停电：
6. 带回窃电工具：</td></tr>
<tr><td>见证人：</td><td>责任当事人：</td><td colspan="2">检查人：</td></tr>
<tr><td rowspan="3">处理情况</td><td rowspan="3">1. 追补电量：
计算公式：
2. 追补电费：
计算公式：
3. 追补违约使用电费：
计算公式：
4. 共计：　　元

经办人：　　　审查人：</td><td colspan="4">计量专责人意见：
签字：　　　年　月　日</td></tr>
<tr><td colspan="4">电价专责人意见：
签字：　　　年　月　日</td></tr>
<tr><td colspan="4">单位领导意见：
签约：　　　年　月　日</td></tr>
<tr><td colspan="6">主管部门意见：
签字：　　　年　月　日</td></tr>
<tr><td colspan="6">领导审批意见
签字：　　　年　月　日</td></tr>
</table>

六、窃电立案、结案处理

用电检查人员应将情节严重的窃电行为上报单位领导审核，经批准后通过供电公司向司法机关报案。供电公司向司法机关提供窃电者窃取的电量和应缴纳的电费数额。供电公司协助司法机关提供电力客户窃电证据，现场调查取证相关信息，向司法机关完成立案所需信息。司法机关结案后，供电公司及时获取司法机关结案的相关信息，信息包括：审判结果，结案时间，窃电客户应交的补收电费及违约使用电费金额。

七、停电及恢复供电

1. 停电

用电检查人员确认违约用电、窃电事实，需要对客户中止供电的，用电检查人员提出违约用电、窃电停电申请。供电公司主管部门主任审核批准停电申请，重要电力客户的停电申请必须上报公司领导批准。供电公司在窃电、违约用电处理环节实施停电流程。用电检查人员根据规定的程序和要求，向电力客户通知停电并送达停电通知书。供电公司组织相关人员实施停电工作，完成资料归档。

2. 恢复供电

供电公司营业人员收取电力客户补收电费、电力客户违约使用电费后，分别建立电力客户的实收信息。对停电原因消除结清相关费用的电力客户，用电检查人员提出复电申请，经供电公司主管部门主任审核批准复电申请后，用电检查人员根据复电流程，实施恢复送电工作，用电检查人员收集、整理违约用电、窃电书面资料，包括违约用电通知书、窃电通知书、缴费通知单等资料归档保管。

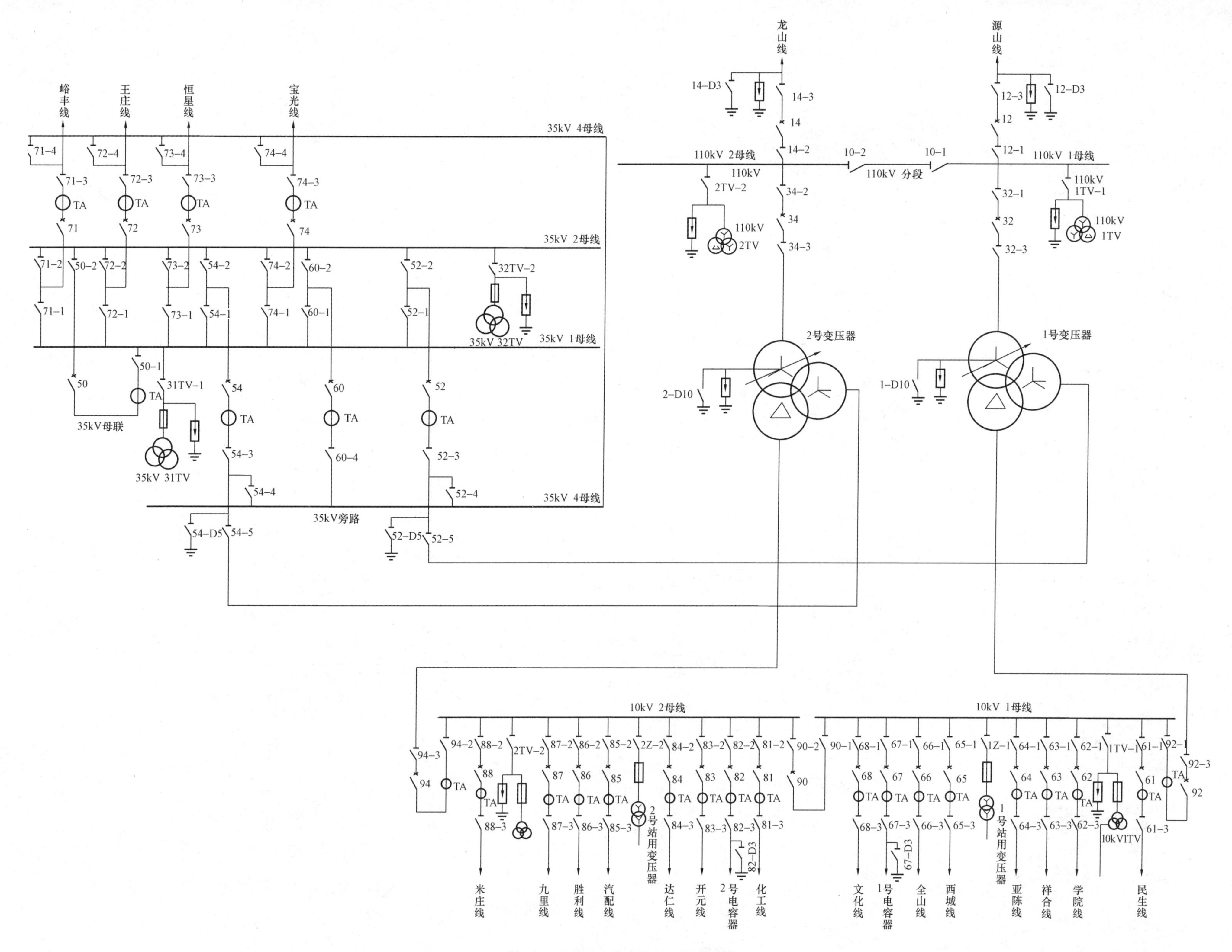

图 3-7　110kV 山头变电站一次系统图

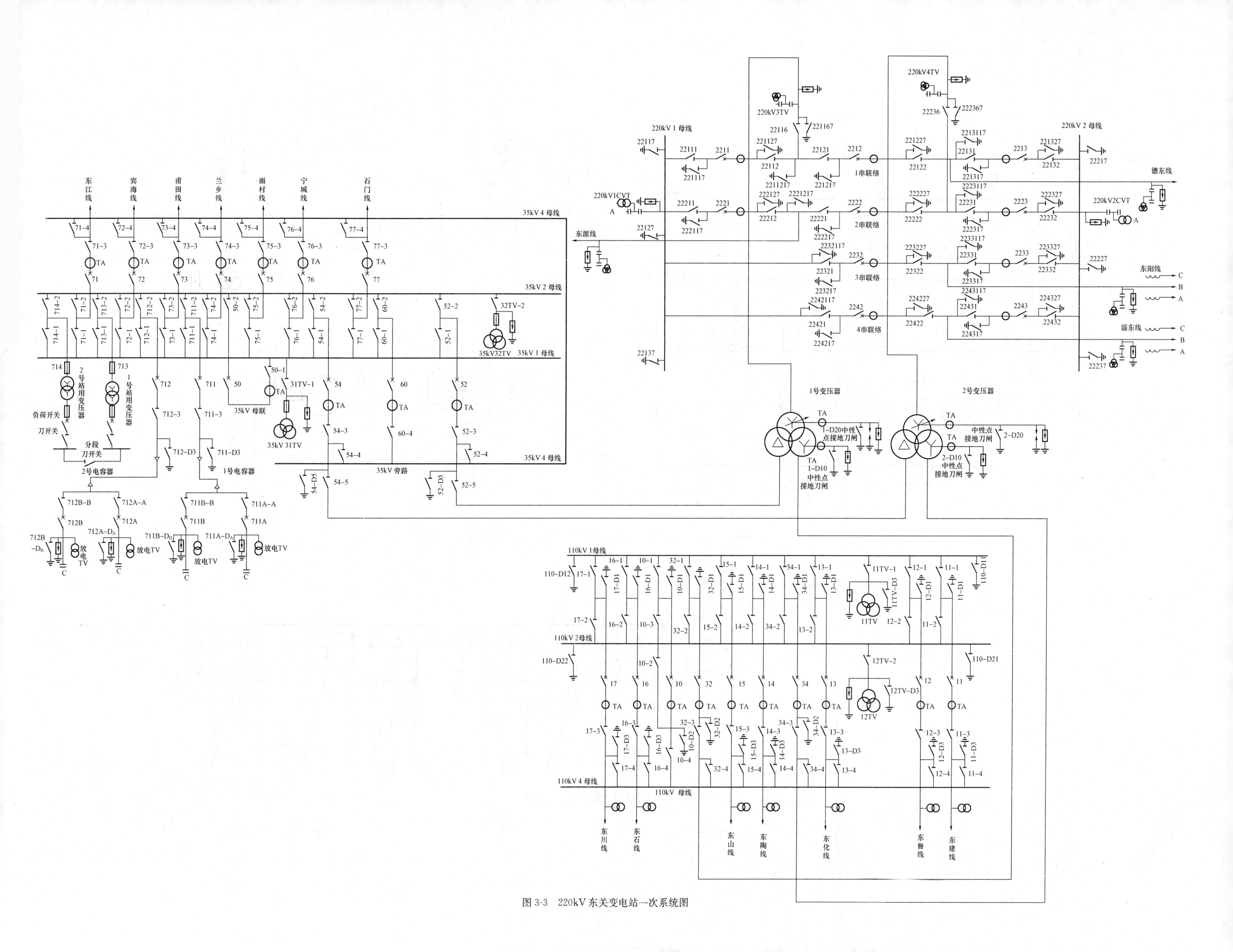

图 3-3　220kV 东关变电站一次系统图

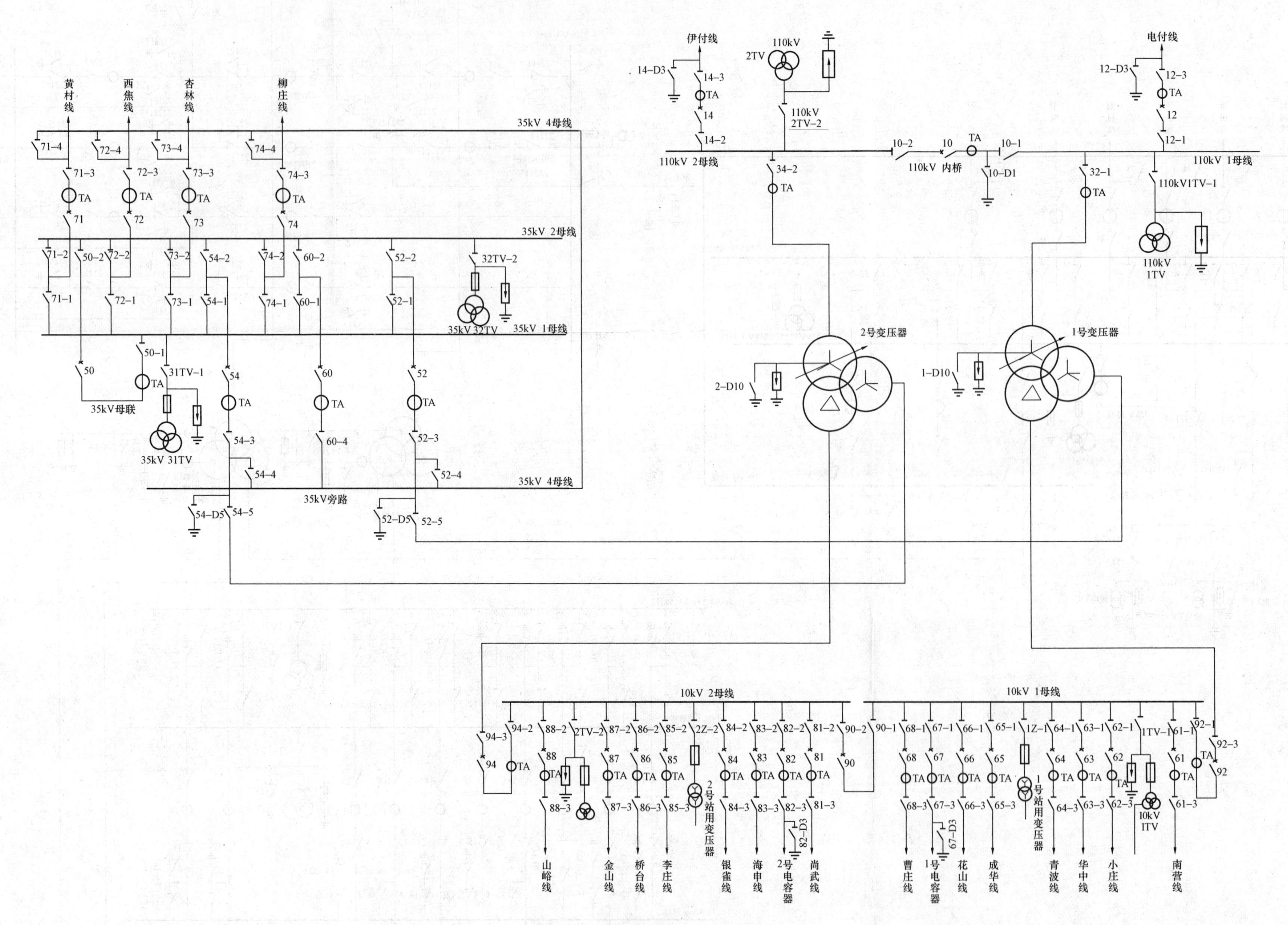

图 3-6 110kV 付平变电站一次系统图

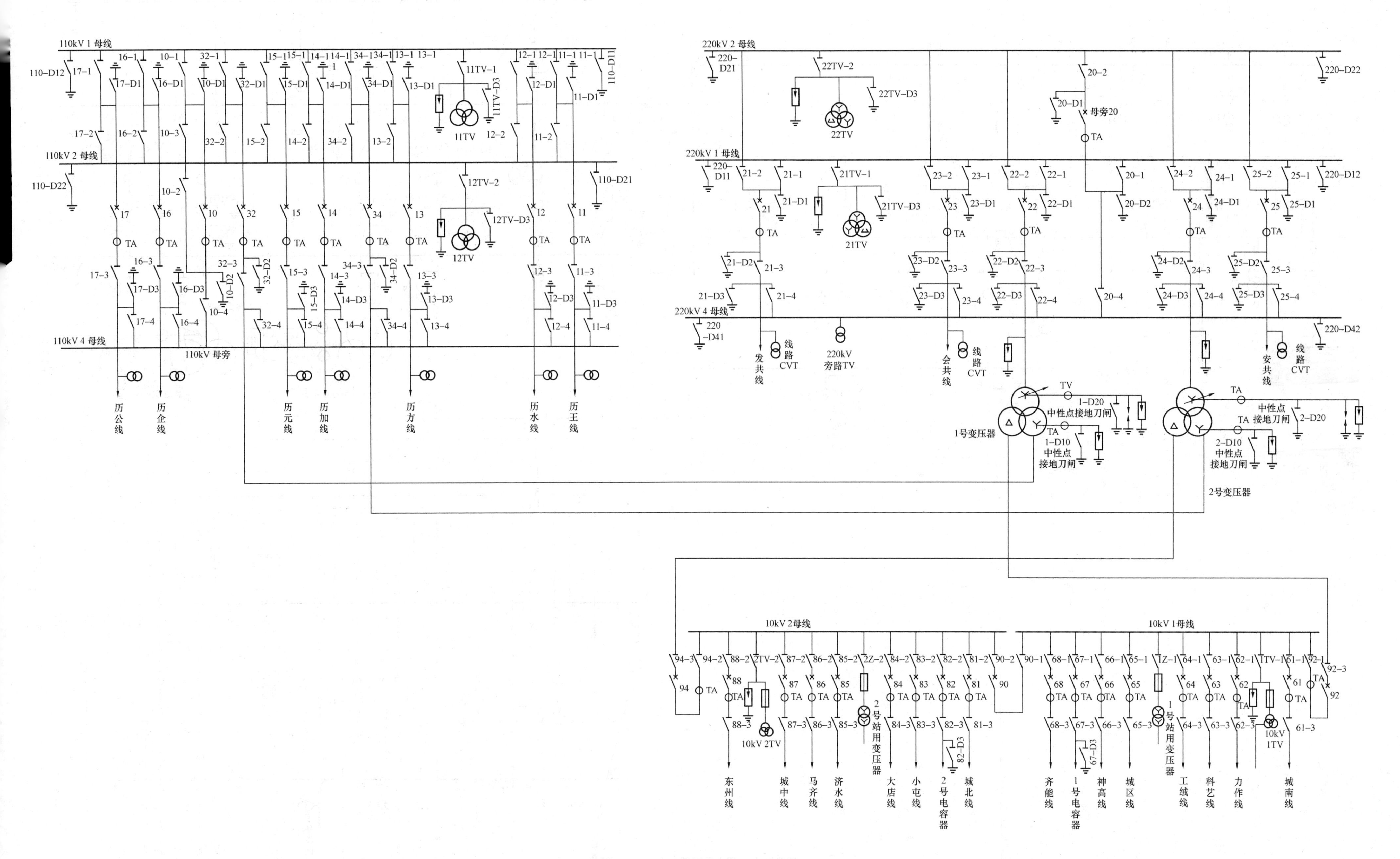

图 3-1　220kV 共历变电站一次系统图

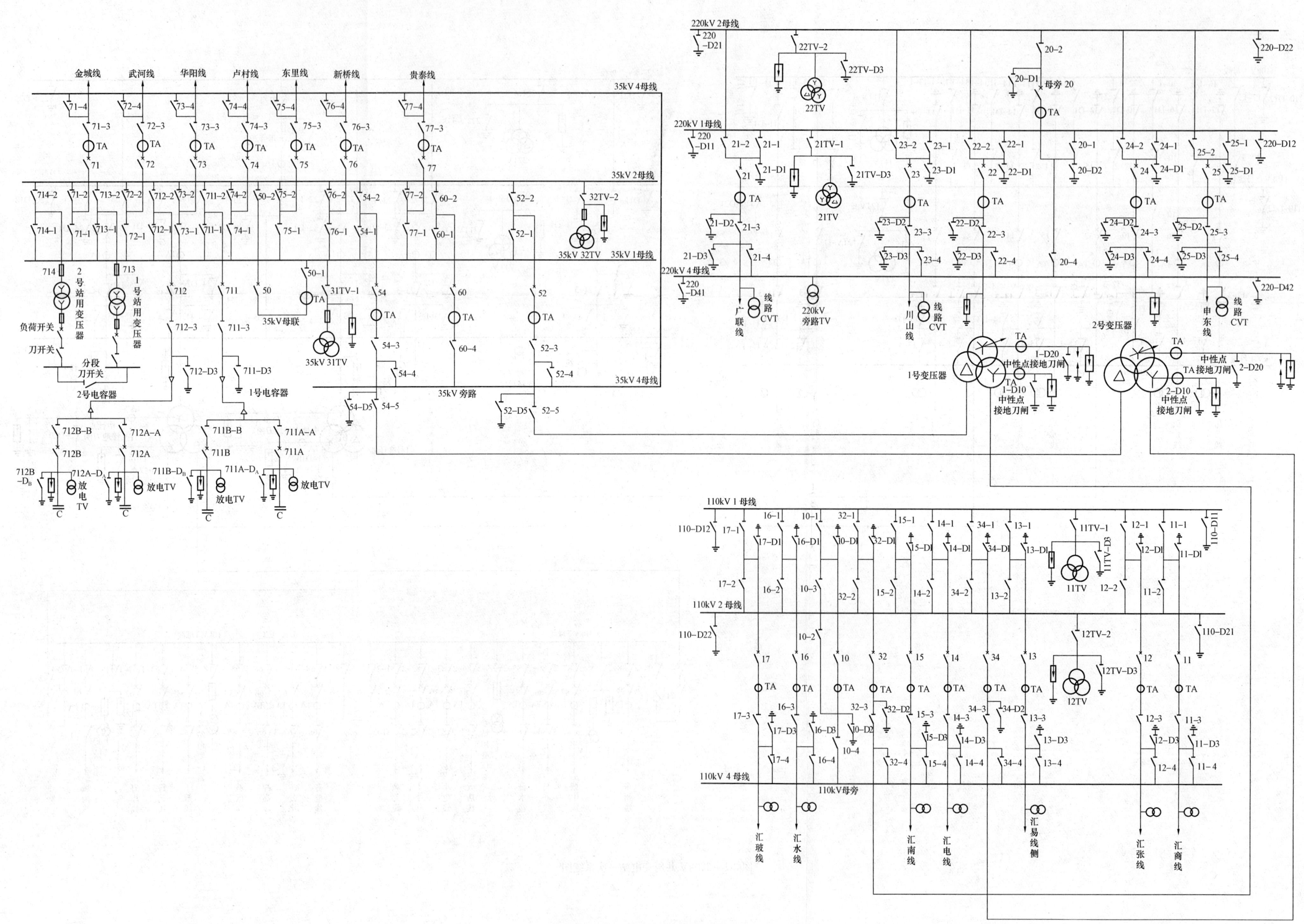

图 3-2　220kV 申汇变电站一次系统图